国家社科基金(教育学)2017 年度课题(BBA1702:

U0963361

父母的粗暴养育与儿童的学校适应

王明忠 著

山东大学出版社

图书在版编目(CIP)数据

父母的粗暴养育与儿童的学校适应 / 王明忠著.
—济南：山东大学出版社，2021.5
ISBN 978-7-5607-6924-0

Ⅰ.①父… Ⅱ.①王… Ⅲ.①儿童心理学—研究
Ⅳ.①B844.1

中国版本图书馆 CIP 数据核字(2021)第 098639 号

策划编辑 张韶明
责任编辑 张韶明
文案编辑 刘晓燕
封面设计 杜 婕

出版发行 山东大学出版社
社 址 山东省济南市山大南路 20 号
邮政编码 250100
发行热线 (0531)88363008
经 销 新华书店
印 刷 济南华林彩印有限公司
规 格 720 毫米×1000 毫米 1/16
22.25 印张 360 千字
版 次 2021 年 5 月第 1 版
印 次 2021 年 5 月第 1 次印刷
定 价 69.00 元

前　言

父母是孩子的第一任老师，是儿童社会化最早的承担者。父母的养育行为通过亲子互动过程对孩子的行为起着榜样示范作用。家庭中父母的养育行为潜移默化地塑造着儿童的自控能力和情绪表达能力等基本心理素质，进而影响他们在学校环境中的适应能力。每个父母都希望孩子在各个方面表现出色，然而孩子总有表现不佳、做错事情甚至让父母大发脾气的时候。此时，父母应当合理地引导孩子从错误中学到新东西，取得成长进步，而不是对孩子施加身体惩罚、言语苛责、严厉控制等粗暴的养育行为，甚至认为孩子“不打不成器”。父母粗暴的养育行为对孩子的学校适应会产生怎样的影响呢？

本书作者在梳理以往国内外大量研究资料的基础上，把在孩子犯错或表现不佳的情况下，父母对孩子的身体攻击和言语攻击以及其他过度的情绪反应等不当养育措施统称为“粗暴养育”。粗暴养育违背了《联合国儿童权利公约》(Convention on the Rights of the Child)第19条保护儿童免受各种身体以及心理伤害的规定(UNICEF，2004)。国际儿童虐待和忽视预防协会(International Society for Prevention of Child Abuse and Neglect)非常关注引发父母粗暴养育的风险因素以及粗暴养育损害儿童发展的各种机制。本书主要考察粗暴养育行为如何影响我国儿童青少年的学校适应，包括他们在校园情境中的行为适应、情绪适应、人际适应和学业适应等四个层面，以及产生这些影响的各种路径，从而为改善儿童青少年的学校适应提供学理依据和对策指导。

从内容体系来看，本书主要由理论部分和实证研究部分组成。上篇主要是理论梳理，包括粗暴养育的概念及其辨析，粗暴养育的类型或表现形式，粗暴养育的个体和环境影响因素，粗暴养育对儿童青少年心理发展的不良影响。下篇主要是针对具体研究问题展开的实证研究部分。该部分主要通过问卷调查法对中小学生展开大样本调查，考察他们所遭遇的父母粗暴养育行为如何造成在校园情境中一系列的不良适应，包括同伴攻击和问题性网络使用等不良行为、同伴排斥、抑郁和焦虑体验以及不良的学业成绩等。本书研究成果为改善儿童青少年的学校适应提供了新角度：教育工作者不仅要从学校环境中寻找儿童学校适应不良的影响因素，更要考虑不良家庭因素（如粗暴养育）对学校适应的损害作用。

王明忠

2020 年 10 月 22 日

曲阜师范大学冯特楼　家庭与教育心理研究中心

目　录

上篇　理论基础部分

下篇　实证研究部分

上篇　理论基础部分

上篇主要是梳理以往关于粗暴养育领域的相关研究，了解当前国内外该领域的研究现状，明确父母粗暴养育的内涵，梳理造成粗暴养育的各种环境因素和个体因素，以及粗暴养育损害儿童学校适应的路径。首先，在明确粗暴养育内涵的基础上，比较它与“虐待”等相近概念的异同点。其次，在粗暴养育的风险因素中，主要分析了家庭、社区、文化因素，特别是父母和儿童个体因素对粗暴养育的影响。造成粗暴养育的家庭风险因素主要包括父母失业、工作家庭冲突以及社会经济地位低下等家庭经济不良因素，以及父母冲突、亲子冲突和父母离异等不良的家庭人际关系因素。影响粗暴养育的社区及文化因素包括社区秩序、东西方文化差异、代际文化差异等因素。父母自身因素是造成父母粗暴养育的最为直接的因素，包括父母的认知因素、人格因素、情绪调节能力、问题行为以及养育压力和应对能力等多重因素。父母的认知风险因素又包括父母消极归因、执行功能不足、缺乏养育效能感、不恰当的养育目标和养育信念、养育知识缺乏等等。人格风险因素包括神经质、缺乏责任心、易激惹以及完美主义等因素。父母自身的问题行为包括抑郁和药物滥用等因素。诱发父母粗暴养育的儿童自身因素包括儿童的困难型气质、易激惹、缺乏意志控制等人格因素以及攻击行为、对立违抗等问题行为。

在文献梳理的基础上，本研究分析了粗暴养育影响儿童学校适应的几个理论机制。首先，粗暴养育损害儿童在校的行为适应，通过儿童的观察学习、消极的内部工作模型、信息加工偏差、缺乏自控能力、情绪失调、创伤性体验、压力性生理反应、基本心理需要匮乏等多个途径造成儿童攻击同伴，甚至造成问题性网络使用和物质滥用等多种外化问题。其次，粗暴养育损害儿童在校的情绪适应，通过造成儿童消极的自我认知、低自尊、情绪失调、缺乏安全感、威胁性知觉等多种途径而诱发儿童的抑郁体验和社交焦虑等内化问题。再次，粗暴养育损害儿童在校的人际适应，通过上述多种途径特别是通过造成儿童的问题行为、缺乏依恋安全感和社交技能等途径造成同伴关系不良。最后，粗暴养育损害儿童的学业适应，通过损害儿童的自我调控能力、执行功能、内部学习动机和言语理解能力等多种途径损害儿童的学业功能。

第一章　粗暴养育的内涵及其研究现状

第一节　粗暴养育的内涵

一、粗暴养育的界定

父母养育行为对儿童身心发展的影响一直是研究者关注的课题。近年来，粗暴养育(harsh parenting)对儿童身心发展的不利影响成为家庭教育心理学领域的一个研究热点。根据现有研究，粗暴养育主要发生在父母对孩子表现不满意特别是孩子犯错的情况下，父母对孩子的各种身体攻击以及言语攻击行为(王明忠，杜秀秀，周宗奎，2016)。身体攻击包括打屁股、扇巴掌、拉扯/推搡、扭/揪/掐/拧、持物击打等各种身体责罚行为(Brody, et al., 2014; Hinnant, Erath, & El-Sheikh, 2015; Kim-Spoon, Farley, Holmes, & Longo, 2014; Surjadi, Lorenz, Conger, & Wickrama, 2013; Wang, 2017)。言语攻击则体现为辱骂、吼叫、苛责和各种敌意性的言语攻击行为(Barajas-Gonzalez, & Brooks-Gunn, 2014; Deardorff, et al., 2013; Hinnant, et al., 2015; Sturge-Apple, Davies, Martin, Cicchetti, & Hentges, 2012)。

近年来，研究者在关注父母对孩子的身体攻击和言语攻击的基础上，开始关注父母对孩子施加的某些形式上更加隐蔽、难以觉察的粗暴养育行为，比如心理攻击和强迫、控制等行为。心理攻击主要体现为父母对孩子的拒绝、忽视、威胁以及不满足心理需要等消极行为(Barajas-Gonzalez & Brooks-Gunn, 2014; Graham, Kim, & Fisher, 2012; Sturge-Apple, et al., 2012)。强迫、控制行为则包括父母对孩子的权利侵犯、无理由惩罚、干涉、不合理要求、以立威方式控制、过度反应等高度控制行为(Callahan, Scaramella, Laird, & Sohr-Preston, 2011; Conger, Schofield, & Neppl, 2012; Rhoades, et al., 2012)。总体来看，粗暴养育主要体现为父母对孩子的身体攻击和言语攻击两种外显行为，这也是当前研究者考察较多的粗暴养育形式，强迫、控制等行为受到的关注较少。伴随着对孩子的身体攻击和言语攻击，父母往往表现出冷漠、厌恶、情绪化等一系列消极的情绪和态度（Conger, et al. 2012; Wong, Gonzales, Montaño, Dumka, & Millsap, 2014）。由此可见，“粗暴养育”是一个结构复杂的构念，涉及父母对孩子的粗暴行为、粗暴情感以及粗暴态度。为此，笔者对粗暴养育作出如下界定：粗暴养育是指父母对孩子表现不满意，特别是在孩子犯错的情况下，父母对孩子的身体攻击和言语攻击行为，以及其他过度的情绪和行为反应。在界定“粗暴养育”时，笔者在概念中提到“其他过度的情绪和行为反应”，主要目的是为了使概念界定保持开放性，以便后续研究者丰富细化粗暴养育的内涵和外延。然而，由于研究者对身体攻击和言语攻击作为粗暴养育的主要形式已经达成共识，对其他形式的粗暴养育行为尚在探索之中。因此，为了深入探索两种主要的粗暴养育形式对我国儿童发展的不利影响，并有利于后续不同研究之间研究结果的比较，本研究主要探索父母对孩子的身体攻击和言语攻击两种主要的粗暴养育行为对我国儿童学校适应的不良影响。同时，我们也积极探索其他形式的粗暴养育行为（比如过度控制）对孩子的影响。笔者虽然聚焦父母对孩子的身体攻击和言语攻击行为，然而其他形式的父母过度反应也属于粗暴养育的范畴，比如破坏物品和高度监控儿童等。

二、相近概念辨析

在家庭心理学研究领域，特别是在“父母养育”（parenting）这一主题的大量研究中，有几个概念在内涵和外延上与本书界定的“粗暴养育”存在交叉，需要仔细区分，以便在后续的测量过程中能够有针对性地聚焦核心变量。在区分“粗暴养育”与邻近概念之前，首先需要区分“养育风格”（parenting style）和“养育手段”（parenting practices）之间的差异（Darling & Steinberg, 1993; Mize, Russell, & Pettit, 1998）。养育风格主要体现在父母对孩子的态度以及亲子交往的情绪氛围上，而非特定的、指向某种目标的养育行为。相比之下，养育手段有特定的养育目标和具体内容，主要用来影响孩子在某个特定方面的发展。因此，粗暴养育属于养育手段的范畴，是父母为纠正孩子错误或改善孩子表现而采取的不恰当甚至极端的养育措施。

（一）粗暴养育和儿童虐待

20世纪60年代，西方研究者开始在多个学科领域对儿童虐待（child

abuse)问题展开研究。1999年,世界卫生组织把儿童虐待界定为“对儿童有义务抚养、监管及有操纵权的人做出的足以对儿童的健康、生存、生长发育及尊严造成实际的、潜在的伤害的各种行为”(WHO, 1999)。Stalker 和 McArthur(2012)把儿童虐待界定为“看护者故意对儿童造成明显伤害的行为”。Flynn、Cicchetti 和 Rogosch(2014)认为,儿童虐待涉及看护者或其他负有监护权的成年人对儿童的各种形式的虐待。目前,国际上通常把儿童虐待划分为躯体虐待、情感虐待、性虐待和忽视四种形式(Stalker & McArthur, 2012)。虐待本质上是儿童的养育环境与其基本的安全和保障需求之间的不匹配,导致儿童产生无价值感和低自尊感(Cicchetti & Lynch, 1995)。因此,本书所界定的粗暴养育与儿童虐待存在如下区别:

首先,行为主体的差异。粗暴养育的行为主体主要是父母,往往发生于家庭系统内部。虽然有很多孩子由祖辈抚养,然而本书主要考察父母对孩子的粗暴养育行为,不涉及祖辈行为。儿童虐待的行为主体除父母外,还包括与儿童有密切关系的他人,比如法律上的监护者、有抚养义务的看护者等等。

其次,行为目的性的差异。无论父母有没有意识到粗暴养育对孩子健康的危害性,父母本身的出发点往往是为了纠正孩子的错误或不良表现,而非仅仅发泄怒气和怨恨。本书之所以采用“粗暴养育”而非“粗暴惩罚”或其他消极的词汇,就是因为绝大多数父母在很多情况下是为了孩子取得进步而采取了粗暴的管教手段,其目的还是为了更好地“养育”(培养教育)孩子。相反,儿童虐待的施加者就是为了给儿童造成伤害和痛苦,甚至从这种虐待过程中满足不正常的心理需要,如某些性虐待者。

再次,行为主体的有意性不同。粗暴养育行为在很多情况下是环境因素(如家庭经济困难或父母工作压力)或孩子不当行为等因素诱发的,并非父母故意而为之。实际上,采取粗暴养育手段之后,父母往往担心自己对孩子造成的伤害,甚至后悔自己的所作所为。相比之下,儿童虐待行为的实施者往往明知自身行为对儿童的危害性,却故意反复实施。因此,粗暴养育行为往往是“诱发的”,而儿童虐待行为往往是主体“自发的”行为。

最后,行为严重程度的差异。粗暴养育最严重的形式包括打屁股、扇巴掌、推搡、以物击打等身体攻击行为。儿童虐待行为对孩子造成的躯体伤害则包括由轻(青肿、擦伤)到重(骨折、内脏出血、昏迷)等不同程度的伤害,往往造成儿童器官和脏器的功能性或器质性的损伤,甚至损害儿童正常的生理机能,致使免疫力下降，进而诱发多种疾病。严重的儿童虐待行为甚至造成儿童终身残疾，乃至危及生命(王倩，2015)。因此，由父母施加的儿童虐待行为已经远远偏离了父母养育的终极目的，某些虐待行为(比如性虐待)则已经构成犯罪。

(二)粗暴养育与专制型养育以及严厉养育的关系

在考察消极养育对孩子成长的影响时，需要区分粗暴养育、严厉养育和专制型养育之间的异同。Bakhla 等(2013)从控制性(control)角度把父母的养育风格分为专制型、民主型和纵容型三种。专制型养育风格的父母倾向于高度控制孩子，对孩子缺乏自主支持和温暖关爱，对孩子的限制行为最多。专制型的父母要求儿童顺从和忠诚，对儿童表现出较多的强迫行为和敌意性言语，不善于通过说理引导的方式教育儿童(Matejevic, Todorovic, & Jovanovic, 2014)。也有研究者根据严厉(strictness)和温暖(warmth)两个维度区分出四种养育风格：严厉要求而且温暖关爱孩子的权威型养育；缺乏温暖、严厉要求孩子的专制型养育；温暖且不严厉要求孩子的溺爱型养育；缺乏关爱、放任自流的忽视型或放任型养育(Calafat, García, Juan, Becoña, & Fernández-Hermida, 2014)。根据这种四分法，严厉养育包括权威型养育和专制型养育，专制型养育属于严厉养育(strict parenting)的一部分，是父母对孩子缺乏接纳和关爱的消极养育行为。

梳理粗暴养育(harsh parenting)的既往研究发现，研究者最初主要把父母指向儿童的身体攻击和言语攻击行为作为粗暴养育的界定指标。随着近年来粗暴养育内涵的不断丰富，强迫、控制、缺乏说理引导和敌意性言语等专制型养育的部分指标被纳入粗暴养育的范畴(Calafat, et al., 2014)。因此，严厉养育中的专制型养育与粗暴养育存在重叠。然而专制型养育是一类养育风格，不像本书中特别强调粗暴养育作为养育手段的目的性，即父母试图纠正孩子的错误或改善他们的不良表现。由此可见，粗暴养育与以往研究所考察的养育风格虽然存在交叉，然而并不等同。本书考察粗暴养育行为对孩子学校适应的不良影响，有助于提高家庭干预的针对性，帮助父母改善养育质量，促进儿童学校适应。

第二节 国内外研究现状分析

一、国内研究现状

虽然国内研究者对上文界定的粗暴养育相关的行为进行了一定程度的研究，然而这些研究比较分散，没有聚焦于粗暴养育这一主题。笔者以“粗暴养育”为主题在中国知网检索后发现，以粗暴养育为题的高质量研究主要是2016年笔者发表在《心理科学进展》的理论性综述，以及2019年发表在《心理发展与教育》的一篇实证研究报告。由于粗暴养育所涵盖的一系列行为与专制型养育（或专制型教养），特别是严厉（或严格）养育（或教养）存在交叉，笔者在2019年6月26日分别以这些相近的概念为主题进行检索，结果发现：以专制型养育或教养为主题的期刊论文有26篇；以严厉（或严格）养育（或教养）为主题的期刊论文也只有8篇。近年来，与该主题有关的研究文献不断增长的趋势也反映了研究者对父母粗暴养育给儿童成长造成的严重后果的重视。

综合分析当前所掌握的文献，国内以粗暴养育为独立主题的实证研究非常少，主要包含在以父母教养方式、家庭暴力、严厉养育、严厉教养、父母惩罚、专制型教养（或养育）等为主题的研究中。研究工具主要涉及教养方式与维度问卷（PSDQ）、父母养育方式评价量表（EMBU）、中国版父母教养方式问卷（PBI）以及自编父母教养行为问卷等。在这些工具中，父母对儿童的专断行为（李董平，张卫，李丹黎，王艳辉，甄霜菊，2012；王明珠，邹泓，李晓巍，张文娟，王英芊，蒋索，2015）、体罚、言语侮辱、过分干涉、否认、拒绝（谷传华，周宗奎，2008；万明钢，王亚鹏，王舟，2001）、高度的行为控制和心理控制（房超，方晓义，申子姣，2012；刘亚鹏，邓慧华，张光珍，梁宗保，陆祖宏，2015）等行为均属于粗暴养育的研究范畴。然而，由于分散在不同研究中，造成单个研究考察的粗暴养育行为在范围上非常狭隘，且由于不同研究者关注的行为不同，又造成研究之间缺乏可比性。

二、国外研究现状

回顾国外家庭心理学研究领域对父母养育行为及其影响机制的研究可以发现两种思路，一是基于养育风格的四分法继续考察不同养育风格对儿童发展的影响，二是关注特定养育行为或养育维度对儿童成长的影响，越来越多的研究者采取该思路展开研究。始于20世纪90年代初的粗暴养育的相关研究便体现了养育研究领域的这一变化趋势。国外关于粗暴养育的相关研究主要集中在如下几方面：

(一)不断丰富粗暴养育的类型或表现形式

从发展趋势来看，研究者从最初关注外显的粗暴养育行为(身体和言语攻击)逐渐转向同时关注更为隐蔽的粗暴养育形式(比如父母对孩子的心理攻击)，主要考察了以下四种形式的粗暴养育：(1)身体攻击，如打屁股、扇巴掌、推搡、掐/拧、以物击打等(Brody et al.，2014；Hinnant et al.，2015；Kim-Spoon et al.，2014)；(2)言语攻击，包括苛责、辱骂、吼叫、批评、敌意性言语等(Barajas-Gonzalez & Brooks-Gunn，2014；Deardorff，et al.，2013；Jouriles，Mueller，Rosenfield，McDonald，& Dodson，2012)；(3)心理攻击，包括忽视、拒绝、威胁以及否定其心理需要(Conger，et al.，2012；Graham，et al.，2012)；(4)强迫、控制行为，包括侵犯孩子权利、无理由惩罚、不合理要求、反应过度、以立威方式控制儿童等(Callahan，et al.，2011；Conger，et al.，2012)。

(二)深入分析粗暴养育的产生原因

总体来看，研究者在生态系统模型的框架下试图探究多种因素在诱发粗暴养育中的作用模式，主要分析了以下四种原因：(1)父母自身因素，包括父母的消极人格因素(Browne，Meunier，O'Connor，& Jenkins，2012)、认知加工缺陷(Gonzalez，Jenkins，Steiner，& Fleming，2012)以及不幸的被养育经历(Conger，et al.，2012)等；(2)儿童自身因素，包括儿童消极的气质特点(Lee，Zhou，Eisenberg，& Wang，2013)、基因特点以及问题行为等；(3)家庭因素，如父母关系和家庭经济地位等；(4)社区因素，包括社区不安全因素、人口构成和流动性等。

(三)努力探究粗暴养育对儿童发展的各种消极影响

研究者主要考察了粗暴养育对个体四个层面的影响：(1)外化行为，包括攻击行为和药物滥用等(Gustafsson，Cox，& Blair，2012)；(2)内化行为，包括抑郁(Cole，et al.，2014)和焦虑(Knappe，Beesdo，Fehm，Lieb，& Wittchen，2009)等；(3)人际功能受损，包括不良的同伴关系(Wang，2017)和恋人暴力行为(Jouriles，et al.，2012)等；(4)生理、神经功能紊乱(Miller，Chen，& Parker，2011)。

三、小结

总体来看，国内研究者尚没有把粗暴养育作为独立的研究主题，致使不同研究之间缺乏可比性，不利于深入分析粗暴养育的产生原因和作用机理。只有把粗暴养育从各种养育行为中剥离出来，方能揭示其对儿童适应的消极影响，以及产生这种影响的复杂机理。再者，由于中西方文化的巨大差异，中西方家庭中父母粗暴养育对孩子适应的影响过程可能存在差异。比如，由于西方家庭更注重儿童自主性的发展，父母对儿童犯错的容忍度要高于中国父母，这就可能导致我国父母的粗暴养育更为普遍，而且对孩子适应的消极影响不同于西方家庭呈现的结果。

第三节　研究意义

一、理论意义

首先，揭示父母粗暴养育对儿童学校适应不同层面的危害及其产生机制，有助于丰富教育心理学关于儿童学校适应的理论体系。从生态系统论来看，粗暴养育看似是影响个体发展的远端因素，其实一点也不远；相反，由于其发生环境的天然性和可能存在的反复性，父母粗暴养育可能是造成儿童学校适应困难的原因之一。其次，揭示我国家庭中粗暴养育因素危害儿童学校适应的一系列内部机理，从而把教育心理学和家庭心理学两个研究领域进行有机整合，努力从家庭领域寻找造成儿童学校适应困难的原因。再次，有利于进行粗暴养育及其消极后果的跨文化比较。通过分析粗暴养育的起因、形式、后果和作用机制，并与国外同类研究作比较分析，揭示粗暴养育对我国儿童学校适应困难的特定影响。最后，有助于丰富和发展我国中小学管理人员和教学人员的管理和教育理念，促进他们有意识地从家庭入手寻找学生学校适应困难的成因，进而促进学生管理中的家校合作过程。

二、实践意义

第一，有利于帮助父母认识到粗暴养育的严重后果，努力纠正错误的养育行为，积极改善亲子关系，优化家庭情绪氛围，促进社会和谐。第二，有利于帮助学校管理人员，特别是班主任和任课老师分析造成学生学校适应困难的家庭因素，通过家庭—教师—学生的三方交流及时排除阻碍孩子成长的家庭因素。第三，有利于广大基础教育工作者更好地从家庭角度了解学生问题的根源，提高班级管理能力。第四，为家庭咨询或社区服务中心提供指导。

总之，本书梳理以往相关理论，比较全面地综述了造成父母粗暴养育的家庭和社会环境因素以及父母和儿童相关的个体因素，并分析了粗暴养育影响儿童发展的可能路径。在此基础上，笔者总结当前完成的实证研究，分析了我国家庭中粗暴养育如何影响儿童在学校的行为适应、情绪适应、学业适应和人际适应等，这些研究成果对于理解粗暴养育对学校适应的影响机制、促进儿童不同层面的学校适应具有重要的理论和实践价值。

第二章 粗暴养育的影响因素

造成父母粗暴养育的风险因素是多重的。父母的敌意性人格(如易激惹)、归因方式、认知加工能力和执行功能等父母自身因素,以及儿童的人格特点和基因型等儿童自身因素是影响粗暴养育的个体因素。不利的环境因素,包括家庭经济地位不利、父母冲突乃至离异等家庭压力因素,社区秩序混乱等社区因素,养育价值观的文化差异等文化因素均为影响粗暴养育的环境因素。不同环境因素之间、父母因素与儿童因素之间、环境因素与父母因素或儿童因素等个体因素之间的交互作用使得粗暴养育影响儿童发展的机理变得更为复杂。

第一节 家庭压力因素与粗暴养育

家庭中的各种压力因素,包括家庭经济困难以及家庭缺乏秩序性等均为粗暴养育的风险因素。造成家庭缺乏秩序性的因素包括父母冲突、亲子冲突、父母离异以及父母失业等。Deater-Deckard 等(2012)总结以往研究发现,长期无序的家庭环境会使父母经常处于压力情境中,损害父母的认知能力,削弱其情绪、行为和注意调节能力,进而影响父母对儿童的情绪反应和行为表现,提高粗暴养育的风险。

一、家庭经济困难

根据社会生态模型,环境中的各种压力源可能损害亲子关系的质量(Conger, Conger, & Martin, 2010; Sturge-Apple, et al., 2014)。家庭压力模型(Family Stress Model, FSM)也提出,家庭经济困难致使家庭成员产生情感冷漠、愤怒甚至抑郁和焦虑等各种痛苦的情绪体验。家庭经济困难也会诱发父母的情绪和行为失调,甚至破坏人际关系,损害父母养育行为的效果(Schofield, et al., 2011)。根据该理论,低收入等家庭经济困难因素会造成各种压力(如无法满足基本的生活需要),这种持续的经济压力不仅造成家庭成员的情绪痛苦,也造成更多的家庭冲突,降低家庭成员之间的温暖支持。Barajas-Gonzalez 和 Brooks-Gunn(2014)发现,家庭经济困难给父母造成心理压力,从而诱发家庭冲突,损害父母的有效养育行为。家庭经济困难损害家庭功能,导致父母把精力主要放在如何解决家庭生计问题上,从而对孩子的需要缺乏敏感性和反应性,对孩子成长过程中出现的问题行为更容易采取简单粗暴的方式加以解决。相反,拥有更多经济资源的家庭更有可能为孩子的发展投入更多资源,如购买书籍或带领孩子参观博物馆等(Duncan, Magnuson, Kalil, & Ziol-Guest, 2012)。家庭贫困还会增加母亲的情绪压力,降低与亲子互动质量(Mistry, Vandewater, Huston, & McLoyd, 2002)。低收入家庭的父母对孩子往往表现出较少的热情和表扬,并在管教孩子方面效率较低(Atzaba-Poria & Pike, 2008),因此,家庭经济困难提高了父母对孩子采用粗暴养育行为的风险。

此外,低收入的家庭更有可能生活在条件较差的社区环境中(Fry & Taylor, 2012),从而面对该社区中经常产生的各种压力性事件,比如骚扰或犯罪。当个体知觉到社区的混乱以及由此带来的不安全感时,往往产生恐惧感和无助感,甚至削弱自控能力。生活在这种社区环境中的父母长期遭受压力,感到紧张,往往对孩子存在更多的控制行为和粗暴管教措施(Gutman, McLoyd, & Tokoyawa, 2005)。混乱无序的家庭环境至少通过两种途径损害养育质量。首先,拥挤混乱、缺乏秩序性、充满噪音的环境增加父母的疲劳或紧张感,使他们更容易以消极的方式对孩子作出反应(Evans, et al., 1999)。其次,当父母认为家庭混乱无序的状态超出了其控制能力时,他们改善养育质量和亲子关系的动机随之减弱。综上所述,家庭经济地位不利可能通过损害父母的养育质量(如造成更多粗暴养育)而损害孩子的成长与发展。

二、父母冲突

父母冲突是指夫妻之间因为态度、兴趣或目标等方面存在分歧或矛盾而发生的言语或非言语形式的攻击行为(池丽萍, 2005; 罗媛, 李鹏程, 2013),常伴随父母指向子女的粗暴的、不一致的和反复无常的养育行为(Simons, Whitbeck, Melby, & Wu, 1994)。已有研究表明,父母冲突会增加儿童青少年的抑郁(O'Donnell, Moreau, Cardemil, & Pollastri, 2010)和焦虑(Ross & Fuertes, 2010),诱发更多攻击行为(Harold, Elam, Lewis, Rice, & Thapar, 2012),危害健康的人际交往(Underwood, et al., 2008)。

婚姻关系的质量和子女养育质量之间存在着显著联系,夫妻关系不和也会对粗暴养育产生影响(Graham, et al., 2012)。高水平的婚姻满意度有助于培养称职的父母(Engfer, 1988)。配偶之间彼此提供建议、帮助和情感支持,情感亲密的婚姻关系会促进夫妻双方的心理健康,减少敌意和心理压力,并减少严厉粗暴的养育措施。另一方面,紧张、冲突的婚姻关系作为一种令人厌恶的事件,会增加父母对儿童严厉、粗暴的养育行为(Simons, et al., 1994)。根据溢出(Spill-over)假设,夫妻关系中的消极情感和消极行为可能会扩散到亲子关系中(Erel & Burman, 1995),进而增加粗暴养育的可能性。在反映夫妻关系的各种因素中,父母冲突是诱发父母对孩子施加粗暴养育的重要的家庭风险因素。

家庭系统理论(Family Systems Theory)指出,家庭内部各子系统和个体是内在联系的,家庭中个体的情绪和行为受系统中其他个体或个体间情绪和行为的影响(Cox & Paley, 1997; Gregory & Morgan, 2017),强调父母关系和亲子关系中的互动特征对儿童成长和发展具有重要影响(Pardini, Fite, & Burke, 2008)。父母关系不和谐,存在冲突行为,是诱发不良教养行为(如拒绝儿童)的风险因素(Gao, Du, Davies, & Cummings, 2019; Liu & Wang, 2015)。父母冲突过程中表现出的言语侮辱、虐待(Davies, Myers, & Cummings, 1996)和身体攻击(Cummings, Simson, & Wilson, 1993)等强烈的冲突形式将直接对儿童造成负面影响。同时,父母关系对儿童的心理和行为发展还存在间接影响,这主要是通过损害父母的教养行为实现的(Stover, et al., 2016)。

溢出效应(spillover effect)为进一步理解父母关系和亲子教养活动之间的关联性提供了理论依据(Benson, Buehler, & Gerard, 2008)。"溢出"是指情绪、情感和行为从一个环境传递到另一个环境(Repetti, 1987)。该理论认为,整体系统中某一子系统产生的负面影响可能渗透到其他子系统内部(Engfer, 1988)。家庭系统中的溢出效应主要体现为父母关系中的紧张感会渗透到父母对儿童的养育行为之中(Sherrill, Lochman, DeCoster, & Stromeyer, 2017)。父母之间发生冲突会增加双方的消极情绪,损耗应对资源,导致易怒性和惩罚性的教养行为(Erath & Bierman, 2006; Latham, Mark, & Oliver, 2017)。如果父亲或母亲在夫妻冲突中经常以攻击性的策略应对婚姻冲突,那么当儿童做出不当行为时,他们更有可能使用相似的强制性的粗暴策略(Fosco, Lippold,

& Feinberg，2014)。Sears 等(2016)表示，刚刚经历夫妻冲突的父母在随即的教养活动中对儿童施行粗暴行为(如大喊大叫等)的风险更高。婚姻冲突使父母双方感受到更多情绪和精神上的负担，提高了他们的敏感性，对儿童的不良行为或不遵守规范的言行更加难以容忍，与儿童发生分歧时缺乏耐心，更容易被激惹(Sherrill，et al.，2017)。此外，父母可能将他们在冲突情境中的消极情绪代入到对儿童的教养活动中，表现出更多过度敏感和含有惩戒性的养育行为(如粗暴养育)(Feld，2015)。Nelson 等(2009)在一项横断研究中发现，父母对婚姻的不满情绪越强烈，他们对儿童的消极情绪愈加缺乏支持性的回应。纵向研究也发现，父母冲突对 1～2 年后的亲子关系质量或特定的养育行为具有预测作用(Davies，et al.，2009；Sturge-Apple，Davies，& Cummings，2006)，并且父亲更容易将他们的情绪和行为从夫妻关系带入到亲子关系之中(Davies，et al.，2009；Nelson，et al.，2009)。从上述的溢出效应理论及其相关研究可以推见，父母冲突是父母对孩子采取粗暴养育手段的家庭风险因素。

三、亲子冲突

由于心智成熟和人生经历等多个层面的不同，父母与孩子必然会在态度、价值观、行为方式或其他方面存在差异或分歧，从而引发亲子冲突。当亲子之间发生冲突时，粗暴养育措施往往成为父母单方面压制儿童、消除冲突的手段。然而，父母越是压制孩子，不采取合理手段解决亲子关系中存在的问题，孩子越可能有意无意地对抗父母。久而久之，粗暴养育与亲子冲突之间形成一种恶性循环。要打破这种恶性循环，有必要分析亲子冲突的起因和解决方式。

Yeh 和 Bedford(2004)提出，从孩子的角度来看，亲子冲突的起因主要包括六类。第一，父母的要求与孩子的愿望存在冲突。此时，孩子要服从父母的要求就要牺牲自己的个人愿望。比如孩子在选择大学所学专业或要从事的职业时与父母观点存在分歧。第二，父母的要求超出孩子的能力。父母要求孩子达到自己能力不及的目标，比如从班里成绩倒数进入前几名。第三，孝道义务与其他义务产生冲突。这对于年龄较大的个体来说较为常见，比如配偶与自己的父母不和；在儿童青少年中比较少见，比如父母与自己的朋友产生争执。第四，不合理的父母行为。比如父母唠叨孩子，区别对待自己和兄弟姊妹。第五，父母违背道德规则的要求。第六，父母之间的冲突。父母产生冲突时，往往征求孩子意见，导致孩子与父母一方产生争执。Yeh 和 Bedford(2004)发现，大部分亲子冲突源自父母的要求违背孩子的愿望，这个比例高达98%。

Yeh(1995)同时提出了五种解决亲子冲突的策略。第一是自我牺牲(self-sacrifice)，要求孩子在与父母产生冲突时主动屈服并顺从父母的要求。第二，孩子以自我为中心，不理会父母的要求，坚持自身利益最大化。第三，重构冲突情景，让冲突双方的愿望均能实现。第四，孩子也可能会产生逃避冲突情景的行为。逃避策略虽然能暂时避开冲突，然而不能最终解决冲突。第五，折中策略(compromise)，亲子双方都作出一定程度的牺牲或让步从而解决冲突。从上述的亲子冲突的起因以及解决途径来看，如果父母强求孩子服从自己的要求，而孩子又坚持实现自己的愿望；或者孩子没有能力达到父母要求达到的目标，而父母却认为孩子不够尽力；又或者孩子反抗父母的不合理要求或不公正待遇。这些都可能导致父母的身体责罚或言语攻击等粗暴养育行为。

此外，Robin和Foster(1989)提出，父母或孩子经常持有一些极端性的信念，这些信念导致亲子冲突，甚至诱发父母的粗暴养育行为。儿童在发展过程中，越来越想脱离父母的约束，获得充分的自由。很多父母认为，孩子应该无条件地服从，如果给孩子太多自由，会产生意想不到的不良结果。而孩子则认为，自己应该拥有全部自主，不应该受到父母任何限制。一旦存在这些极端的信念，亲子之间很容易产生冲突，甚至升级到父母粗暴养育行为。父母经常持有的极端信念主要包括三大类：认为给孩子太多自由会毁掉孩子的方方面面；认为孩子有时候故意惹父母生气；认为孩子必须绝对服从父母。相比之下，孩子经常持有的信念也包括三类：认为父母就是要整自己，不让自己好过；认为父母都是不公正的；认为完全脱离父母的控制才是自由。亲子之间的这些信念恰好是冲突对立的，一旦互不相让，就容易导致父母通过身体攻击和言语攻击的方式控制孩子，导致粗暴养育的发生。

四、父母失业

失业是一种非自愿的破坏性生活事件，对劳动者的生活轨迹有着深远的影响。作为一种相对外源性的劳动力市场冲击，失业与个体后续的身心健康水平下降、社会心理资产丧失、社交退缩、家庭破裂以及幸福感降低均有关。失业不仅仅影响收入，它还破坏了个体的社会经济地位和人际关系，限制个体能力和技能的展示。失业造成社会污名，引发焦虑、不安全感和羞耻感(Newman，1988)。失业是一种急性压力的来源，这种压力与个体主要的社会角色遭受破坏有关，同时造成持续的经济、社会和心理压力（Pearlin，et al.，1981）。失业者比非失业者存在更多的抑郁、焦虑和躯体化症状（Brand，et al.，2008；Catalano，et al.，2011；Paul & Moser，2009），这些心理上的痛苦提高了父母粗暴管教孩子的风险。父母失业限制了父母对生活、学习所需用品的购买力，在为孩子创造安全充裕的学习环境方面也无法尽力（Kalil & Ziol-Guest 2008）。失业还与居住流动性有关，会引发压力，破坏儿童的教育机会和社交网络。父母的失业也会影响孩子对教育和工作价值的态度。流离失所的父母会给孩子造成心理上的痛苦，使他们表现出失望甚至绝望。失业导致父母身体和心理健康下降，抑制父母对孩子的情感温暖，诱发不稳定或惩罚性的养育行为（Kessler，et al. 1989；McLoyd，et al.，1994）。

为人父母，既要向家庭提供食物和住所，又要满足儿童社会化所需要的具体资源，所以工作对父母来说是非常重要的。失业给父母带来的压力可能会造成父母一系列的心理问题和行为问题，进而损害养育质量。以往研究表明，失业对父亲和母亲造成的影响是不同的。与有工作的男性相比，失业的男性更抑郁、更焦虑、更有敌意，对自己的生活感到非常不满，甚至产生被迫害感；他们比平时喝更多的酒，出现更多身体不适症状（如饮食和睡眠问题等），患神经症、精神过敏症等精神问题的风险更高（Gary，1985）。男性往往希望在支撑家庭、履行父亲或丈夫角色方面取得成功，一旦失败，他们会承受更多的心理压力。随着失业造成的收入危机的加剧，父亲对生活会变得更加悲观（Galambos & Silbereisen，1987）。与没有养育压力（无子女）的家庭相比，父亲失业给有子女家庭带来的负面影响更为明显（Schlozman & Verba，1978），这可能是因为失业的父亲所感受到的经济压力和失败感更为严重。

父亲的工作状况是影响养育行为的重要家庭因素。虽然丧失工作和收入危机通常发生在家庭之外的环境中，然而由此造成的经济危机会通过影响父亲的养育行为甚至父亲的性格间接影响孩子的发展（McLoyd，1989）。面对失业造成的经济压力，父亲往往在生活中表现出悲观情绪，变得易怒、紧张、易激惹、易发脾气，在与孩子的互动中缺乏对孩子的关注和培养，在管教孩子时行为不一致，甚至变得粗暴武断，更容易采用拒绝和惩罚等不良养育措施（Elder，et al.，1985）。研究表明，遭受严重经济危机的父亲变得更加易怒、紧张和暴躁，这反过来增加了他们对孩子进行惩罚和专制性管教的倾向。这些父亲养育行为导致男孩变得难以控制脾气、易怒和叛逆，青春期的女孩也会因此变得喜怒无常、过度敏感、缺乏自我价值(Elder, Nguyen, & Caspi, 1985)。父亲的此类养育行为也增加了孩子出现社会情感问题和越轨行为的风险。

一般来说,母亲主要承担家中的工作,担任养育者和家庭主妇的角色,父亲的大部分时间都在外工作,充当家庭的经济支柱。然而,随着女性角色的转变,越来越多的女性有了家务之外的正式职业。那么家庭外的工作有没有影响养育质量呢?依恋理论认为,在婴儿时期,与父母相处时间减少对儿童的发展会产生严重的负面影响(Bowlby, 1982)。一项关注母亲就业对儿童后续适应影响的元分析得出类似的结论,该研究比较了母亲全职、兼职或出生后第一年完全没有工作对孩子的影响,结果发现孩子在认知功能或学业成绩方面没有差异。虽然兼职母亲与完全不工作的母亲对孩子的影响没有显著差异,但是全职母亲就业与孩子更多的外化行为相关(Lucas-Thompson, Goldberg, & Prause, 2010)。在贫困家庭中,母亲全职工作和兼职工作可能会对孩子的适应性发展产生不同影响(Coley & Lombardi, 2013)。因此,母亲就业可能通过影响家庭经济水平等因素而影响母亲对孩子的养育行为。

经济困难所产生的挫折感往往会诱发个体易怒、敌对的心理状态。由于经济压力与不恰当的父母养育行为之间存在关联(Simons, Whitbeck, Conger, & Melby, 1990),现在大多数妇女在外工作,与丈夫分担养家的责任,从而降低了家庭的经济压力,这有助于提高养育质量。总之,由失业造成的经济压力提高了父母对孩子采取粗暴管教的可能性,这主要是通过父母的敌意和易怒情绪的中介作用实现的。经济困难还可能通过破坏婚姻质量引发父母的粗暴管教。具体来说,由失业造成的经济压力造成夫妻关系紧张,特别是另一方对失业一方的不满意,从而引发父母冲突和粗暴养育行为。

五、父母离异

家庭解体作为一种危机,对儿童青少年以及他们的父母都会产生严重的消极后果(Benedek & Benedek, 1979)。离异家庭的孩子表现出不良的社会发展模式。父母离异损害儿童认知技能(Hess & Camara, 1979)和亲社会技能的发展(Forehand, McCombs, Long, Brody, & Fauber, 1988),并造成各种外化问题(Hetherington, Cox, & Cox, 1979)和内化问题(Shaw & Emery, 1987)。Hetherington 等(1978)发现,在父母离婚后的第一年里,与来自完整家庭的孩子相比,经历离婚创伤的孩子更具反抗性、更具攻击性、更容易分心、更加苛刻。Bloom 等(1978)借鉴危机理论(Crisis Theory)解释了父母离婚给父母和孩子带来的不良后果。根据该理论,离婚是一种令人厌恶的心理冲突事件或压力事件,会通过诱发父母不恰当的养育行为导致儿童出现消极的发展后果。在双亲家庭中,两个成年人可以在制定规则和管教策略方面进行合作,并强化彼此的决定,而且可以分担经济和家庭责任,从而减轻彼此的养育压力,提高养育质量。离婚对孩子发展的负面影响甚至持续到成年期(Hetherington, et al., 1979)。Emery(1982)提出,离婚严重损害父母养育质量,父母一方养育的中断会产生非常消极的影响。离婚后,父母之间的冲突在短期内只可能增加而不会减少,尤其是在离婚后的最初一到两年,单亲家庭通常面临父母和配偶角色的重组、更激烈的家庭冲突和持续不断的诉讼官司(Demo & Ganong, 1994)。这些因素必然会削弱父母的养育质量,增加父母粗暴养育的风险。离婚也会造成父母抑郁症状等情绪痛苦的增加,导致父母更容易发脾气,注意力分散,减少父母对养育过程的精力投入,更容易使用低效甚至粗暴的手段管理孩子的不当行为。

父母在离婚后的个人角色也会发生显著变化。大多数单亲母亲必须适应儿童单一监护者的角色,承担家庭管理的主要责任,满足孩子的日常生活需要(Furstenberg & Nord, 1985)。相比于传统双亲核心家庭或再婚前的过渡家庭形式,以女性为核心的单亲家庭受离婚创伤的影响更大。"无父"家庭往往被认为是不完整的,是造成孩子犯罪、学习成绩不良、辍学、亲子关系不良、自尊心下降等一系列适应问题的风险因素。单亲家庭的孩子相比于完整核心家庭的孩子往往遭受更糟糕的父母养育行为或亲子互动过程,进而导致社交能力不足和认知缺陷问题。在对完整家庭和离异家庭的孩子进行比较时,Hetherington 等(1978)指出,父母离婚导致孩子在日常生活中缺乏条理秩序性,家庭角色、日常任务和日程安排变得杂乱无章,亲子之间的互动质量也受到损害。与完整家庭的父母相比,离异家庭的父母对孩子提出的成熟要求更少,沟通效率更低,父母双方对孩子提出的一致性要求也更少。离异父母对孩子的关心呵护更少,管教更差,倾向于提出一些概括、不具体的要求。离异导致母亲可能变得更加严格,提出的要求更容易遭到孩子拒绝,这也提高了粗暴养育的可能性。对生活贫困的单亲家庭和双亲家庭的母子互动进行观察分析后发现,单身母亲对孩子的行为更消极,包括更爱发号施令、更专横和更有敌意(Zelkowitz, 1982)。此外,离婚常常导致母亲工作时间的增加,减少了母子之间的相处时间。离婚前没有外出工作的女性开始外出工作，而那些外出兼职的女性则会增加工作时间。在工作上投入太多时间对儿童的发展会产生消极影响。单身母亲往往面临两难境地，因为经济上的需要，她们经常被迫全职工作，然而养育责任也需要他们独自承担。在这种情况下，他们更加难以控制自己的消极情绪，一旦孩子犯错，便可能简单粗暴地管教孩子。

六、工作—家庭冲突

父母的家庭角色和工作角色之间的紧张关系也是损害养育质量的一个重要因素。儿童发展的生态学观点认为，养育行为更广泛地受到社会、社区和工作环境因素的多重影响(Bronfenbrenner & Morris, 2006)。孩子一般不会直接体验父母的工作状况，但父母的工作会影响家庭资源、家庭日常事务以及亲子互动过程，这些因素影响着家庭氛围的营造和亲子之间的情感交流。Kahn等(1964)用角色理论(Role Theory)描述不同社会角色之间的冲突。工作—家庭冲突是一种特殊的角色冲突，表现为个体的工作角色与家庭角色存在不相容之处。工作—家庭冲突越大，工作者的压力感越强，生活满意度越低，更容易出现抑郁等心理健康问题。因此，工作—家庭冲突作为潜在的压力源会损害父母的养育质量。父母教养与儿童发展的生态学观点认为，虽然父母的教养过程发生在家庭内部，但养育行为更广泛地受到社会结构和制度环境的直接或间接的影响(Bronfenbrenner & Morris, 2006)。近年来，女性就业问题得到越来越多的关注，尤其是需要照顾孩子的女性(Huerta, et al., 2011)。随着工作压力的加剧，父母需要付出更多工作时间，从而侵占家庭生活的时间，工作—家庭冲突随之加剧(Skinner & Pocock, 2010)。与男性相比，女性从事的工作往往付出与收入不成比例(Craig, Mullan, & Blaxland, 2010)。与父亲相比，母亲更容易发生工作—家庭冲突，即使母亲参加的是兼职工作(Gronlund, 2007)。工作—家庭冲突损害亲子互动质量，导致亲子互动时间减少，诱发各种心理健康问题(Strazdins, O'Brien, Lucas, & Rodgers, 2013)。工作—家庭冲突越严重，父母在养育过程中温暖一致的养育行为越少，愤怒表达越多。因此，工作家庭冲突成为父母粗暴养育的风险因素。与母亲相比，父亲面临的工作—家庭冲突的潜在后果在很大程度上被忽视了。父亲在家庭生活中不仅仅充当养家糊口的角色，也需要积极参与养育过程。父亲角色的这种转变与母亲在劳动力市场上的角色转变有关，从而不可避免地对父亲兼顾工作与家庭提出了新挑战。

公司或组织文化往往弱化甚至贬低男性的父亲角色，因为它与男性的工作没有多大关系，甚至会损害男性的工作效率（Burnett, Gatrell, Cooper, & Sparrow, 2012）。因此，父亲比母亲更难获得有利于家庭计划的灵活的工作安排。总之，父母的工作—家庭冲突问题正变得日益严重，提高了父母粗暴养育的风险。

Lamb 等和 Pleck 在父亲养育的四因素模型中指出：动机、自我效能、社会支持和制度障碍是影响父亲养育的四个关键因素，而工作安排是父亲参与养育的一个关键的制度障碍（Lamb, Pleck, Charnov, & Levine, 1987; Pleck, 1997）。工作安排限制了父亲的时间，工作对父亲提出的期望和要求，会阻碍父子之间的情感交流。Cooklin 等（2016）具体阐释了工作—家庭冲突与父子互动的关系，感知到高水平工作—家庭冲突的父亲，在与孩子的互动中特别容易被激惹，对孩子缺少温暖，并表现出更多不一致的养育行为。与此相反的是，工作—家庭和谐则是父亲最佳养育行为（如高温暖和低易激惹）的保护性因素。父亲的心理健康和情绪表达存在"溢出"效应，这可能会影响家庭互动的质量（Giallo, Cooklin, Wade, D'Esposito, & Nicholson, 2013）。Repetti（1994）提出，与工作中令人痛苦的体验相关的负面情绪，会直接扩散到父母下班后与孩子的互动过程中，体现在父母对孩子的愤怒表达和更严格的纪律要求上。总之，工作家庭冲突主要通过损害父母的心理健康和影响亲子互动质量而诱发父母的粗暴养育行为，损害儿童的健康发展。

工作—家庭冲突对父亲和母亲养育行为的影响可能存在类似的作用机制。工作与家庭角色之间的冲突是父母消极情绪的重要预测因素（Barling & MacEwen, 1991）。工作—家庭冲突会改变父亲的养育行为，当工作与家庭产生冲突时，父亲的精力、时间和情绪资源会受到损耗（Goldberg, Clarke-Stewart, Rice, & Dellis, 2002）。相反，工作—家庭和谐则可以通过提高生活满意度、自尊水平和自我效能感而促使父亲对孩子采取积极的养育措施（Bass & Grzywacz, 2011; Rothbard, 2001）。由于角色冲突的过度唤醒，工作—家庭冲突也会诱发父亲对孩子的惩罚和拒绝行为（MacEwen & Barling, 1991）。Stewart 和 Barling（1996）发现，工作与家庭角色间的冲突会加剧父亲养育过程中的惩罚和忽视行为，由角色冲突引发的消极情绪（主要是抑郁）和工作压力是两个重要的诱发因素。也就是说，工作—家庭冲突给父亲造成很大工作压力，而父亲不知不觉地将工作压力引发的负面情绪渗透到养育过程中，从而对孩子实施更多的惩罚和拒绝行为。因此,父母感知到的工作—家庭冲突越剧烈,粗暴养育的风险越高。

最后,工作—家庭冲突可能通过影响父母的自我效能感而影响父母的养育行为。自我效能感影响个人的控制感,是应对压力情境的有效资源。自我效能感强的个体能体验到自身较强的控制力,而这种控制感会缓和压力源与幸福感等适应变量之间的关系。自我效能感与工作满意度和工作幸福感有关(Judge & Bono, 2001; Lu, Siu, & Cooper, 2005),可以调节压力源与应对方式之间的关系(Jex, Bliese, Buzzell, & Primeau, 2001; Siu, Spector, Cooper, & Lu, 2005)。女性在家庭和工作角色中的自我效能感影响到角色相关的压力,对自己的母亲角色感到自信的女性,即使承担多重角色的要求,她们的压力感仍然较低(Erdwins, Buffardi, Casper, & O'Brien, 2001)。高水平的工作—家庭冲突会破坏个体的职业效能感,进而破坏为人父母的效能感(Gali Cinamon, Weisel, & Tzuk, 2007),这会提高粗暴养育的风险。总之,父母的养育自我效能感是父母养育行为的重要预测因素和父母养育干预的有效目标,自我效能感高的父母相信自己有能力培养孩子并支持孩子取得成功(Bandura, 1997)。具有强烈自我效能感的父母更有可能将他们掌握的知识和技能渗透到养育行动中来促进孩子发展,防止消极养育行为的发生(Coleman & Karraker, 1997)。因此,自我效能感强的父母往往与孩子产生更为积极的互动过程。基于以上工作家庭冲突以及父母自我效能感的相关研究可以推断,工作—家庭冲突的加剧会削弱父母的自我效能感,进而导致父母在亲子互动中缺乏注意力和耐心,采取更多不恰当的甚至粗暴的养育行为。

第二节 社区不利因素与粗暴养育

社区处境不利主要包括高贫困、高失业率、社会秩序混乱、频发的骚扰以及犯罪行为等危险因素,也反映在社区成员缺乏归属感和凝聚力等方面(Ingoldsby & Shaw, 2002)。社区不利因素可以直接影响父母的养育行为,也可以通过影响孩子的情绪和行为诱发父母的粗暴养育。此外,社区因素也调节着粗暴养育因素对儿童适应的影响。比如,在充满风险的社区环境中,父母的限制与监控有助于孩子的认知发展和学业表现,然而在安全的社区中,父母的限制性监控则不利于孩子的发展(Gonzales, Cauce, Friedman, & Mason, 1996)。

一、不良社区环境的作用

社会无序理论(Social Disorganization Theory)提出,社区中生活贫困者占比高、居民流动性强、公共服务不良、社会关系网络匮乏、种族结构复杂等多种社区风险因素会削弱居民的社区依恋(Shaw & McKay, 1969),造成家庭功能失调,使父母长期处在高度警惕的紧张与痛苦状态之中,提高了父母粗暴养育的可能性。社区缺乏规则秩序会削弱父母对儿童采取的社会化策略的效果。比如,尽管父母教育孩子行为举止要遵循规则,然而社区成员缺乏规则意识,频繁做出违规行为,就会对孩子的不良行为产生去抑制作用,使孩子表现出偏差行为,进而引发父母的粗暴养育。

研究者提出了"社区结构"和"社区过程"两个概念来解释社区不利因素对儿童反社会以及犯罪行为的影响(Chung & Steinberg, 2006)。社区结构(community structure)是指社区的社会人口学特征(如就业率和种族构成等),而社区过程(community processes)是指社区成员的交往和关系,社区对成员行为的管理控制等。社区结构薄弱包括贫困集中化、居民流动、种族构成复杂等因素,它们均与社区缺乏秩序性有关,使社区无法实现共同的价值目标、无法维持有效的社会控制。首先,同一种群的居民密度越高,社会支持和社会凝聚力越强,族群文化资源越容易获得,便越有利于社区居民的心理适应,从而有助于父母更好地调整自己的情绪和养育方式,减少粗暴养育。合理的社区结构也有利于儿童良好的心理适应,从而减少父母粗暴养育的风险。其次,良好的公共设施和便利的社区服务能够减少父母的日常烦恼,有助于他们采取积极的养育行为,而生活在高风险社区中的父母缺乏社区服务资源,更容易产生消极情绪且难以获得支持,更有可能粗暴地管教孩子。再者,社区处境不利,可能会招致其他群体的歧视,增加生活在该社区中居民的压力,进而加剧父母的心理痛苦,诱发消极粗暴养育行为。最后,从微观层面来看,邻里关系的不稳定也可能损害父母的积极养育行为。社区良好的人际网络促进居民与他人的社会联系,为社区居民的积极养育行为提供重要支持。如果个体没有自己的房子,经常搬家,在社区中很难维持良好的人际关系,获得社会支持,便会增加粗暴养育的风险(Furstenberg, et al., 1993)。因此,以上两种社区因素如果出现问题,都可能削弱父母养育的有效性,造成儿童发展问题。

近年来，研究者提出两个模型来解释社区不利因素对儿童适应问题的影响机制(Leventhal & Brooks-Gunn，2004)。基于家庭压力理论而提出的关系纽带模型(Relationships and Ties Model)认为，社区不利因素通过影响父母的养育行为和其他不利的家庭因素影响孩子的违法犯罪行为。规范和集体效能感模型(Norms and Collective Efficacy)则认为，社区不利因素对儿童违法行为的影响是通过同伴群体规范和同伴行为的中介机制实现的。研究结果为两个理论模型均提供了支持。与关系纽带模型一致，居住在贫困、高犯罪率社区的孩子与居住在安全、资源丰富的社区中的孩子相比，父母的监控和支持更少，粗暴养育更多，孩子的反社会行为更多。与第二个模型一致的研究结果表明，不利的社区因素通过青少年的越轨同伴交往影响他们的违法行为。因此，在考虑社区不利因素如何通过粗暴养育影响儿童适应时有必要同时考虑同伴系统的作用。这一点在研究青春期的儿童样本时尤为重要。

二、父母心理痛苦的间接作用

根据生态系统理论(Bronfenbrenner，1986)，环境中的各种因素并非孤立地影响儿童的行为适应，而是以一种交互的方式起作用，即某种因素的影响过程受到其他因素的调节。比如，社区处境不利(neighborhood disadvantage)与养育质量不仅直接影响孩子的适应，两者还以交互的方式影响儿童各种问题行为的发生(Supplee，Unikel，& Shaw，2007)。随着孩子年龄的增长，他们在家庭外的活动时间日益增加，目睹社区混乱因素的时间增加，受到社区不利因素的影响程度也在增长。社区风险因素可能使孩子习得各种攻击犯罪行为或使孩子产生各种消极情绪，从而招致父母的粗暴养育。有研究者认为，社区因素对年幼儿童的影响微乎其微，只有经常在外玩耍，缺乏成人监控的年长儿童才会受到社区不利因素的影响(Patterson，Reid，& Dishion，1992)。然而也有研究者发现，社区暴力因素会通过影响母亲的心理痛苦进而影响学前儿童的问题行为。经常暴露在危险而不可预测的社区情境中，父母可能会采取对自己和家庭都不利的方式适应社区环境。有些父母增强对孩子的限制，或通过专横乃至粗暴的养育手段应对社区环境中不可预测的危险因素；有些父母则对各种暴力因素产生去敏感化，甚至变得麻木，对孩子的监控和保护意识下降，一旦孩子表现不良就采取低效甚至粗暴的养育行为。贫困社区中的父母经常面临各种各样的心理社会压力，更容易出现抑郁等心理健康问题和家庭冲突等家庭问题。在这样的社区情境中，由于难以获得社会支持，父母很容易将无法宣泄的压力转移到养育过程中，进而采取极端专制的养育措施。Linares 等(2001)发现，社区中的危险事件令父母担忧痛苦，原本就喜欢粗暴对待孩子的父母在这种社区环境中变得更为暴躁，更加难以控制自身情绪。因此，社区处境不利可能会加剧父母的心理痛苦，诱发更多粗暴养育。Callahan 等(2011)也发现，高社区归属感可能导致父母模仿邻居的粗暴养育行为，还有可能产生彼此强化效应。当然，这种归属感也可能导致父母效仿邻居有效的养育行为，从而减少粗暴养育的可能。

三、社区因素的调节作用

在特定社区情景中，某些养育策略是否要比其他养育策略更有效呢？换句话说，养育策略与儿童发展之间的关系是否随着社区特征的变化而变化呢？研究发现，父母的严密监控甚至身体管教等专制养育行为对高风险社区的孩子要比对低风险社区的孩子的发展更有益(Leventhal & Brooks-Gunn，2000)。在一定程度上，父母的粗暴管控起到了保护儿童、防止儿童参与社区反社会活动、促进儿童适应社区危险因素的作用。这些研究结果也提示，要考察特定养育风格或养育措施的有效性，需要考虑养育行为发生的社区环境。

社区不利因素，特别是社区危险因素，可能调节着粗暴养育对儿童内化问题以及外化问题的影响。粗暴养育对于那些经常暴露在令人恐惧的社区负性事件中的孩子存在更为消极的影响。在婴幼儿阶段，儿童在令人担忧的情境中会参照母亲的情绪解读遭遇的事件，母亲的情绪成为孩子判断情境是否安全的关键信息。如果孩子经常知觉到社区危险因素给父母造成的情绪痛苦，又经常遭受父母的粗暴养育，孩子的情绪适应问题可能变得更为突出。此外，儿童性别可能调节着社区不利因素对儿童适应的影响。总体来看，不利的社区因素对男孩的影响要高于女孩，因为男孩比女孩更多地参与社区活动。因此，社区不利因素可能会更多地诱发父母对男孩施加粗暴养育，进而对男孩的适应产生更加消极的影响。

最后，在研究社区因素对儿童发展的影响时需要注意两点。第一，在测量社区环境质量时，是用客观的指标还是社区成员的主观知觉或体验。因为所用的测量指标不同，研究者所描述的变量关系就会随之变化。第二，如果采用主观知觉作为社区质量的指标，那么谁的知觉或经验最为重要？总体来看，父母和儿童对社区的知觉存在差异，要理解社区对儿童发展的影响，重点要看儿童是如何知觉社区环境的，当然父母对社区知觉的影响可以用作比较对象。

第三节 文化差异因素对粗暴养育的影响

文化是一个参照系统，由各种传统、信仰、价值观、规范和符号等不同的意义模式组成，这些模式在不同程度上通过家庭成员之间的互动得以共享以及传递(Ting-Toomey, 1999)。文化是一组符号和工具，规定何种行为是适当的，能够获得认可(Chung & Bemak, 2002)，提供了人类适应社会环境的手段(Bojuwoye, 2001)，影响着个体的世界观(Peterson, Steinmetz, & Wilson, 2003)，并决定着个体的态度、判断和情绪。每一种文化中的个体都依赖特定的文化取向(比如个人主义还是集体主义)，来构建不同的养育目标或社会化目标(Triandis, 1995)。文化在家庭中表现为人际界限、期望、互动规则、问题解决的方式、沟通模式和特定的应对技能(Thomas, 1998)。因而，不同社会或不同种族文化背景下的家庭所呈现的养育模式及其对儿童发展的影响必然存在差异。

研究者早已意识到，同一养育风格对儿童发展的影响可能随着所处的社会文化环境的不同而不同(Darling & Steinberg, 1993)。比如，专制型养育与欧洲裔美国儿童的恐惧和胆怯行为相关联，然而与非洲裔美国儿童的自信行为有关(Baumrind, 1972)。跨文化研究发现，权威型养育与欧洲裔美国儿童的学业成绩关联紧密，然而与亚洲裔和非洲裔儿童的学业成绩关联很小。在考虑父母养育对儿童青少年的影响时有必要考虑养育的三个方面，养育目标或社会化目标，养育措施，养育风格。不同文化对儿童的社会化目标的差异可能会造成养育措施或养育风格的文化差异。

一、东西方文化差异的影响

父母养育和儿童发展在一定程度上受到文化和家庭社会经济条件的影响(Lamm & Keller, 2007)。东亚文化以强调人际关系的集体主义为特点，提倡人类的自我完善、情感克制、服从群体、父母权威、孝道以及父母对孩子的“管教”等文化价值观(Chao, 1994)。行为抑制和自我约束被父母视为社会化成熟、达成和掌握的标志(King & Bond, 1985)。总体来看，集体主义文化认可专制的养育风格，强调对权威的服从，这种文化取向与加拿大、美国等西方文化形成鲜明对比。西方或欧美文化强调个人主义，提倡独立、自我表达、个性化和自主性，追求自我实现(Keller, et al., 2004; Markus & Kitayama, 1991)。研究发现，与集体主义文化背景下的波多黎各母亲相比，欧美母亲更倾向于要求孩子实现自我最优化的目标，更加重视孩子的自信、独立和探索(Harwood, Schoelmerich, Ventura-Cook, Schulze, & Wilson, 1996)。相反，波多黎各家庭中的母亲则更重视孩子的举止，强调孩子听话、安静和尊重他人的重要性。在香港和英国文化背景下，Pearson 和 Rao(2003)对母亲养育进行的研究发现了类似结果：英国母亲强调孩子发展个体能力的重要性，而中国母亲则重视孝道、尊重、服从和得体的举止。因此，中国家庭中的父母可能会为了实现这些目标而对儿童施加更多的管教和控制。

中国文化重视集体主义(关系倾向)，而欧美文化提倡个人主义(独立倾向)(Markus & Kitayama, 1991)。因此，欧美家庭中的父母更倾向于鼓励孩子发展独立于家庭的自我，充分发挥孩子独特的潜能，而中国父母更愿意让孩子把自己作为整体的一部分，这个整体包括家庭、社区和社会，而不强调与别人的分歧和差异(Markus & Kitayama, 1991)。亚裔美国父母比欧洲裔美国父母更倾向于使用专制型养育(Pong, Hao, & Gardner, 2005)。Darling 和 Steinberg(1993)的综合养育模型(Integrative Parenting Model)解释了父母教养方式存在这种文化差异的原因，即父母的文化价值取向和社会化目标影响他们所采用的教养方式。研究者发现(Xu, Farver, Zhang, Zeng, Yu, & Cai, 2005)，坚持集体主义、遵守规范、情感自我控制和谦逊的亚洲价值观与中国母亲更多的威权型养育有关。因此，孩子的一些越轨行为一旦违反集体主义规范，就可能招致中国父母的粗暴养育，然而这些行为则可能被欧美父母视为一种寻求自主、追求创新的必要尝试，从而遭受父母较少的粗暴管教。

二、孝道观念的独特影响

许多东亚国家信奉儒家思想，这种思想一直是影响家庭成员交往的主要信仰体系(Chuang & Su, 2008, 2009)。孔子强调人际关系中的相互依赖和社会和谐，强调家庭交往中存在明确的权威界限，强调尊重他人地位，以及自我要从属于家庭利益的观念(Tang, 1992)。孝道是新儒学的基石，强调孩子应该孝顺父母，确定了适用于人一生的具体行为规则(Miller, Wiley, Fung, & Liaing, 1997)；它是指导父母对儿童完成社会化过程的重要原则，依据这种原则行事能给家族带来荣誉，不使家族蒙羞。中国父母养育子女的过程中渗透着很多儒家文化的特点(Chao, 1994; Chen, Rubin, & Li, 1995; Huntsinger & Jose, 1995; Kelley & Tseng, 1992)。其中一个被广泛认同的特点是，中国父母非常重视孩子的学习能力(Huntsinger, Jose, Liaw, & Ching, 1997; Wu, 1996)。欧美父母往往将孩子的表现差异归因于与生俱来的能力，而中国父母则认为，只要付出足够的努力，无论能力如何，所有的孩子都能实现学业目标(Chen & Uttal, 1988)。因此，中国父母对孩子的行为施加更多控制以督促孩子努力学习(Lin & Fu, 1990)。有时为了改善孩子的学业成绩和行为表现，粗暴养育甚至成为一种短时间内取得成效的养育途径。

Chao(1994)指出，尽管中国父母可能会对孩子施加更多控制，但他们这样做的目的是训练孩子在学业上取得成就，并按照社会规范行事。Chao 的研究表明，与欧美父母相比，华裔父母更倾向于认同专制控制、对孩子严密监督和控制等养育手段。Chao 强调中国人对"孝顺"的重视，认为父母对孩子进行训练是为了让孩子在社交场合行为得体、举止得当，在此过程中，父母可能采取一些体罚性的粗暴养育措施，这也是为何中国父母在欧美文化中被认为专制的原因。Chao(2000)发现，中国母亲的孝道观念与专制教养之间的关联高于欧美母亲。他认为，亚洲父母的一个重要的社会化目标是培养孩子勤奋、自律和听话。与其他教育方式相比，强调符合父母期望的专制型养育可能更有利于这些社会化目标的实现。一旦孩子出现偏离这些目标的行为，我国父母就可能发生粗暴养育行为。

在其他文化背景中也发现了类似孝道观念影响养育行为的现象。相比于欧洲裔美国儿童和家长，非洲裔和拉丁裔美国儿童和家长更有可能把父母的高度控制和管理视为父母关心等有效的养育行为(Elder, Eccles, Ardelt, & Lord, 1995)。这是因为非洲裔和拉丁裔美国家庭特别重视儿童对长辈的顺从和尊敬(Garcia Coll, Meyer, & Brillon, 1995)。这与强调"孝"文化的中国家庭类似，父母往往把儿童对长辈的顺从和尊敬视为孝顺父母的表现，并认为父母应该对孩子施加必要的管教，这是对孩子负责的表现(Chao, 1994)。特别是在中国家庭中，父亲作为"一家之主"，在家庭中被赋予比母亲更大的权力，控制着经济资源，拥有为孩子甚至整个家庭作出重要决定的权利。因此，父亲在家庭环境中往往表现出冷漠疏远的形象(Shek, 2001)。很多时候，父亲的想法或决定受到孩子的质疑甚至反抗，从而提高了父亲采用粗暴养育的风险。

三、代际文化差异的影响

代际文化差异也是养育行为的重要影响因素。针对亚裔美国大学生的研究表明，父母和孩子在传统亚洲文化以及价值取向上的差异与家庭冲突的增加有关(Park, Vo, & Tsong, 2008)，尤其是在学业、职业、约会、婚姻以及家庭期望等方面的差异(Ahn, Kim, & Park, 2008)。坚持传统亚洲价值观的亚裔美国父母可能会采纳与孩子的文化融合和文化适应水平不一致的养育行为。例如，传统的亚洲父母强调对父母的绝对服从等孝道观念，并期望孩子将家庭责任置于个人利益之上。然而，对于被欧美文化同化了的孩子来说，父母的这些行为与他们的自主性需要相冲突，这是欧美文化强调的发展目标。这种代际文化差异经常诱发亲子冲突，在这种情况下，深受孝道文化影响的父母可能会采用粗暴养育等强制性的手段管教孩子。

近50年来，中国经历了重大的社会和文化变革，父母的养育和家庭功能由此受到很大影响。越来越多的女性进入劳动力市场，建立了男女平等的法律，政府制定了独生子女政策。中国的城市化和社会经济发展不可避免地改变了社会。这些显著变化改变了中国的文化背景，也改变着父母关于孩子发展的价值观和信念。例如，独生子女政策将家庭转变为“4—2—1”结构(四个祖父母、两个父母和一个孩子)。独生子女政策可能创造了一种“西方化”的育儿方式，也就是更加以孩子为中心，尤其是在城市和受过良好教育的人群中，这也可能降低了父母对孩子粗暴养育的风险。

第四节　父母自身因素对粗暴养育的影响

上文提到一些与父母有关的压力因素，包括父母冲突、离异、亲子冲突和父母收入等等，然而这些因素往往不是由父母自身所决定的。本节主要考虑父母的归因风格、执行功能、认知能力、敌意性人格等比较个人化的父母自身因素对粗暴养育的影响。

一、父母认知因素

父母认知因素广义上包括父母归因、工作记忆、执行功能、价值观、养育目标、养育信念和养育态度，以及与照料儿童和促进儿童发展相关的养育知识等。这些因素从多个层面以不同的方式影响着父母的养育行为。

（一）父母消极归因的影响

归因是指个体对事件和行为的原因作出解释（Kelley & Michela，1980）。母亲的社会认知加工，尤其是归因过程，是联系养育行为和儿童发展的重要机制（Wang，Deater-Deckard，& Bell，2016）。父母归因往往涉及父母对儿童不良行为原因的解释，并根据行为的控制点、可控性和意图性对儿童行为进行划分（Abramson，Metalsky，& Alloy，1988；Slep & O'Leary，1998）。父母归因是父母对孩子行为赋予意义的过程，影响着父母对孩子不良行为的反应（Wang，et al.，2013）。父母的敌意性归因与父母粗暴无效的养育行为以及儿童问题行为的发展有关（Snyder，Cramer，Afrank，& Patterson，2005）。儿童的问题行为反过来又强化了父母的敌意性归因（Snyder，et al.，2005）。研究表明，儿童的挑战性行为与母亲归因之间存在彼此强化的过程，亲子双方在形成和维持彼此的社会认知加工和相关行为方面都发挥着作用（Johnston，et al.，2009）。

父母往往从两个维度对孩子行为进行归因，即孩子行为是内部自身因素决定的（或故意的），还是外部或情境因素引发的。内部归因是指父母认为孩子的行为是由性格导致的或故意而为的，而外部归因则是指父母认为孩子的行为具有情境性、暂时性和偶然性（Coplan，Hastings，Lagace-Seguin，& Moulton，2002）。因此，儿童的不良行为可以被解读为故意的、自我控制的，也可以理解为情境性的和偶然性的。敌意性和责备性归因是指父母在模棱两可的情况下倾向于将儿童的不当行为解释为故意的，忽略了情境因素的作用（De Castro，Veerman，Koops，Bosch，& Monshouwer，2002）。根据归因的多维模型（Abramson，Seligman，& Teasdale，1978；Weiner，1979），父母的情绪和行为反应取决于归因时所依赖的维度。具体来说，首先取决于孩子的行为是不是稳定的（时间上稳定还是不稳定）、一般的（发生在一般还是特定情境中）、内部的（是由内部还是外部因素所决定）和可控的（能否被自己控制）。因此，当父母把孩子行为归因于孩子稳定的、一般的因素时，也就是认为孩子行为是由内部因素导致并受孩子控制时，父母往往产生更强烈的消极情绪和行为反应（Weiner，1980）。Dix、Ruble、Grusec 和 Nixon（1986）提出并考察了父母认知的归因模型。该模型认为，父母对儿童行为的评估与儿童的心理发展水平密切相关。随着儿童的成长，父母越来越倾向于认为儿童的行为是由其性格引起的或故意的，是儿童自己能够控制的。因此，儿童的行为总被认为是错误的不良行为。其次，父母对儿童不良行为的消极情感反应与他们对孩子行为原因的评估相关，这也与多维归因模型一致。再者，随着儿童的成长，父母对儿童不良行为的情感反应越来越消极。最后，父母对儿童行为的评估受到父母对孩子行为期望的影响。

如果父母对儿童的不良行为进行以儿童为中心的归因，并认为儿童的行为是有意的挑衅，而且认为这是儿童可控的行为，这种归因促使父母采用粗暴的方式管教孩子。这种特殊的父母归因被称为“以儿童为中心的失调性归因”(dysfunctional child-oriented attributions)，它与父母更多的使用体罚和过度反应等粗暴养育行为有关(Leung & Slep，2006；Strassberg & Treboux，2000)。当父母发生这种以儿童为中心的失调性归因时，父母把儿童的不良行为归因于儿童本身，这种归因方式往往是习惯性的、稳定的和敌意性的。比如父母会说，“这孩子从不满足，总是想按照自己的方式做事；这孩子就是故意惹我生气”等，此种消极归因提高了父母粗暴养育的风险。父母以儿童为中心的责任归因增加了儿童遭受虐待的可能。例如，虐待孩子的父母经常对孩子的能力有不恰当的发展期望，这种期望在很大程度上影响父母对儿童惩罚的严重程度(Azar & Rohrbeck，1986；Stern & Azar，1998)。社会信息加工模型提出，强制性的父母养育可以理解为父母对儿童行为线索中的信息进行思维加工后产生的行为(Strassberg & Dodge，1998)。将儿童不良行为和逆反行为归因于儿童的挑衅、敌对性意图、不良性格因素等消极因素，更可能诱发强制性的粗暴管教行为(MacKinnon-Lewis，et al.，1994)。此种归因风格是一种自我挫败的“信息加工陷阱”(Strassberg，1997)，是一种自我实现的预言，在这种预言中，父母的消极归因激发了粗暴无效的养育行为，反过来又会诱发或加剧父母试图控制儿童的行为。

无论是观察哭闹的婴儿还是观察越轨的青少年，父母都必须经常对儿童的行为进行评估。他们必须确定儿童特定行为发生的原因，推断儿童的需求和动机，并选择与这种评估所匹配的养育反应(Dix，Ruble，Grusec，& Nixon，1986)。有关亲子互动的归因研究表明，父母评估儿童的主要内容一般是分析儿童当下行为发生的原因，尤其是评价儿童的行为是否是由其人格特质所引起的(Dix & Grusec，1985)。根据对应推理理论(Jones & Davis，1965)，这种因果分析主要依赖于对儿童行为意图的评估，该评估包括两个步骤。在第一步中，父母评估儿童的意图，即分析儿童是否希望通过自己的行为产生某种影响。具体来说，父母需要评估儿童是否理解他们的行为所产生的影响（知识层面）、儿童是否有能力在需要时故意产生这些影响（能力层面）以及儿童是否在不受外部控制的情况下产生这些影响（动机层面）。如果父母认为儿童有足够的动机和控制力来产生这些意图导向的行为，便推断儿童的行为是故意而为。第二步，父母往往在推断儿童意图的基础上来判断孩子的性格。如果父母认为儿童是故意做出行为产生影响，他们就倾向于推断这种行为是由儿童性格导致的。这种性格推断可能与观察到的行为相对应（Jones & Davis, 1965）。另一方面，如果父母认为儿童缺乏必要的知识、能力或动机，或者行为是受外部因素控制的，他们就会认为儿童是无意中做出那些行为并产生影响的，表明儿童行为受到了发展或情景因素的约束，而不是由人格倾向所导致的。因此，从归因角度来看，父母对儿童行为的评估集中在儿童行为是否是自由的、有意识地选择和控制的，还是受到情境或发展因素所制约的。父母关于儿童行为的因果推理影响着父母的养育行为。因此，有研究者认为，养育归因模型的第三步是父母通过对儿童行为的归因来调节对孩子的适当反应，比如确定该采取何种养育行为才是恰当的。

归因对父母养育行为的影响可能受到其他因素的调节。只有当孩子的行为具有挑战性而非一般消极行为时，内部归因偏差才更容易诱发母亲的消极情感和粗暴管教行为（Coplan, et al., 2002）。尤其是在充满挑战和压力的环境中，母亲归因偏差更容易诱发消极的养育行为。研究者考察了家庭混乱（family chaos）的作用，包括家庭环境的无序程度、噪音、拥挤和缺乏日常生活等；家庭混乱是一个重要的近端家庭环境指标，能通过其他环境因素（如社会经济地位）对所有家庭成员的社会情感和行为结果产生影响（Deater-Deckard, et al., 2009）。家庭环境中长期的混乱、不确定性和噪音都可能是造成压力和养育行为失调的直接原因。在某种程度上，家庭秩序混乱会通过削弱父母的执行功能来影响养育行为（Blair, et al., 2007）。把儿童的不良行为归因于儿童自身、忽视情境因素的父母，往往在养育行为中表现出更多的敌意和更少的温暖，并更容易诱发虐待风险（Wang, Deater-Deckard, & Bell, 2013）。这种父母归因偏差在家庭混乱的情境中更容易发生。研究者采用自我报告法和观察评定法考察了 160 名 3～7 岁儿童的母亲的归因偏差、家庭混乱程度、压力与养育行为之间的关系，发现在高混乱的家庭环境中，归因偏差与父母消极教养行为之间的联系更强，其中家庭混乱对内部归因偏差的调节作用尤为明显（Wang, et al., 2013）。因此，家庭混乱加剧了父母归因偏差对其消极养育行为的影响。

专制型养育理念和粗暴养育行为之间的联系可以通过父母归因相关的认知、情感因素来解释（Crouch, et al., 2017）。持有专制性养育理念的父母往往对孩子的行为进行敌意性归因，并在孩子犯错时感受到更多消极情感。这些敌意性归因和消极情绪又会增加粗暴养育行为。比如，认同专制型养育理念的父母往往认为孩子的不端行为是故意惹人恼火，更容易对儿童的侵犯进行敌意性归因，从而引发父母的攻击行为等粗暴的养育行为。父母归因与其消极情感也可能相互作用，影响父母的管教行为（Smith & O'Leary, 1995）。当父母认为儿童的不良行为是故意的、由儿童所控制或受儿童性格影响时，父母就会表现出更多消极情感，更容易对儿童的不良行为作出强烈反应（Dix, Ruble, Grusec, & Nixon, 1986）。对儿童的不良行为进行以儿童为中心的不恰当归因往往引起母亲的消极情感（Weiner, 1985），这将加剧母亲对孩子不良行为产生的情绪唤起，进而增加父母的粗暴养育或过度反应行为（Smith & O'Leary, 1995）。

Burchinal、Skinner 和 Reznick（2010）以 2～18 个月婴儿的母亲为样本，考察了专制型养育理念、敌意性归因和母亲敏感性之间的关系，结果发现专制型养育以及父母对婴儿的敌意性归因均与亲子互动过程中观察到的母亲敏感性呈负相关。有些母亲甚至认为，婴儿会故意做出不良行为，只有惩罚他们才能杜绝这种不良行为（Burchinal, et al.,2010）。为了证明父母归因对养育行为的影响，Slep 和 O'Leary（1998）观察了母亲与孩子的互动，并在互动前设计了一个能够增加母亲敌意或善意归因的简单诱导程序。为了诱导母亲进行敌意性归因，研究者告知实验组的母亲们，孩子们做出不良行为是为了故意获得关注和控制父母。相反，对照组的母亲则被告知，由于儿童的自控力还较低，儿童的不良行为一般是无意的。与对照组的母亲相比，那些认为孩子应该为其不良行为负责的母亲往往在随后的母子互动中表现出更多的过度反应，并使用更多惩罚行为（Slep & O'Leary, 1998）。

（二）父母执行功能的影响

"执行功能"通常指一组认知神经过程，这些过程有助于个体有意识地控制思想、行为和情绪，主要成分包括规划、工作记忆、抑制和转换等（Cummings & Miller, 2007）。其中，抑制、工作记忆和认知灵活性是执行功能的三个核心成分。抑制性控制（inhibitory control）包括自我控制（行为抑制）和干扰控制

（选择性注意和认知抑制）。工作记忆涉及在线存储信息以及利用长时记忆中的信息加工当前信息。认知灵活性涉及个体心理变化的灵活性等。这些基本的认知功能结合在一起，产生了复杂的目标导向行为，例如保持和转换注意焦点、制定目标和计划、监控结果并根据这些结果改变行为。成人执行功能与养育行为之间的关系是一个比较前沿的研究领域。母亲的执行功能（Effortful Control）在养育行为中起着至关重要的作用（Monn, Narayan, Kalstabakken, Schubert, & Masten, 2017）。母亲的热执行功能与积极的养育行为有关。对于报告了较高压力的母亲来说，通过冷执行功能任务评估出的母亲规划能力与粗暴养育存在负向关联（Monn, et al., 2017）。高执行功能促进父母对孩子灵活而敏感的照料，提高父母应对孩子行为的有效性（Kienhuis, Rogers, Giallo, Matthews, & Treyvaud, 2010）。高执行功能可以帮助母亲抵抗环境干扰，抑制冲动反应，持续监控孩子的需求，并在相互竞争的情境需求之间灵活切换注意焦点，从而使母亲能够对孩子作出敏感而及时的反应（Barrett & Fleming, 2011）。缺乏养育敏感性的父母在工作记忆和认知灵活性方面的表现较差。母亲的养育敏感性体现在偶然的、及时的和适当的养育行为中，这些行为往往非常复杂，涉及跨情境的适应（Gonzalez, Atkinson, & Fleming, 2009）。母亲在与婴儿的互动过程中，执行功能的作用更加明显。母亲必须注意并能够识别婴儿的暗示信息，将环境需求与婴儿的需求结合起来，所有这些过程都需要具备在线保存信息的能力（工作记忆）和灵活的策略（认知灵活性）。如果规划、目标导向行为的选择以及情绪和行为调节等执行功能受到限制，母亲对婴儿作出反应的能力很可能受到限制。如果母亲作出一种反应，但婴儿表示这不是正确的反应，此时母亲必须具有认知灵活性，以产生替代性反应并改变自己的行为（Turner, Wittkowski, & Hare, 2008）。因此，执行功能可能对母婴关系（情感纽带）产生直接影响。

所有父母都面临着各种各样的养育要求，但这些要求对那些有情绪和认知控制缺陷的父母来说尤其具有挑战性。父母的情绪、认知调节能力对于父母感知儿童需要、选择恰当反应并灵活作出反应至关重要（Kienhuis, et al., 2010）。父母在计划和改变行为、对暗示作出适当反应、面对压力或富有挑战性的孩子时调节情绪、解决问题和作出决定时，都需要这些基本的调节能力（Barrett & Fleming, 2011）。与情绪调节不良、执行功能存在缺陷的父母相比，情绪调节和执行功能较好的父母更有可能做出积极的养育行为，出现粗暴养育的可能性较小。在面对儿童难以管理的愤怒和叛逆行为时，父母必须对情境和潜在的反应进行评估，以调节自己的思想和情绪，进而作出有效的回应，减少孩子的问题行为（Lorber，O'Leary，& Kendziora，2003）。如果父母粗暴养育过程中表现出高水平的消极情绪（如愤怒、敌意），则会增加儿童遭受虐待的风险，提高儿童行为问题升级的可能性（Deater-Deckard，2004；Dodge，Bates，& Pettit，1990；Patterson，1997）。父母的执行功能，即注意管理、抑制控制和工作记忆等（Friedman，et al.，2008）此时成为避免粗暴养育的关键因素。注意加工和记忆过程是管理亲子关系中挫折感和愤怒感的必要条件，尤其是在面临儿童的不良行为时（Barrett & Fleming，2011；Wahler & Dumas，1989）。因为在此类情境中，执行功能通过对潜在反应的反思来调节父母的思维和情绪，而不仅仅是在愤怒中作出反应（Baddeley，1998；Barrett，Tugade，& Engle，2004；Ochsner & Gross，2008），这有助于减少父母的粗暴养育。

早期理论集中分析了执行功能对粗暴养育的预测作用，认为缺乏对行为和情绪的自我控制能力会导致对环境刺激（包括儿童行为）过度的消极反应（Wahler & Dumas，1989）。执行功能低的父母更有可能因为孩子的问题行为实施粗暴养育（Deater-Deckard，et al.，2012）。特别是在压力环境中，具有良好执行功能的父母更可能利用这些技能来维持为人父母的能力（Deater-Deckard，et al.，2012）。与执行功能类似的意志控制能力（effortful control）也影响着养育行为。父母的努力控制通过影响父母对儿童的情绪反应进而影响儿童的努力控制（Valiente，Lemery-Chalfant，& Reiser，2007）。父母的努力控制能够促进他们对儿童负面情绪的积极反应并能抑制他们对儿童负面情绪的消极反应（Valiente，et al.，2007）。高努力控制的父母能够保持冷静，当孩子表达消极情绪时能够调节自己的情绪（特别是当亲子互动不顺畅或父母情绪消极时），并且他们作出的反应能够促进亲子关系和儿童的努力控制能力（Valiente，et al.，2007）。努力控制中的抑制成分有助于父母控制消极的情绪和行为反应，减少粗暴养育的风险。研究发现，父母的努力控制水平越高，其消极养育行为越少，积极养育行为越多（Bridgett，Laake，Gartstein，& Dorn，2013）。高努力控制的父母对孩子表现出高水平的温暖、支持和更多积极情绪（Cumberland-Li，et al.，2003）。相反，冲动而缺乏控制的父母往往存在更多亲子冲突，对孩子存在更多愤怒的情绪反应（Fabes，Poulin，Eisenberg，& Madden-Derdich，2002）。这些研究结果甚至在以动物为被试对象的研究中获得支持。

研究者发现啮齿类动物中,执行功能的相应神经区域的损伤对母亲行为产生了不良影响,使得母亲对后代产生更多消极反应(Afonso, Sison, Lovic, & Fleming, 2007)。由此可见,父母执行功能不足是造成粗暴养育的风险因素。

工作记忆是一个目标定向、自上而下的加工过程,作为一个"看门者"起到抑制自动化的优势反应,通过保持目标激活和意识状态来促进自我调节过程(Hofmann, Gschwender, Friese, Wiers, & Schmitt, 2008)。执行功能中的工作记忆成分被视为促进目标定向行为的认知过程,其主要通过三种功能进行决策和行为调控:维持意识层面的信息、主动操纵信息并促进对长时记忆中信息的整合(Engle & Kane, 2004)。工作记忆能力存在个体差异,并且这些差异对个体的适应能力具有重要影响(Barrett, Tugade, & Engle, 2004)。高工作记忆能力的个体在执行控制及目标定向加工中更有可能取得成功。相反,低工作记忆能力的个体,控制加工容易遭到破坏。考虑到养育行为的认知需求(Azar, Reitz, & Goslin, 2008),对父母工作记忆能力的考察是理解养育行为的新视角。Deater-Deckard、Sewell、Petrill 和 Thompson(2010)发现,母亲低水平的工作记忆能力与母亲消极对待儿童相关。使用家庭内准实验设计解释同胞效应(Sibling Effect)时发现,母亲的消极反应性只在工作记忆能力水平较低的母亲中存在。此外,高水平的工作记忆能力有助于情绪调节(Rutherford, Booth, Crowley, & Mayes, 2016),而情绪失调的父母更有可能采取不良的养育策略。工作记忆和认知灵活性水平越高,母亲对婴儿的反应敏感性越强(Chico, Gonzalez, Ali, Steiner, & Fleming, 2014),粗暴养育的风险越低。相反,执行功能不足的母亲容易产生消极情感(Cuevas, et al., 2014),这也提高了粗暴养育的风险。

也有研究者认为工作记忆可以调节归因失调与父母粗暴管教之间的关系(Barrett, Tugade, & Engle, 2004)。根据意识的双加工模型,行为可以通过自动化加工与受意识控制的加工两种过程的交互作用加以预测(Barrett, et al., 2004)。在自动化加工水平上,认知过程对刺激的加工是一种迅速的、反射性的、自下而上的反应,是快速启动执行某一行为的倾向。父母归因就是一种"意识参与水平较低的情况下所发生的自动化过程"(Bugental & Johnston, 2000)。在该过程中,环境刺激(即儿童不当行为)获得父母关注并诱发自下而上的注意过程,这种典型模式的激活导致一系列行为的启动。因此,自动化加工的冲动性特点掩盖了更多的控制加工。由此,父母以儿童为中心的归因失调通过自动化加工可能诱发对儿童行为更多的粗暴惩罚。然而，工作记忆能力强的个体在该过程中可能存在更多反思和对无意识加工的抑制，从而有意识地减少无效养育行为的启动。这些结果表明，在考虑父母认知因素对养育行为的影响时，有必要同时考虑多种因素的共同作用，比如父母失调性归因和工作记忆能力的共同作用。实际上，除了考虑父母的认知因素，可能需要考虑更多因素以便建立更为合理的粗暴养育的风险模型。比如有研究者发现，尽管以儿童为中心的责任归因对父母养育行为存在消极影响(Slep & O'Leary, 1998)，然而这种影响并不强烈，这表明个体特征或所处情境可能起着重要作用(Wang, Deater-Deckard, & Bell, 2013)。养育的生物模型提出，情境压力因素可以作为养育模型有效的风险因素(Dopke & Milner, 2000)。因此，整合个体以及环境中的风险因素有利于提高我们预测粗暴养育风险的准确性。

执行功能与养育行为的关系受到其他环境变量(如家庭混乱)的影响。以不可预测性、拥挤、喧闹为特征的家庭混乱状态会在个体的生理、情感和行为层面造成长期压力，进而削弱个体的执行功能，比如削弱个体的注意力和行为调节能力(Mokrova, et al., 2010)。这种高压力情境导致父母产生更多自动化的或不受控制的认知加工过程，进而影响亲子互动过程。在面对儿童的不良行为时，高水平的注意调节能力有助于父母评估情境，并重新评估和调节自己的情绪和行为，从而做出有效的养育行为以减少儿童的不良行为。相反，在秩序混乱的家庭中，执行功能对养育行为的调节作用是非常有限的(Deater-Deckard, et al., 2012)，父母对养育行为的调控往往变得力不从心，更习惯基于记忆的归因偏差而产生自动化的养育反应(D'Agostino & Fincher-Kiefer, 1992)。

(三)养育效能感

自我效能感是个体对自己是否有能力完成某一任务的推测和判断(Bandura, 1997)。相信自己可以完成特定任务的个体往往具有更好的工作表现。自我效能感高的人在工作中具有高水平的动机，更愿意努力地从事困难任务，面对逆境时表现出更高的毅力。高效能感的个体积极追求角色行为并期望通过努力达成目标，这些因素能够预测任务的执行力度和完成状况。自我效能感高的个体在面对环境需求时相信自己的能力，倾向于将问题界定为挑战而不是无法控制的威胁性事件，从而减少了面对挑战性任务时的消极情绪唤起，遇到困难情境时表现出更高的坚持性(Jerusalem & Mittag, 1995)。相反，自我效能感较低的个体在遭遇逆境时往往体验到高水平的自我怀疑和焦虑感，幻想失败后需要承担的责任，避免挑战性任务，消极地应对问题。自我效能感可以从三个水平加以评估：一是不涉及特定任务或条件的整体的或一般水平的效能感；二是评估个体在特定领域内一系列表现的中级水平的效能感（如父母的养育效能感）；三是测量特定条件下特定任务中自我效能感。根据 Bandura(1997)的研究，任务水平的自我效能能够更好地预测个体的行为表现，因为特定的自我效能信念指导着一个人的行为，并决定着活动的执行情况(Sanders & Woolley, 2005)。因此，有必要考察父母在养育任务中的效能感对其养育行为的影响。

养育自我效能感(parenting self-efficacy)是指父母对自己能否有效完成为人父母的各种养育任务的信念(Gross & Rocissano, 1988)，是父母认为自己是否有能力影响儿童及其环境以促进儿童健康发展的一套信念。本质上，养育效能感是一个潜在的、重要的认知结构，是养育者对自己能否成功地为人父母的能力的期望(Cervone, 2000)。“养育能力”是一个多维度的概念，涉及认知、情感和行为多个维度，而“养育效能感”是父母对自己胜任父母角色的一系列能力的自我评估，也是一个多层次的概念。如果父母相信自己的行为确实会对子女产生积极影响，他们更有可能积极地参与亲子互动。相反，那些认为难以掌控或影响儿童生活的父母则更会采取消极的养育行为(Eccles, et al., 1993)。高水平的养育效能感往往促使父母从事在本质上有益于儿童发展的活动(Macphee, Fritz, & Miller-Heyl, 1996)。相反，那些养育效能感较低的父母则认为自己的养育努力没有成效，很少尝试能够促进儿童发展或改善儿童环境的养育行为(Ardelt & Eccles, 2001)。因此，高水平的养育效能感使得父母能够在养育过程中体验到控制感和满足感，有助于父母完成各种养育任务。高水平的自我效能感促使父母接受养育过程中不断出现的各种变化和挑战，因为这些挑战会带来自我和儿童共同发展的机会。高养育效能感使得父母在面对养育过程中的挑战时更具有坚持性和心理韧性，采取更为恰当有效的养育行为。相反，养育效能感较低的父母更容易把育儿责任视为负担，更容易感到情绪低落，更少体验到快乐和满足感，一般不愿采用费劲的管教技能(如诱导)，由此提高了粗暴养育的风险(Coleman & Karraker, 1997)。即使在最好的环境条件下，养育儿童也是一项具有挑战性的任务。根据 Bandura(1977)的观点，高效能感的母亲在面对养育压力时能够坚持养育任务，并能够在最初失败时尝试不同的婴儿抚慰策略，表现出更高的养育敏感性。根据控制错觉理论，当母亲对婴儿行为具有不切实际控制感（控制错觉）时，他们无法对婴儿的暗示作出敏感适当的行为反应（Donovan, et al., 1990）。根据 Bandura（1977）的观点，当母亲对养育任务的期望和自身能力一致时，自我效能感才可能与母亲敏感的养育行为有关；在面对挑战性的养育任务时，如果母亲的期望与自身能力不一致，高自我效能感也无法积极地预测随后的养育行为。

大量研究表明了提高养育效能感对父母养育行为的重要性。父母的自我效能感直接影响养育质量。Teti 和 Gelfand（1991）发现，母亲的自我效能感和养育能力呈正相关。高水平的自我效能感有助于提高亲子互动质量（Tucker, et al., 1998），推动母亲在养育过程中表现出更多温暖而敏感的养育行为（Teti & Gelfand, 1991），对孩子需求表现出较高的反应性（Stifter & Bono, 1998）。这些养育特征是防止儿童青少年问题行为发展（Lamborn, et al., 1991）、提高儿童自尊、改善其学业表现和社交能力、降低儿童焦虑和抑郁水平（Holmbeck, et al., 1995）的保护性因素。养育效能感较低的父母往往使用强制性的管教行为（Bugental & Cortez, 1988），此类管教行为与儿童行为问题和情感问题的发展有关（Arnold, et al., 1993）。Sanders 和 Woolley（2005）以 124 名 2～8 岁有行为问题的儿童及其母亲为样本，考察了父母自我效能感、父母惩罚与儿童问题行为之间的关系；他们发现，在控制了其他与父母和儿童有关联的风险因素之后，低水平的自我效能感能显著预测母亲的惩罚行为。效能感较低的父母往往认为自己无法控制儿童，倾向于把儿童的问题行为理解成威胁，进而诱发消极情感，甚至惩罚和虐待行为（Day, Factor, Szkiba-Day, 1994）。Bugental 等发现，母亲对孩子的控制感越低，对儿童采取强制性管教的频率越高。此外，养育效能感对于那些高风险的家庭环境更具有保护作用。Ardelt 和 Eccles 以 376 名 11～14 岁青少年及其母亲为研究对象，通过问卷法和访谈法考察了父母效能感对养育行为、儿童自我效能感以及学业成功的影响，发现父母效能感可以预测黑人母亲的积极养育策略，而不能预测白人母亲的积极养育策略，这一差异反映了黑人家庭环境的高风险特征（Ardelt & Eccles, 2001）。总之，养育效能感不仅能直接影响养育行为，也可能间接影响养育行为。养育效能感较低的父母往往知觉到儿童较多的问题行为，产生更多的抑郁体验，经历更多的养育压力和角色无助感，这些因素均提高了父母粗暴养育孩子的风险。

父母的自我效能感与儿童的问题行为之间似乎存在彼此强化的关系。自我效能感较高的父母在养育儿童方面采取了更为有效的养育措施，进而导致儿童更好的发展结果，这又反过来增强了父母的自我效能感。相反，自我效能感较低的父母在养育方面采取了很多无效的养育行为，损害了儿童发展，造成一系列问题行为，这又反过来削弱了父母的自我效能感(Jones & Prinz, 2005)。Day、Factor 和 Szkiba-Day(1994)以问题儿童为临床样本，发现父母效能感在儿童问题行为和惩罚管教之间起中介作用，也就是说，儿童的问题行为损害了父母的效能感，进而导致父母采取惩罚性的粗暴养育行为。

(四)养育信念、价值观的影响

养育信念是指父母对如何为人父母以及在与孩子交往中应采取何种养育策略的认知。养育信念主要是父母用来推理自身角色和孩子角色的想法，包括父母对孩子、抚养孩子和作为父母的看法(Coplan, Hastings, Lagace-Seguin, & Moulton, 2002)。父母信念包括父母的一系列价值观、为人父母的计划以及关于孩子和抚养孩子的思想观念(Luster & Rhoades, 1989)，是父母行为的关键决定因素(Goodnow & Collins, 1990)。父母的养育信念帮助父母辨别儿童哪些行为是正常的或异常的、可接受的或不可接受的、典型的或非典型的。养育信念不恰当的父母会对儿童的行为作出不恰当的反应，从而采用消极的养育行为。

Stoiber 和 Houghton(1993)指出，母亲错误的养育信念抑制儿童积极主动的应对行为，提高了儿童适应不良的风险。当母亲了解孩子的成长规律，但对孩子和父母应该如何表现缺乏认识时，亲子关系就会出现不和谐。父母对养育目标的信念也影响管教行为。父母在亲子互动中只专注于自己的目标时，他们比那些以孩子或亲子关系为中心的父母更倾向于使用惩罚措施(Hastings & Coplan, 1999)。Socolar 和 Stein(1995)发现养育信念和养育实践高度相关，父母的信念而非冲动性人格是父母打幼儿屁股的主要影响因素，大多数父母认为这样能有效管教孩子。父母越是相信某种养育行为有效，他们实际采用这种养育行为的频率越高。Kochanska、Kuczynski 和 Radke-Yarrow(1989)采用观察法发现，持有专制养育信念的母亲在亲子互动中表现出更多的直接命令、身体强迫、训斥和禁止行为，较少采用建议策略；然而，持有权威养育信念的母亲更多采用建议和积极鼓励的策略，较少使用身体强迫、禁止和直接命令等养育手段。Chung(2009)在对准妈妈的追踪研究中发现，对身体惩罚持肯定态度的母亲,更有可能在育儿实践中打孩子屁股。

Chao(1994)提出,中国父母在养育过程中一般具有“管”孩子的信念,“管”意味着控制和约束,也有爱和关怀的积极内涵。中国父母认为,对孩子的严格控制和管理意味着对孩子的深切关注和照顾,以及父母的高度参与。“管”作为中国父母信念的一个重要方面,深受香港母亲的接纳。这些母亲认为,父母努力工作和做好榜样对孩子的学习非常重要。这与“榜样是一种有效的学习激励”的观念相吻合(Bai, 2005)。Chen 和 Luster(2002)采用 Chao 的“管”量表考察了母亲的养育信念,结果发现母亲的“管”信念是养育行为的重要影响因素。香港母亲认为,照顾孩子应该是他们唯一需要关心的事情,即使他们不得不做出许多牺牲也应该尽最大努力照顾孩子,帮助孩子取得成功。中国母亲这种牺牲式的付出容易导致他们完全投入到“管”孩子的养育过程中,一旦孩子表现不如人意,父母就可能认为自己的付出不值得,对孩子表现出失望等消极情绪,进而采取消极的养育手段。

养育价值观是指父母在养育过程中力求孩子达到的发展结果,而养育信念是指父母关于如何实现有价值的发展后果的看法。父母的养育价值观,即父母最看重的养育结果,决定了父母认为什么样的养育行为是恰当的。重视孩子自我管理的母亲更重视通过支持性的养育行为促进儿童的良好发展,然而看重儿童顺从的母亲则更重视通过执行家庭规则引导儿童表现出某些行为(Luster, Rhoades, &Haas, 1989)。需要注意的是,由于不同文化造成养育价值观的差异,同样的养育行为可能是为了追求不同的发展结果。Miller 等(1997)发现,中美父母都给孩子讲故事,美国家庭把讲故事作为娱乐孩子的有效工具,中国家庭则把讲故事作为传达道德和社会标准的有效方法。

父母关于儿童发展的信念影响着他们的养育行为。中国父母认为后天环境比先天个人素质在个体发展中具有更为重要的作用。因此,很多父母认为,面对孩子的不当行为,使用专制粗暴的管教行为是可以接受的。另一个关于孩子发展的普遍信念是,年幼的孩子不懂事,可以适当地纵容、娇惯。当孩子达到理解或懂事的年龄时,就应该执行严格的管教行为(Ho, 1986)。然而,父母对孩子小时候的纵容往往使孩子形成了不好的行为习惯,父母可能会采用粗暴的养育行为矫正孩子的不良表现。在情感的表达与控制方面,中国传统思想强调训练孩子控制自身情绪,避免表达自己的想法和感受(Wu, 1996)。因此,一旦孩子表达了与父母不一样的观点,或宣泄自己的情绪,就可能引发父母的粗暴反应。

研究者总结大量研究后发现，父母信念要比儿童以往的成绩以及儿童对自身能力的知觉更能有效地预测儿童在数学、科学和言语领域的学业成绩。这种影响主要是通过养育信念对父母养育行为的影响实现的，要么通过父母的期望和鼓励培养孩子的学习态度，要么通过父母为孩子创造适宜的学习环境(Sigel & McGillicuddy-DeLisi, 2002)。Davis(1999)研究了正努力放弃体罚策略的父母，结果表明，父母之所以想放弃体罚，是因为他们对体罚作为一种养育手段的效用的信念产生了改变。相信粗暴管教有用的父母往往设置以父母为中心的目标，对儿童持有消极看法(Hastings & Grusec, 1998)，往往存在较多的粗暴管教行为。

(五)养育目标

养育目标(parenting goals)是指父母在与孩子的互动交往中希望孩子达到的结果(Dix, 1992)。不同文化重视孩子不同特质或价值观的发展，从而导致社会化或养育目标的文化差异。孝顺是中国文化中强调的一种重要的养育目标(Lin & Fu, 1990)。孝道意味着父母的权力和孩子的服从，重视孝道的父母致力于培养孩子对父母以及其他家庭长辈的服从意识。Chao(1995)发现，尊重、服从父母和长辈是美国华裔移民养育子女最重要的目标之一。除了孝道，保持和谐的社会关系是我国文化所强调的另一个重要的养育目标和价值观(Wu, et al., 2002)。孩子违背家长，与家长发生冲突，常常被视为不孝的行为表现，从而引发父母的粗暴养育。不同的养育目标引发不同的养育行为。Ho(1996)发现，重视培养孝道的父母更倾向于专制的养育行为。当父母的养育行为是为了解决儿童需求、培养积极的亲子关系时，父母努力达成亲子双方都能接受的结果，以便建立充满关爱和信任的家庭纽带(Hastings & Grusec, 1998)。此时，父母更多采用权威型的养育风格。当父母的养育目标指向满足自己的需要时(比如建立权威、获得孩子的顺从和尊重)，父母通常采用专制型的养育方式(Hastings & Grusec, 1998)。因此，当父母的养育目标在于矫正儿童的不良行为时，父母则会采用更多专制粗暴的养育行为。

父母对儿童的养育目标包含了父母的信念和态度，特别是对孩子的期望，影响着父母的养育风格和养育行为(Darling & Steinberg, 1993)。父母的养育行为在一定程度上也是为了实现这些社会化目标。孩子在校表现良好，特别是取得优异的学习成绩，这成为一个重要的养育目标，甚至体现了孩子的孝道观念(Chao, 1995)。亚洲学生努力学习,争取优异成绩的一个动力也是为了让家人满意,给家族争光。一旦孩子表现不好,父母可能会觉得“没面子”。中国文化强调孩子只要努力就能取得优异成绩,因此孩子不努力学习经常被看作是不孝顺父母的表现,甚至引发教师和父母的粗暴管教行为。在此种文化背景的影响下,父母的高期望往往给孩子造成压力。研究者发现,父母期望越高,他们在养育过程中对孩子的负面情绪越多(Reis, 1989)。当孩子无法达到母亲的养育目标或过高的期望时,经常受到父母的体罚(Azar, Robinson, Hekimian, & Twentyman, 1984)。当孩子不能达到父母不恰当的期望时,父母往往感到失望,甚至对孩子产生粗暴的养育行为。实际上,虐待儿童的父母往往对孩子的行为有不切实际的期望(Steele & Pollock, 1968)。

父母为孩子设定的成就目标是父母在孩子学业成就等方面期望孩子能够达到的目标。根据成就目标理论,父母可能为孩子设定表现目标或掌握目标(Elliot & Thrash, 2001; Midgley, 2002)。关注孩子学习成绩的父母可能更在乎孩子的班级排名,关心孩子与其他同学的比较优势,希望孩子成为优等生,取得优异的学习成绩(表现目标);而有些父母则强调在过去已经掌握的知识技能的基础上继续掌握新的知识和技能,获得自我提高(掌握目标)。在养育过程中持掌握目标的父母希望孩子能够发展自身能力,从而在时间上进行前后比较(把孩子过去和现在的表现加以对比)来评估孩子的成就。相比之下,那些追求表现目标的父母则努力展示孩子的能力,并通过与同龄人的社会比较来评估孩子的能力。Gonida 和 Cortina(2014)的研究表明,父母的成就目标影响父母的自主支持和控制行为。具体来说,在帮助孩子完成家庭作业时,持掌握目标的父母表现出更多的自主支持行为,然而持表现目标的父母则使用更多的控制性养育策略。当孩子意识到父母希望他们通过理解和深入的学习过程,发展新的技能,从而成为一个有能力的学习者时,孩子更可能采用掌握目标。当父母过分强调孩子的学业成绩和能力展示,不希望孩子与其他同学出现比较劣势,孩子则更倾向于表现目标,在课堂上表现出更多回避行为。因此,父母的成就目标影响着孩子的成就目标和学业表现,进而影响着父母的养育行为。

(六)养育知识的影响

养育知识(parenting knowledge)是指父母对儿童发展阶段以及相应养育策略的知识储备(Benasich & Brooks-Gunn, 1996)。作为父母社会认知的一个方面,养育知识包括对儿童发展过程、发展规律以及养育方法的理解(Dichtelmiller, et al., 1992)。“养育知识”是一个多维度的概念,至少包括三个维度:对儿童发展阶段的认识,对特定养育方法的认识以及对养育行为与发展结果之间关系的认识。养育知识包括许多领域:父母对满足儿童在发展过程中的生理、身体、认知以及社会情感等各种需要的途径的认知;父母对儿童发展规律的理解,既包括对儿童发展过程的理解,也包括对儿童成长过程中的能力和成就等多方面的理解;以及父母对有效应对儿童疾病、促进儿童健康的策略的认识(Bornstein, et al., 2010)。父母对儿童行为的准确解释也体现了养育知识(Bugental & Happaney, 2002)。养育知识有利于父母适应或预测孩子的发展变化(Stoiber & Houghton, 1993),从而有助于改善养育质量。

Stevens(1984)采用访谈法和问卷法,考察了父母关于儿童发展的养育知识与父母创造的家庭学习环境的质量之间的关系,发现在控制父母收入和受教育水平之后,父母对儿童发展规律的认识越深入,他们越善于设计高质量的学习环境,越善于以激发孩子能力的方式进行亲子互动。对环境因素和婴儿发展规律的认识不仅有利于父母设计高质量的学习环境,也有利于父母采取符合儿童心理发展规律的养育行为。具体来说,那些经常为儿童购买书籍和概念性发展玩具的父母实际上更清楚地意识到,为儿童提供玩具、让儿童读书等养育技巧对儿童发展的重要性。他们积极主动地参与儿童游戏,表现出积极的亲子互动行为,为儿童创设积极的家庭学习环境。准确了解婴儿发展规律是母亲情感支持和敏感反应等积极养育行为的最佳预测因子。由于缺乏养育知识和养育技巧,父母才经常采取无效的养育行为。要成为一个有养育技巧的父母,就必须积累关于儿童发展过程的基本知识。

养育知识指导着父母的养育行为。父母采取的养育行为是否恰当在一定程度上取决于父母了解多少与儿童发展相关的原理知识(Donahue, Pearl, & Herzog, 1997)。研究者发现在控制了母亲的收入和教育水平后,了解儿童发展知识越多的母亲在亲子互动中更为积极,对孩子的描述和评价更为积极(Grusec & Goodnow, 1994),倾向于采取更为积极的养育行为(Conrad, Gross, Fogg, & Ruchala, 1992)。具体来说,母亲对儿童游戏知识的把握与母子互动玩耍的方式(Damast, Tamis-LeMonda, & Bornstein, 1996)以及儿童的积极发展有关(Benasich & Brooks-Gunn, 1996)。母亲越是能够准确判断儿童的能力,便越能为孩子提供合适的学习环境,亲子互动的质量也越高(Miller, 1988)。母亲对儿童发展能力的认识和期望影响着母亲为婴儿提供的环境(Stevens, 1984)。能够准确评估婴儿发展的母亲与婴儿交流、为婴儿讲故事或读书的行为更多。富有养育知识和洞察力的母亲能够构建起一个与婴儿发展水平相匹配的养育环境(Parks & Smeriglio, 1986)。此外,父母养育知识也调节着父母自我效能感与养育行为之间的关系。具体来看,当父母具有较多的养育知识时,高水平的自我效能感有利于促进父母积极的养育行为;相反,当养育知识水平较低时,高水平的自我效能感不利于父母发展积极的养育行为(Hess, Teti, & Hussey-Gardner, 2004)。因此,养育知识是父母养育行为的重要影响因素。

根据认知—行为模型,母亲对儿童成长过程的了解影响母亲解释孩子行为的方式以及她们与孩子的互动方式(Cote & Bornstein, 2001)。了解儿童发展的母亲更有可能创造一个适合儿童发展的环境,更可能以敏感的方式参与亲子互动,进而支持孩子的社会和认知发展(Sigel, 1992)。相反,对儿童发展抱有不切实际的期望或缺乏亲子互动知识的母亲可能会使用无效的养育行为(如粗暴的、前后不一致的管教行为),对儿童发展造成阻碍(Dukewich, Borkowski, &Weitman, 1996)。与养育知识较少的父母相比,儿童发展知识丰富的父母具有高质量的亲子互动(Huang, et al., 2005),忽视或虐待儿童的行为更少(Dukewich, et al., 1996)。养育知识丰富的父母往往能够为儿童提供更多的言语和身体刺激,几乎不使用惩罚性的管教策略,在亲子互动中能够更为敏感地感受孩子的需求(Morawska, Winter, & Sanders, 2009)。Conrad 及其同事们(1992)发现,母亲的养育知识越丰富,她们在养育过程的自信水平越高,亲子互动越积极,而那些高自信但缺乏养育知识的母亲则表现出低质量的亲子互动。对于缺乏自信的母亲来说,无论她们的养育知识水平如何,养育质量普遍较低。Huang 等(2005)采用纵向研究考察了早期母亲对儿童发展的知识与后期养育行为之间的关系,发现在亲子互动中,不同维度的母亲知识(对儿童发展能力的正确估计或低估)预测不同的养育行为。母亲对儿童发展的知识缺乏理解导致母亲较少的积极养育行为,不利于激发儿童的学习潜能。此外,由于不同种族母亲的养育知识水平不同,对不同环境中如何教育儿童有不同的期望或目标,进而导致不同文化背景下不同的养育行为及其对儿童发展的不同影响(Huang, et al.,2005; Caughy, Genevro, & Miller, 2005)。总的来看,养育知识丰富的父母了解儿童发展过程中的更多规律,对孩子实施粗暴养育的风险更低。

父母监管不力(poor supervision)是父母对孩子施加粗暴管教行为的风险因素(Knutson, DeGarmo, Koeppl, & Reid, 2005)。当父母不能理解和真正体会孩子的需要时,就可能对孩子采取更多的强制策略,进而增加父母粗暴养育的风险。父母积极关注孩子的行踪、活动等监控行为体现了父母对孩子的关注,是富有责任感的养育行为的体现。监控不力的父母缺乏机会了解青少年的兴趣、活动以及交友等信息。随着时间推移,父母对孩子的了解与儿童真实的状况愈加不一致(Pettit & Laird, 2002)。因此,恰当的父母监控为亲子互动提供了更多交流话题,有助于保持和谐的亲子关系,降低父母粗暴养育的风险。相反,父母监管不力则可能导致孩子的越轨同伴交往,诱发很多问题行为,进而提高父母粗暴养育的风险。

(七)父母粗暴养育的信息加工模型

Twentyman 和同事们(1984)提出一个认知行为模型来解释父母对孩子的过度反应行为。该模型涉及父母期望、儿童不顺从、父母归因以及父母对儿童违规行为的过度反应等因素。根据该模型,父母期望过高、对儿童进行消极的责任归因、知觉儿童行为背后存在消极意图都是引发父母虐待行为的主要认知因素。攻击性儿童的认知活动的信息加工模型解释了父母对儿童的身体虐待行为(Milner, 1993),考虑到身体虐待与粗暴养育概念的相似点,该模型可以用来解释父母的粗暴养育行为,即父母对孩子的身体攻击和言语攻击行为。该模型主要包括四个阶段:父母对儿童行为的知觉;父母对儿童行为的解释、评估和期望,主要是赋予儿童行为某种意义或者说诠释儿童的行为;信息整合与反应选择阶段,主要是对前面涉及的各种信息加以整合,并选择要作出的反应;第四个阶段是执行反应并对执行过程加以监控的阶段。

在第一阶段,即行为知觉阶段,对儿童存在较多身体攻击和言语攻击等粗暴养育行为的父母在知觉儿童行为时往往存在更多扭曲和偏差,他们对儿童行为的知觉缺乏全面性和准确性。即使儿童的行为发生变化,他们也很少发现或者很少对其作出反应,因为他们对儿童的行为缺乏主动知觉。这些养育行为粗暴的父母也不善于觉察儿童表达的情绪信息及其变化。尤其是随着周围压力因素的提高,他们的知觉能力也将受到损害。

在第二阶段,即儿童行为的解释、评估和预期阶段。粗暴养育儿童的父母在解释儿童的不顺从行为时,更倾向于知觉孩子的对立违抗行为是故意而为,从而知觉这些行为更为严重,需要严加责备。他们认为,对儿童不同的违逆行为采取不同的管教策略，儿童的顺从程度也会改变。此外，行为粗暴的父母往往对孩子存在不现实的过高期望，一旦孩子不能达到或实现父母的期望，就会认为孩子故意对抗父母，从而采取立威的管教行为，甚至粗暴对待孩子。在评估儿童行为时，粗暴养育儿童的父母更容易对孩子的消极行为作出内部的、稳定的归因，对孩子的积极行为作出外部的、不稳定的归因。总之，父母越是把孩子的不当行为归因于敌意性的意图、把责任归因到孩子身上，就越可能实施粗暴养育行为。

在第三个阶段，即信息整合并选择反应阶段，粗暴养育儿童的父母往往不能全面地整合各种信息，进而影响他们如何处理孩子的不当行为或不良表现。这些父母往往在评估孩子行为时较少考虑甚至忽略情境信息，比如孩子因主动帮助妈妈端饭而不小心把碗摔在地上，粗暴养育的父母更可能直接惩罚孩子，而不关注造成这一行为的情境因素。他们在理解儿童行为上缺乏灵活性，很难想到其他合理的儿童管理策略。由于缺乏信息的全面整合过程，他们更容易在解释儿童行为时，固守呆板的认知偏见，以自动化的方式加工信息，自动激活对儿童的攻击反应。实际上，即使他们准确知觉到重要的环境信息，由于缺乏整合能力，他们往往固执地维持以儿童为中心的失调归因过程。

在第四个阶段，即反应执行和监控阶段，粗暴养育儿童的父母对某些合理的养育技能往往缺乏执行能力和监控能力。一方面他们缺乏成熟的养育技能，另一方面他们很难监控并调整不合理的养育行为。特别是在儿童行为引发父母高度痛苦的情绪状态下，父母更加难以执行和监控合理的养育行为（比如通过向儿童解释而进行诱导）。

在采用以上四阶段信息加工模型解释粗暴养育时需要注意两种加工过程的作用。根据 Shiffrin 和 Schneider（1977，1984）的双加工理论，自动化加工（automatic processing）是在父母意识不到的情况下发生的认知加工，一般用于非常熟练的加工过程；这种加工对注意资源要求不高，甚至无需有意识的注意，一旦启动很难修正和抑制。由于反复使用，自动化加工导致个体的反应潜伏期缩短，这也解释了行为粗暴的父母为何很容易迅速爆发脾气。相比之下，控制性加工（controlled processing）的发生过程是父母能够意识和控制的，需要父母注意监控的加工过程，容易被修正或停止；这种加工过程在新颖或线索不充分的情境中特别有用，有利于父母在这种情境中采取恰当的养育行为。自动化加工可以在知觉儿童行为时发生（第一阶段），并直接导致父母的行为反应（第四阶段)。因此,一旦父母知觉到孩子"不合理"的行为,自动化加工便被启动,直接导致父母某种特定的行为反应。尽管在有些情境下,自动化加工有利于快速执行有效的养育行为。然而,如果父母忽略环境中的重要信息,就可能导致父母对孩子的不当行为作出过激反应,导致粗暴养育行为的发生。

根据养育行为的信息加工模型,父母通过原生家庭中的人际交往以及文化环境的熏陶,已经形成某些稳定的关于孩子行为的信念和价值观,它们影响着对孩子行为的知觉和其他认知加工过程,进而影响后续的养育行为。根据该观点,父母的养育行为可以是环境诱发的,也可以是父母关于儿童的认知图式所启动的。在特定情境中,粗暴养育儿童的父母在加工孩子行为信息之前就已经具有了关于孩子行为应该怎样、为何这样发生的一整套信念或价值观。这些先入之见往往导致父母在不假思索、不考虑情境特异性的情况下,便对孩子的不当行为作出过激的粗暴反应。这些父母往往认为,体罚是非常有用的养育手段。有些父母甚至认为,说理和诱导等养育手段不如打屁股等惩罚策略有效(Trickett & Susman, 1988)。认同粗暴养育的父母往往对孩子的能力和行为等特征持有消极信念,认为相比其他孩子,自己的孩子智力低下,喜欢闹事等等,然而其他评估者(如孩子老师)却没有发现这些所谓的"缺点"。这些父母往往在亲子互动中对孩子持有不切实际的期望,在知觉孩子行为时也是有选择性地知觉某些"有问题的"特点,以此作出有偏差的评估,这些认知特点提高了他们粗暴养育孩子的风险。

二、父母人格因素

Belsky(1984)认为,父母的人格是养育行为最重要的决定因素,不仅直接影响父母的养育行为,还会通过塑造环境中的压力或支持性因素而间接影响养育行为。因此,有必要考察父母人格因素在父母粗暴养育行为中所起的作用。

(一)父母人格决定养育的理论模型

Belsky 首先提出了关于人格决定养育行为的过程模型。Belsky(1984)通过探索父母虐待儿童行为的起因提出了父母养育的决定因素模型。Belsky 指出,可以从三个普遍的角度解释父母为何虐待儿童:(1)精神病学模型,强调问题性的养育历史以及父母的人格特征;(2)孩子影响模型,认为孩子的困难型气质等特点是引发父母粗暴养育的重要因素;(3)社会学模型,认为贫困和父母失业等社会压力会增加父母虐待孩子的风险。Belsky(1984)通过考察父母的虐待行为，为父母养育行为的决定因素提供了一个通用模型。根据该模型，父母的养育行为由三种影响因素共同决定，即父母的人格或心理资源，孩子的个人特征，以及压力或支持的来源（如婚姻关系、职业经历和社会网络等）。这些因素直接影响孩子的养育质量，并通过父母养育过程间接影响孩子的发展后果。在以上三大因素中，Belsky 把父母的人格作为父母养育行为最重要的决定因素。Belsky（1984）提出，父母人格直接由父母的发展经历所塑造，工作、婚姻关系、社会支持等情境因素与父母人格相互影响。父母的心理资源对儿童发展有很大影响，父母的养育行为要具有敏感性和反应性，他们的心理素质需要足够成熟，能站在别人的角度看待问题，能控制自己的冲动，并能找到满足自己需求的方式。即使面对孩子令人不满的行为，父母也必须充满责任心，尽心培育孩子，因此成熟的人格特征对父母有效的养育行为尤为重要。从三种因素的作用来看，各种压力和支持因素既可以直接影响父母的养育机能，又可以通过父母心理健康的中介作用间接影响父母的养育行为。父母的人格因素也会影响社会环境中获得的支持和遭遇的压力，而这些压力和支持因素反过来又会塑造父母的养育行为。父母的心理资源在缓解社会压力对亲子关系的冲击方面比社会支持更有效，而社会支持本身又比孩子的性格特征更能有效地影响养育行为。总之，Belsky 认为，父母的人格因素是父母养育行为的最重要的影响因素，它不仅直接影响父母的养育行为，还间接塑造了其他影响养育行为的社会因素。

其次是 Heinicke 的理论模型。Heinicke（1984）提出了父母人格影响父母养育行为的第二种模型，该模型关注的是孩子出生前父母的人格特征、婚姻功能和家庭支持是如何结合在一起决定着父母的养育行为。Heinicke 指出，父母的人格功能主要包括父母的适应能力、积极维持关系的能力和自我发展三个方面。第一种因素（即父母的适应能力）是指父母能够高效、冷静、灵活地解决问题。如果父母能在孩子出生前就很好地处理生活问题，他们就更有可能胜任父母这一角色，更可能恰当地处理养育过程中出现的各种情况。第二个因素（即积极维持关系的能力）是指父母能够维持亲密的人际关系并善于在人际交往中表现出共情品质。Heinicke 认为，这可以通过父母对自己童年的积极体验，以及当前关系中的敏感性和温暖度来衡量。如果父母在孩子出生前就能与他人发展并保持积极的人际关系，他们就更有可能成为一名对孩子需求敏感的养育者。第三个重要的决定因素是父母的自我发展。自我发展是父母的一种能力，是指父母在与他人建立关系时表现出自主性和自信心的程度。那些能够保持自尊并与他人保持适当个性化的人际关系的父母在养育子女方面表现得更好。

(二)父母人格因素对养育行为的具体影响

1.大五人格不同维度与养育行为的关系

大五人格体现了个体稳定的、去背景化的信念和行为(Ozer & Benet-Martinez, 2006)，因此有必要考察父母在大五人格上的表现与粗暴养育行为之间的关系。“大五人格”模型是人格研究中最普遍的理论框架，主要包括开放性、责任性、外向性、宜人性和神经质等五个人格维度(Costa & McCrae, 2008)。总体来看，开放性(Openness to Experience)水平高的个体拥有广阔的视野，能够利用智慧和创造性，以冷静的方式面对生活。神经质(Neuroticism)是指个体对威胁、挫折和损失等消极经历倾向于作出稳定的消极情绪反应。高神经质的个体往往有着不切实际的想法和渴望，容易冲动，缺乏安全感，容易感受到伤害，承受着更多心理痛苦。外向性(Extraversion)反映了个体人际交往活动的数量，对刺激的需求以及获得快乐的能力。宜人性(Agreeableness)反映了一种人际关系取向，在情感、思想和行动上体现了从仁慈到对抗的连续统一体；宜人性高的个体愿意合作、相信别人并且善解人意。责任性(Conscientiousness)反映了一个人的组织性、责任感、决断力、诚实性、勤奋程度和抱负水平。由于父母人格特点是其养育行为最重要的决定因素，下面逐一分析大五人格的每个人格特质与父母养育行为之间的关系。

(1)开放性与养育行为

开放性高的个体享受新的体验，兴趣广泛，富有想象力，开放性较低的个体脚踏实地、务实、传统，生活方式固定。开放性高的父母更有可能为儿童提供新的生活体验(Prinzie, et al., 2009)，更可能采用灵活的、新颖的、非传统的养育方式，对各种养育知识保持开放态度(Koenig, Barry, & Kochanska, 2010)。开放性高的父母情绪体验更广泛，能够反思自己的养育价值观和养育行为，重视儿童的权利和需要，更容易对孩子作出共情性反应(O'Brien & DeLongis, 1996)。高开放性的父母往往表现出积极的养育行为。Metsa Pelto 和 Pulkkinen(2003)发现，高开放性的父母在养育过程中表现出较多支持和较少的消极控制。高开放性的母亲往往掌握着更多养育知识，在养育过程对自身的养育行为充满自信，亲子交流更为积极而且亲子互动充满启发性(Bornstein,

Hahn, & Haynes, 2011)。开放性强的父母更渴望了解孩子生活中发生的变化,更愿意接受孩子的观点和感受(Clark, et al., 2000)。因此,高开放性的父母可能更愿意学习各种有效的养育技能,对儿童的体验保持更高程度的开放和接纳,从而较少采用粗暴的养育行为。

开放性高的个体具有较高的灵活性和洞察力,能够容忍不同的观点,愿意与人沟通,共同致力于问题解决(Bouchard, 2003)。在采用传统方法失败时喜欢尝试新的问题解决方法。相反,在面对人际压力时,缺乏开放性的个体往往采取疏远的应对策略(比如忽视问题或拒绝参与),他们把疏远作为一种先发制人的策略来应对问题(Lee-Baggley, Preece, & DeLongis, 2005)。父母的开放性影响着家庭日常生活,特别是父母的育儿行为。开放性低的父母强调孩子要服从命令和尊重权威,而开放性高的父母则更加宽容,更愿意倾听不同的观点。在亲子互动中,开放性高的父母善于表达情感并且充满热情,鼓励孩子表达自己的观点。相反,高封闭性的父母则要求孩子服从命令,期望孩子毫无疑问地遵守规则,限制孩子的自主性(Metsapelto & Pulkkinen, 2003)。此外,富有开放性的父母较少把孩子的不良行为视为一种压力(Lee-Baggley, et al., 2005)。由于高开放性的父母对孩子的不良行为更宽容,甚至积极帮助他们寻找途径加以改善,因此也就减少了粗暴养育的风险。

(2)神经质与养育行为

神经质反映的是个体的情绪调节过程,表现在个体倾向于体验消极情绪和情绪上缺乏稳定性。高神经质的个体容易产生心理压力,有不切实际的想法,过度冲动,存在较多适应不良的反应。高神经质的个体表现出较多担忧,容易紧张、情绪化,缺乏安全感和胜任感,低神经质的个体则往往比较冷静、放松,不情绪化,具有较高的安全感。高神经质的母亲在养育过程中往往表现出低水平的温暖和参与,缺乏反应性和敏感性,养育行为充满更多侵入性、易怒性、敌意性和批评管教(Clark, et al., 2000)。Bornstein 等(2011)发现,母亲的高神经质影响母亲的认知而非养育实践;那些报告自己更焦虑、缺乏安全感的母亲,往往认为自己缺乏养育子女的能力,对自己的养育行为更为不满。高神经质的父母体验消极情绪较多,往往在亲子互动中对孩子产生偏见和消极归因(Patterson, 1982),从而诱发消极的养育行为。研究表明,母亲的情绪痛苦体验越多,对婴儿越缺乏关心,这种消极情绪不仅削弱亲子间的积极互动,还可能诱发攻击性的养育行为(Diener, et al., 1995)。此外,高神经质的个体一般具有高水平的心理压力，存在更多敌对和支配行为，对孩子缺乏信任和耐心(Longfellow, Zelkowitz, & Saunders, 1982)。情绪稳定是神经质的反面，稳定的情绪有利于亲子间的积极互动，促使父母对孩子的行为和信号作出适当、敏感而充分的反应(Prinzie, et al., 2009)。情绪稳定的父母一般表现出较少的过度反应，不太容易产生焦虑情绪，在面对压力性事件时(比如孩子的问题行为)，他们更容易保持冷静和镇定(Clark, et al., 2000; Prinzie, et al., 2004)。因此，高神经质的人格特质提高了父母粗暴养育孩子的风险。

高神经质的个体倾向于对他人的行为进行消极归因(Karney & Bradbury, 2000)，他们不仅对人际体验存在消极认知，还会通过自己的消极行为创造真实的消极体验(Caughlin, et al., 2000)。这些消极的认知特点和行为方式无疑会造成更多家庭冲突，从而提高了父母粗暴养育的风险。此外，高神经质的人格特征也给婚姻关系带来更多紧张和冲突(Karney & Bradbury, 1997)。根据溢出效应(spillover effect)，父母关系中的紧张感会渗透到养育行为中(Sherrill, Lochman, DeCoster, & Stromeyer, 2017)。父母冲突造成彼此的消极情绪，损耗应对资源，诱发惩罚性的父母养育行为(Latham, Mark, & Oliver, 2017)。同样，高神经质的父母对亲子关系中的不愉快事件往往反应较大，从而诱发消极的养育行为，损害亲子关系质量。总之，父母较高的神经质水平会导致较多的父母冲突和亲子冲突，破坏家庭的情绪氛围，致使父母对孩子的不良表现更加敏感；在这种情境下，一旦孩子表现不良，父母的消极情绪很容易爆发，从而更容易对孩子实施粗暴的养育手段。

(3)外向性与养育行为

外向性反映了个体人际交往的数量和强度、交流的活跃程度、对刺激的需求以及获得愉悦的能力。在外向性上得分高的个体常常被划分为社交型、活跃型、健谈型、乐观型、爱好玩乐型等以人为导向的类型，得分低的人则属于内敛型、冷静型、沉闷型、冷漠型等以任务为导向的类型。根据该描述，高外向性的父母可能比低外向的父母更适合养育孩子，因为这是一项社会性的任务。高水平的外向性(尤其是较高的社交能力)也可能让父母喜欢参加各种社交活动，而不喜欢整天呆在家里培育孩子。总体上，外向性与父母养育的敏感性、反应性和情感投入之间存在正向关系。Levy-Shiff 和 Israelasvilli(1988)发现，与外向性得分低的男性相比，得分较高的以色列男性在与 9 个月大的婴儿互动时，表现出更多积极情感，参与亲子游戏更为频繁，对孩子的游戏指导行为更多。

Belsky、Crnic 和 Woodworth(1995)对 15 个月和 21 个月大的幼儿的亲子互动过程进行家庭自然观察后发现，高外向性的父亲和母亲对孩子均表现出更高的养育敏感性和更多积极情感。一项针对父母及其 8 岁以下孩子所作的研究也发现，外向型的父母在养育过程中对孩子表现出更多的支持行为，他们鼓励孩子的独立性(Losoya, Callor, Rowe, & Goldsmith, 1997)。

外向性人格特质既包括社会活力成分，又包括社会支配成分，两种成分对养育行为可能产生不同影响。一方面，外向性反映了社会活力的高低，充满活力的母亲对孩子更敏感、更有感情、更能激发孩子(Belsky & Barends, 2002)。Bornstein 等(2011)进一步指出，那些认为自己更外向、更有活力、更活跃的母亲也认为自己是更称职的母亲，在亲子互动中更为理性地对待孩子的不良行为。外向性较高的个体喜欢社交活动，更容易体验到高水平的积极情感(Goldberg, 1990)。外向性高的父母赞同乐观的、享受的生活方式，更倾向于对子女表达积极情感，更容易体验到作为父母的能力感，从而激发孩子的积极反应。因此，高外向性的父母更有可能在亲子互动中表现出积极的养育行为，而非消极的粗暴养育行为。另一种观点则指出，外向性也反映个体的社会支配倾向，社会支配水平高的父母可能对孩子提出过高的要求和期望。研究发现，高外向性的父母有更多立威行为(Clark, et al., 2000)。因此，外向性中的社会支配成分可能导致父母粗暴管教的倾向，特别是在孩子表现出违逆行为时。

(4)宜人性与养育行为

宜人性反映了一个人的人际取向，从同情到敌对的思想、情感和行为。高宜人性的人心肠软、脾气好、信任他人、乐于助人、宽容、容易上当受骗、为人直率，而低宜人性的个体则愤世嫉俗、粗鲁、多疑、不合作、报复心强、无情、易怒、有男子气。高宜人性的个体一般表现是随和的、温暖的、善良的和合作的。从理论上讲，宜人性主要反映在个体人际交往的动机上，特别是保持亲密和谐的人际关系这一动机上(Wiggins, 1991)。在解决人际冲突时，高宜人性的个体倾向于采用协商和脱离冲突情境等建设性策略，较少采用强迫等破坏性策略(Graziano, Jensen- Campbell, & Hair, 1996)。此外，高宜人性的个体在社会交往中更喜欢自己的互动伙伴，与互动伙伴的人际交往更和谐，在交往中表现出的紧张感和冲突行为更少。因此，高宜人性的父母更倾向于采取建设性的策略积极解决亲子冲突，从而降低了粗暴养育的风险。高宜人性有助于个体在人际交往中体验到更多积极情绪。在人格的五大维度中，宜人性是唯一一个与亲社会情绪的两个主要方面(即共情关怀和个人痛苦)均显著相关的维度(Graziano, et al., 2007)。宜人性与共情倾向有关,高宜人性的个体更容易从他人角度看待问题(即观点采择),也更容易感受到他人的痛苦(即共情关怀),较少经历以自我为中心的负面情绪(即个人痛苦)。这些认知和情感过程与助人行为有关,即高宜人性预测个体更多的共情关怀和帮助行为(Graziano, et al., 2007)。因此,高宜人性的父母能够更好地理解孩子的想法和感受,亲子相处更为融洽,从而减少了粗暴管教孩子的风险。再者,高宜人性的个体更善于控制挫折感,更愿意也更有能力调节人际交往中不可避免的挫折。研究表明,宜人性可能起源于一种早期出现的被称为努力控制的气质特征(Tobin, Graziano, Vanman, & Tassinary, 2000)。宜人性与受到消极情绪刺激后右侧前额皮质的激活有关(Haas, Omura, Constable & Canli, 2007)。这些结果表明,高宜人性的个体受到负面刺激时,能主动调节负面情绪。Tobin、Kieras 和 Graziano (2003)利用令人失望的礼物范式,在学龄儿童中发现了宜人性与情绪调节之间的类似关系:在接受不受欢迎的礼物时,高宜人性的孩子比低宜人性的孩子受到的负面影响更少。因此,无论是儿童还是成人,宜人性都与更强的负面情绪调节能力有关。基于以上分析,高宜人性的父母更善于调节亲子交往中产生的负面情绪和挫折感,从而也就降低了粗暴养育的风险。

在宜人性上得分高的父母可能更善于为人父母,至少从孩子的角度来看是这样。Belsky 等(1995)发现,宜人性越高,母亲对幼儿的积极情感和养育敏感性越高,消极情感和过度控制行为越低。Clark 和 Goldman(1997)在对幼儿的研究中也发现,父母较低的宜人性与父母在养育中的强势行为和缺乏反应性有关。高宜人性的母亲往往能提供一种亲切、温暖的养育环境,让孩子感受到理解和保护(Prinzie, et al., 2009)。高宜人性的父母往往采用支持性养育,在养育中较少表现出立威行为(Clark, et al., 2000; Smith, et al., 2007)。Bornstein 等(2011)发现,那些评价自己富有同情心、合作体贴的母亲会用更加缓慢的语速与孩子交流,在和孩子说话时会使用更多不同类型的词根。高宜人性的父母会与孩子保持积极的互动关系,他们随和的人际交往倾向使孩子觉得他们作为父母很称职,从而提升了他们为人父母的胜任感(Nauta, 2004)。因此,高宜人性的父母更善于体会孩子的感受,亲子间的交流互动更积极,从而大大降低了父母粗暴养育的风险。

(5)责任心与养育行为

高责任心的个体通常具有组织性和计划性，善于自律，勤奋做事，遵守规则，能控制冲动，努力实现自己的目标(Goldberg, 1990)。他们具有较强的自控力、遵从组织纪律、有责任感并努力工作、很少因行为不当引发别人的批评，这些行为有助于增强人际关系的稳定性(Lodi-Smith & Roberts, 2007)。低责任心的个体则缺乏组织能力，不喜欢制定计划，做事容易粗心大意。养育过程是一个充满压力，需要付出的过程。高责任心可以说是为人父母的基本要求，也只有富有责任心的父母才能在面对养育过程中的挫折和困难时为孩子提供最好的成长环境。责任心塑造个体对社会经历的体验和解释，进而影响个体相应的行为反应。当面临困难和挑战时，高责任心的个体往往能坚持下去，而不是忽视问题，逃避困难和责任(O'Brien & DeLongis, 1996)。因此，高责任心的父母在面对孩子问题行为和不良表现带来的挫折感时能够对孩子的行为作出合理解释，进而采取有效的养育措施。责任心对建立和维持健康的人际关系起着至关重要的作用，影响着人际关系的质量。比如，责任心低的个体缺乏责任感，对他人缺乏社会支持，行为表现傲慢，习惯于表达有损人际关系的话语(Vohs & Ciarocco, 2004)。相反，有责任心的个体很少与他人发生分歧和冲突，更善于处理各种人际问题(Jensen-Campbell & Graziano, 2001)。因此，高责任心的父母在亲子交流过程中对孩子存在更多支持行为，而不是一味地批评和控制，这有利于维持良好的亲子交流。研究表明，高责任心的父母更有可能为孩子提供前后一致的养育行为(Prinzie, et al., 2009)。他们善于观察孩子的情绪和行为反应，从而对孩子的反应更为敏感，他们会设置一些行为规则，但不会使用武断的立威行为和过分的消极控制(Kochanska, Friesenborg, Lange, & Martel, 2004)。Losoya等(1997)对8岁以下儿童父母的养育态度和养育行为进行了研究，发现责任心与支持型的养育方式呈正相关，与消极、控制型的养育方式呈负相关。因此，在养育过程中，低责任心的父母可能缺乏养育责任感，对儿童的行为不敏感，难以控制自己的消极情绪和行为，进而导致消极的亲子互动，甚至在养育压力情景中对儿童施加粗暴养育行为。

在考察大五人格因素对父母养育行为的影响时有必要分析父母多种人格因素对养育行为的协同作用。比如，外向性和神经质分别反映了个体体验积极和消极情绪的倾向。一般来说，父母的积极情绪(高外向性)有助于引导、组织和激发父母养育的敏感性，而消极情绪(高神经质)则容易诱发父母强制性的养育行为(Belsky & Barends, 2002)。权威型养育风格的父母往往表现出高外向性和低神经质的特点,他们快乐自信,具有很高的合群性,而不是冷漠、沮丧、焦虑和过度反应。高神经质和低外向性的父母不太可能有良好的养育行为。经常体验消极情绪的高神经质的个体对日常人际压力的应对能力较低,他们缺乏共情反应,对他人表现出较多对抗和敌意行为(Gunthert, Cohen, & Armeli, 1999)。这些消极的情绪和行为反应模式导致父母的过敏反应和惩罚行为。

2. 易激惹和完美主义等父母人格因素的影响

易激惹(irritability)是指个体在遭遇挫折后很容易体验到愤怒情绪的倾向(Leibenluft & Stoddard, 2013),包括基本成分和状态成分两个方面。基本成分是指持续的愤怒、暴躁或不高兴的情绪,而状态性成分是指极度愤怒的行为爆发(Copeland, Brotman, & Costello, 2015)。因此,易激惹的基本成分是一种比暴怒更持久的心境状态(Vidal-Ribas, Brotman, Valdivieso, Leibenluft, & Stringaris, 2016)。易激惹的这两个方面构成了破坏性情绪失调障碍的两个核心症状:严重的、间歇性的情绪爆发(即状态性易激惹)和情绪爆发之间的暴躁情绪(即基本性易激惹)。易激惹的人格特点与挫折感、愤怒情绪和攻击行为密切关联(Leibenluft & Stoddard, 2013)。可以想象,易激惹的父母在面对孩子的错误或其他不良表现时,更可能产生持久的、难以消除的负面情绪,更可能对孩子爆发脾气。这里有必要分析挫折、愤怒和攻击三者之间的关系。挫折是指个体在无法达到目标时的消极情绪反应。愤怒是一种情绪,通常由挫折引起(有时也会由威胁引起)(Brotman, Kircanski, Stringaris, Pine, & Leibenluft, 2017)。攻击是指由愤怒或挫折引起的言语或身体行为。从三者的关系来看,挫折引发愤怒情绪,愤怒进一步诱发攻击行为。由此可知,父母易激惹的人格特点可能导致父母对孩子较多的身体和言语攻击行为(Brotman, Kircanski, & Leibenluft, 2017)。

高易激惹是父母粗暴养育行为的风险因素。具体来说,当孩子犯错时,易激惹的父母很容易将儿童的这种行为当成养育挫折并产生愤怒情绪,进而对儿童采取体罚或言语羞辱等粗暴养育行为。敌对的养育行为会导致暴躁、易激惹的人格特征代代相传(Caspi & Elder, 1988),而这种暴躁、易激惹的人格特点又导致孩子为人父母之后敌对的养育风格,进而诱发下一代的攻击行为(Patterson, DeBaryshe, & Ramsey, 1989)。久而久之,父母的敌意性人格、粗暴养育行为与儿童的攻击行为之间形成恶性循环。根据强迫理论(coercion theory)，父母易激惹的人格倾向使得他们即使在孩子最轻微的刺激下也会作出攻击性的养育反应，这种强制性的养育行为增加了儿童的问题行为(Gershoff, 2002)，又反过来增加了父母的粗暴管教(Greenwald, Bank, Reid, & Knutson, 1997)，形成一个难以打破的恶性循环。Thartori 等(2019)以 204 名母亲为样本，采用纵向研究考察了母亲的易激惹人格与粗暴养育之间的关系，发现母亲的易激惹水平纵向预测其一年后的粗暴养育行为。母亲的易激惹倾向导致他们对儿童轻微的挑衅也会作出冲动性甚至攻击性的粗暴养育反应。

父母的冲动性也是粗暴养育行为的人格风险因素。冲动性(Impulsivity)是指个体倾向于对内部或外部刺激作出快速、无计划的反应(Moeller, Barratt, Dougherty, Schmitz, & Swann, 2001)。与大多数具有同等能力和知识水平的个体相比，高冲动性的个体在行动之前对那些无计划的反应可能造成的消极后果缺乏考虑。Whiteside 和 Lynam (2001)进一步明确了冲动性的几个维度：紧迫感(急于发泄当下的消极情绪)；缺乏计划或考虑(不考虑后果就采取行动)；缺乏毅力(难以专注于当下任务)；寻求刺激(从事危险的刺激活动)。Chen 和 Johnston(2007)以 96 名 4～6 岁儿童的母亲为样本，考察了母亲冲动性与养育行为之间的关系，发现母亲的易冲动与父母的过度反应以及不一致的养育行为呈正向关联。高冲动性的母亲缺乏计划性(如说话不过大脑，经常打断或打扰他人，经常焦躁不安等)，难以控制自己的情绪，很容易与儿童发生冲突，更容易在亲子互动中反应过度(Chen, & Johnston, 2007)。高冲动性的母亲在养育过程中往往缺乏毅力，注意力分散，难以注意儿童的行为细节，很容易受外界刺激吸引而分心，无法将注意力维持在儿童的行为反应上；她们难以持续性地参与亲子互动，倾向于采用不一致的管教方式和消极的养育行为(Chen, & Johnston, 2007)。因此，高冲动性的父母往往情绪不稳定、缺乏耐心，对儿童的不良行为比较敏感，很容易在儿童犯错时爆发消极情绪，进而诱发父母的身体攻击或言语攻击等粗暴养育行为。

除了易激惹和冲动性等消极人格特质之外，父母的完美主义倾向也可能造成父母在养育过程中对孩子施加苛刻的养育行为。完美主义倾向是个体努力达到过高标准的程度(Hamachek,1978)。完美主义至少体现在三个方面：过高的自我要求、重要他人对自己的高要求以及对他人完美行为的高度期望(Snell Jr. , Overbey, & Brewer, 2005)。Hewitt 和 Flett(1991)进一步提出了三种类型的完美主义者。以自我为导向的完美主义者对自己设置不切实际的高标准,以他人为导向的完美主义者对他人有着不切实际的高要求,社会导向的完美主义者认为他人对自己有着不切实际的高期望。完美主义者重视目标的实现,倾向于利用二分法思维将行为解释为完全成功或完全失败(Egan, Piek, Dyck, & Rees, 2007)。对孩子要求过高的父母往往设置不切实际的养育目标。过高的父母期望和儿童现实表现之间的巨大差异会损害父母的自我效能感,增加养育压力,降低养育满意度(Lee, Schoppe-Sullivan, & Dush, 2012)。如果父母属于以他人为导向的完美主义者,就可能难以接纳儿童的不良表现和行为问题,对儿童各方面的发展也会提出非常高的要求。一旦孩子做错事或各方面达不到父母要求时,就很容易产生沮丧甚至愤怒等消极情绪,由此提高了粗暴养育的风险。

3. 父母人格与儿童人格因素的交互作用

在考察父母人格对其养育行为的影响时,有必要同时考虑孩子气质特点的作用。当代儿童社会化理论认为,父母人格与儿童气质的交互作用才是父母养育行为的决定因素,仅仅父母的人格因素或是儿童的气质因素都不足以引发父母特定的养育行为(Maccoby, 1992)。根据该理论,母亲对孩子的反应有一部分取决于母亲自己的个性,还有一部分受孩子情绪特点的影响。在不同情境下,父母人格特质与儿童情绪的特定组合对父母养育行为产生不同影响。Mangelsdorf 等(1990)发现,母亲性格和婴儿情绪之间的交互可以预测依恋安全感。这些交互体现了儿童发展中父母与儿童人格特点之间契合度的重要性。Lerner 和 Lerner(1983)提出,仅仅孩子气质或父母某些心理特质都不会塑造父母的养育机能,父母和孩子之间的"契合度"才是决定亲子关系发展的核心要素。儿童的气质倾向在父母养育影响儿童适应发展中起着重要的调节作用(Bates, Pettit, Dodge, & Ridge, 1998)。儿童早期的困难气质(或称为负性情绪或痛苦倾向)是影响父母养育社会化过程以及亲子关系的决定因素。

努力控制是儿童气质方面的一个重要因素,反映了个体抑制优势反应、激活从属反应的能力。研究者发现,儿童的这种气质因素调节着父母人格因素对养育行为的影响。相比于努力控制水平较高的孩子,父母对缺乏努力控制能力的孩子施加更多的要求和控制,这种控制受到父母人格特点的影响(Clark, Kochanska, & Ready, 2000)。换句话说,父母人格与孩子的气质特点(努力控制)产生交互作用,影响着父母的管教策略。Karreman 等(2008)阐释了儿童努力控制在父母人格和养育行为之间的调节作用。面对低努力控制的儿童,高神经质的父亲会对儿童施加更多的主动控制。这可能是因为高神经质倾向的父亲在孩子行为失控时会马上设置限制以控制孩子,而低神经质的父亲可能过一段时间才会干预孩子的不良表现。此外,面对缺乏努力控制的儿童,高外向性的父亲会施加更多的消极控制。这可能是因为它们更善于表达,更容易在孩子犯错时向孩子表达自己的负面情绪并对孩子采取消极的控制策略。但是,当孩子努力控制水平较高时,外向性的父亲对孩子表现出较少的消极控制。因此,当孩子能够控制自己的冲动和消极情绪时,即使是高外向性的父亲也不会采用过多的消极控制策略。由此可见,高外向性和高神经质父母对孩子是否采取粗暴养育行为受到孩子努力控制能力的影响。面对缺乏努力控制能力的孩子,高神经质和高外向性的父母可能采取较多的粗暴养育策略来控制孩子,但是当孩子本身努力控制能力较强、能够控制自己的冲动和消极情绪时,即使是高神经质和高外向性的父母也不太可能对孩子施加粗暴管教策略。

研究者对儿童气质影响父母养育机能形成普遍共识,即婴儿时期难以相处的气质类型会削弱父母的养育机能(Bates & Watts, 1980)。Campbell(1979)发现,当母亲报告自己 3 个月大的孩子难以相处时,他们在孩子 3～8 个月的养育过程中缺少母婴互动,对孩子的哭声缺乏敏感的反应。Milliones(1978)也发现,母亲对 11 个月婴儿所感知到的育儿难度与母亲对孩子的反应能力呈负向关联。母亲对 4 个月婴儿的负面情绪往往会作出消极的反应(Kelley, 1976)。这些发现将儿童的负性情绪作为养育中的一种慢性压力源,揭示了母亲人格、压力和养育行为之间的相互作用。婴儿的负性情绪可以在父母人格、父母养育行为以及环境压力之间架起一座桥梁,它提供了测量早期养育环境中压力源的一种富有生态效度的途径。Clark 等(2000)发现,缺乏共情能力的母亲往往采取立威控制的养育策略来应对儿童的负性情绪,然而高共情的母亲不管面对什么气质类型的儿童,都不会采用控制性的养育策略。同样,高外向性的母亲只对高负性情绪的孩子才会表现出高水平的立威控制行为,这可能是因为负性情绪少的孩子更容易被引导,从而减少了母亲的约束策略(Clark, et al., 2000)。由此可见,低共情和高外向性的母亲在面对高负性情绪的儿童时更容易采取粗暴养育的策略来应对儿童负性情绪所诱发的养育压力。

三、父母的情绪调节

情绪调节主要涉及四个层面:(1)对情绪的认识和理解;(2)对情绪的接受;

(3)在经历消极情绪时,坚持目标导向行为和避免冲动行为;(4)有效的情绪调节策略(Gratz & Roemer, 2004)。情绪调节能力在个体整个生命周期中发生着变化。向母亲身份的过渡对女性的情绪调节能力提出了更高的要求。照顾婴儿意味着一个重大的生活变化,面对需要抚慰的婴儿,母亲需要调节自身情绪,帮助孩子成长。父母的自我调节能力对亲子互动质量有很大影响,高水平的情绪调节能力有助于父母对孩子的行为作出适当反应(Rutherford, Wallace, Laurent, & Mayes, 2015)。

父母的情绪调节是指父母在照顾孩子时表现出来的调节情绪体验和情绪表达的能力(Gross & Thompson, 2007)。为人父母是个体重大的人生变化,会对个体的情绪调节产生重大影响,成功的情绪调节对养育子女至关重要。对父母来说,在照顾情绪痛苦的孩子时能够保持良好的情绪,积极调节孩子的情绪,是一种养育挑战。无论孩子的情绪状态如何,父母良好的情绪调节都具有提高父母的反应敏感性、改善养育行为的功能(Thompson, 1994)。了解父母在管教孩子时的情绪调节过程,有助于了解不同父母之间在养育行为上的差异。在令人心烦意乱的养育情境中,能够采用情绪调节技巧改善情绪的父母更容易减少消极情绪,而不善于情绪调节的父母则难以保持平静,从而采取消极的养育手段(Lorber, 2012)。Dix 和 Meunier(2009)发现,情绪失调的父母倾向于自我中心,对自己和孩子的能力做出更多的消极归因,表现出更多的消极情感和较少的积极情感,采取更多强制性的养育行为。一项长达 21 年的纵向研究表明,父母的情绪失调预测养育过程中父母的惩罚策略(Kim et al., 2009)。根据情绪理论中功能主义的观点(Consedine, Strongman, & Magai, 2003),情绪是行为的动机,为个体的行动提供动力。父母消极情绪的激活推动父母消极地感知孩子的行为。如果孩子的不良行为违背了父母的目标,就会引起父母的消极情绪,使父母倾向于采取反应过度的管教方式(如粗暴养育)来阻止孩子的不当行为。父母的消极情绪也会导致对孩子偏见性的消极评价,从而使父母对孩子更容易采取粗暴养育行为。研究表明,父母的消极情绪导致父母对孩子行为的消极评价(Jouriles & Thompson, 1993)和粗暴惩罚(Leung & Slep, 2006)。因此,当父母体验到消极情绪时,及时采取恰当的情绪调节策略调节自身情绪,有助于父母采取有效的养育手段,减少粗暴养育的风险。

为人父母总是面临着各种各样的养育事件,需要父母满足孩子的各种需求,这对那些缺乏控制能力的父母来说尤其具有挑战性。良好的情绪和认知调节能力能够使父母更好地感知孩子的需要并作出敏感灵活的反应(Kienhuis, Rogers, Giallo, Matthews, & Treyvaud, 2010)。父母在计划和改变自身行为、对线索作出适当反应、调节压力情景中的情绪、解决问题和做出决定时,都需要具备一定的情绪调节能力(Barrett & Fleming, 2011)。自我控制能力,尤其是情绪调控能力,对处在压力环境中的父母来说尤为重要(Deater-Deckard, 2014)。Gottman 等(1996)对 4～5 岁孩子的父母进行了半结构化的访谈研究后发现,相比对自身情绪缺乏了解的父母相比,对自身情绪了解较多的父母对孩子表现出更多的积极情感。那些能够有效控制情绪的父母能更冷静地应对压力,根据情境激活恰当的情绪反应,而那些缺乏情绪调节能力的父母则更倾向以情绪化的方式应对养育压力(Skowron & Friedlander, 1998)。研究表明,情绪调节能力差的父母更可能对孩子施加虐待行为(Henschel, de Bruin, & Möhler, 2014)。在家庭生活中,孩子做错事或表现不好的情境往往给父母造成压力,使父母感到烦恼痛苦,有效的情绪控制能力能够使父母在这种情境中采取恰当的管教行为;相反,那些难以调节自身烦躁情绪的父母则很难在这种情境中保持冷静,倾向以情绪化的方式处理孩子的不良表现,对孩子采取粗暴养育。

父母能够采取有效的情绪调节策略来调整因孩子不良表现而引发的消极情绪有助于预防粗暴养育行为的发生。研究者分析了多种情绪调节策略在养育情境中的功能。在 Gross 和 Thompson(2007)看来,情绪调节是个体要表现何种情绪、何时表现、如何表达以及如何体验的过程。在他们提出的五种情绪调节策略中,认知重评和反应调整两种策略在养育研究领域获得最多关注。认知重评是指个体以不同方式思考引发情绪的事件以管理自身情绪,通过重新评价引发消极情绪的刺激而减少消极情绪的体验和表达,通常与个体积极的适应状态有关(Gross, 1998)。反应调整是指个体直接调整或改变与情感相关的体验、表达和生理反应,其中表达抑制是最常见的一种调整方式。表达抑制虽然减少了情绪的外部表现(如负面情绪的面部表情),然而不能改变个体的内在体验,而且压抑消极情绪会导致更强的生理反应(Roberts, Levenson, & Gross, 2008)。因此,表达抑制在很大程度上与个体较差的适应能力有关(Ehring, Tuschen-Caffier, Schnülle, Fischer, & Gross, 2010)。情绪调节不良可能导致父母体验情绪不足或过度反应,从而在亲子互动过程中情绪表达不当(Dix, 1991),诱发消极的养育行为(Leung & Slep, 2006)。由于认知重评有助于减少父母对消极情绪的体验和表达(Gross, 1998),所以当面对孩子具有挑战性的行为时,采用认知重评策略的父母往往体验到较少的消极情绪,也更少表达消极情绪,从而降低了粗暴养育的风险。相比之下,表达抑制策略并不能减少父母对消极情绪的内在体验,反而会增强他们的生理反应,这些因素与父母的过度反应有关(Lorber & O'Leary, 2005)。因此,面对孩子的过错等不良表现,父母难免产生愤怒等消极情绪,然而良好的情绪调节策略有助于父母改善情绪,从而减少粗暴养育行为,这对父母和孩子的健康发展都是有益的。

四、父母的共情能力

攻击的一般模型表明,缺乏共情在攻击行为中起着重要作用(Azar, 1991)。共情能力对个体的攻击行为具有抑制作用。粗暴养育作为父母对儿童的身体攻击和言语攻击行为,可以通过该模型加以解释。Coricelli(2005)将共情称为"情感性的心理理论",帮助个体对他人的情感状态作出推论。从认知角度来看,共情能力强的父母能够采纳孩子的观点,更好地理解孩子的立场和行为,进而抑制冲动性的养育行为。从情感角度来看,当父母能够经历一种共情关怀的情感反应、理解孩子的痛苦时,这种感同身受的痛苦体验将抑制父母对孩子的攻击行为。

共情是宜人性的一个重要方面(Watson, Clark, & Harkness, 1994),能够促进父母积极的养育行为。当孩子寻求关爱时,共情能力使父母能够站在孩子的角度观察他们的需要,更好地为孩子提供支持性的养育环境(Dix, 1992)。Kochanska(1997)发现,与缺乏共情的母亲相比,共情水平高的母亲能够与孩子建立更加积极的亲子关系。在一项非父母参与的研究中,那些共情水平高的个体对婴儿发出的信号表现出更强的情感反应,他们在与5个月大的婴儿面对面互动时,抱起婴儿的愿望更强烈(Wiesenfeld, Whitman, & Malatesta, 1984)。由于高共情使得父母能够感同身受地理解孩子的需要,从而大大降低了粗暴养育的风险。

功能磁共振成像(fMRI)研究了母亲的共情能力与对幼儿的敏感性反应之间的关系。结果显示,高敏感性的母亲当婴儿哭泣时,母亲大脑中与情绪调节、抑制控制和决策相关的区域被激活。相反,在高侵入性的母亲看到他人痛苦时,大脑中与情感识别和共情相关的区域被激活。大脑的活动区域表明,养育敏感的母亲善于控制自己对孩子行为线索的反应,而侵入性较强的母亲对孩子的痛苦反应更强烈，从而导致她们过度干涉孩子行为。

五、父母的养育压力和应对能力

压力涉及外部环境需求与个体内部适应能力之间的平衡关系（Patniak，2014）。当面对潜在的压力源时，个体会初步评估压力事件的重要性、稳定性和可控性。在初步评估之后，个体选择应对方式来处理压力造成的威胁（Webster-Stratton，1990）。总的来说，外部压力与个体的内部适应能力有关。如果外部需求超出了个人的内部应对能力，就会诱发压力反应（Cohen，Kessler，& Gordon，1995）。外部需求与内部应对能力的差异越大，感受到的压力就越大。虽然父母的教养方式相对稳定，但教养行为受到压力因素的影响具有较大的变动性。基于压力理论，父母养育压力是一种基于父母角色的感知，通常在父母难以满足儿童需求时产生（Warren & Aloia，2019）。具体来说，养育压力是指父母在养育过程中感知到的困难，主要涉及父母的痛苦体验、儿童的困难型气质和亲子互动失调三个方面（Abidin，1990）。Abidin（1990）的养育压力模型综合了一系列有关养育角色的核心变量，将压力作为核心结构，认为养育压力会导致养育功能失调；养育压力越大，养育功能失调的风险越高。Abidin 进一步发现，养育压力和消极养育之间可能并非简单的线性关系。在该模型中，父母信念和自我期望等认知因素发挥着重要作用。在发挥养育角色的功能中，父母会评估自己为人父母时面临的威胁和利益，评估结果会进一步诱发养育压力，导致失调性的养育行为。

养育压力来自很多方面，包括与父母相关的因素（如能力感和情感功能）以及与儿童行为相关的因素（如叛逆行为和注意力分散）。儿童虐待模型（Hillson & Kuiper，1994）提出，各种潜在的压力源可能会在一定程度上共同发挥作用，提高父母虐待儿童的风险。例如，由儿童不良行为导致的高养育压力加上父母自身的风险因素（如父母抑郁）提高了父母虐待儿童的风险。相反，如果只有儿童因素引发的压力，但没有与父母因素相关的压力，这种虐待风险就会大大降低。根据该模型，在父母自身因素导致高水平的养育压力的情况下，父母更可能被儿童的不良行为所压垮，进而采取粗暴养育行为（Holden & Banez，1996）。Schellenbach 等（1991）也发现，来自父母自身的压力与儿童不良行为所造成的压力之间相互作用造成更强的养育压力，使父母对儿童的行为产生更多消极反应，提高了父母粗暴养育儿童的风险。父母在儿童学前阶段承担着很大的养育责任，造成父母高水平的养育压力（Koeske & Koeske，1990）。如果父母认为儿童喜怒无常、亲子互动“缺乏乐趣”，父母的养育压力就会更高（Ostberg & Hagekull，2000），对儿童的要求会更苛刻，这无疑提高了儿童遭遇粗暴养育的风险。

鉴于中国独特的社会文化背景，研究者认为中国父母可能承受着更高水平的养育压力，对粗暴养育策略的接纳程度更高，从而更频繁地采取体罚等粗暴养育措施（Liu & Wang，2015）。中国父母“望子成龙”，对子女往往抱有很高的期望（Hong，Yufeng，Agho，& Jacobs，2011）。1979 年实施的独生子女政策可能进一步提高了父母对独生子女的期望（Wong，Chen，Goggins，Tang，& Leung，2009）。这些高期望反过来给我国父母带来很大的养育压力。在中国传统家庭中，很多父母接纳对孩子的粗暴养育行为，认为“打是亲，骂是爱”，甚至认为“不打不成器”。因此，父母的某些粗暴养育行为常常被视为父母关爱的体现（Simons，Wu，Lin，Gordon，& Conger，2000），这也进一步增加了粗暴养育的风险。

Liu 和 Wang(2015)以 639 对中国父母为样本，考察了父母养育压力与粗暴管教之间的关系后发现，高养育压力的父母倾向于使用粗暴的管教行为，其中婚姻满意度调节着这种关系。高养育压力使得父母对儿童信息进行自动化加工（Milner，2000），致使父母放弃理性的、以孩子为中心的管教策略，转而依赖反应性的、以父母为中心的粗暴养育行为（Belsky，1993）。此外，养育压力可能会诱发父母焦虑痛苦的情绪状态，这些消极的情绪状态使父母更容易产生愤怒和敌意，更容易对儿童的不良行为进行粗暴管教。然而，如果婚姻关系令人满意，即使承受着高养育压力的母亲也不太可能对子女实施粗暴管教。根据 Belsky(1984)的养育模型，婚姻关系是影响父母养育功能的主要家庭因素。高婚姻满意度的母亲会从配偶那里得到更多支持，进而减轻她们的养育压力，使她们能够更有效地管理自己对儿童不良行为的消极情绪，降低粗暴管教的风险。相反，对婚姻的不满可能导致母亲在育儿过程中感受到更大压力（Goldberg & Easterbrooks，1984），进而诱发母亲的粗暴管教行为。实际上，婚姻关系失调的父母往往经历更多的愤怒、焦虑和痛苦等消极情绪。在这些消极的情绪状态下，养育压力会导致父母更加敏感，反应更加过度，更倾向于采取粗暴养育手段管教儿童（Cummings，Keller，& Davies，2005）。相反，在婚姻关系良好的背景下，父母的养育压力诱发粗暴养育的风险大大降低。

Rodriguez 和 Green(1997)通过两个不同的父母样本，考察了父母的养育压力和愤怒情绪与虐待儿童之间的关系，发现养育压力和愤怒表达均与虐待儿童呈正向关联。挫折—攻击理论解释了养育压力和愤怒情绪之间的关系(Felson, 1992)。根据该理论，令人厌恶的事件会诱发个体的痛苦体验，进而引发攻击行为(Felson, 1992)。同样，养育压力高的父母更容易因儿童的不良行为而体验到痛苦和挫折感，从而产生身体攻击和言语攻击等粗暴养育行为。

父母在养育过程中都会面临养育压力，为什么有些父母可以有效管理自己的养育行为来满足儿童的需求呢？这个问题可以通过父母如何应对压力以及父母自身具备的应对资源(如心理弹性)来回答。首先，父母能否成功地适应养育过程取决于他们如何应对养育压力。作为个体相对稳定的特征，应对方式主要包括三种：以任务为导向的应对方式，即通过认知重组或改变情境来解决问题，在理解问题的基础上积极寻找解决途径；以情绪为导向的应对方式，通过自我导向的情绪反应(如发泄)来减少由压力源引起的消极情绪；以回避为导向的应对方式，即通过转移注意力来回避压力情境(如聚焦其他问题)。Dabrowska 和 Pisula(2010)发现，父母采取以情绪为导向的应对方式会诱发抑郁、焦虑等消极情绪，以任务为导向的应对方式则会减少父母的消极情绪。与缺乏应对策略的父母相比，懂得如何有效应对养育压力的父母在受到养育压力事件的挑战后表现出高水平的养育效能感，他们努力从压力事件中学习新东西，努力改善亲子关系。Jarvis 和 Creasey(1991)发现，以回避方式应对养育压力的父母会损害儿童的安全依恋；相反，如果父母能够有效地应对养育压力，为儿童提供稳定的养育环境，则有助于建立和维持安全的亲子依恋关系。因此，应对方式可能缓冲父母养育压力对粗暴养育的诱发作用。再者，心理弹性是父母应对环境压力的重要心理资源。父母的心理弹性(Parental resilience)是指父母即使面对较大的压力，仍然能够提供称职的、高质量的养育行为(Gavidia-Payne, Denny, Davis, Francis, & Jackson, 2015)。父母高水平的心理弹性并不意味着他们在承受压力之后能够毫发无损地反弹，它反映的是父母应对困境以及从逆境中学习的能力。父母利用养育技巧和养育知识等自身资源解决养育问题以提高养育质量的过程便体现了他们的心理弹性(Gavidia-Payne, et al., 2015)。综上所述，养育压力和父母的心理弹性等个人资源可能以交互的方式影响着粗暴养育的发生。

六、父母的心理问题

(一)抑郁

抑郁症状体现在个体的认知、情感和生理等多个方面，包括情绪悲伤、兴趣丧失、疲劳、缺乏活力、不专心、缺乏食欲、自责、自杀意念以及自杀尝试行为等(American Psychiatric Association，1994)。高抑郁体验的父母往往表现出养育行为方面的缺陷，比如难以满足孩子的需要，难以作出有效的反应，难以保持高水平的参与(Campbell，Cohn，& Meyers，1995)。在抑郁情绪的影响下，母亲可能“难以捕捉孩子的情绪，对孩子的行为不那么敏感”(Goodman &Brumley，1990)。父母抑郁体验导致母亲在养育子女方面存在诸多困难：亲子互动更为消极甚至充满敌意(Goodman & Brumley，1990)；指导儿童行为时不耐烦地频繁使用指令(Forehand，Lautenschlager，Faust，& Graziano，1986)；对孩子的需求缺乏敏感性(Campbell，et al.，1995)；亲子沟通效率降低，与婴儿的同步性降低，对婴儿缺乏反应性(Field，Healy，Goldstein，& Guthertz，1990；Goodman & Brumley，1990)等等，这些特点均会导致母亲对孩子的不良养育行为。高水平的抑郁致使父母经常不能参与婴儿的玩耍活动，对婴幼儿的发展造成严重伤害(Lovejoy，Graczyk，O'Hare，& Neuman，2000)。情感悲伤、注意力不集中、精力不足、负罪感、缺乏快乐兴趣等抑郁症状，往往影响着父母对孩子养育过程的积极参与，使父母无法对孩子的需求作出敏感及时的反应，无法积极参与孩子的各种活动，对孩子缺乏积极的情感表达。受到悲伤、心事重重等抑郁症状的影响，父母很容易在孩子行为不当时产生愤怒反应(Lovejoy，et al.，2000)。由此可见，父母的抑郁体验提高了他们对孩子施加粗暴养育的风险。

父母的抑郁症状或抑郁体验通过多种渠道间接影响父母的养育行为。首先，抑郁体验也可能通过影响父母的动机进而影响养育行为。研究者提出，母爱涉及一种推拉机制，该机制使处理消极情感的大脑区域失活，并激活一条涉及大脑奖赏系统的特定通路(Bartels & Zeki，2004)。父母可能会动用类似的神经回路，以便更好地养育子女(Leuner，Glasper，& Gould，2010)。特别是在产后几个月的时间里，这些脑区在母亲对婴儿作出反应的动机中起着关键作用(Kim，et al.，2010)。亲子互动能够促进与该动机相关的灰质的增加。鉴于产后抑郁症在父母双方中都非常普遍，高抑郁的父母可能缺乏足够的亲子互动，从而无法激活这条大脑通路(Kim, et al., 2010)，进而损害养育质量。其次，抑郁往往会损伤父母的工作记忆和执行功能等认知功能，削弱父母的养育能力(Johnston, et al., 2012)。高抑郁的父母缺乏足够的认知灵活性来满足孩子多样多变的需求。当孩子不停地要求父母满足自己而父母又缺乏能力提供满足时，父母便可能粗暴地对待孩子。因抑郁造成的记忆问题也可能影响父母为子女设定适当发展目标的能力。当孩子无法实现父母制定的不合理目标时，父母便可能施加体罚和言语责骂等粗暴养育行为。第三，高抑郁水平的父母往往存在反刍等消极的思维模式(Nolen-Hoeksema, et al., 2008)，即被动地重复思考已经发生的负性事件，反复追究其原因而不能自拔。这种消极的思维模式导致父母不能有效处理亲子关系中的问题，从而削弱父母的养育能力，造成粗暴养育。最后，高抑郁的个体自尊水平较低，在感受世界时体验到更多无助感(Ingram, et al., 1998)。如果父母认为孩子的消极行为超出了自身控制范围，就可能感到无力改变孩子的行为，从而体验到挫败感，粗暴地对待孩子。

(二)父母的其他心理问题

截至目前，抑郁是被探究最多的影响养育行为的父母心理问题。父母的其他心理问题也会削弱养育能力，提高粗暴养育的风险。与没有精神疾病的母亲相比，被诊断为精神分裂症或情感障碍的母亲的养育质量更差(Davenport, Zahn-Waxler, Adland, & Mayfield, 1984)，她们更孤僻、迟钝、自私自利，行为更具有侵入性(Riordan, Appleby, & Faragher, 1999)。具有人格障碍的父母往往对孩子实施粗暴的、破坏性的、前后不一致的养育行为。患有焦虑症、进食障碍或某些人格障碍的父母，往往对子女表现出拒绝、唠叨、批评、指责、贬低、嘲弄等消极的养育行为(Berg-Nielsen, Vikan, & Dahl, 2002)。具有心理问题的父母往往具有更高的自我关注度，从而影响他们区分自身需求与孩子需求的能力，进而影响他们理解和回应孩子的需求(Zahn-Waxler, et al., 1990)。总体来看，心理功能失常的父母在养育过程中通常对孩子表现出更多的消极情绪，进而引发父母的粗暴养育行为。

七、父母的物质滥用(substance abuse)

父母的药物滥用行为扰乱养育过程，这是因为许多药物损害个体对环境线索的认知敏感性，干扰情绪调节，损害执行功能和运动能力等(Miller, Smyth,

& Mudar, 1999)。所有这些能力的削弱使得父母无法为儿童提供及时而稳定的养育环境。物质滥用导致父母以自我为中心(Lawson & Wilson, 1979),常常把儿童的某些恰当要求视为挑战而非正常的需要表达过程(Burns & Burns, 1988),进而惩罚子女。母亲产前饮用酒精、使用可卡因或海洛因等药物会损害唤醒调节、活动水平或注意力等多个方面,使其难以胜任养育任务(Mayes, & Truman, 2002)。

可卡因和酒精等药物的使用是造成父母虐待儿童的风险因素。酒精中毒造成情绪不稳定、缺乏注意力、易怒、判断力受损以及各种功能障碍,提高了父母侵犯攻击孩子的风险。戒酒之后,父母会表现出各种戒断症状,包括血压和脉搏加快、出汗、焦虑、抑郁、失眠、头痛、虚弱、恶心、潜在幻觉,错觉和精神错乱等(Famularo, Kinscherff, & Fenton, 1992),这些因素削弱了父母的养育能力。可卡因中毒就像酒精中毒一样,造成使用者兴奋、激动、高度警惕等症状,诱发一些怪诞的行为和偏执的想法。儿童暴露于父母药物滥用的环境中,面临父母照料和保护功能的缺失,甚至成为虐待的直接目标(Famularo, et al., 1992)。在药物滥用引发的愉悦体验中,"健康、安全、道德、亲人和责任感都变得不再重要"(Gawin & Ellinwood, 1988)。药物滥用导致父母冲动、易怒、去抑制,丧失基本的判断力,从而削弱父母的养育能力,造成各种消极养育行为。研究者总结了父母饮酒造成虐待儿童行为的三种机制(Miller, Maguin, & Downs, 1997)。认知混乱假说(第一种机制)认为,饮酒导致家庭成员之间的沟通效率降低,甚至导致错误沟通。父母饮酒后往往高估感知到的威胁,低估自身攻击行为的不良后果,从而提高了粗暴养育的风险。偏差否认假说(第二种机制)认为,父母将暴力行为归因于饮酒时,就可以减少暴力行为给他们带来的负面后果,甚至避免为自己的暴力行为承担责任。去抑制假说(第三种机制)提出了饮酒与攻击行为之间的药理学联系。酒精使用抑制了大脑中心对违规行为的控制,使父母更有可能做出违反社会规则的不良养育行为。

总之,父母的物质滥用可能造成人格特征的扭曲,在不同程度上改变他们的意识和记忆等认知功能,影响对冲动行为的自控能力,从而粗暴地管教孩子。无论是抑制情绪的药物还是增强情绪兴奋的药物,都会损害父母对儿童需求的反应敏感性,一方面导致父母的抑郁情绪和退缩行为,另一方面导致父母不可预测的冲动行为(Mayes, & Truman, 2002)。所有的物质滥用都会使人产生依赖和上瘾,导致父母把注意力聚焦在如何满足自己的成瘾行为而不是关注他人上。由此可见，物质滥用会削弱父母的养育能力，甚至诱发父母的粗暴养育行为。

八、粗暴养育的代际传递

父母自身在童年期是否遭受过虐待影响着他们在为人父母后是否会采取惩罚性的养育行为(Dixon, Brown, & Hamilton-Giachritsis, 2005)。与没有遭受过虐待的母亲相比，童年期遭受过虐待的母亲更有可能对孩子作出消极反应，采取惩罚措施甚至施加虐待行为(Dixon, Hamilton-Giachritsis, & Brown, 2005)。这可能是由于遭受虐待的经历导致父母对儿童的不良行为更加敏感，更容易产生消极反应，进而导致粗暴养育。这种过度反应倾向导致父母即使在儿童犯了很小错误的情况下也会采取惩罚行为(Bert, Guner, & Lanzi, 2009)。亲子之间这种"循环虐待"的形成可以通过 Bandura(1973)的社会学习理论加以解释。遭受虐待的儿童从小缺乏机会观察父母合理的养育模式，他们可能把父母的粗暴养育行为看作一种能够满足个人需求(如释放压力)的有效途径，这种观念在他们为人父母之后转化为消极的亲子互动过程(Bert, et al., 2009)。因此，了解父母的成长过程是理解父母养育信念和养育行为的一个重要因素。Pears 和 Capaldi(2001)认为，在养育过程中使用无效养育策略的父母可能自身经历了很多挫折和压力，当养育压力与自身的虐待史相结合时，就会导致"虐待循环"，使虐待行为一代代地传递下去。

再者，由于儿童对正常家庭中的常规养育措施缺乏了解，他们可能把父母的粗暴管教措施看作正常的养育行为(Burgess & Youngblade, 1988; Straus, et al., 1980)，在无法观察到其他家庭养育措施的情况下，他们更可能接纳自己父母的养育措施。父母的养育行为可能从两个方面影响孩子成年后的行为。首先，这种社会化过程会塑造孩子的攻击行为，使他们为人父母之后采用反射性的、不加思考的方式管教孩子。另一方面，关于抚养孩子的方式，儿童在父母影响下会逐渐形成一套养育规则或标准，进而在成年后把严厉苛刻的养育行为看作合理必要的养育手段。因此，经历粗暴养育的孩子久而久之会在为人父母之后反射性地实施粗暴养育行为，很少意识到其他替代性的合理养育策略，一旦遇到孩子的不良表现就很容易表现出粗暴的养育行为。

从行为遗传学的角度来看，个体在生命早期的经历为后期发展做好了准备，并影响生理机能和行为的长期变化。对啮齿类母婴互动的研究发现，早期不同的生活经历可以引起发育中的大脑在分子水平上发生改变，激活或抑制与应激敏感性、神经发育以及特定行为相关的基因(Peña & Champagne, 2012)。这些基因活动在分子水平上的变化，称为"表观遗传效应"，它解释了父母养育对后代发展的稳定影响及其代际传递作用。也就是说，早期不同的养育方式导致孩子的某些基因在分子水平上产生变化，形成一种与其父母类似的基因模式，致使孩子在为人父母之后产生与其长辈类似的养育行为，这是导致代际间养育风格相似的主要原因。因此，如果孩子在生命早期就暴露在父母粗暴的养育环境下，久而久之其大脑或基因的某些变化就会固定下来，形成一定的行为模式，并在为人父母之后表现出来。

第五节 儿童自身因素对粗暴养育的影响

一、儿童气质因素的影响

气质是指个体在反应性和自我调节上产生的个体差异，主要包括在动机、情感、活动和注意特征等方面的个体差异(Rothbart &Bates, 2006)。其中，反应性(Reactivity)是指个体对外部和内部环境变化的生理和情感反应，是在生命早期(即出生后的第一年)就可以检测到的一种个体差异。气质反应性指标主要包括愤怒、恐惧(抑制和退缩)以及是否容易接近等层面。自我调节(Self-regulation)是指个体对注意力和行为的定向与控制，负责调节生理、情感或行为上的反应。儿童气质特征是父母人格特征之外影响父母养育行为的重要因素。Shiner 和 Caspi(2003)认为，儿童之间的个体差异表现在独特的语言和非语言行为上，引发环境的不同回应(Gifford, 1994)。这些个体差异从孩子出生头几个月便开始影响他人对孩子的反应(Bell & Chapman, 1986)。随着年龄增长，幼儿之间的个体差异等气质特征分化并整合到个性特征当中(Shiner, 1998)。儿童的发展并不是沿着一成不变的轨迹发生的，而是不同因素相互作用的结果。根据养育和气质的双向作用模型，父母的养育行为和孩子的气质特征之间随着时间的推移而相互影响。儿童影响环境发展，同时也受到所处环境(包括父母的养育)的影响(Hinshaw, 2008)。上节论述了父母人格因素如何影响父母的粗暴养育行为，本节主要分析孩子的气质特点，特别是孩子的困难型气质、消极情感、易激惹性以及孩子的努力控制对父母粗暴养育行为的影响。

首先，孩子的困难型气质或消极情绪化导致父母在养育过程中对孩子缺乏敏感的反应性(Davidov & Grusec，2006)，表现出更多的消极情感、过度反应和拒绝行为(Coplan，Reichel，& Rowan，2009;Eisenberg，et al.，1999)。父母高度的消极情绪化导致孩子过度亢奋，难以安抚，对父母表现出愤怒情绪和对抗行为，进而引发父母更加消极敌对地控制孩子。婴儿的消极情绪化水平越高，父母对孩子的控制欲望越高(Clark，et al.，2000)。孩子性格在唤起父母的情感方面也起着重要作用(Mills-Koonce，et al.，2007)。孩子的困难型气质或消极情绪化诱发父母的消极情绪，预测母爱缺乏(Booth-LaForce & Oxford，2008)和母亲的拒绝行为(Bridgett，et al.，2009)。Scaramella 等(2008)通过对 47 名幼儿样本的观察研究发现，幼儿的消极情绪化削弱父母的支持性养育。由此可见，儿童的消极情绪化或困难型气质会诱发父母更多的消极控制和粗暴养育。一般来说，困难型气质的孩子，往往冲动、不安、注意力分散，消极情绪表达较多，对挫折缺乏容忍度，较少唤起父母支持性的、回应性的养育行为，容易引发父母粗暴过激的养育行为(Shiner & Caspi，2003)。孩子难以相处的气质特征会削弱父母照料的数量和质量。Lerner 和 Lerner(1983)提出，孩子的气质特征本身不会塑造父母的养育机能，亲子之间的“契合度”才是影响父母养育行为、决定亲子关系发展的核心要素。比如，人格特质不同的母亲对困难型婴儿的反应不同，同样面对难以相处的儿童，情绪积极的母亲更容易对儿童产生敏感反应(Bates，1980)。因此，父母人格特征与孩子气质特征之间往往产生交互作用，影响着父母的养育行为。

其次，孩子的易激惹和愤怒情绪等气质特点诱发父母养育过程中的愤怒、拒绝和敌意等消极情感(Kochanska，et al.，2004)。随着时间推移，孩子的易激惹特点与父母养育之间可能产生彼此影响。父母在消极养育过程中对孩子表现出的敌意、拒绝和粗暴惩罚行为诱发消极的亲子互动(Lengua & Kovacs，2005)。充满敌意和拒绝的消极亲子互动又会让儿童变得愤怒和易激惹(Lengua & Kovacs，2005)，从而进一步加剧亲子冲突，引发父母更加消极的管教行为。类似研究表明，父母高度控制的管教行为会让青少年变得易激惹，进而引发父母更多的控制行为(Lengua，2006)。因此，儿童易激惹特质与父母的粗暴养育之间可能存在类似的双向关系，两者之间可能存在一个恶性循环过程。

最后，虽然很少有研究考察孩子的自我调节或努力控制在多大程度上引发父母的养育行为，但有研究指出，高努力控制的孩子往往能够调节自己的消极情绪、积极地应对压力事件并且能够集中注意力完成具有挑战性的任务（Silk, Steinberg, & Morris, 2003）。因此，高努力控制的孩子可能更容易受到父母接纳。Karreman 等（2008）发现，父母对缺乏努力控制能力的学龄前儿童会施加更多要求和控制行为。Morrell 和 Murray（2003）也发现，母亲对高努力控制的婴儿很少表现出强制性的养育行为。对童年中期儿童样本的研究表明，孩子的努力控制能力越强，父母的排斥反应越少（Lengua, 2006）。由此可见，高努力控制能力是儿童免受父母粗暴养育的保护性因素。

二、儿童的大五人格特质

从大五人格的理论框架来看，外向的儿童积极情绪水平较高，喜欢社交互动，往往从父母那里获得更多的支持行为。然而，高外向的儿童支配性也更高，这可能会引发父母更多的约束行为。宜人性高的孩子具有善良、顺从和随和等有利于人际交往的特质，从而诱发父母更多的温暖支持和较少的粗暴反应。研究表明，孩子的善良品质越多，父母的温暖支持也越多（Denissen, Van Aken, & Dubas, 2009），强迫控制等粗暴行为也越少（O'Connor & Dvorak, 2001; Prinzie, et al., 2004）。责任心强的孩子富有秩序性和计划性，善于规范自身行为，较少引发父母的粗暴对待。父母对高责任性的孩子往往表现出更多支持性而非控制性的行为（O'Connor & Dvorak, 2001）。高开放性的孩子具有丰富的想象力，善于打破常规，这可能会诱发父母更多的粗暴养育行为。富有想象力、好奇心强、思想开放的孩子一般具有更好的适应能力，从而更容易与父母相处，降低了父母粗暴养育的风险。儿童神经质（即情绪稳定性）水平的高低是影响父母养育行为的重要因素。情绪不稳定的孩子消极情绪体验更多，压力反应更强，由此可能诱发父母更多的粗暴养育行为。相反，情绪稳定的孩子会引发父母更多的积极情感，唤起父母更多的支持。孩子的情绪稳定性越高，父母对孩子的温暖支持越多（O'Connor & Dvorak, 2001）。

在人格的五因素结构中，虽然外倾性和宜人性都与个体在社会交往中的行为倾向有关，然而外倾性和宜人性具有不同的内涵，在社会交往中具有不同功能（Goldberg, 1990; Caspi, et al., 2005）。外倾性反映了个体的社会交往能力和乐观主义倾向，同时也反映了个体在社会关系中的主导和支配地位。宜人性涉及个体维持积极社会关系的动机，往往与个体在社会交往中积极的情绪调节有关(Tobin, Graziano, Vanman, & Tassinary, 2000)。因此,这两个人格维度对父母的养育行为会产生不同的影响。一方面,随着时间的推移,外向的孩子更可能向父母反馈自己的各种信息,引发父母更多的温暖支持。另一方面,外向儿童的社会主导地位可能会挑战父母的权威感,让父母感到沮丧和挫折,从而诱发父母更多的约束和粗暴管教行为。外向的孩子也更倾向于同伴交往,从而导致父母担心他们受到不良同伴的影响,一旦孩子参与同伴群体的越轨行为,就可能诱发粗暴养育。

三、儿童的问题行为

社会塑造模型(Hartup, 1978)和相互影响模型(Lerner & Spanier, 1978)从不同角度分析了父母养育行为与儿童问题行为之间的关系。根据社会塑造模型,儿童缺乏父母的支持和控制会产生问题行为。父母会通过不适当的管教方式(如不合理的愤怒表达)无意识地促进儿童的反社会行为(Vuchinich, Bank, & Patterson, 1992)。相互影响模型提出,父母的养育行为影响儿童的问题行为,进一步引发父母相应的养育行为。Patterson(1986)的强制循环理论(Coercive Cycles Theory)是父母与子女之间相互影响的典型例子:孩子的反社会行为引发父母的粗暴反应,进而增加孩子的攻击行为。亲子关系不良促使父母从情感上拒绝儿童(Baumrind & Moselle, 1985),提高了儿童加入不良同伴群体的风险(Mason & Windle, 2001)。总体来看,养育行为对儿童期要比对青春期的孩子存在更大影响,然而青春期要比儿童期的问题行为对父母养育的影响更强;因为随着年龄增长,孩子的自主性增强,各种违规风险行为也在增加,从而更可能诱发父母的消极养育行为(Jang & Smith, 1997)。

从自我决定理论的角度来看,儿童的攻击行为损害父母的养育质量,诱发父母的粗暴养育行为。根据该理论,个体的能力需要、关系需要和自主需要决定着其行为表现。能力需要,是指个体需要感到自己能够熟练而有效地从事各种活动,类似于自我效能感。当个体的能力需要得不到满足时,会感到自卑和无能为力。关系需要意味着人们渴望与他人保持联系,能感受到他人的关爱(Deci & Ryan, 2000)。当关系需要得不到满足时,人们会感到与他们所处的社会环境变得疏远,并感到他人漠不关心乃至充满敌意。自主需要是指人们体验自由选择和意志行为的愿望。当人们的自主需要获得满足时,会体验到更强的自我认同、主动性和真实性。当自主需要得不到满足时,人们会感到被迫参与活动而产生的压力感(Deci & Ryan, 2000)。在养育过程中无法满足孩子心理需要的父母往往表现出消极的养育行为,寻求短期有效但从长期来说不利于改善孩子行为表现的养育策略。具体来说,孩子的攻击行为会损害父母对孩子的信任,使亲子关系疏远,使父母的关系需要得不到满足,从而损害父母的养育行为。孩子的攻击行为也可能使父母怀疑自身为人父母的能力,从而使他们的能力需要得不到满足。能力需要得不到满足与父母更多的过激养育行为有关(Mah & Johnston, 2008)。再者,儿童的攻击行为也可能使父母把养育过程体验成一种负担和任务,从而无法满足自主需要,进而通过过度控制孩子来获得满足。纵向研究表明,随着儿童外化行为的增多,父母惩罚性的养育行为有所增加,支持性的养育行为有所减少(Roche, Ghazarian, Little, & Leventhal, 2010)。由此可见,儿童的攻击行为可能通过损害父母的基本心理需要进而诱发父母采取消极甚至粗暴的养育行为。

Patterson(1995)的强制控制模型描述了充满强迫性的亲子互动的循环发展过程,很好地解释了儿童攻击行为与父母不良养育之间的双向关系。具体而言,这种循环的形成包括四个步骤:(1)儿童的攻击行为(即拒绝遵守父母要求);(2)父母要求孩子服从(即干涉);(3)儿童不良行为的升级;以及(4)父母对孩子的不良行为产生更剧烈的反应。儿童自主性的发展虽然是一项正常的发展任务,但是可能成为强迫性亲子互动发展的先兆,特别是当儿童为了表达自主权而对父母的要求说"不"的情况下(Campbell, Shaw, & Gilliom, 2000)。例如,当父母要求孩子停止某种特定行为时,孩子可能通过大喊大叫、抱怨或发脾气等方式作出反应;如果这些反应对父母造成威胁,就可能引发父母粗暴的行为反应。实际上,儿童高水平的外化行为挑战着父母的心理承受力,使父母越来越难以保持一致性的养育行为,从而提高了粗暴养育的风险(Fite, et al., 2006)。研究表明,2~3岁儿童的外化行为导致父母在养育过程中缺乏一致性和支持性,控制和体罚行为增加(Verhoeven, et al., 2010)。因此,儿童高水平的外化行为会挑战父母的耐心,甚至诱发父母的粗暴养育行为。

根据 Bugental(1992)的研究,当父母把孩子视为"问题儿童"时,养育过程便成为一个充满压力的任务。与正常儿童相比,问题行为较多的儿童往往引发父母消极的认知和情绪。儿童富有攻击性的敌对行为——无论是针对同龄人、兄弟姐妹还是父母,都可能激起父母强烈的愤怒情绪和挫折感;这种情绪通常很难调节,因为它们引发皮肤电活动加剧等强烈的生理反应(Obrist, 1982)。

这种高度唤醒的生理状态使父母无法控制他们的行为，不由自主地激发出武断、强制、冲动的养育行为(Bugental, 1992)。高攻击性孩子的母亲与正常孩子的母亲对孩子的社会性发展持有不同的信念(Rubin & Mills, 1990)。学龄前攻击性儿童的父母更倾向于使用直接指导的方式帮助孩子习得社交技能(即告诉孩子该做什么以及不该怎么做)，这种方式给孩子留下很少的自由空间。此外，随着年龄增长，孩子的敌意和攻击性虽然让父母感到愤怒，但当孩子表现出攻击行为时，他们似乎已经习惯了孩子的不良行为模式，较少表现出困惑和惊讶，而倾向于使用惩罚性的养育策略应对孩子的攻击行为。父母有时会从孩子的性格以及生物学特征层面解释孩子的攻击行为，这种内部归因诱发父母的粗暴养育。

第三章　粗暴养育对儿童学校适应的影响

第一节　粗暴养育对儿童行为适应的影响

粗暴养育作为父母对孩子的身体攻击和言语攻击行为可能会造成儿童在学校环境中表现出一系列外化问题。外化问题行为是指攻击、破坏、对立、多动、冲动等缺乏控制的问题行为（Achenbach & Edelbrock, 1978）。无效的父母养育行为会增加儿童外化问题的风险，而有效的养育行为则会减少乃至预防儿童的外化问题。根据 Gottfredson 和 Hirschi（1990）的犯罪理论，父母的行为控制（如制定规则、监控和有效管教）有利于儿童自控能力的发展，进而有助于预防儿童的外化问题。社会学习理论（Bandura, 1977）和强迫理论（Reid, Patterson, & Snyder, 2002）表明，当父母以强制的方式惩罚儿童时，儿童可能会模仿父母的攻击行为。根据依恋理论，父母对孩子需要的不敏感、不回应和拒绝行为使儿童形成不安全的亲子依恋，把他人知觉为不可信、有敌意的个体（Michiels, Grietens, Onghena, & Kuppens, 2008），这种认知偏见进而诱发儿童在人际交往中的攻击和违纪等行为（Michiels, et al., 2008）。同样，父母的过度控制也会破坏儿童的安全依恋感，诱发儿童的外化问题行为（Soenens, Vansteenkiste, Goossens, Duriez, & Niemiec, 2008）。自我决定理论提出，如果父母过度控制儿童，不能满足儿童的自主需求，可能会诱发儿童的对立违抗行为（Soenens, Vansteenkiste, & Van Petegem, 2015）。因此，粗暴养育应该是儿童外化问题的一个重要风险因素。

Patterson（1982）及其同事（Snyder & Patterson, 1995）考察了父母的敌意行为与儿童外化问题行为的关系机制。父母对儿童所表达的烦躁、敌意行为存在一种强化机制，使父母的粗暴行为和孩子的外化行为持续存在（Granic & Patterson, 2006）。在孩子的社会化过程中经常使用强迫行为的父母可能导致儿童在家庭之外的人际交往中也表现出类似行为，使得问题行为持续存在

(Forehand & Wierson, 1993)。此外,缺乏温暖的父母养育行为也可能诱发儿童的外化问题行为。具体来说,父母对孩子缺乏温暖支持会干扰儿童自我调控能力的发展,导致儿童无法考虑自身的行为后果,进而诱发外化问题行为(Brody, Dorsey, Forehand, & Armistead, 2002)。Sulik(2015)以 115 名 36～90 个月的儿童及其父母为样本,采用路径分析考察了父母养育行为、儿童执行功能和儿童外化问题行为之间的纵向关系;结果表明,儿童的执行功能在早期养育和儿童后期外化行为之间起到中介作用。具体来说,父母积极的养育行为能够促进儿童执行功能的发展,提高儿童有意识的自我调节能力,使儿童可以利用多种资源灵活调节自身的行为和情绪,从而降低了儿童外化问题行为的风险。

一、对攻击行为的影响

在各种外化问题行为中,与父母粗暴养育关联最密切的当属儿童的攻击行为。父母在粗暴养育过程中表现出的敌意、拒绝、伤害等消极养育行为通过多种途径诱发儿童的攻击行为。

首先,父母对孩子的敌意和拒绝等缺乏温暖的养育行为导致孩子形成不良的内部工作模型,认为自己不值得父母以及他人关爱,从而把外部世界知觉为充满了敌意和冷漠(Bowlby, 1982)。这些对外部世界的消极认知和感受可能导致儿童在社会交往中对他人产生不友好甚至敌对的行为。实际上,儿童通过早期的社会化经历形成了对外部世界潜在的认知心理表征,这些内部表征对其未来的社会行为模式具有指导作用。早期遭受父母粗暴养育可能导致儿童形成失调的社会图式,使得儿童知觉他人对自己存在敌意,甚至对自己构成威胁,这种社会图式使他们在应对社交事件时表现出更多的防御性乃至攻击性。儿童在社交情境中表现出这种行为模式会引发同伴反感,这又验证了他们知觉到的别人的敌意态度和行为,进而以敌意的态度回应他人。Burks、Laird、Dodge、Pettit 和 Bates(1999)通过句子补全和记忆任务来评估中学生的社会图式结构,测量了中学生关于威胁的社会图式。他们发现,即使控制了之前的问题行为,这种关于威胁的社会图式仍然预测青少年未来的问题行为。Bowlby 认为,缺乏安慰或支持的父母养育行为会引发儿童的愤怒和焦虑。父母缺乏反应性令孩子感到痛苦和沮丧,使婴儿经常表现出愤怒情绪。与此同时,由于父母的反应缺乏确定性和一致性,婴儿经常为紧张情绪所困扰。研究者发现,不安全—回避型婴儿在早期父母排斥和控制经历的影响下，进入童年之后往往认为同伴也存在潜在的敌意，从而主动攻击同伴（Troy & Sroufe，1987）。不安全—回避型婴儿在学龄前以及正式入学之后都比安全型依恋的孩子表现出更多的敌意和愤怒情绪以及更多的攻击行为（Egeland，Pianta，& O'Brien，1993）。因此，粗暴养育通过损害亲子依恋安全感提高了儿童攻击他人的风险。

其次，粗暴养育也可能通过塑造孩子不良的社会信息加工方式而诱发其攻击行为。人际交往过程中，个体内部会进行一系列实时的社会信息加工过程，包括对社会线索的注意、知觉和表征、情感体验、生成可能的行为反应、评估并选择可能的行为反应以及执行行为反应。早期遭受粗暴管教和身体虐待会造成社会信息加工模式的个体差异（Dodge，Bates，& Pettit，1990）。具体来说，经常遭受父母粗暴管教的儿童比同龄人更有可能知觉到人际情境中的敌意线索，更容易对他人的行为意图产生敌意性归因，进而在解决问题时更容易作出攻击性的反应。粗暴养育行为塑造了缺乏安全感的家庭氛围，会让孩子经常感到受挫，这种挫折感可能引发孩子的愤怒情绪和敌意行为；如果这些消极的情绪和行为得不到有效的控制或调节，亲子之间就会产生攻击性的互动过程（Dollard，Doob，Miller，Mowrer，& Sears，1939）。从社会学习理论的角度来看，父母的拒绝、惩罚和言语责骂等粗暴行为也为孩子树立了不良榜样，使孩子形成充满敌意的不良行为模式（Bandura，1977）。粗暴养育也可能导致孩子情绪管理上出现问题，变得更容易被激惹。研究表明，父母的体罚和威胁等立威行为使得孩子容易出现愤怒和沮丧等消极情绪，从而诱发孩子的敌意情绪和攻击行为（Patterson，1986）。久而久之，父母的粗暴对待导致孩子通过对抗父母来捍卫自身权利，与他人交往时倾向于主动展示身体力量，表达支配欲望（Putallaz & Heflin，1990）。因此，粗暴养育会通过扭曲孩子的认知和情绪加工过程诱发孩子的攻击行为。

再者，父母在惩罚过程中所表达的消极情绪会损害儿童的情绪调节，进而诱发儿童包括攻击行为在内的一系列失调行为。情绪调节需要个体具有调节一系列情感状态的能力和策略（Shields & Cicchetti，1998）。情绪调节策略包括自我安抚、对消极事件的认知重评（Schwartz & Proctor，2000）、抑制表达以及启动情绪驱动行为等（Eisenberg，et al.，2001）。情绪调节能力在家庭环境中形成并迁移到同伴交往情境中（Fabes，Eisenberg，& Miller，1990）。父母在亲子互动过程中通过指导和示范作用塑造儿童的情绪调节能力（Carson

& Parke，1996；Davies & Cummings，1994）。父母的指导有助于儿童抑制消极情感、自我安抚、关注他人等情绪能力的发展；经常表达敌意性情绪的父母会示范不良的情绪调节行为，导致儿童模仿（Eisenberg，et al.，2001）。因此，粗暴养育过程中父母所表达的敌意和厌恶等消极情绪会损害儿童情绪调节能力的发展，甚至导致儿童的情绪失调（Gottman，Katz，& Hooven，1997），进而诱发攻击行为等一系列适应不良问题（Fabes，et al.，1990；Schwartz & Proctor，2000）。因此，粗暴养育会通过导致儿童情绪失调诱发儿童更多的攻击行为。Sroufe 和 Fleeson（1986）提出，亲子之间的情绪互动是儿童与他人互动的基础。儿童从亲子互动中习得的不良情绪调节策略会迁移到同伴交往中，导致不良的同伴关系（Parke，et al.，1992）。也就是说，父母的养育行为通过塑造儿童的情绪调节能力影响儿童的同伴适应。此外，粗暴养育也可能通过损害儿童的共情而诱发儿童的攻击行为。父母温暖的支持行为促进孩子观点采择、共情和同情等社会认知能力的发展（Hastings，Zahn-Waxler，Robinson，Usher，and Bridges，2000），有助于减少孩子的攻击行为，促进亲社会行为的发展。相反，父母权力独断的立威行为（power assertion）直接挑战孩子的自主权，引起孩子愤怒情绪甚至诱发攻击行为。父母粗暴的立威行为向儿童提供了发泄愤怒情绪的不良榜样，导致孩子把注意力集中在自己而非受害者身上，进而导致高水平的生理唤起，干扰对环境信息的有效加工过程，进而出现认知偏差并诱发攻击行为。父母通过自身权利压制儿童自主性的养育策略往往以失败告终，因为它不能使孩子产生共情能力，从而无法预防后续的过错行为。除了儿童的情绪调节能力，父母的情绪状态也影响到粗暴养育对孩子的影响。Deater-Deckard 和 Dodge（1997）指出，粗暴养育与儿童攻击行为之间的关系取决于父母在实施管教行为时，是处在情绪控制还是情绪化状态之下。如果父母纯粹为了发泄愤怒而采取粗暴养育手段，孩子出现攻击行为等外化问题的风险大大提高。

早期精神分析学家认为，孩子俄狄浦斯情结的解决，父母负有直接或间接的责任（Hetherington & Martin，1986）。从精神分析的角度来看，俄狄浦斯情结的解决在一定程度上源于对挑衅者的认同。认同是一种重要的自我防御机制，而自我防御机制是个体失控行为的基础。为了降低或避免阉割焦虑，孩子对造成这种威胁的父母产生认同。如果孩子认同父母的专制敌对行为，就会在家庭内外的环境中表现出愤怒情绪和攻击行为。转移（displacement）是另一种重要的自我防卫机制，孩子通过该机制将情感转移到他人身上。如果父母诱发了孩子的愤怒情绪，孩子会将敌意指向自己的兄弟姐妹或同伴等身体弱小的个体。对父母的认同也推动孩子将父母的社会和道德标准内化，成为超我的一部分，超我的发展有利于儿童冲动控制能力的发展。因此，粗暴养育行为一方面可能导致孩子认同父母的攻击行为，也可能导致孩子迁怒他人，或使孩子无法形成健康的超我，进而采取攻击性的方式解决人际交往中出现的问题。

当代发展观认为，个体在生理反应上的差异决定了个体暴露于环境压力源时的心理和行为反应(Beauchaine，Gatzke-Kopp，& Mead，2007；El-Sheikh，Keller，& Erath，2007)。有些儿童虽然暴露于攻击环境下，然而并没有表现出攻击行为等外化问题。即使是那些表现出攻击行为的儿童，也存在不同的发展特点。粗暴养育所诱发的生理唤醒可能影响儿童的行为问题，特别是通过损害儿童的生理或神经过程诱发孩子的攻击行为等外化问题。首先，大量研究考察了 RSA(Respiratory Sinus Arrhythmia，呼吸性窦性心律不齐)在粗暴养育与儿童攻击行为之间的中介机制。非稳态负荷理论(Allostatic Load Framework)提出，紧张性或持续性的环境压力(如粗暴养育)容易反复激活生理性的压力反应，进而“损耗”个体的压力反应系统，致使个体的压力反应阈值降低或生理过度唤醒，压力敏感性提高，从而出现功能失调。持续或剧烈的环境压力，伴随着强烈的生理反应，可能产生稳态负荷，最终损害个体的生理系统(McEwen & Stellar，1993)。Hinnant、Erath 和 El-Sheikh(2015)发现，与一般家庭环境相比，粗暴养育环境中的儿童表现出较低水平的 RSA。低静息 RSA 可能导致压力反应的阈值降低，进而导致生理过度唤醒(Porges，2007)。因此，低静息 RSA 是压力敏感性的一种标记，低静息 RSA 能够提高儿童对消极结果的敏感性。实际上，较低的静息 RSA 是个体外化问题(Beauchaine，et al.，2007)以及内化症状的风险因素(Forbes，Fox，Cohn，Galles，& Kovacs，2006)。RSA 是可以遗传的(Wang，et al.，2009)，并在儿童期和青春期早期保持稳定性(Hinnant，Elmore-Staton，& El-Sheikh，2011)。RSA 易受环境影响，比如家庭压力对 RSA 具有塑造功能。Rigterink、Katz 和 Hessler (2010)发现，与处于非暴力家庭环境中的儿童相比，处于家庭暴力中的儿童在 4.5～9 岁期间，表现出 RSA 发展不足。父母的情绪失调也会导致儿童期后期 RSA 发展不足(Gentzler，Rottenberg，Kovacs，George，& Morey，2012)。横断研究发现，在婴幼儿期，不良的亲子关系和婚姻冲突等压力情境可能导致婴幼儿更低的静息 RSA(Propper & Holochwost, 2013)。也就是说,长期的家庭压力可能抑制儿童 RSA 的发展,进而引发儿童更多难以矫正的外化行为。因此,粗暴养育可能通过抑制 RSA 的发展诱发儿童青少年产生各种外化问题。此外,也有研究者考察了皮肤电阻(SCLR)水平的个体差异如何影响粗暴养育与儿童攻击行为等外化问题之间的关系。皮肤电阻(SCLR)能够反应个体应对厌恶或惩罚性环境的敏感性(Raine, 2002),可以作为儿童对粗暴养育经历的主观体验的生理标记。当儿童的不当行为引发父母的粗暴养育时,SCLR 较低的儿童不会体验到生理水平的充分唤醒,因而导致粗暴管教的有效性降低,无法有效抑制儿童的不当行为(Raine, 2002)。在粗暴的亲子互动中,较低的生理唤醒水平可能会破坏认知加工过程,导致儿童观察并习得父母的攻击行为。相反,表现出较高 SCLR 的儿童可能会把粗暴养育导致的生理反应体验为厌恶性的经历,感受到粗暴养育的惩罚后果从而抑制自己的不良行为。考虑到个体发展影响因素的复杂性,这些研究结果有待于进一步探究。

研究者根据儿童攻击行为的功能和动机的不同将攻击行为划分为主动性攻击和反应性攻击两种类型(Dodge & Coie, 1987)。主动性攻击由预期的奖励所激发,具有目标导向性和工具性(Dodge, 1991),可以通过社会学习理论加以解释。反应性攻击是由威胁、挫折或敌意性挑衅所激发的攻击行为,可以通过"挫折—愤怒"理论加以解释。主动性攻击和反应性攻击行为是在不同的社会化经历的影响下产生的。主动性攻击是一种故意而为的攻击行为。粗暴养育可以预测儿童的主动性攻击行为(Vitaro, Barker, Boivin, Brendgen, & Tremblay, 2006)。儿童在父母粗暴养育过程中通过模仿或强化而习得主动性攻击行为;父母缺乏监控也是主动性攻击的风险因素。相比之下,反应性攻击具有"鲁莽性"和冲动性,与父母的敌意和拒绝行为有关。Vitaro 等(2006)纵向考察了幼儿 17 个月时的粗暴养育经历与他们幼儿园时期表现出的攻击行为之间的关系后发现,父母粗暴养育正向预测儿童的主动性和反应性两种攻击行为。因此,粗暴养育是两种攻击行为的风险因素。然而,当前来自父亲和母亲的粗暴养育对孩子的主动性攻击或者反应性攻击有何不同仍需要进一步探究。

值得注意的是,攻击性较高的孩子的父母并不总是冷漠和严厉的;相反,他们强制性的惩罚措施并不一致。这种前后不一致的管教方式会干扰孩子形成规则和期望,并在无意中强化儿童的反抗行为,最终导致孩子不能很好地社会化,表现出更多富有冲动性和攻击性的不负责任的行为。父母惩罚孩子在家庭中的越轨和敌对行为，这些惩罚行为可能促进孩子在同龄人中表现出类似的敌意情绪和攻击行为。此外，富有攻击性的孩子的父母会在不适当的时候或场合采用权利独断的方式管教孩子，在必要时却没有为孩子提供适当的监督和支持。甚至有些父母对儿童的越轨行为持积极态度（Patterson，1982），这种对攻击行为的鼓励可能是希望孩子在同龄人中占据主导地位，也可能因为这些父母本身就把暴力行为看作是解决人际问题的适当手段。

粗暴养育对孩子攻击行为的影响程度还受到父母与孩子的性别、孩子的气质以及其他因素的影响。首先，由于儿童在基因等生理因素上存在个体差异，儿童发展受父母养育影响的敏感性可能存在个体差异，部分儿童可能更容易受到粗暴养育的消极影响。Bakermans-Kranenburg 和 Van IJzen-doorn（2006）发现，只有当儿童携带多巴胺 D4 受体的 7 次重复等位基因时，母亲的养育敏感性才会对儿童的外化问题产生影响。其次，粗暴养育对孩子的消极影响受到父母以及儿童性别的影响。父亲和母亲在粗暴养育的实施及其对孩子发展的影响后果上均存在差异。有研究发现母亲比父亲参与儿童更多的管教活动，对儿童施加更多体罚（Mulhern & Passman，1981）。元分析表明，母亲粗暴养育对儿童外化行为的主效应比父亲粗暴养育的主效应更强（Rothbaum & Weisz，1994）。也有研究发现，父亲粗暴养育比母亲粗暴养育对儿童适应性的影响更强（Loeber & Stouthamer-Loeber，1986；Wang，2017）。因此，父亲和母亲粗暴养育对孩子的不同影响值得进一步探索。儿童的性别因素与父母养育行为之间同样存在交互效应（McFadyen-Ketchum，Bates，Dodge，& Pettit，1996）。Deater-Deckard 和 Dodge（1997）发现，对不同年龄群体的儿童，亲子之间性别一致时父母的粗暴养育对孩子攻击行为的影响更强。父亲的强制行为对儿子要比对女儿的攻击行为的影响更强（Hart，et al.，1998）。社会学习理论认为，性别认同促进了角色的示范效应（Bandura & Walters，1959）。社会化理论也提出，父母往往对同性别儿童的社会化负有更大责任（Huston，1983）。因此，父母对同性别孩子的控制更严厉，父母行为对同性别要比对异性别孩子的影响更强，所以在考察粗暴养育如何影响中国儿童的学校适应时有必要同时考察父母和孩子性别在其中所起的不同作用。再次，父母养育与早期儿童气质之间存在着交互作用。在生命的前五年表现出困难型气质的孩子受到父母严格控制时，他们出现问题行为的风险大大降低。相反，对那些表现出冷静、随和气质的孩子来说，父母的严格控制则是有害的。父母强制性的养育策略虽然能够减少女性儿童的不良行为，然而会增加男孩的反社会行为。第四，粗暴养育行为还可能受到具体实施方式的影响。身体惩罚对孩子的负面影响只有在父母表现出拒绝态度时才会出现。如果身体惩罚用一种传达关爱的方式来表达，那么孩子就会知道父母关爱自己，从而体验到安全感。但是孩子可能从中认识到，体罚作为一种教育他人的方式是可以接受的，从而学会采用强迫的方式来对待他人。最后，社区等环境因素也可能调节着父母粗暴养育对孩子的影响，然而这种调节效应比较复杂。一种可能是，尽管危险不利的社区环境提供了多种反社会行为的示范机会，但可能会出现天花板效应，导致高风险的社区环境可能不会调节粗暴养育对儿童外化行为的影响(Callahan, et al., 2011)。社区危险因素或粗暴养育对儿童的外化行为可能产生独立影响，暴露于其中之一种就可能足够引发儿童的外化问题。换句话说，社区环境不利可能会减弱粗暴养育与儿童外化问题之间的关联。另一种可能是，不同环境中的风险因素对外化行为的示范效应会产生彼此强化效应。具体来说，社区风险因素或粗暴养育可能独立地、中等程度地促进外化问题，但当儿童同时经历这两种风险因素时，他们出现外化问题的风险大大提高。考虑到我国社区环境的差异(比如市中心和城乡结合部之间的差异)，有必要考虑社区环境在粗暴养育和儿童发展后果之间所起的调节作用。

二、对反社会行为的影响

反社会行为(antisocial behaviors)是指通过侵犯他人权益而产生的伤害行为(Fortin, 2003)，包括破坏、放火、盗窃、犯罪和其他不符合社会规范的违法行为。Farrington(2005)甚至把攻击、欺凌、逃学和离家出走也划分为反社会行为。父母粗暴养育是诱发孩子产生破坏、违规和犯罪等反社会行为的家庭风险因素。大量理论从不同角度解释了两者之间的关系机制。第一，从发展心理病理学的角度来看，家庭暴力等不良的童年经历剥夺了儿童适应性发展所需要的基本环境，损害了儿童的认知和情感功能，进而提高了反社会行为发展的风险。相比之下，安全型依恋有利于儿童发展多种基本能力，包括基本信任、自我弹性、自我控制、情绪调节、同理心、换位思考、社会理解、人际问题解决、掌握动机、执行功能和道德判断能力等，这些能力的发展有利于防止犯罪和其他反社会行为的发展(Cicchetti & Toth, 2005)。安全型依恋的孩子较少引发父母的强迫和控制行为，从而大大减少了孩子反社会行为发展的风险(Kochanska &

Kim，2013）。在发展心理病理学的框架内可以看到各种风险因素复杂作用的模式。比如，儿童本来不善于控制自己的冲动行为，却进一步遭遇父母的粗暴对待，或者儿童的社交技能遭到父母粗暴养育的破坏后，进一步遭到同伴排斥（Kim & Cicchetti，2010）。同伴排斥反过来又会干扰儿童的学业和人际技能的发展，促使孩子从学校环境中退出（Ladd，Herald-Brown，& Reiser，2008）。发展心理病理学提出，创伤经验的影响会随着不同阶段发展任务的不同而有所不同，或者因孩子在不同发展阶段所面临问题的不同而有所不同（Kerig，Ludlow，& Wenar，2012）。在婴儿期，父母粗暴养育主要影响孩子与照料者之间的依恋关系。在学步期，粗暴养育的影响主要体现在对孩子自我系统和自主能力发展的消极影响上。在学龄期，遭受粗暴养育的儿童会在同伴交往和学业发展方面遇到困难。在青春期，遭遇家庭暴力的青少年更容易陷入各种高风险行为，包括药物滥用和越轨同伴交往。这些因素提高了儿童产生反社会行为的风险。

Hirschi 认为，对于那些以父母、学校和同伴为主要社会化媒介的孩子来说，不安全依恋预测孩子的犯罪行为，其中儿童对父母的依恋安全感是最重要的预测因素（Hirschi，2017）。社会控制理论认为，低水平的亲子依恋意味着孩子对父母的价值观缺乏认同，从而使孩子缺乏内部控制，对学校、工作和权威表现出消极态度，更容易产生反社会行为（Hirschi，2017）。根据该理论，当孩子与家庭或社会的联系较弱时，就容易产生违法行为。孩子与家庭或者社会的联系越强，在面对道德困境时，内化社会规范并做出理性考虑的可能性就越大。孩子与家人特别是父母建立牢固的感情纽带，有助于预防乃至阻止他们的犯罪行为。家庭环境是亲密依恋关系的建立基地，是预防犯罪问题发生的第一道关口。安全型依恋的孩子不太可能参与反社会行为，因为他们能够成功地管理学业任务，享受与家人和同伴交往所带来的欢乐。安全型依恋的孩子在社会交往过程中能够更有效地应对人际排斥（Gaik，Abdullah，Elias，& Uli，2010）。因此，粗暴养育可能导致儿童无法建立积极的依恋关系，从而不能内化父母所传递的价值观和社会规范，无法实现个体行为从外部控制到内部控制的转变，从而更容易产生反社会行为。

第二，一般压力理论（General Strain Theory；Agnew，1985）为理解家庭暴力和儿童犯罪行为之间的关系提供了又一理论机制。根据该理论，如果个体出生在一个令人厌恶的环境中，特别是当环境中有人以自己不喜欢的方式对待自己，久而久之会形成一种压力（Agnew，1997）。这种经历会对儿童的发展产生强烈的负面影响，尤其是对青少年群体，他们比年幼儿童更容易对逆境作出沮丧乃至愤怒反应，也更容易产生问题行为（Agnew，1997）。儿童在遭遇伤害后的消极情绪反过来会增加自己受伤害的程度，产生报复欲望，激发报复行为，对暴力行为产生去抑制（Agnew，1992）。儿童不良行为的产生可能是由于他们试图应对甚至逃避虐待环境而产生的不良适应。该理论也认为，尽管愤怒是反社会行为背后的驱动力（Agnew，1992），但对女孩来说，愤怒往往伴随着内疚、抑郁和焦虑等情绪体验，从而减少了犯罪行为发生的可能性（Agnew，2001）。也就是说，父母粗暴养育在影响孩子的反社会行为上可能存在性别差异。

第三，粗暴养育可能通过损害孩子的自控能力而诱发反社会行为。个体对自己本能冲动的控制能力是在人际交往过程中（特别是早期的亲子交往）建立起来的（Hirschi，1969）。父母的粗暴行为会破坏亲子之间的情感纽带，干扰儿童对父母价值观的内化和亲社会行为的内在动机（Kochanska & Aksan，2007），导致孩子更容易出现违规等不良行为。Gottfredson 和 Hirschi（1990）的自我控制理论提出，所有人类行为都可以理解为自私地追求快乐或逃避痛苦。犯罪在某些人看来是一种追求自身利益的可取方式，因为它能带来即时、简单和短期的快乐。自我控制能力强的个体会抵制与犯罪行为相关的即时快感；相反，本身自我控制能力低，再加上外部环境中的强烈诱惑，更容易诱发犯罪行为。Gottfredson 和 Hirschi（1990）认为，自我控制能力低的个体更冲动，更喜欢简单而非复杂的任务，有冒险倾向，喜欢体育活动而不是心理或认知活动，以自我为中心，对他人的需求不敏感，容易爆发脾气，拥有这些特征的人更容易冲动犯罪（Grasmick，Tittle，Bursik，& Arneklev，1993）。缺乏自我控制能力的人倾向于追求违规行为伴随的即时快感，他们倾向于吸烟、喝酒、吸毒、赌博、未婚先孕和从事非法的性活动。不管是从态度上还是从行为上测量的自我控制能力均与青少年、大学生和成人的越轨、犯罪行为存在显著关联。Pratt 和 Cullen（2000）对 21 项研究的元分析表明，自我控制能力是已知的与犯罪行为关联最强的因素之一。

Hay（2001）指出，温暖有效的父母养育行为可以培养孩子的自我控制能力，直接减少青少年犯罪的风险。无效的养育行为是孩子缺乏自我控制能力的主要原因。在 Baumrind（1996）看来，权威型的父母能够在控制与温暖、父母要求与孩子权利之间取得平衡。这种平衡有助于孩子将社会的基本准则和价值观念内化，渐渐地从行为的外部控制转到自我控制。Gottfredson 和 Hirschi (1990)指出，父母要培养孩子的自我控制能力必须做到如下三点：(1)监控孩子的行为；(2)识别偏差行为的发生；(3)有效惩罚孩子的偏差行为。对孩子的关爱是促使父母做到这三点的主要因素。Gottfredson 和 Hirschi(1990)认为，父母不公平的管教手段(特别是惩罚行为)是不可取的。他们指出，有效的惩罚只需要明确指向哪些是不受欢迎的行为，而照料者的粗暴养育行为是无效的，甚至是起反作用的。显然，粗暴养育之所以无效，其主要原因是父母平时疏于监控孩子的行为，一旦发现孩子的偏差行为，不但没有采取有效的纠正措施，反而一味地粗暴惩罚，这无法从根本上解决问题。父母这种在养育行为中的缺乏自我控制久而久之导致孩子缺乏自我约束，最终诱发孩子更多违规行为乃至反社会行为。

第四，创伤特异性理论(Trauma-Specific Theory)提出，遭受父母暴力行为所带来的创伤后反应会干扰个体的正常发展模式，诱发反社会行为(Ford & Blaustein, 2013)。这些创伤后反应包括：对威胁线索的高度警惕，创伤经历的反复体验，以及试图避免创伤经历的再回忆(比如通过麻木的情感反应来应对)，这些都与情感和行为的失调有关，提高了个体犯罪和反社会行为发生的风险(Bennett, Kerig, Chaplo, McGee, & Baucom, 2014)。对青少年犯罪行为的观察发现，创伤体验导致年轻人不顾一切地参与富有威胁性、危险性或自我毁灭性的活动(如违规或反社会行为)。因此，粗暴养育可能造成孩子一系列类似创伤后体验的反应，进而导致他们情感和行为上的失调，诱发反社会行为。

第五，社会信息加工理论同样可以用于解释粗养育对反社会行为的影响。不良的养育经历通过损害儿童的认知过程对其行为表现产生消极影响(Hart, Ladd, & Burleson, 1990)。Weiss 等(1992)发现，父母早期的粗暴养育行为通过扭曲儿童的社会信息加工过程(即敌意性归因偏差)影响孩子的攻击行为。敌意性归因等扭曲的认知因素是儿童反社会行为(Dodge & Frame, 1982)和青少年犯罪行为(Slaby & Guerra, 1988)的诱发因素之一。道德推理是社会认知发展的一个重要领域，对犯罪行为的产生有着重要影响。研究发现，少年犯群体的道德推理水平普遍低于没有违法行为的同伴(Nelson, Smith, Dodd, 1990)。粗暴养育可能损害了孩子的道德推理能力，进而提高了他们反社会行为的风险。Walker 和 Taylor(1991)探索了家庭互动风格与道德推理之间的关系后发现，亲子互动过程中高水平的父母支持性与孩子良好的道德推理能力相关;相反,冲突型的亲子互动风格往往与儿童道德发展不良有关。这与之前在大学生群体中发现的研究结果类似,即感受到父母高温暖和低拒绝的大学生的道德推理水平更高(Palmer & Hollin, 1996, 1997)。Janssens 和 Dekovic(1997)对 6～11 岁儿童的亲社会道德推理状况进行调查之后发现,生活在高父母支持的养育环境中的儿童展现出良好的亲社会道德推理能力。因此,粗暴养育可能破坏了孩子的道德推理过程,导致他们产生更多偏差行为。

第六,粗暴养育对反社会行为的影响也可以由社会学习理论获得解释。孩子作为家庭暴力的受害者或观察者可能会模仿父母的攻击行为,尤其是当他们意识到这种暴力行为所伴随的回报时。比如,父母对孩子的身体惩罚和言语攻击等粗暴行为导致孩子顺从,实现了对孩子的控制。从父母的粗暴养育行为以及自身体验中,孩子获得了替代性强化,从而在未来的人际交往中使用类似的暴力行为。一般而言,父亲作为家庭暴力施暴者的比例较高,从而促使男孩模仿父亲所呈现的暴力模式,因此受虐待的男孩更容易参与反社会行为(Kerig, 1999)。粗暴养育不仅导致儿童在家观察学习父母的粗暴行为,还可能通过破坏亲子关系,导致孩子与反社会同伴交往(即越轨同伴交往),由此习得反社会行为。相比之下,温暖支持的父母养育行为有助于建立牢固的亲子关系,进而抑制反社会同伴的不利影响(Brown & Bakken, 2011)。

受到同伴社会化和同伴选择过程的影响,同伴交往对青春中后期的反社会行为有很大影响(Van Ryzin, Fosco, & Dishion, 2012)。同伴社会化过程是指越轨同伴群体对青少年反社会行为的直接影响,即青少年在反社会同伴的影响下参与反社会活动(Negriff, Ji, & Trickett, 2011)。换句话说,与反社会同伴的交往加剧了青少年参与反社会活动的风险。同伴选择过程反映了个体与相似同伴交往的倾向,即具有反社会态度和问题行为的青少年倾向于选择具有相似反社会特征的同伴作为朋友(De Kemp, Scholte, Overbeek, & Engels, 2006)。一般来说,同伴社会化和同伴选择过程在个体反社会行为的发展方面,具有相互补充的作用,在这两个过程的影响下,青少年参与反社会行为的风险大大增加(Burk, Van der Vorst, Kerr, & Stattin, 2012)。实际上,越轨同伴交往与青少年犯罪、药物使用等问题密切相关(Barrera, Biglan, Ary, & Li, 2001)。研究表明,不良的养育经历会导致儿童与越轨同伴交往,进而表现出更多反社会行为(Deutsch, Crockett, Wolff, & Russell, 2012)。父母充满敌意的粗暴行为可能促进了青少年的越轨同伴交往倾向。缺乏父母情感支持的孩子更不愿意接受父母的价值观，反而喜欢在青春期与越轨同伴交往。这是因为，缺乏支持性的粗暴养育行为导致孩子逃避家庭环境，这些父母也对孩子缺乏监控，从而使孩子获得更多越轨同伴交往的机会。父母的粗暴养育不但使孩子学会用令人厌恶的策略解决人际冲突，而且使他们无法学到维持积极同伴关系所需要的社会技能（Snyder & Patterson，1995）。此时，这些孩子更有可能遭遇各方面发展良好的同伴的排斥，从而参与更多的越轨同伴交往。因此，粗暴养育提高了儿童青少年越轨同伴交往的风险，进而导致孩子通过观察学习不良同伴群体的行为而习得反社会行为。

第七，在考察粗暴养育对孩子攻击行为乃至反社会行为的影响机制时，有必要考虑各种调节因素的作用。首先，有必要考虑孩子气质特点的作用，因为孩子不良的气质特征与无效的养育手段均能预测儿童的不良行为，而且两者之间往往以交互的方式影响孩子行为。儿童气质中表现出的不合作、对父母管控的抗拒与儿童的攻击等外化行为有关（Caspi，Henry，McGee，Moffitt，& Silva，1995）。当此类气质特征的孩子遭受父母无效的养育行为时，孩子产生问题行为的风险大大提高。一个性格上难以相处的孩子，如果同时受到惩罚性的父母养育，导致对环境的适应能力下降，更容易出现外化问题（Paterson & Sanson，1999）。这一发现为气质与养育相互作用的发展模式提供了支持，也与 Patterson（1986）提出的反社会行为的发展模型相一致，即困难型气质的儿童特别容易受到伤害，因为他们需要更多的父母控制，从而导致亲子间更多的强迫性互动。此外，缺乏灵活性的孩子更有可能对惩罚性的父母养育措施作出攻击而非退缩性的反应，从而逐渐形成强制性的恶性循环。因此，当困难型气质的儿童遇到父母的粗暴管教时，他们参与反社会行为的风险随之提高。

研究者区分了鹰式气质和鸽式气质两种气质类型的个体，他们在压力性人际环境中有不同的反应（Sturge-Apple，et al.，2012）。Korte 等（2005）提出，鹰式气质的个体在应对外部威胁时，以交感神经系统为主导，倾向于作出“战斗—逃跑”反应。相比之下，鸽式气质的个体面对外部威胁时，副交感神经活动水平和皮质醇激活水平更高，从而有助于集中注意力和抑制性控制能力的发展。在应对环境挑战时，鹰式气质个体的交感神经活动水平上升，导致注意调节困难、冲动控制能力下降以及更多的攻击行为。相反，压力性环境条件增强了鸽式气质个体的副交感神经活动和皮质醇活动水平，使其更容易感受到伤害，产生抑郁和焦虑情绪。因此，粗暴养育作为一种压力性的人际事件，会引发鹰式气质儿童高水平的攻击行为，导致鸽式气质儿童更多的内化问题。

三、对问题性网络使用的影响

问题性网络使用(Problematic Internet Use)是指个体因过度沉迷于网络而产生相关的心理问题、学业困难和身体健康等适应问题(Beard & Wolf, 2001)。问题性网络使用已成为影响中国青少年健康发展的风险因素(Leung, 2004)。它会削弱青少年的学业表现和睡眠质量(Cheung & Wong, 2011)，增加青少年的抑郁体验(Park, 2009)。过度的网络使用还会给青少年带来其他潜在的风险，如接触暴力和色情材料、遭受性诱惑以及网络欺凌等(Leander, Christianson, & Granhag, 2008; Mesch, 2009)。Chung(2013)指出，问题性网络使用与成瘾行为有关。成瘾是一种发育障碍，通常起源于青少年时期。青春期发生的一系列变化，包括生理变化、大脑的持续发育、对外界刺激和亲子关系变化的敏感性、社交范围的扩大等等均是产生成瘾行为的风险因素(Castellanos-Ryan & Conrod, 2013)。所以，问题性网络使用在青春期最为突出。为此，确定PIU的影响因素和作用机制对于制定有效的预防和干预方案至关重要。根据生态系统理论，个体的适应能力在很大程度上受到周围环境的影响(Bronfenbrenner & Ceci, 1994)。家庭是个体接触到的最早、最亲密的环境。因此，父母粗暴的养育行为在个体PIU的发展中可能发挥着至关重要的作用。

首先，不恰当乃至粗暴的养育行为可能通过导致孩子情绪失调，进而增加孩子的问题性网络使用。Schreiber、Grant和Odlaug(2012)认为，情绪失调的个体更有可能通过成瘾行为来缓解负面情绪，以求从情绪困扰中获得解脱。成瘾障碍在某种程度上是个体“自我疗愈的一种尝试”。根据自我疗愈模型(Wurmser, 1974)，那些缺乏健全自我结构的个体在童年早期往往没有从父母或照料者那里得到足够的养育支持。他们更容易出现精神病理学的问题，更难以处理情感、自尊、人际关系和自我管理问题。难以调节自己的情绪，有严重的物质依赖问题(Fox, Hong, & Sinha, 2008)，行为上缺乏抑制，更容易产生冲动行为(Castellanos-Ryan & Conrod, 2013)。在这种情况下，他们往往会寻求外部安慰，比如利用酒精、毒品、性、赌博和过度饮食等不恰当的方式来缓解情绪痛苦(Khantzian, 1999)。同样，互联网上的特定服务可以帮助那些有情绪困扰的个体来获得解脱。在塑造个体情绪调节能力的各种因素中，父母良好的养育行为是促进孩子情绪调节能力发展的重要因素(Thompson, 1994)。父母在养育实践中对孩子表达的消极情感越多，孩子的情绪调节能力越差（Yap，Schwartz，Byrne，Simmons，& Allen，2010）。父母在粗暴养育的过程中往往对孩子表达愤怒和敌意等消极情绪，父亲粗暴养育与母亲粗暴养育均会诱发孩子严重的情绪失调问题（Chang，Schwartz，Dodge，& McBride-Chang，2003）。因此，父母的粗暴养育可能是青少年问题性网络使用问题的家庭风险因素之一。也就是说，遭受父母粗暴养育的孩子可能会通过网络来缓解父母粗暴养育造成的情绪痛苦。

其次，粗暴养育导致孩子的人际需要无法获得满足，进而通过过度的网络交往来补偿。社交补偿假说（Social Compensation Hypothesis）提出，在面对面交往情景中无法满足人际交往需要或归属感需要的个体（比如高社交焦虑的个体）往往利用网络交流作为补偿性的社交媒介（Valkenburg & Peter，2009）。McKenna 和 Bargh（2000）指出，网络交往相比于面对面交流具有三个优势：第一，互联网具有匿名性和去个性化特点，在线交流可以隐藏个体的真实身份信息；第二，在线交流可以使一个人的外表变得无关紧要；第三，在线交流可以不同步，在没有面对面交谈压力的情况下随意地作出反应。因此，在线交流可以减少对非言语线索的依赖，又能保持面对面交流的自发性，从而促进个体的自我表露和亲密性，而面对面交流则容易诱发个体对社交评估的焦虑和担忧。因此，有社交问题的个体可能会更加依赖在线交流，也就更容易出现问题性网络使用。研究表明，社交焦虑的个体会通过网络交流降低自己在社交情境中的恐惧感，补偿在现实生活中得不到满足的社交需求（Shepherd & Edelmann，2005）。互联网已经成为社交焦虑群体补偿社交需要的重要媒介（Young & Lo，2012）。研究表明，不良的亲子关系会损害儿童与他人的人际交往，导致社交焦虑，进而产生各种问题性的网络使用行为（Liu & Kuo，2007）。比起面对面交流，社交焦虑的青少年更容易在网上结交朋友，更愿意在网上与陌生人交流。这可能是因为网络的匿名性使那些害羞内向的个体更喜欢在网络环境中以新的身份进行交往，锻炼并习得社交技能（Suler，1999）。再者，互联网可以很好地满足那些难以建立社会关系的个体的社会需求，从而增加社会联系，满足归属需要（Shepherd & Edelmann，2001）。由于遭受父母粗暴管教的孩子往往对面对面交流形成了负面认知，缺乏面对面交流的人际能力，在线下的人际交往情境中常常表现出恐惧情绪（Brooker & Buss，2014）和退缩行为（Nelson，et al.，2006）。所以，粗暴养育可能通过个体面对面时的社交焦虑诱发儿童青少年的问题性网络使用行为。

再次，粗暴养育也可能通过导致孩子缺乏自控能力而诱发各种问题性网络使用问题。Gottfredson 和 Hirschi（1990）在其关于犯罪的自我控制理论中提出，不适当的养育方式，可能会导致儿童缺乏自我控制能力，从而增加他们的犯罪行为和其他不良行为。控制能力低下的儿童青少年更容易出现各种问题行为（Rothbart and Bates，2006），特别是网络成瘾（Ozdemir，Kuzucu，& Ak，2014）。网络成瘾等问题性网络使用行为是以缺乏自制能力为主要特征的一种冲动性控制障碍。缺乏自制力的个体具有冲动、喜欢冒险、目光短浅等特点，他们追求即时满足，喜欢冒险，喜欢走捷径，倾向于自我中心（Gottfredson & Hirschi，1990）。这些缺乏自控能力的个体往往无法抵制网络诱惑，无法合理使用网络资源。父母的粗暴养育行为损害儿童的注意调节能力、情绪调节能力和努力控制能力等多种自我调节能力的发展，久而久之使孩子更容易出现问题性网络使用行为。相比充满父母敌意的家庭环境，温暖而具有支持性的家庭环境有助于孩子更好地控制自身情绪，从而更少地从虚拟世界中寻求满足。

最后，粗暴养育也可能通过导致孩子通过沉迷网络来消极应对所遇到的现实问题。研究者发现，遭受暴力的儿童更可能采取回避策略逃避心理痛苦。粗暴养育导致儿童缺乏父母的情感支持，在这种情况下儿童会寻求其他途径来获得情感支持。问题性网络使用的社交技能模型提出，当个体认为自己社交能力不足时，他们更喜欢在线交流而非面对面交流（Caplan，2005）。当个体缺乏社交技能时，往往不喜欢线下面对面交流，这可能是因为他们担心别人拒绝他们。然而线上交流不需要很高的社交技巧，并且由于网络的匿名性和易得性，网络交流带给青少年更多安全感，又可以满足人际需要，所以在线交流比线下交流更受他们欢迎。不过，在线交流或许并不能真正解决问题，反而导致孩子越来越沉湎于网络空间而不敢面对线下交往。需要注意的是，经常遭受父母粗暴养育的儿童往往缺乏社交技能，他们在线下可能没有办法与他人建立深厚的情感联系，由此才转向在线交流。

四、粗暴养育对物质使用的影响

父母的粗暴养育行为是儿童青少年吸烟、饮酒等物质使用问题的家庭风险因素。遭受粗暴养育的孩子在充满敌对、排斥、忽视或强制的家庭环境中很容易学会以反社会的方式对他人作出回应（Coombs & Paulson，1988）。这种回应方式引发同伴排斥的同时，吸引了类似的具有反社会行为的不良同伴。由于缺乏父母支持，孩子对家庭和父母的信赖降低，转而依赖同伴（Wills & Vaughn，1989）。如果孩子与不良同伴聚集在一起相互模仿，就会强化其反社会行为。在这种群体中的孩子受到不良同伴的影响，逐渐习得物质滥用等一系列违反社会规范的行为。研究表明，父母良好的参与行为能够促进积极的亲子关系，如果缺少这种关系，父母将无法抑制青少年早期的不良行为和越轨同伴交往。此外，粗暴的养育行为塑造和强化青少年的不当行为，提高了青少年物质滥用的可能性（Melby，Conger，Conger，& Lorenz，1993）。

再者，父母的养育行为是青少年自我控制社会化的关键因素，遭受粗暴养育的孩子由于不良的亲子关系以及父母不良的行为榜样而缺乏自控能力。自我控制是个体对目标、优先事项和环境需求进行策略性调节的能力。研究显示，父母粗暴养育和潜在的虐待行为是儿童缺乏自我控制能力的风险因素，进而导致各种问题行为（Kim-Spoon，Cicchetti，& Rogosch，2013）。研究者考察了粗暴养育和缺乏自我控制在诱发青少年物质滥用中的风险作用，通过自我控制理论的两个方面描述了物质滥用的成因（Gottfredson & Hirschi，1990）。首先，青少年物质滥用的根本原因在于他们对自己的认知、情绪和行为缺乏控制能力，而吸烟、酗酒等不良行为恰恰能够给他们提供即时满足。自我控制能力不足的个体容易产生物质上瘾，因为他们无法抑制对诱惑的冲动反应（Madden & Bickel，2010）。缺乏自我控制能力的青少年很可能为了追求即时的快乐而产生物质滥用行为（Gottfredson & Hirschi，1990）。因此，父母的粗暴养育行为可能通过损害孩子的自控能力而使孩子更容易产生吸烟和饮酒等物质使用行为。

对于孩子的吸烟饮酒等问题行为，父母往往采用粗暴的管教措施加以制止，然而往往收效甚微。实际上，父母对子女问题行为的粗暴控制不但不能取得预期的效果，甚至可能产生反作用（Chassin，Presson，Sherman，Montello，& McGrew，1986）。青少年对父母权威的认可程度影响着其问题行为的发展（Jackson，2002）。不承认父母权威的青少年表现出更频繁的饮酒行为。实际上，如果青少年认定父母在培养自己方面缺乏胜任力，那么父母很难减少他们的饮酒等物质滥用行为。有些父母经常就酗酒话题和青少年进行无效讨论，结果导致孩子更严重的酗酒问题。有些父母对青少年的饮酒行为作出粗暴反应，反而导致青少年更多饮酒行为（Van der Vorst，Engels，Meeus，Deković，

& Van Leeuwe，2005）。缺乏良好养育环境的青少年之所以频繁出现问题行为，部分原因在于青少年没有内化传统的价值观，同时受到了不良同伴群体的影响（Griffin，Botvin，Scheier，Diaz，& Miller，2000）。父母可以通过灌输恰当的价值观和行为准则来提高青少年的心理弹性，并通过监控其行踪帮助青少年避免物质滥用和其他问题行为。再者，父母的监控有益于孩子的健康发展。当青少年意识到父母对他们的行踪和活动知之甚少时，他们更有可能与越轨同伴交往，出现吸烟和饮酒等物质滥用行为。

粗暴养育除了导致孩子攻击、反社会、问题性网络使用等以缺乏自控能力为特征的外化行为之外，还可能导致孩子过度的自我约束，出现社交退缩等问题行为。社交退缩表现为人际交往中的戒心、焦虑等消极情感、过多的顺从行为、消极的自我关注以及在新的社会情境中缺乏探索行为（Rubin & Burgess，2001）。Baumrind（1967）发现，父母专制粗暴的行为与孩子缺乏自主和自信、缺乏安全感以及高水平的社交焦虑有关。MacDonald 和 Parke（1984）也发现，被老师们评价为社交退缩、孤僻、不合群的男孩在父子互动情境中，父亲往往表现出较多的命令行为、缺乏参与性和幽默感，母亲也更少参与亲子互动。因此，粗暴养育可能导致孩子在人际交往中缺乏自信，对他人过分顺从，甚至产生社交退缩行为。

五、粗暴养育与儿童的自我调节能力

从生命早期发展阶段开始，养育行为便对儿童自我调节能力的发展发挥着重要的塑造作用。照顾者能否敏感地知觉婴儿发出的信号并及时加以反应，减轻婴儿的压力和消极情绪，对婴儿自我调节能力的发展起着重要的作用（Crockenberg & Leerkes，2004）。研究表明，在控制了婴儿的努力控制能力的条件下，母亲在亲子互动任务中对婴儿的适当限制预测孩子后来努力控制能力的良好发展（Lengua，et al.，2007）。敏感温暖的母亲养育行为通过影响儿童的努力控制能力对其后续一系列发展产生影响（Spinrad，et al.，2007）。也就是说，支持性的父母养育行为有助于儿童自我调节能力的发展，进而促进良好的社会适应。从前面所述的各种适应问题来看，粗暴养育造成儿童问题行为的一个主要途径是损害儿童的自我调节能力。因此有必要进一步分析粗暴养育为何不利于儿童自我调节能力的发展。自我调节是指个体主动监控、计划、引导和控制自身行为以便完成挑战性任务时所表现出的一系列高级心理功能

(Campbell, 1997)。这些功能主要形成于儿童与照料者的互动过程,自我调节活动的启动反映了儿童行为调节从照料者到儿童的责任转移(Diaz, Neal, & Vachio, 1991)。自我调节是一个包括动机、认知、行为和情感成分的多维度的结构,以往研究主要关注情绪的自我调节和行为的自我调节两个方面。

情绪最重要的适应性功能在于向周围个体传达重要信息(Campos, Campos, & Barrett, 1989)。因此,情绪的表达和管理是人际交往的必要技能。人际互动中愉快情绪的传递是保持良好互动的关键,如果不能抑制强烈的情绪表达就可能妨碍交流过程。Roberts(1999)指出,父母在孩子遭遇情绪困扰时的安慰鼓励等非惩罚性的养育行为与孩子在学龄前的足智多谋、积极参与、友好行为和低攻击等良好发展指标有关。情绪的自我调节是儿童对情绪过程的主动调节,是早期发展的一个标志,是儿童从依赖外部控制转变到依赖自主、灵活、顺畅的适应性策略进行自我情绪调节的发展过程(Grolnick, Bridges, & Connell, 1996)。父母高度的反应性和参与性对儿童情绪调节能力的发展有重要影响(Tronick, 1989)。高水平的父母反应性体现在,当孩子无法控制痛苦情绪而适应不良时,父母能够及时发现并帮助孩子把失调的情绪控制在容忍范围内,进而提供机会让孩子采取合理策略进行自我调节。社会参照(social referencing)理论提出,父母是儿童情绪调节的重要资源(Sorce & Emde, 1981)。孩子最初的情绪反应受到养育情境的调节,其中照料者的面部表情和声音表达是儿童情绪调节可以参照的重要线索。如果母亲能够疏导孩子在恐惧情境中的消极情绪,孩子在母亲不在场的情境中表现出的痛苦情绪就会较少,对周围的活动也会更加投入(Diener, Mangelsdorf, Fosnot, &Kienstra, 1997)。在粗暴养育过程中,父母可能通过愤怒的面部或言语表情来控制孩子,这会给孩子提供消极的社会参照,不利于孩子情绪调节能力的发展。

自我决定理论(Self-determination Theory)认为,父母和其他照料者首先必须让孩子练习适应性的情绪调节策略才能培养孩子的情绪调节能力(Grolnick, et al., 1996)。也就是说,外部环境必须能够提供有效情绪调节的条件(如成人的示范指导),同时儿童也需要亲身实践这些策略,在此过程中首先要得到照料者的支持;对幼儿来说,在没有他人帮助的情况下调节非常强烈的情绪是一项极其困难的任务。因此,父母的自主支持和积极参与能够有效促进情绪调节的内化。Calkins(1997)通过游戏情境中的亲子互动方式考察了父母养育行为与儿童情绪调节能力的关系。他将父母在亲子游戏情境中的行为编码为积极指导

(包括表扬、关爱和鼓励)和消极控制(包括责骂、限制和命令孩子)两大类;将孩子在需要情绪调节的任务中(如延迟满足)所使用的三种策略编码为定向任务、注意力分散和攻击。研究结果表明,父母的消极控制水平越高,孩子在延迟满足任务中的表现越差。一项对两岁幼儿进行的研究发现,母亲的消极控制程度越高,孩子聚焦问题情境所需要的时间越多,迷走神经抑制的水平越低(Calkins & Johnson, 1998)。类似研究发现,母亲帮助孩子应对恐惧刺激时,如果采用强迫孩子专注于新事物的策略,孩子在实验后的皮质醇水平提高,这表明孩子的情绪调节效果较差(Nachmias, Gunnar, Manglesdorf, Parritz, & Buss, 1996)。Eisenberg 等(1999)通过考察父母对孩子消极情绪的反应后发现,采用惩罚策略减少孩子消极情绪的父母,孩子在短期内的消极情绪表达会减少,然而从长远来看,孩子的消极情绪随着时间变得更加外化。在这项研究中,Eisenberg(1999)还发现了父母养育与儿童情绪化的双向模式,儿童外化的负面情绪预示着父母会采取更多的惩罚性养育策略。相反,父母的积极引导会让孩子采用分散注意力和建设性的应对策略来调节消极情绪。此外,父母先发制人的干预策略(即母亲阻止孩子做自己想做的活动)会导致孩子以愤怒表达作为一种调节策略。因此,以缺乏自主支持、过度控制和惩罚为特点的粗暴养育行为会损害儿童情绪调节能力的发展。

儿童行为调节的前提是对父母养育实践的内化。Kochanska、Aksan 和 Koenig(1995)提出,儿童对承诺的遵从是内化的前兆。Kochanska 和 Aksan(1995)认为,父母和孩子的积极互动会促进孩子遵从自己的承诺。亲子互动中母亲对孩子的积极回应会导致孩子在清洁任务和枯燥的分类任务中表现出更多的遵从承诺行为。Kochanska(1997)进一步指出,父母和孩子之间相互回应的气氛为儿童接受和内化父母的价值观和养育目标奠定了基础。Kochanska 认为,当孩子发现父母关心并回应他们的需求时,孩子也会做出同样的回应,形成乐于助人和合作的愿望,并乐意将父母的目标内化。正是在这种情况下,孩子开始感到遵从父母意愿是一种内在的而不仅仅是外在的义务。为了考察母亲的反应能力与孩子遵守承诺之间的关系,Kochanska 将母亲与孩子在游戏中的互动行为进行编码;母亲使用的权力压制策略被编码为身体上的压制(如拿走玩具)和口头上的限制(如直接命令)。研究者感兴趣的结果在于儿童对父母价值观和要求的内化,即母亲报告的孩子在家遵守要求的程度以及母亲不在时儿童能否遵守母亲的禁令、不违反母亲制定的规则。研究结果表明,在母子相互回应程度更为频繁的互动组中，母亲较少使用权力压制策略，孩子对母亲价值观的内化程度也更高。Parpal 和 Maccoby(1985)发现，当母亲允许孩子主导游戏互动时，孩子更有可能完成母亲对其提出的捡玩具任务，也更有可能服从父母的要求。这意味着父母在养育实践中的高度反应性和高度参与性为孩子自我调节能力的发展提供了内化前提。积极的养育经历更有可能让孩子实现父母的目标，减少父母对孩子的督促行为。这种亲子之间的相互回应创造了一种环境，使得父母的社会化目标更容易被孩子内化，儿童也变得更加自律。

Vygotsky(1978)指出，自我调节的发展包括儿童自我监控、外部言语、内部言语和冲动控制等更高层次的心理功能。它们是在与父母或其他成年人的互动过程中学习并逐渐内化的结果，与自我调节相关的策略或"文化工具"(cultural tools)逐渐从照料者转移到孩子身上。Wood(1980)将促进内化过程的养育策略描述为"脚手架"(scaffolding)。父母对孩子的支架式教育是一个互动过程；成人根据孩子的技能调整需要帮助或参与的程度，敏感地调整任务难度。当孩子开始一项任务或完成有难度的任务时，成人可能会高度参与，而当孩子能够承担更多责任时，成人便逐渐退出。Diaz 等(1991)指出，这种支架式教育与权威型养育和父母的自主支持有很多共同之处。父母通过调整所提供的帮助与支持以适应孩子目前的表现水平，最终达到孩子能够独立地掌握技能，完成任务。事实上，自主支持型的父母会从孩子角度出发，允许孩子主动学习，并为孩子精心安排能够促进其能力发展的环境。Winsler 等研究者(1999)对一组在冲动性、注意力不集中和多动症等方面得分较高的学龄前儿童(风险行为组)和一组正常儿童进行了对比。研究者让两组孩子与母亲在实验室情境下完成合作任务。在高危组儿童中，母亲在与孩子的互动中表现出更多的消极控制行为，孩子在随后单独活动中的任务表现也较差，这说明母亲的消极控制行为无法提供有效的支架，无助于孩子调节能力的发展。粗暴养育作为高控型的养育行为，往往表现为父母通过身体攻击和言语攻击对孩子进行消极控制，这不但无法为孩子自我调节能力的发展提供脚手架，反而会削弱孩子的行为调节能力。

对学龄儿童来说，学业方面的自我调节是最重要的自我调节行为。Grolnick 和 Ryan(1989)调查了 114 位三到六年级孩子(8～11 岁)的父母，考察父母如何激励孩子参与家庭作业等学业活动。通过访谈法记录评价了父母的控制、参与和精心安排等行为。结果表明，父母的自主性支持与孩子对学业活动的自主调节密切关联，这些父母的子女在学校更少表现出行为问题和学习困难。Grolnick 等(1991)指出，父母的自主支持为孩子学业自我调节提供了动机，让孩子对学业活动感到自主、胜任和可控。Lamborn 等(1991)指出，权威型养育下的孩子表现出高水平的学业成就和较少的问题行为，专制型家庭养育下的青少年对自身能力缺乏信心，存在较多越轨行为。父母命令等限制自主的养育行为导致孩子表面上遵从父母，然而并不会对父母的安排主动内化。因此，粗暴养育是一种极度缺乏自主支持的养育行为，虽然导致孩子一时的遵从，但无法使孩子内化父母的价值观和要求，长期来看不利于孩子行为的自我调节。

第二节　粗暴养育对儿童情绪适应的影响

一、粗暴养育与儿童的情绪调节困难

情绪调节困难影响个体多方面的适应(Koole, 2009)，它是焦虑障碍、抑郁和物质滥用等许多临床疾病的主要原因。儿童情绪调节的发展不仅受到遗传因素的影响(Eisenberg & Morris, 2002)，还受到父母养育行为等家庭因素的塑造作用(Bariola, Hughes, & Gullone, 2012)。父母以直接或间接的方式影响着儿童情绪调节技能的发展(Morris, et al., 2007)。首先，孩子通过观察父母以及其他家庭成员的情绪调节策略学习如何调节自身情绪。在发展早期，儿童通过直接模拟家人的策略调节情绪(Silk, et al., 2006)。随着进一步发展，儿童能够通过与家庭成员的讨论交流来理解和完善情绪调节，父母的语言指导在其中起到很大作用。在长期的父母养育过程中，孩子可以学会并采用与父母类似的情绪调节方法来调节自身情绪，这对儿童的健康和发展有着重要的影响，也使儿童从父母那里习得适应性或非适应性的情绪调节技能。例如，如果母亲经常采用表达抑制的情绪调节策略(即抑制情绪表达或情绪体验)，孩子也会慢慢倾向于采用同样的策略来调节情绪(Bariola, et al., 2012)。其次，父母采用的与孩子情绪管理有关的养育行为是儿童情绪调节的另一个重要影响因素。比如，父母随着孩子行为的变化而改变对他们的关注和喜爱程度(即有条件关注)会造成孩子的情绪调节困难(Roth, Assor, Niemiec, Ryan, & Deci, 2009)。最后，以亲子依恋为核心的家庭情绪氛围是影响孩子情绪调节能力发

展的重要因素。父母在儿童发展早期便开始通过亲子依恋影响孩子的情绪调节。研究表明，安全型依恋的个体比那些不安全依恋的个体采用更多适应性的情绪调节策略(Shaver & Mikulincer, 2007)。粗暴养育是父母在应对儿童不良行为时表现出的消极养育行为，往往包含父母消极的情绪表达，体现了父母面对压力时消极的情绪调节模式。儿童经常遭遇父母粗暴对待，很容易习得父母消极的情绪调节策略和情绪表达方式，从而在遭遇人际挫折时倾向于采用类似的情绪调节方式。

有研究者提出"情绪养育"(emotion parenting)的概念，分析了它与儿童情绪调节能力之间的关系。所谓"情绪养育"是指父母与孩子讨论情绪，帮助孩子理解、体验、管理情绪，并对孩子的情绪表现作出多种反应的一系列养育行为。情绪养育行为是一种以创造情绪氛围为目标的父母养育行为，通过创造特定的情绪氛围，让孩子观察、学习和体验情绪。情绪养育一般分为支持型和不支持型两类。支持型的情绪养育以支持、鼓励并帮助孩子理解情绪体验为特点，而不支持型的情绪养育则以批评、压制、甚至惩罚孩子的情绪体验为特点。支持型的情绪养育为儿童提供了一种舒适环境，孩子可以从中学到各种情绪知识，有利于儿童良好的情绪发展(Gottman, et al., 1996; McDowell, Kim, O'Neil, & Parke, 2002)。相反，不支持型的情绪养育行为创造了一种令人不舒服的情绪氛围，父母很少讨论情绪相关的话题，甚至认为情绪是无关紧要的，这种情境阻碍孩子情绪的表达(Denham, Zoller, & Couchoud, 1994)，往往与孩子的情绪失调有关联(Eisenberg, et al., 1999)。很显然，粗暴养育的父母往往聚焦孩子的不良表现而不关心孩子的情绪感受，只会让孩子体验到恐惧、焦虑和无助等消极情绪，因此往往造成孩子抑郁和焦虑等情绪适应问题。父母的养育行为影响儿童对情绪的理解和表达。Eisenberg 等(1998)提出了情绪社会化的启发式模型，确定了父母对儿童情绪社会化的四种方式，包括父母对儿童情绪的反应、父母对情绪的讨论、父母对情绪的表达以及父母对情境的选择或修正。显然，粗暴养育过程中，父母的愤怒反应等消极情绪的表达会让孩子学会不良的情绪表达方式，不利于孩子情绪的健康发展。

粗暴养育过程中的父母显然带有惩罚性的消极情绪，主要表现为言语举止粗暴、反应过度、消极的情绪和态度以及强迫控制等反应(Deater-Deckard & Dodge, 1997; Eisenberg, et al., 1999)。从对儿童情绪安全感的影响来看，粗暴养育不仅是一种行为方式，也是一种情感交流形式，父母通过体罚或责骂孩子也宣泄了自己的愤怒情绪。父母粗暴养育所伴随的愤怒、冷漠或仇恨等情绪，很可能比父母的攻击行为本身更有害于儿童的发展（Chang, et al., 2003）。父母在亲子互动过程中通过为孩子树立榜样，并通过训练指导过程培养孩子的行为—情绪调节能力（Carson & Parke, 1996）。父母的粗暴养育行为给孩子示范了行为和情绪的失调状态，导致孩子模仿，甚至造成孩子情绪失调。父母通过强迫性的养育行为，对孩子表达较多的消极情感和较少的积极情感，导致亲子之间敌对性的互动，久而久之引发孩子的情绪困难问题（Dix & Meunier, 2009）。父母对孩子的拒绝和敌意行为往往使孩子难以通过恰当的方式表达负面情绪（Morris, Silk, Steinberg, Myers, & Robinson, 2007）。高水平的父母敌意给孩子造成很大压力，不利于儿童负责调节压力和消极情绪的神经系统的发展（Gunnar, 2000），增加了情绪失调的风险。粗暴养育的父母往往对孩子流露出厌烦情绪，甚至压制孩子的消极情绪表达，导致孩子产生情绪困扰，尽力避免而不是恰当地表达消极情绪。因此，粗暴养育不利于儿童情绪调节能力的健康发展，是造成儿童情绪失调的家庭风险因素。

二、粗暴养育与儿童的抑郁

首先，粗暴养育可能通过塑造孩子失调性的认知图式而诱发抑郁。Beck（1987）的抑郁认知模型指出，失调性的认知图式是抑郁产生和维持的主要影响因素，涉及个体对自我、世界和未来的一系列消极看法，它们使个体倾向于聚焦消极事件，更容易回想起消极体验（Ingram, et al., 1998；Williams, Watts, MacLeod, & Mathews, 1997）。Beck认为，这些图式主要是个体为了应对童年时的消极事件发展出来的，可以被后续经历的压力性生活事件所激发，是抑郁发生、维持和复发的关键因素（Kovacs & Beck, 1978）。Beck认为，抑郁易感性来源于童年期父母消极的养育方式等不良经历。Young等（2003）同样认为，不良的早期经历（如粗暴养育）会通过孩子适应不良的图式导致一系列发展问题。虽然这些消极的认知模式在童年期具有适应性，可以作为儿童虐待的防御机制，然而一旦被带入未来的人际情境，就会引发适应不良。Rose和Abramson（1994）提出，儿童期反复出现或长期存在的消极生活事件可能直接导致儿童形成一种消极的认知风格，随着时间推移，他们会将消极事件知觉为稳定的事件，甚至归因于自身内部的稳定特质。当父母反复对消极事件作出以孩子为中心的消极反馈时，孩子更容易产生抑郁体验。父母的批评和责罚等敌意性的养育行为似乎向孩子表明，他们存在缺陷或不足，应该为消极事件负责。当孩子把父母的消极反馈归因为自身内部的稳定特质后，更容易产生无望感和无助感，产生抑郁症状。

从认知发展的角度来看，养育方式包括一系列向孩子传递信息的模式化行为，孩子在自我概念的发展过程中将这些行为逐渐内化。父母的温暖接纳、自主支持和积极强化等养育行为向儿童传递积极的信息反馈，促使儿童形成对自我和世界的积极看法。相反，父母的批评、拒绝、控制、强迫，惩罚等养育行为向儿童传递消极的自我信息，使孩子产生更多消极的自我观念(Cole, 1990; McCranie & Bass, 1984)。Cole 提出，个体基于重要他人的反馈构建良好的或消极的自我认知。父母反馈是儿童认知发展的一个重要的信息源，孩子把感知到的父母对自己的期望加以内化，并迁移到其他社会情境之中(Grusec & Kuczynski, 1997)。如果父母对孩子的能力、表现、外表和行为等长期作出消极反馈，就可能被孩子内化，发展出抑郁型的认知素质(Cole, 1990; McCranie & Bass, 1984)。因此，经常遭受父母的惩罚和言语苛责等粗暴养育行为，可能导致孩子形成上述消极的认知图式，进而诱发各种抑郁症状。

其次，父母对孩子的批评苛责等粗暴养育行为会导致孩子的态度失调，使他们对自己要求苛刻，追求完美，这是抑郁症状产生的风险因素。根据 Beck (1987)的抑郁理论，态度失调容易使人患上抑郁症。孩子的态度失调通常是追求僵化的完美主义所造成的。例如，父母拿孩子与兄弟姐妹进行比较，孩子可能会认为，“如果我不如别人，那就意味着我低人一等”。当孩子失败时，父母的拒绝反应可能导致孩子认为，“如果我有一部分失败了，那和彻底失败一样糟糕”。因此，孩子早期在家庭内部的社会化经验影响着他们对未来经历的消极事件的解释。经常遭受父母批判指责的孩子比那些受到父母关爱支持的孩子更有可能出现态度失调，产生抑郁症状。父母在孩子表现不佳时经常说些贬低孩子的话语，比如，“你也太蠢了”，“你什么都做不好”等等。这些粗暴的言语向孩子传递了父母对孩子的接纳是有条件的(即“只有当你表现得很聪明，做得很好时，你才是好孩子”)。父母有条件的接纳会被孩子内化，从而发展出僵化的完美主义倾向。孩子会认为，“如果我犯了错误，人们会对我不屑一顾”，“如果不能把事情做好，那么做这件事情就没有一点儿意义”(Blatt, 1995)。个体的完美主义倾向是导致抑郁症状的风险因素(Hewitt, Flett, & Ediger, 1996)。完美主义倾向导致个体严厉地评估自我，特别是专注于评估自我的消极表现从而缺乏满足感，完美之外的表现均被解释为失败和无价值的体现，从而给自己造成很大压力，久而久之发展为抑郁症状。然而，那些能够接受孩子错误、重视在消极体验中促进孩子成长的父母（比如说“重要的是你学到了什么而不是你做得有多好”）更能让孩子产生适应性的、自我接受的态度（比如“不管最终结果如何，你都能从活动中获得快乐”）（Blatt，1995）。因此，粗暴养育过程中父母对孩子过分苛刻的要求，可能导致孩子出现完美主义倾向，进而提高了抑郁的风险。

再次，粗暴养育可能通过造成儿童情绪失调而诱发抑郁症状。情绪调节技能的发展是一项重要的发展任务，受到儿童近端环境特别是家庭因素的影响（Sroufe，1995）。父母和其他照料者在构建、解释和调节儿童情绪方面发挥着重要作用（Thompson，2008）。孩子理解和管理自身情绪的能力很大程度上依赖于照料者对孩子情绪的支持性回应（Saarni，1999）。儿童通过照料者对情感的标记和反应来理解自身的情绪，并通过照料者的认可和回应学习接纳自身的情绪体验（Thompson，Flood，& Lundquist，1995）。一个敏感的照料者帮助孩子学会容忍挫折感，并指导孩子采用适当的策略来调节痛苦情绪（Keiley，2002）。因此，基本情绪的理解和调节策略是儿童时期重要的发展成就，但这些发展任务可能被父母粗暴养育所破坏。当受到父母粗暴对待时，孩子感到周围的世界变得令人恐惧和不可预测，这符合Davies和Cummings（1994）的情绪安全感理论。家庭功能障碍导致儿童缺乏情绪安全感，增加孩子情绪失调的风险。父母的粗暴养育行为频繁激活孩子的情绪系统，导致孩子随时警惕可能存在的伤害。高水平的唤醒和警惕损耗个体调节情绪所需的心理资源，引发情绪失调甚至抑郁体验。情绪调节理论（Gratz & Roemer，2004）提出，不良的童年经历（如遭遇虐待）会造成儿童的情绪调节困难，进一步增加他们的抑郁风险。父母粗暴养育可能造成孩子不良的情绪调节策略（如情绪抑制和情绪回避），这些策略在短期内具有适应性（比如帮助孩子回避父母惩罚），然而从长期来看却是造成抑郁体验等内化问题的风险因素。

最后，粗暴养育可能通过损害孩子的自我价值或自尊而引发抑郁。如果父母经常批评乃至攻击孩子，就会导致孩子面对压力或问题时无法采取适应性的应对策略（Higgins & Silberman，1998）。粗暴养育可能让孩子意识到自己缺乏能力，从而降低了他们的自我效能感和自我价值感，进而诱发抑郁情绪。父母是孩子最重要的榜样，过度批评等粗暴养育行为会导致孩子的自我批评。高度的自我批评和自我效能的缺乏会削弱孩子解决问题的坚持性，阻碍孩子采用积极的策略解决问题。因此，父母的粗暴养育可能使孩子发展出习得性无助(Seligman, 1975)以及消极的问题解决风格(Nolen-Hoeksema, Wolfson, Mumme, & Guskin, 1995)，进而增加孩子出现抑郁症状的风险。再者，父母对孩子的身体责罚和言语斥责也可能导致孩子反复思考，形成反刍的消极思维风格，这也是抑郁症状发生、发展的一个重要风险因素(Abela & Hankin, 2011)。

三、粗暴养育与社交焦虑

社交焦虑(social anxiety)是指在社交场合或其他可能受到别人评价的场合，个体担心令自己出丑的情境发生而感到的忧虑甚至恐惧感(American Psychiatric Association, 2000)，通常与个体的社会功能受损以及社会支持不足有关(Davidson, Hughes, George, & Blazer, 1993)。社交焦虑通常是抑郁障碍和酒精滥用的先兆因素，它阻碍个体在学校或职场等人际场所的发展机遇，对个体生活造成巨大的负面影响(Rapee & Spence, 2004)。从社交焦虑的病原学来看，父母不良的养育行为是儿童社交焦虑的重要风险因素(Brown & Whiteside, 2008)。从以往研究来看，粗暴养育可能通过不同途径诱发儿童的社交焦虑。根据 Spence 和 Rapee(2016)提出的社交焦虑的发展模型(The Model of the Development of Social Anxiety)，粗暴养育行为直接影响儿童社交焦虑产生的两个近端因素(即社交技能缺乏和认知偏差)，进而引发社交焦虑。社交技能是个体建立和维持良好人际关系的必要因素。父母频繁的过度控制行为和惩罚策略阻碍孩子社交技能的发展，导致儿童面对挑战性的任务时感到恐惧和不自信(Ollendick, Benoit, & Grills-Taquechel, 2014)。也就是说，父母粗暴养育会损害儿童的社交技能，进而影响社交焦虑的发展。Rapee 和 Spence(2004)还提出，批判性的父母养育行为可能是社交焦虑最为相关的家庭因素。对他人负面评价的敏感性是社交焦虑的核心特征，父母经常性的批评指责使孩子对负面评价逐渐变得愈加敏感，逐渐发展成人际交往情境中的社交焦虑。Pollak(2003)在情感学习理论(Affective Learning Theory)中指出，环境中重要的情绪线索信息的输入会影响儿童情感系统的发展，尤其是环境中危险的情绪信号会影响儿童对情绪线索的注意分配，进而导致信息加工出现偏差。父母的粗暴养育是导致儿童情绪信息加工偏差的早期经历之一。反复遭遇父母粗暴的体罚和言语批评可能导致儿童将愤怒情绪和威胁性的面部表情与父母的负面反馈和惩罚行为进行匹配。Pollak 和 Tolley-Schell(2003)进一步验证该假设后发现,经常遭受父母身体虐待的儿童对环境中的威胁性信号更为敏感,特别是对愤怒面孔的注意和识别更为迅速。值得注意的是,个体对愤怒面孔的注意偏好是个体社交焦虑的风险因素(Gulley, Oppenheimer, & Hankin, 2014)。因此,父母在粗暴养育中的体罚和批评可能使儿童特别关注社交场所中他人的负面评价和负面表情,从而逐渐发展为社交焦虑。

粗暴养育也可能通过损害儿童的依恋功能造成社交焦虑。Armsden 和 Greenberg(1987)在依恋理论框架内提出了缓冲假设,即儿童对父母的依恋质量可以缓冲孩子的焦虑和潜在的情绪压力。Bowlby(1982)指出,不安全依恋的儿童往往形成不适应的内部工作模式,主要包括对自己或他人的消极期望。这些孩子倾向于把照料者知觉为不可靠、不可接近和不值得信任的个体(Manassis & Bradley, 1994)。Kobak 和 Cole(1994)指出,当儿童采用不安全的依恋策略时,他们无法正确理解他人的情感表达,从而更容易将歧义误解为敌意。这些认知偏见可能被他们广泛应用到其他社交情境中,产生不恰当的应对和回避行为,并可能形成长期稳定的焦虑状态(Bartholomew & Horowitz, 1991)。经常受到父母强势约束的孩子往往认为父母不可靠,不能依赖(Bosmans, Braet, Beyers, Van Leeuwen, & Van Vlierberghe, 2011)。Cyr 等(2010)指出,童年期遭受的虐待作为一种极端的消极养育行为威胁亲子之间的安全依恋。父母虐待会让儿童感受到无法消除的恐惧,从而对其他人际关系产生消极的情绪预期。因此,父母的粗暴养育会阻碍亲子之间安全型依恋关系的建立,甚至导致孩子对一般人际关系形成不合理乃至歪曲的内部工作模型,对家庭外的人际交往产生消极预期,从而产生社交焦虑。

父母的粗暴养育行为还可能导致儿童对自我表现的过度监控,继而增加儿童社交焦虑的风险(Brooker & Buss, 2014)。Hoffman(1983)在道德发展理论(Theories of Moral Development)中指出,父母在养育过程中频繁使用体罚和辱骂等粗暴管教策略会让孩子产生恐惧感,并导致孩子过度监控自身行为以避免父母的粗暴对待。研究表明,内化问题较多的孩子存在更多的过度控制行为,包括对自我表现的过度监控和频繁反思(Eisenberg, et al., 2001; Santesso, Segalowitz, & Schmidt, 2006),这些行为增强了孩子的焦虑情绪。Brooker 和 Buss(2014)同样发现,父母粗暴养育诱发儿童的恐惧情绪,并通过增强孩子的自我监控诱发社交焦虑。因此，父母粗暴养育导致儿童从避免父母惩罚逐渐发展成回避可能造成负面评价的社交场合，在人际交往中过度关注和监控自己的表现，变得小心谨慎，甚至发展成一般的社交焦虑。

四、粗暴养育与社交退缩

研究者通常把内化行为分为两大类：焦虑、抑郁（如恐惧和悲伤）和退缩行为（如害羞和离群索居）（Achenbach，1991；Achenbach，Rescorla，& Maruish，2004）。前文分析了粗暴养育与焦虑、抑郁的理论关系，这里接着分析粗暴养育与社交退缩的关系。社交退缩（social withdrawal）是指个体表现出的具有跨情境和跨时间一致性的独处或离群行为。社交退缩通常包括被动型退缩、主动型退缩和沉默型退缩三种（Coplan & Rubin，1998）。被动型退缩的儿童喜欢在与他人保持一定距离的情况下探索周围环境，一般与儿童早期的心理失调无关；主动型退缩是指同伴在场的情况下，儿童反复表现出无意识的身体动作，一般与个体的冲动性和攻击性有关；沉默型退缩的儿童经常产生旁观行为和不参与行为。不安全依恋的儿童在 7 岁时表现出高水平的被动退缩行为（Renken，et al.，1989）。Rubin 等（1990）进一步发现，不安全依恋型幼儿到童年时期更可能发展出社交退缩行为。相比安全型依恋的儿童，焦虑—反抗型依恋的儿童依赖性更强，更容易产生无助、紧张和焦虑等情绪，更不愿意探索新的环境，不愿与他人进行社交互动，从而阻碍了社交能力的发展（Rubin，Bukowski，& Parker，1998）。粗暴养育导致不安全的亲子依恋，从而提高了儿童社交退缩的风险。

五、调节因素

粗暴养育对儿童焦虑、抑郁和社交退缩等内化问题的影响不仅受到儿童自身因素的影响，也受到环境因素的影响。儿童自身因素主要包括儿童的气质特征、生理特点和性别差异等。环境因素主要涉及社区因素以及大范围的社会文化背景等。这些因素调节着粗暴养育影响儿童内化问题的模式和强度。

首先，生理易感性（physiological susceptibility）可能会增强粗暴养育对儿童内化问题的影响。内化问题的生理易感性特别强调自主神经系统（ANS）的功能，该系统包括交感神经系统（SNS）和副交感神经系统（PNS），前者负责调动个体资源，帮助个体在面对威胁或挑战时做出积极防御行为，后者则帮助个体在兴奋状态之后恢复体内平衡(Calkins, et al., 2013; Dietrich, et al., 2007)。心率(HR)或心脏周期(HP)是普遍用来衡量 ANS 功能的指标。童年中期儿童在休息状态下的 HR 与内化问题的发展关系密切(Dietrich, et al., 2007)。呼吸性窦性心律失常(RSA)是 PNS 活动最常见的指标。高基线 RSA 促进个体的情绪调节,使个体在面对情境变化时保持稳定,而低水平的 RSA 则会干扰个体面临威胁时的情绪调节能力(Calkins, et al., 2013)。研究表明,面对感知到的威胁,生理系统的过度兴奋可能导致焦虑或退缩行为(El-Sheikh, Keller, & Erath, 2007)。低水平的 RSA 加剧了父母消极养育对儿童内化问题的不利影响(El-Sheikh, et al., 2013)。也有研究者考察了副交感神经系统紧张程度的指标,即迷走神经张力(vagal tone)的作用,结果发现低水平的迷走张力强化了父母的批评命令对儿童退缩行为的影响。因此,在考察粗暴养育与儿童内化问题的关系时有必要考察多种生理易感性指标的作用,这有利于解释粗暴养育影响儿童发展的个体差异性。

其次,粗暴养育对儿童内化问题或情绪适应问题的影响因儿童性别不同而不同。男孩和女孩对父母体罚的敏感度不同。Grusec 和 Goodnow(1994)指出,儿童对父母管教策略的接纳程度影响着管教效果。儿童对待体罚的态度存在性别差异,男孩比女孩更能接受体罚(Deater-Deckard, Lansford, Dodge, Pettit, & Bates, 2003)。遭受过家庭暴力的女孩比男孩更有可能出现内化问题(Sternberg, Lamb, Guterman, & Abbott, 2006)。Xing 和 Wang(2013)发现,父母的体罚对女孩比对男孩的内化问题影响更大,父母轻微体罚和严重体罚均能显著预测女孩的内化问题,男孩的内化问题只受到父母严重体罚的影响。研究者提出两种机制来阐释父母消极养育影响儿童内化问题的性别差异。第一,根据社会化理论(Ruble & Martin, 1997),男孩和女孩在家庭和同伴群体中的社交方式通常是不同的(Rosen & Peterson, 1990),比如父母与男孩在一起时更多玩耍战争游戏,从而导致男孩和女孩对父母体罚行为的反应不同。女孩对父母体罚更加敏感,而男孩可能从容应对,并从这种父母管教中体验到较少的恐惧感。第二,对人际压力的敏感性也导致女孩更容易受到父母体罚的影响,即使是轻微的体罚,也会使女孩更容易出现内化症状。与男孩相比,女孩更倾向于建立并维持良好的人际关系,获得社会认可(Gabriel & Gardner 1999; Maccoby, 1990),所以女孩更容易受到家庭冲突或粗暴养育的影响,在亲子冲突情境中产生更大的心理压力(Chung, Flook, & Fuligni, 2009; Flook, 2011)。也就是说，父母粗暴养育对儿童内化问题的影响可能受到儿童性别角色的调节，遭受父母粗暴养育的女孩比男孩更有可能出现内化问题行为。

再次，充满危险的社区情境会增强粗暴养育对儿童内化问题的影响。在婴儿期和学步期，儿童在模糊或恐惧情境中往往参照父母特别是母亲的行为（称为社会参照）。母亲在模糊情境中充满情感的语气为儿童解释模糊情境提供了关键信息（Gunnar & Stone，1984）。Linares 等（2001）发现，危险的社区环境令母亲感到痛苦。那些对儿童实施粗暴养育的母亲较少调节自己对社区危险事件的情绪反应，从而增强了粗暴养育对儿童内化问题的影响。具体来说，当母亲对危险的社区环境保持高度警戒时，父母痛苦的情绪线索给儿童提供了更多痛苦的社会参照线索，导致孩子警惕不安，由此提高了儿童产生焦虑等内化问题的风险。有研究发现，粗暴养育和社区危险情境的结合对儿童内化问题的影响并非累积的，而是呈指数形式增长（Callahan，et al.，2011）。因此，在考察粗暴养育对儿童内化问题的影响时有必要考虑社区环境的影响。

第三节　粗暴养育对儿童人际适应的影响

粗暴养育损害儿童的人际功能，损害儿童建立和维持人际关系的能力。根据前面的论述以及父母养育行为影响儿童同伴关系的现有研究，粗暴养育可能通过以下途径损害孩子的人际适应。

一、亲子依恋的作用机制

粗暴养育损害孩子的亲子依恋关系，塑造个体失调性的内部工作模型，进而影响儿童的人际交往质量。Bowlby 提出，早期的亲子互动过程为儿童人际关系的内部工作模型的发展奠定了基础。内部工作模型作为对早期亲密关系（主要是与父母等照料者）的无意识表征在以后的发展过程中保持相对稳定（Waters，Vaughn，Posada，& Kondo-Ikemura，1995）。依恋理论指出，至少有三种因素影响儿童的内部工作模型，进而影响儿童社交能力的发展（Elicker，Englund，& Sroufe，1992）。首先，与主要照料者建立安全的依恋关系可以促进积极的社会期望，使儿童愿意与其他孩子互动，并对同伴间的交往互动产生积极的期望。其次，孩子与富有同情心和反应性的照料者之间的交往过程，为理解社会交往的互惠性打下了基础。最后，富有高度的反应性和支持性的父母关怀为儿童自我价值感和效能感的发展奠定了基础，这种内在感受是促进热情等积极情感发展的重要因素。个体的内部工作模型主要是父母养育行为的产物，受到父母敏感性和反应性的影响(Spieker & Booth, 1988)。如果父母对孩子的需求保持良好的敏感性和反应性，孩子就会产生自我肯定，感到自信和安全，即使在新的环境中也同样如此。安全感在个体发展中扮演着重要角色，它为儿童提供充分的情感和认知依托，使他们能够积极地探索社会环境；无论是在个人领域还是在人际关系领域，这种探索都能促进儿童解决问题能力的发展。相反，父母的粗暴养育使孩子对父母形成不安全的依恋关系，导致孩子在人际交往中形成一种被拒绝的内部工作模型，认为自己没有价值、不被接受且不值得关爱，甚至认为他人对自己具有攻击性。这样一来，他们把周边的社会情境知觉为一个"战场"，认为只有采用攻击的行为方式才能解决人际问题，甚至干脆逃离这个"战场"。儿童的这些行为久而久之会导致同伴的排斥或拒绝，破坏同伴关系的发展。

孩子的情绪安全感不同，从依恋关系中建构的"内部工作模型"的类型也不同，对其他人际关系的期望也不同(Elicker, Englund, & Sroufe, 1992)。研究者最初考察了亲子依恋如何影响婴幼儿以及学龄前儿童的同伴关系(Fagot, 1997)，将早期依恋水平作为学龄前儿童同伴关系质量的预测变量(Erickson, Sroufe, & Egeland, 1985)。与不安全型依恋的婴儿相比，安全型依恋的婴儿在学前期表现出更强的社交能力(Waters, et al., 1979)和更少的问题行为(Erickson, et al., 1985)。安全型依恋正向预测儿童的友谊质量(Kerns, Klepac, & Cole, 1996; Lieberman, Doyle, & Markiewicz, 1999)。安全型依恋的学前儿童拥有更大的社会支持网络(Bost, Vaughn, Washington, Cielinski, & Bradbard, 1998)，对同伴表现出更多的积极情绪，同伴接纳水平更高(LaFreniere & Sroufe, 1985)。相比之下，焦虑型依恋预测儿童的同伴侵害(Perry, Finnegan, Hodges, Kennedy, & Malone, 1993)。Troy 和 Sroufe 发现，回避型依恋的学前儿童更容易在游戏群体中受到同伴伤害。总体来看，安全型依恋的孩子在同伴交往中表现出更高的敏感性，较少对同伴进行挑剔，更容易建立和维持高质量的同伴关系(Kerns, et al., 1996; Youngblade & Belsky, 1992)。Cassidy 等(1996)发现，那些倾向于排斥父母的孩子更可能在同伴相处过程中作出敌意性归因。相比之下，不安全型依恋的孩子与同伴的相处能力较差(Cohn, 1990)，即使他们表现出积极的示好行为，也容易遭到同伴的消极回应(Fagot，1997)。总之，儿童对亲子关系的表征(即内部工作模型)可以推广到儿童的同伴交往情境之中(Cassidy，Kirsh，Scolton，& Parke，1996；Rudolph，Hammen，& Burge，1995)，影响同伴关系的建立、维持和发展。因此，父母粗暴的身体攻击和言语攻击行为会导致孩子形成焦虑乃至抗拒的不安全型依恋，对人际关系形成消极期望，从而影响孩子与同伴等家庭外成员的人际交往。

二、社交能力的作用机制

粗暴养育行为也会通过损害儿童社交能力的发展而影响其人际关系的发展。Hartup(1985)认为，父母的养育行为在孩子社交能力的发展中至少起到三方面的作用。首先，儿童在人际交往中需要许多技能，亲子互动为儿童学习和发展这些技能提供了机会。孩子在亲子交往过程中学习各种与他人建立和保持积极关系所需要的技能，如语言技能和控制冲动的技能等。其次，亲子关系构成孩子情感和认知发展的资源，使孩子能够积极地探索社交环境。良好的亲子关系是一个安全网，使儿童能够自由地审视外部环境，促进儿童问题解决能力的发展。再次，早期亲子关系是形成后来所有家庭以外关系的基础。正是在亲子互动中，孩子开始对人际交往产生期望和设想，并为实现目标制定策略。因此，粗暴养育导致孩子的言语技能和冲动控制能力发展不足，并导致儿童对人际交往产生消极预期，从而诱发失调性的人际行为，甚至遭受他们排斥。粗暴养育往往使孩子习得父母消极的情绪表达方式，进而导致在学校的一系列社交问题(Fabes，et al.，1990)。亲子之间攻击性的互动模式是孩子与他人之间产生冲突性互动的基础(Sroufe & Fleeson，1986)。也就是说，孩子会把从父母那里学到的不良的情绪调节策略迁移到同伴交往中，进而导致不良的同伴关系(Parke，et al.，1992)。因此，粗暴养育不仅无法使孩子学到适当的人际交往技能，反而让孩子学到很多不良的情绪和行为调节方式，使得孩子难以处理人际问题，更容易采取以自我为中心的方式解决问题，从而遭遇更多人际拒绝。

Pettit 及同事们指出(Pettit，Dodge，& Brown，1988；Pettit，Harrist，Bates，& Dodge，1991)，家庭中的养育风格由孩子从家庭系统迁移到同伴系统，进而影响儿童在同伴环境中的人际互动质量。Hart 及其同事(Hart，DeWolf，Wozniak，& Burts，1992；Hart，et al.，1990)构建了父母养育风格影响孩子同伴交往的模型。根据该模型，采用引导性策略的父母倾向于教导孩子人际关系的重要性，而使用强制手段的父母导致孩子更为关注服从父母的好处，更关注自身需要的满足。Patterson(1982)发现，不可预测的家庭环境使孩子更容易表现出攻击性。Hart 等(1990)发现，父母倾向于使用强制性的策略管教孩子时，孩子工具性策略的使用频率会更高，更难获得同伴的接纳。Pettit 等(1991)提出，父母粗暴或难以预测的管教方式(如奖励或惩罚措施不一致)会导致儿童发展不良。不可预测的养育行为导致孩子对结果缺乏控制感，进而发展出失调性的社交技能。虐待型的亲子关系导致孩子形成异常的"内部工作模型"，导致孩子对同伴缺乏信任，阻碍孩子社交能力的发展(Carlson, Cicchetti, Barnett, & Braunwald, 1989)。父母的言语命令和身体惩罚与孩子对同龄人的敌意行为有关，而引导式的养育策略与儿童的亲社会行为密切相关(Zahn-Waxler, Radke-Yarrow, & King, 1979)。父母的粗暴养育行为会导致儿童的信息加工模式失调，诱发反社会行为(Pettit, Bates, & Dodge, 1997)。因此，粗暴养育非但不能让孩子学到恰当的人际交往技能，反而让孩子习得不良的行为模式，从而在人际交往中遭到排斥。

三、问题行为的作用机制

粗暴养育通过诱发孩子一系列的问题行为而导致孩子同伴交往困难。如前所述，粗暴养育诱发孩子多种外化行为，这些问题行为是儿童遭遇同伴排斥的风险因素。父母经常表达消极情绪，不利于孩子情绪编码和解码技能的发展，不利于孩子同伴交往技能的发展。经常遭遇粗暴养育的孩子往往冲动、缺乏自控能力、缺乏同情心、对同伴缺乏信任，缺乏助人、分享和合作等亲社会技能，难以建立并维持良好的同伴关系。大量研究表明，粗暴养育主要通过造成孩子一系列问题行为而损害同伴关系。这些孩子因存在问题行为不仅遭遇同伴群体的拒绝和排斥(Rubin, LeMare, & Lollis, 1990)，甚至遭到同伴欺负。父母对孩子的身体责罚损害儿童的自尊，这种低自尊反过来激发儿童的补偿反应(比如努力与他人建立关系，并期望他人能够肯定自己的价值)。父母的言语责骂等粗暴情绪向孩子传达了父母的拒绝态度，导致儿童对亲密关系产生警惕或防御反应，使孩子怀疑甚至回避同伴关系。实际上，长期遭受身体虐待的儿童很难与同龄人建立友谊，即使能发展友谊关系，也难以长期维持下去(Bolger, Patterson, & Kupersmidt, 1998)。值得注意的是，经常遭受父母责罚的儿童对于同伴主动发起的交往行为，往往作出不适应的反应，比如拒绝同伴的友好提议(Howes & Espinosa, 1985),甚至攻击同伴(George & Main, 1979)。再者,父母的粗暴养育行为也使孩子不愿邀请朋友到家里聚会,导致孩子缺少朋友,失去很多维持和改善同伴关系的机会。此外,这些孩子往往因较多的问题行为而难以建立良好的师生关系。久而久之,不良的师生关系和同伴关系导致儿童更加难以适应学校生活。因此,粗暴养育不仅诱发孩子各种问题行为,也使孩子缺乏锻炼人际能力的机会,从而不利于孩子在学校的人际适应。

第四节　粗暴养育对儿童学业适应的影响

学业成功(school success)是儿童学校适应的重要层面,是其成年后顺利发展的基础,为增加收入、就业保障以及提升幸福感等提供了前提。孩子的在校表现和学业成绩一直是父母特别关心的问题,优异的学业成绩不仅是孩子的努力目标,也是父母的养育目标之一。当孩子学业表现不良、成绩落后时,父母往往对孩子表达失望和愤怒等消极情绪,甚至采用体罚等过激的管教行为,希望孩子能够取得学业进步。部分父母甚至怀有“不打不成器”的养育理念,把粗暴养育作为有效改善孩子学业表现的良方。然而大量研究表明,粗暴养育可能无助于甚至损害孩子的学业表现。

父母对孩子的身体攻击行为是粗暴养育的基本形式之一。大多数心理学家和教育家反对将惩罚手段作为获得期望行为的途径(Levy-Leboyer & Pineau, 1982; Rose, 1984)。身体责罚是一个令人厌恶的过程,令孩子感到厌恶和恐惧。如果父母在养育过程中过于依赖令人厌恶的养育技巧(比如身体攻击),那么孩子就会讨厌甚至逃避家庭环境。身体惩罚往往使孩子记住了不该做什么,但无法告诉他们该做什么(Child, 1981)。父母对孩子的身体惩罚只能暂时抑制不该出现的行为反应,但并没有消除甚至无法削弱孩子的不良行为。虽然足够严厉的惩罚在一定程度上起到了抑制不良行为的作用,但也只是起到抑制作用,而无法消除个体已经习得的不良行为。由于身体惩罚的压制特点,儿童可能发展出异常行为,孩子的不良行为虽然受到了抑制,但受到压制的行为可能以间接或伪装的方式再次表现出来。此时,孩子可能为了避免父母的身体责罚而假装努力学习,而非真正意识到学习的重要性,并没有在内部动机的驱动下自觉学习。父母的身体惩罚往往导致孩子过度的担忧焦虑,进而阻碍学习进步。父母的身体攻击还会让孩子产生怨恨和敌意,产生不安全感,在课堂学习中缺乏学习动机。父母对孩子的身体攻击通常伴随父母的嘲笑和批评，这会损害儿童的情绪调节，阻碍儿童对学业活动的情绪参与，不利于儿童学业成绩的进步。父母体罚造成的紧张气氛和身体痛苦导致儿童对学习产生消极态度，不利于孩子的学业进步。研究表明，不管孩子的家庭结构是否完整，父母对孩子身体攻击的频率和强度均消极预测儿童的学业表现和抱负水平(Cherian, 1994)。因此，父母对孩子的身体惩罚和言语责骂等粗暴养育行为不利于儿童的学业发展与进步。

第一，粗暴养育通过损害儿童的自我调节能力而影响学业发展。在课堂环境中，良好的自我调节能力有助于学业成绩的改善，是儿童学习进步的关键因素(Harris, 1982)。其中，自我监控(self-monitoring)是影响个体学业成绩的关键的自我调节过程(Harris, Graham, Reid, McElroy, & Hamby, 1994)。自我监控通常包括自我评估和自我记录。虽然自我评估可以单独完成，但它与自我记录相结合才能达到自我监控的最优效果。研究者特别关注自我监控的两个方面，即表现的自我监控和注意力的自我监控(Harris, et al., 1994)。前者主要涉及学生对自身学习过程的特定方面加以评估和记录(比如正确完成的问题数量以及花在计划上的时间)，有助于学生通过绩效评估将精力集中在学业成就上；后者涉及学生评估并记录自己的注意行为，以便把注意力聚焦于完成任务。注意力不足或有注意缺陷的儿童往往在课堂上表现出注意力不集中、冲动、过度活跃等明显的问题行为(Semrud-Clikeman, et al., 1999)。这些学生在完成家庭作业的速度上和质量上低于潜在的能力，很难将注意力保持在任务上或者很难按照任务指示完成学业任务(Davies & Witte; 2000)。存在注意力缺陷问题的儿童在自我调节活动中往往缺乏坚持性，很难做到延迟满足，在抑制控制方面存在缺陷，更容易受到外界诱惑的干扰(Shapiro, DuPaul, & Bradley-Klug, 1998)。以上行为特点导致他们往往无法有效地参与课堂互动，学业成绩普遍低于同龄人。

粗暴养育可能损害儿童的自我调节能力。依恋理论认为，富有敏感性和反应性的养育行为有利于儿童调节策略的内化(Bernier, Carlson, Deschenes, & Matte-Gagne, 2012)。父母的批评、拒绝、干涉和排斥等敌意和冲突行为则不利于儿童调节策略的内化(O'Connor, 2002)。父母支持性的管教方式(如权威型养育)有助于提升儿童的自我调节能力，而粗暴养育等消极控制行为则会削弱儿童的自我调节能力(Grolnick & Pomerantz, 2009)。受虐待的幼儿、学龄前儿童和学龄儿童往往表现出过度依赖、社交警惕、缺乏主动探索性等特征(Erickson, Egeland, & Pianta, 1989),他们的自我调节能力(Cummings, Hennessy, Rabideau, & Cicchetti, 1994)和自主掌控能力也因经历虐待而受到损害(Koenig, Cicchetti, & Rogosch, 2000)。经常遭受父母粗暴养育的儿童在课堂参与中往往表现得非常消极,缺乏学习准备性(Erickson et al., 1989),缺乏学习动力(Vondra, Barnett, & Cicchetti, 1989),过度依赖老师(Egeland, Sroufe, & Erickson, 1983)。自我调节技能来自于早期大脑发育和环境影响之间的相互作用,在孩子向学校生活的过渡过程中,这些技能有助于日后更为复杂的行为调节能力的发展(Blair & Raver, 2015; Willoughby, Kupersmidt, & Voegler-Lee, 2012)。在学龄阶段,自我调节能力可以预测儿童在校良好的行为适应和学业成绩(Eisenberg, et al., 2000; Ponitz, McClelland, Matthews, & Morrison, 2009)。因此,父母粗暴养育行为可能通过损害孩子的自我调节能力而影响孩子的学业参与,从而对学业成绩造成消极影响。

第二,粗暴养育可能通过导致儿童一系列的问题行为而损害孩子的学业表现。如前文所述,粗暴养育诱发孩子的攻击、反社会行为、问题性网络使用、物质使用等一系列外化问题,这些问题行为导致孩子与越轨同伴交往。DeBaryshe 等(1993)发现,有问题行为的儿童比一般儿童的学业参与水平更低,学业表现更差。孩子的问题行为纵向预测他们低水平的出勤率和课堂参与(Ramsey, Patterson, & Walker, 1990)。Hagborg(1991)发现,相比没有不良行为的孩子,问题行为较多的孩子的家庭作业质量更差。高中生群体中也发现了类似的研究结果,作业完成质量较差的高中生存在更多的行为和纪律问题。之所以这样,可能是由于粗暴养育诱发儿童产生各种外化行为之后,儿童因频繁参与这些问题行为而更少把精力投入到学习活动中。特别是在参与越轨同伴群体之后,由于彼此之间的相互模仿,他们的问题行为变得越来越严重,厌学情绪越来越浓,进而导致逃课、逃学,学业表现越来越差。

第三,粗暴养育通过削弱儿童的内部学习动机而损害学业表现。学习的内在动机是指学生能够享受学习过程本身的乐趣,主动接受具有挑战性学习任务的内部动力(Gottfried, 1985)。最佳学业参与是在个体的内部学习动机的驱动下产生的,体现在多个方面:自我启动、自我调节的学习过程,以掌握知识和提高能力为目标,接纳和应对富有挑战性的任务,能够集中注意力,主动完成任务(Eccles, Lord, & Roeser, 1996)。从小学到初中,内部学习动机均能预测儿童良好的学习成绩以及对学校活动的积极参与(Gottfried, 1990)。父母对儿童的社会化过程在儿童内部动机的发展中起着重要作用,如果父母在养育过程中频繁通过惩罚和愤怒表达等消极行为督促孩子完成学习任务,孩子的内部学习动机就会受到削弱(Gottfried, Fleming, & Gottfried, 1994)。因为,采用粗暴养育策略的父母强调对孩子的外部控制,这无形中给孩子造成巨大压力,也削弱了孩子学习的自主性。研究表明,强烈依赖外部管控的儿童主要在他人的监控和指导下才能完成学习任务,他们追求考试高分和他人认可等外部奖励,并尽力避免惩罚(Ryan, Deci, & Grolnick, 1995)。DeBaryshe 等(1993)从回避性条件反射的角度解释了父母惩罚与孩子学业不良表现之间的关系,认为父母的粗暴控制虽然导致孩子在学业表现中很勤奋,然而孩子的学习动机主要是预防性的,不是自发的,主要是为了避免在家里遭受父母的负面反应。到青少年时期,自主性在影响青少年学业表现方面发挥着特别重要的作用,随着儿童在学校里的成长,人们期望他们在自我管理方面承担更多责任。富有自主性的青少年更有可能积极主动地完成学习任务,取得良好的学业成绩。因此,父母的粗暴养育不利于孩子内化自我导向的价值观,不利于激发孩子的内部学习动机,不利于孩子学业的长期发展。

第四,粗暴养育可能通过损害儿童的语言理解能力进而影响孩子的学业表现。亲子互动为孩子语言能力的发展提供了机会。耐心的父母会使用更多话语引导孩子,从而能够更好地促进儿童的言语发展。相反,在充满命令、斥责和体罚的粗暴养育过程中,亲子之间往往缺乏理性的对话。粗暴管教孩子的父母往往缺乏言语说服和诱导过程,从而不利于孩子语言理解能力的发展。纵向研究表明,父母使用体罚的频率与儿童在阅读能力上的得分呈负向关联(Bradley, Corwyn, Burchinal, McAdoo, & Coll, 2001)。持有权威型养育信念的父母更喜欢使用诱导推理的方式与孩子进行平等的对话交流,从而使儿童更容易接纳父母的理性解释(Baumrind, 1967)。这种权威型的养育策略有利于青少年良好的学业表现(Dornbusch, Ritter, Liederman, Roberts, & Fraleigh, 1987)。Gest(2004)也发现,那些频繁采用体罚策略的父母,孩子的语言理解能力一般较低。实际上,父母对孩子敏感而支持的养育行为通过影响孩子的语言能力进而影响其执行功能的发展。研究发现,父母的支持和激励行为通过影响儿童三岁时的语言能力间接预测他们四岁时的执行功能(Hammond, et al., 2012)。因此,粗暴养育可能损害了儿童言语能力的发展,进而影响到他们对课程内容的接收和理解,久而久之造成学业困难。

第五,早期遭受粗暴养育的经历可能破坏了儿童的执行功能,进而对后续的学业适应产生不利影响。根据生物敏感性理论(Theories of Biological Sensitivity),早期经验塑造个体的应激反应系统,影响着个体对未来环境的应对能力。缺乏支持性的环境导致个体保持高水平的压力激素,从而在行为和认知上缺乏反思性和灵活性。支持性的环境则促进个体的认知灵活性,有利于执行功能的发展(Blair, 2010)。研究表明,父母积极的支持行为影响着婴幼儿皮质醇的浓度,进而影响他们执行功能的发展(Blair, et al., 2011)。皮质醇是一种调节前额皮质活动的糖皮质激素,充满父母支持的养育环境有助于降低儿童的皮质醇水平,从而有利于儿童执行功能的发展,进而有利于个体学业的顺利发展。因此,粗暴养育可能通过损害儿童执行功能的发展对其学业表现造成不利影响。

第五节　粗暴养育对儿童道德发展的影响

家庭是儿童道德判断、道德敏感性(moral sensitivity)和道德情感(moral sensibility)发展的主要环境(Hinde, 2002)。亲子之间的情感关系对儿童道德理解和道德行为的发展起着非常重要的作用(Hoffman, 2000)。在与父母的反复互动中,儿童逐渐理解了责任的概念,知道如果做出伤害他人的行为,就要负责任。然而粗暴养育是一个不平等的消极的亲子互动过程,充满了父母的敌意控制和孩子的被动顺从。虽然父母的体罚和言语羞辱给儿童造成心理上的伤害,然而很少有父母为此向儿童道歉或者在伤害儿童之后通过沟通解释自己的粗暴行为,以便获得儿童的原谅。显然,父母的粗暴养育行为可能通过损害儿童的情绪发展等多种途径影响儿童道德情感和道德行为的发展,甚至造成孩子道德推脱,进而产生一系列适应不良行为。

一、粗暴养育与儿童的道德发展

不同理论流派从不同角度阐释了家庭因素,特别是亲子互动对儿童道德发展的重要意义,其中行为主义理论和 Hoffman 的内化理论在解释养育行为与儿童道德发展的关系中最具有代表性。

(一)精神分析的观点

根据精神分析理论,幼儿期是一个可塑性很强的时期,该时期父母的养育行为对孩子未来的长期发展产生非常深远的影响。该流派大多数理论家认为,父母是儿童所认同的道德价值观的主要来源,是儿童早期行为的主要监控者。尽管父母对孩子的控制行为很多时候是无意识的,但在塑造孩子的道德方面发挥着重要作用。根据弗洛伊德的理论,儿童的行为主要是在性(力比多)和攻击性这两种内部力量的驱使下产生的,因此承担着孩子社会化任务的父母或其他照料者必须对孩子施加限制。事实上,孩子经常感受到强烈的内心冲突,他们爱自己的父母,需要父母的照料。如果孩子对父母表现出力比多驱动的行为,便可能失去父母的关爱和支持,甚至引起父母强烈的不满和攻击。这种冲突在童年期通过认同机制得到解决,即儿童把同性父母的行为方式和价值观内化到超我中,形成一种良知(Maccoby, 1992)。因此,父母良好的养育行为有利于促进孩子对父母的认同,更好地接纳父母所传递的道德价值观。相比之下,粗暴养育往往导致剧烈的亲子冲突,使孩子对父母充满怨恨,从而阻碍了孩子对父母及其行为规范的认同,不利于孩子道德品行的健康发展。

(二)行为主义的观点

在精神分析理论中,儿童的行为最初是非理性的、以自我为中心的,在恐惧和焦虑等情感以及后来的负罪感的驱使下,才逐渐走向道德。行为主义同样强调父母在塑造儿童道德行为中的作用,认为儿童在亲子互动过程中通过经典条件反射和操作性条件反射等机制进行学习,并在父母的强化下保持良好的行为,逐渐放弃那些受到惩罚的行为。

早期行为主义者也曾认为,儿童的行为是被动驱使的,由促使儿童社会化的他人所塑造。儿童通过经典条件反射和操作性条件反射,特别是通过父母对其行为的反应不断习得或放弃某些行为。儿童受到强化(或奖励)的行为得以保持,那些受到惩罚的行为逐渐消失。Gewirtz 和 Pelaez-Nogueras(1991)提出,父母通过认可、接纳和赞赏等强化手段塑造并维持儿童的道德行为,通过否认、拒绝和惩罚等手段消除不道德行为。儿童也通过观察学习以及与父母的言语交流过程学习道德规范和道德行为。Bandura(1986)把模仿看作学习新行为的主要方式。孩子在所处环境之中模仿他人(包括父母)的过程是道德发展的一个重要来源,孩子通过模仿可以获得一系列道德标准、态度和行为。Bandura认为,道德准则来自他人的传授、他人认可的行为反应以及榜样师范等多种信息源。个体通过条件反射、观察学习和模仿过程，体验自己的行为后果，并不断改变原有的观念，从而促进道德意识、道德情感和道德行为的发展。因此，当孩子因不道德的行为而遭到父母的粗暴养育行为时，父母的身体攻击和言语攻击行为等粗暴反应很容易成为孩子的模仿对象，使其习得不良的行为模式。

Bandura(1991)提出，情感在儿童道德行为的发展中起着至关重要的调节作用。一个人的违法行为主要受到两种控制，即外部的社会制裁和内部的自我制裁。人们通常按照道德规范行事，一方面为了避免社会的谴责、他人的排斥等外部施加的惩罚，另一方面为了通过做出各种道德行为获得自我满足感，提升自尊，也回避了不道德行为造成的自我谴责。相比之下，内部控制比外部控制更有利于引导个体的道德行为。父母对孩子的不道德行为施加粗暴管控属于一种外部控制，不利于孩子自觉控制自身的不良行为。粗暴养育对儿童道德行为发展的不利影响可能受到发展阶段的调节。具体来说，青春期的青少年受到同伴越来越多的影响，受到父母的影响相对减少，这导致缺乏内部自控的孩子在青春期比儿童期产生更多的不良行为。

（三）Hoffman 的道德内化理论

Hoffman(1983, 2000)的内化理论试图解决这样一个问题：最初外在的社会规范是如何获得内在的激励力量，成为个体必需的、就像自始至终都具有的一种内部品质，使个体自觉做出或抑制某些行为。Hoffman(1983, 2000)提出，尽管道德发展方面的学习可以发生在养育情景之外的其他场合，然而亲子互动的养育情境对儿童的道德内化起着至关重要的作用。父母可以通过养育策略干预儿童不利于他人的行为及其行为背后的想法，并试图改变这些不良行为和想法，使孩子不再伤害他人。管教情境中发生的事件类似于一系列的道德事件，在这些事件中，孩子从父母那里学到不利于他人的行事方式。当然，儿童也可以在亲子冲突情境中把某些学到的规范加以内化，并在以后的情境中做出与这些规范一致的道德行为。因此，粗暴养育不仅无法让儿童更好地理解和学习正确的行为规范，而且会让孩子学到某些不恰当的行为方式，提高了孩子在未来情境中做出不道德行为的风险。

Hoffman(1983)提出，诱导和立威是最能影响儿童道德内化的父母养育行为。父母通过诱导过程，指出孩子的行为对他人的影响。诱导过程的复杂性随着孩子年龄的变化而变化。在早期发展阶段，父母对儿童的诱导可能非常简单;比如告诉孩子,“如果你推倒他,他会哭”。对于年龄较大的孩子,父母可能需要使用更微妙的方式影响孩子的心理过程;比如告诉孩子,“他为自己搭建的小塔感到骄傲,但是如果你把它推到了,他会感到很伤心”(Hoffman, 1983)。Hoffman 认为,父母频繁使用诱导策略管教儿童的不当行为有利于孩子发展出富有内疚感的道德行为。父母通过谈话诱导孩子参与道德讨论,鼓励孩子自主思考,有利于促进孩子的道德推理水平。立威(power assertion)是指父母通过武力、命令、威胁、剥夺特权或财产等养育行为获得儿童的服从。立威等权利主导型的养育行为导致儿童在道德取向上关注外部惩罚。适度的权利独断行为有利于孩子集中注意力,但是过度压制会损害孩子的信息加工能力。实际上,父母的独断压制会阻碍孩子对道德问题的思考,而讨论和解释等诱导行为使孩子能够考虑他人的心理感受,从而尊重他人的权利(Applegate, Burke, Burleson, Delia, & Kline, 1985)。因此,粗暴养育难以使儿童真正内化外部的道德规范和行为准则,从而不利于孩子道德行为的长期发展。

Hoffman(1983)提出,诱导从多方面促进道德内化过程。首先,父母的诱导会激发有利于学习的最佳兴奋水平。诱导能够集中孩子的注意,又不会引发孩子的高度焦虑或愤怒情绪,从而使孩子能够注意父母话语所传递的信息。其次,父母主要以晓之以理、动之以情的方式进行诱导,不会武断管教,也就不会被孩子视为对自身自由的威胁,因此很少引起孩子的抗拒。此外,父母通过诱导过程,引导孩子关注自身行为可能造成的不良后果,激发孩子感受他人负面情绪的能力(即共情),使孩子对他人造成的伤害产生内疚感。共情能力与儿童关心他人的感受、利他动机以及亲社会行为的发展均有关,而内疚感则促使儿童为自己的不当行为进行补偿。最后,诱导过程关注儿童的行为及其后果,不以家长作为儿童行为好坏的仲裁者以及不良行为的惩戒者。随着时间的推移,孩子会记住他们的行为及其对他人造成的后果之间的因果关系,而不是记住可能存在压力的消极养育情境。因此,儿童会记住养育情境中父母关于道德规范的诱导与启发,而不是记住道德规范的外部压力源。当储存在记忆中的信息在之后的类似情境中被激活时,孩子很可能表现出与这些记忆相关的同情和内疚情感,从而推动孩子按照道德规范行事。粗暴养育孩子的父母往往缺乏细心的诱导过程,因此导致孩子对他人的痛苦缺乏共情,给他人造成伤害后缺乏内疚感。由于害怕父母的惩罚,孩子的注意力往往在关注自己的不良行为给自己带来的消极后果上,而不在给他人造成的伤害上,由此导致孩子形成外部的道德标准。

尽管认知学派关于道德发展提出了一系列理论观点，然而它认为儿童的认知发展并非家庭因素在儿童的道德发展中起着决定性的作用。根据认知学派的观点，随着年龄增长，儿童接受他人、社会观点的能力不断提高。在外部导向的前习俗或他律道德阶段，儿童主要从行为后果或者从提出这些要求的权威人物的角度理解社会准则和道德要求。在前习俗道德阶段，儿童开始考虑人际关系，关注社会制度的运行。在后习俗道德阶段，他们开始从社会契约、个人权利和自我选择的角度理解道德行为。每个阶段都代表了一种有组织的思维方式，进入下一个阶段需要个体思维模式的重组，而不仅仅是学习新内容。因此，认知学派过于强调儿童自身认知发展在道德发展中的主导作用，很少关注家庭社会化所起的作用(Walker & Hennig, 1999)。综合以上理论观点，只有同时考虑儿童的认知因素和不利的家庭等环境因素，才能比较全面地理解和促进儿童的道德发展。

二、粗暴养育与道德推脱

粗暴养育可能促进儿童的道德推脱(moral disengagement)，进而产生各种违背道德规范的行为。根据 Bandura 有关道德行为的社会认知理论，人们在内部道德标准的指导下，不会实施有害行为。个体作出有害他人的行为，不仅面对遭遇外部制裁的风险(比如他人的否认和惩罚)，还可能产生羞耻和愧疚等自责行为；为了摆脱自责情绪，人们往往通过各种类型的道德推脱途径使自己的有害行为合理化(Bandura, Barbaranelli, Caprara, & Pastorelli, 1996)。Bandura 等提出了八种道德推脱的途径，总体可以分为四类：第一，个体积极描述自己的不道德行为，包括道德合理化，即用道德上的正当理由为自己的不道德行为辩解，将不道德行为描述为正当的；有利比较，即把自身行为与更严重的伤害行为作比较以减轻自身行为的严重性；委婉标记，即用好听的话掩饰自己的过错。第二，人们也可能通过责任的转移或扩散来掩盖或扭曲其行为与行为后果之间的关系，比如将自己的不道德行为视为社会压力或其他来源造成的，而不是由个人原因引起的。第三，人们往往通过最小化甚至忽视等途径扭曲其不当行为所造成的不良后果。第四，人们倾向于通过非人性化(即把受害者不当人看)或不正当归因(认为自己被受害者强迫才做出有害行为)来逃避自责。

道德推脱的发展受到环境因素的影响，如果儿童暴露在容忍不道德行为的态度或信仰中就有可能形成道德推脱。儿童对道德行为的理解来源于父母的社会化过程(Hinde, 2002),父母的育儿行为促进儿童对道德规则的内化过程(Kochanska, 2002)。在日常生活中,儿童的道德违规行为通常会让父母不安甚至感到痛苦。父母如何处理儿童这些违规行为将深刻影响儿童道德判断和道德行为的发展(Dunn, 2014)。根据社会认知理论,人们的行为通常与其内心的道德标准保持一致,与道德标准相矛盾的不当行为往往招致自责和内疚,阻止个体做出有害行为(Detert, Trevno, & Sweitzer, 2008)。由于粗暴养育行为发生后,父母从来不会因为自己伤害儿童的行为而感到内疚,一般也不会产生道歉等弥补行为。因此粗暴养育会让孩子在伤害他人之后感到不必自责内疚,就像父母对待他们一样,从而渐渐偏离道德标准,更加频繁地做出违规行为。根据发展导向的道德推脱模式(Hyde, Shaw, & Moilanen, 2010),儿童道德推脱的态度往往是通过亲子互动过程习得的,尤其是那些被父母严厉管教的孩子会更加频繁地观察到父母道德推脱的行为。具体来说,那些赞成粗暴养育策略的父母在责罚孩子之后,往往为自己伤害孩子的行为找借口,声称他们只是想帮助孩子改正错误,促进孩子成长。换句话说,父母的粗暴养育行为可能让孩子知觉到,一个人可以为了看似合理的借口而伤害他人却不必自责。因此,粗暴养育提高了孩子从道德上推卸责任、进而做出违规行为的风险。

粗暴养育也可能通过破坏亲子依恋而导致孩子的道德推脱。不安全的亲子依恋与孩子的道德推脱关联密切(Bao, Zhang, Lai, Sun, & Wang, 2015)。粗暴养育很可能导致孩子的内部工作模式失调,对身边他人表现出不友好的行为。这种对世界的负面认知可能导致他们否认正常的道德标准,甚至允许自己做出不道德的行为(Fontaine, Fida, Paciello, Tisak, & Caprara, 2014)。父母对孩子的拒绝等敌意行为与儿童的道德推脱有关(Hyde, et al., 2010)。粗暴养育诱发儿童情绪失调(Wang & Wang, 2018),阻碍儿童情感理解能力的发展,而这种理解能力是道德敏感性得以发展的关键。经常遭受粗暴养育的孩子更容易体验到愤怒和悲伤等消极情绪,道德敏感性受到损害(Hughes & Dunn, 2000)。因此,粗暴养育是儿童道德推脱的一个重要风险因素。

道德推脱一直是儿童攻击等不道德行为的危险因素(Bandura, et al., 1996; Gini, Pozzoli, & Bussey, 2015)。个体倾向于把自己的不当行为合理化,会逐渐导致道德推脱,对道德违规行为产生更高的容忍度,甚至拒绝主流的社会价值观(Hyde, et al., 2010)。道德推脱的个体可能把某些不道德的行为视为正当行为。例如,儿童可能会认为,“为了保护朋友而打架或者撒谎是完全可以的”。研究表明,道德推脱的青少年更有可能表现出攻击行为(Pelton, Gound, Forehand, & Brody, 2004)和校园霸凌行为(Gini, 2006)。相反,随着道德推脱的下降,青少年的反社会行为有下降趋势(Shulman, et al., 2011)。因此,粗暴养育可能通过造成孩子道德推脱,进而诱发攻击等不道德行为。

三、粗暴养育与道德意识情感

内疚和羞愧(guilt and shame)是受到大量研究者关注的两种基本的道德意识情感,对个体的道德行为具有重要的规范作用。虽然两者都是个体根据内部标准判断自己的行为,然而羞耻更多涉及个体在违反内部标准时对自我的整体评价,内疚则更侧重于评价具体的行为,反映个体对与内部标准不一致的行为所产生的消极体验。两种道德情绪具有不同的动机功能,内疚感促使个体为自己的不良行为作出补偿或修复行为,而羞耻感则让个体产生躲藏、逃避的行为倾向(Tangney, Miller, Flicker, & Barlow, 1996)。相比之下,羞耻感是一种专注于自我的情感,内疚感则集中于他人及其行为(Tangney, 1992)。羞耻感往往让个体体验到痛苦情绪,导致个体从整体上否认自我(Lewis, 2000),而内疚感导致个体对自己的特定行为产生悔恨而不是对整个自我进行谴责(Tangney & Dearing, 2002)。

父母的养育行为是个体道德情感发展的重要因素,粗暴的父母养育行为不利于道德情感的健康发展。消极的养育行为干扰孩子自我意识情感的健康发展(Muris & Meesters, 2014),使孩子感到如果没有达到父母的期望便不会被父母接纳,从而更容易感到羞耻和内疚(Feiring, 2005)。由于父母的粗暴养育行为往往是针对整个人而非具体的不当行为作出整体性的消极评价(比如,“真不敢相信你会这么愚蠢”),因此父母的过度批评、羞辱和责罚行为更容易诱发孩子的羞耻感而非内疚感(Stuewig & McCloskey, 2005)。父母的粗暴养育行为还会导致孩子产生消极的自我概念,认为自我毫无价值,这种消极的自我意识是羞耻感的主要来源。Lewis(2000)指出,父母对孩子的全盘否定、羞辱、厌恶和蔑视等粗暴的态度和行为往往诱发孩子的羞耻感。相比之下,温暖而支持的父母养育行为更有利于诱发孩子对自身不当行为产生适度的内疚感(Stuewig & McCloskey, 2005)。父母建设性地解释孩子的行为对他人造成的影响，有意识地培养孩子对他人的尊重和共情能力，这种推理和诱导的养育方式有助于孩子良心的健康发展。此外，粗暴养育的父母可能会过度指责他们的孩子，试图通过诱发孩子的内疚感和羞耻感达到控制孩子行为的目的（Coln，Jordan，& Mercer，2013）。因此，粗暴养育不利于孩子内疚等道德情感的健康发展，从而影响道德行为的发展。

下篇　实证研究部分

下篇通过一系列实证研究探究父母粗暴养育如何影响我国儿童青少年在多方面的学校适应，主要探究粗暴养育影响儿童在学校的行为适应、情绪适应、人际适应和学业适应的机制。第一，在校园行为适应方面，主要选取了儿童的校园攻击行为和网络使用行为作为考察点。研究一着力分析粗暴养育如何通过损害儿童的自我控制能力导致孩子对同班同学的攻击行为，并分析了父母角色的互补作用。研究二着力分析粗暴养育是否通过孩子的道德推脱进而影响其攻击同伴行为。研究三着力分析粗暴养育是否通过诱发孩子的情绪失调从而影响他们的问题性网络使用，并考察了儿童宽恕在其中的调节作用。第二，在校园情绪适应方面，主要选取了儿童的抑郁症状和社交焦虑作为考察点。研究一着力分析粗暴养育是否通过儿童消极的自我认知影响其在校抑郁体验，并分析了同伴接纳的调节作用。研究二着力分析粗暴养育是否通过损害儿童的依恋安全感而影响儿童的社交焦虑。研究三考察了父母对儿童行为的消极归因如何诱发父母的粗暴养育，进而导致孩子情绪失调。第三，在校园人际适应方面，选取儿童的同伴关系为考察点。研究一着力分析粗暴养育与儿童冲动型人格特质交织在一起，如何诱发儿童的外部攻击行为，从而损害其同伴关系。研究二在研究一的基础上，考察了粗暴养育如何通过儿童的身体攻击、言语攻击和关系攻击等不同攻击行为损害同伴关系，并分析了父母性别和儿童性别在其中的调节作用。最后，在校园学业适应方面，选取儿童的学业成绩和课堂参与作为考察点。研究一着力分析了粗暴养育如何通过损害儿童的意志控制能力和课堂参与水平而损害其学业成绩，并分析了儿童性别的调节作用。研究二分析了粗暴养育如何通过损害儿童的基本心理需要而影响他们的课堂参与。虽然学校适应的领域远不止上面提到的四个领域，而且每个领域都有大量可以探究的问题，然而通过考察以上四个领域中的典型问题，有助于总体上了解粗暴养育诱发儿童各种学校适应问题的复杂机制，从而不仅为教育工作者提供教育对策，也为后续研究者向纵深方向继续拓展奠定了基础。

第一章　粗暴养育影响儿童行为适应的实证研究

第一节　粗暴养育影响儿童校园攻击行为

——努力控制的中介作用和父母温暖的调节作用

一、问题提出

（一）研究背景

近年来，研究者对父母粗暴养育影响儿童发展的机制产生浓厚的兴趣（Crouch, et al., 2017; Wang, 2017）。粗暴养育是当孩子做错事或让父母生气时，父母对孩子实施的一系列令人厌恶的养育行为，主要包括身体攻击（如打屁股和扇耳光）和言语攻击（如大喊大叫和咒骂孩子）。根据 Bandura（1986）的社会认知理论，父母的粗暴养育可能为孩子提供了身体攻击和言语攻击的榜样，通过言行向孩子表明，采取攻击行为也是一种解决人际问题的方法。家庭强迫过程理论（Cocrcive Family Process Theory）强调消极的亲子互动对儿童攻击行为发展的作用（Patterson, et al., 2002）。父母对孩子的体罚（Sim & Ong, 2005）和言语攻击（Vissing, Straus, Gelles, & Harrop, 1991）与儿童攻击行为之间存在密切关联，其中打屁股和扇耳光等体罚行为是儿童攻击行为的诱发因素（Ma, Grogan-Kaylor, & Lee, 2018）。因此，粗暴养育可能是我国儿童青少年攻击同伴行为的家庭风险因素。

虽然父母粗暴养育和孩子攻击行为之间存在密切联系（Hecker, Hermenau, Isele, & Elbert, 2014; Xu, et al., 2009），但父亲粗暴养育和母亲粗暴养育在这种联系中可能扮演着不同的角色。值得注意的是，在中国家庭中，父亲和母亲往往在养育角色上存在互补作用，严父慈母是一种常见的互补的抚育模式。那么这种父母彼此之间“一个唱黑脸，一个唱白脸”的养育模式是否会产生互补或者补偿作用呢？因此，探究父母一方粗暴养育所产生的影响能否被另一方的温暖支持行为所缓冲，是一个非常有价值的研究问题。具体来说，父亲粗暴养育的危害可能被母亲的温暖行为所缓冲，母亲粗暴养育的影响也是如此。这是一个至今尚未获得探讨的问题。因此，本研究首次同时整合父亲粗暴养育和母亲粗暴养育，以及父亲和母亲的温暖支持行为，考察父母养育行为之间的交互作用，并考察他们如何影响孩子的努力控制和校园攻击行为。研究表明，消极的父母养育行为对青少年的努力控制有削弱作用（Eisenberg, Chang, Ma, & Huang, 2009），而努力控制在防止青少年问题行为中发挥着重要作用（Eisenberg, Smith, Sadovsky, & Spinrad, 2004），因此，努力控制可能在父母粗暴养育与儿童的校园攻击行为之间起中介作用。

（二）变量关系梳理

1. 努力控制的中介作用

努力控制反映一个人的自我调节能力，包括抑制主导反应、激活从属反应、制定计划和检查错误等一系列能力成分（Rothbart & Bates, 2006），其中主要包括集中或转移注意力的能力，以及激活或抑制特定行为的能力（Eisenberg, et al., 2005）。适当的努力控制能力与良好的行为适应以及较少的问题行为有关（Eisenberg, et al., 2004）。相比于强调自主和个人主义的西方文化，中国文化更注重个人与群体目标的一致性，追求整个群体的和谐统一（Oyserman, Coon, & Kemmelmeier, 2002）。灵活控制自己的注意力和冲动行为是一种有利于个体良好适应的社会技能，也是父母养育目标的重要组成部分。因此，本研究通过考察儿童社会化的家庭因素（即粗暴养育）对儿童自我控制的影响，有助于更好地了解中国文化背景下儿童自我控制对攻击等不良行为的影响。

父母消极的养育行为损害孩子的自我控制能力，进而增强儿童的攻击性。Gottfredson 和 Hirschi(1990)在其犯罪行为的自我控制理论中提出，父母对孩子的行为缺乏监督等不恰当的教养行为可能导致儿童缺乏自我控制能力，进而增加了他们攻击他人乃至违法犯罪等行为的风险。研究表明，粗暴养育可以通过导致孩子情绪失调而诱发他们的攻击行为（Chang, et al., 2003）。基于以上分析，本研究拟考察儿童的努力控制能力在父母粗暴养育与儿童攻击同伴行为之间的中介作用。

虽然努力控制能力通常被看作一种生理性质的气质特征，但它同样受到亲子互动等生活经验的塑造作用（Goldsmith, Buss, & Lemery, 1997）。粗暴养育可能以多种方式破坏孩子的努力控制能力的发展。Hoffman(2000)提出，父母充满敌意的惩罚行为很可能导致儿童情绪的过度唤起，从长远来看，这会损害儿童自我调节能力的发展。由于情绪上反复被过度唤起，孩子变得更加难以根据环境需要灵活地集中或转移注意力。其次，粗暴养育可能通过消极的亲子互动，导致孩子情绪上的不安全感，降低他们调节情感和行为的能力（Chang, et al., 2003）。再次，粗暴养育会干扰孩子对环境信息的有效加工，使他们无法将注意力集中在有关的环境线索上（Weiss, Dodge, Bates, & Pettit, 1992），甚至导致儿童将注意力转移到威胁性的环境刺激上（如愤怒面孔），进而导致社交焦虑（Gulley, et al., 2014）。最后，粗暴养育可能使孩子形成不良的行为管理策略，这些策略从长远来看不利于努力控制的发展。因此，粗暴养育会损害儿童的努力控制能力，进而不利于儿童的行为适应。

缺乏努力控制能力是儿童攻击行为的个体风险因素（Murray & Kochanska, 2002; White & Turner, 2014）。缺乏努力控制能力的儿童往往无法抑制愤怒反应，从而无法激活并采纳建设性的反应（如谈判），这增加了他们攻击他人的风险。综合上述文献，本研究假设，儿童的努力控制能力在粗暴养育与儿童的攻击同伴行为之间起中介作用。换句话说，父母粗暴养育会损害孩子的努力控制能力，从而使得他们难以控制自己的行为反应，产生在校攻击同伴的行为。鉴于努力控制能力对儿童发展的重要性，以及粗暴养育对儿童攻击行为的影响，因此检验这一假设有着非常重要的理论意义和实践意义。此外，本研究把父亲和母亲的作用分开考虑，分别考察两者的粗暴养育对孩子努力控制能力的不同影响。在考察父母一方粗暴养育的影响时，同时考察父母另一方温暖支持行为的缓冲作用。这种研究设计有助于我们通过统计分析揭示父亲粗暴与母亲粗暴的不同作用，以及父母彼此之间复杂的互动模式对孩子努力控制和攻击行为的影响机制。

2. 父母温暖的调节作用

父母在情绪激动的情境中是否会采取严厉的管教措施，取决于亲子关系的质量。亲子关系造成的整体情绪氛围渗透到每个特定的亲子互动事件中。这种情感氛围有一个不可或缺的因素就是父母的温暖行为，即父母对孩子的关爱、接纳、抚慰和支持（Rohner, Khaleque, & Cournoyer, 2005）。父母温暖往往被视为父母教养的一个方面（Darling & Stenberg, 1993），表现在亲子互动过程中就是父母对孩子的认可、支持和关爱，积极的情绪表达，以及父母对孩子的需求作出敏感而及时的回应（Zhou, et al., 2002）。父母的温暖和控制是界定父母教养方式的两个维度(Lansford, et al., 2014; Rohner, et al., 2005)。鉴于粗暴养育和父母温暖均与孩子的问题行为有关,如果同时考察积极和消极的养育因素及其交互过程,可以更清楚地展示不同的父母教养行为影响孩子攻击行为的复杂机制。

父母敏感及时的回应行为是孩子模仿的榜样,能够缓冲父母严厉的管教行为对孩子的不利影响。换句话说,来自父母一方的温暖行为可能减轻另一方粗暴养育对孩子成长的消极影响。研究表明,儿童的依恋安全感可以缓和父母严厉控制与孩子对抗行为之间的联系。父母的温暖行为可以提高儿童的情绪安全感,这有利于规范儿童的行为(Cummings & Davies, 1996)。因此,父母一方的温暖支持可能抑制另一方严厉管教对孩子不良行为的潜在影响。实际上,父母的温暖行为可以缓冲体罚对孩子的不利影响(Germán, Gonzales, McClain, Dumka, & Millsap, 2013)。具体来说,父母的体罚行为可以纵向预测较少获得母亲支持的儿童的外化问题行为,然而不能预测获得母亲较多支持的儿童的外化问题行为(McLoyd & Smith, 2002)。同样,父母温暖可以缓冲父母严厉管教与青少年问题行为之间的联系(McKee, et al., 2007)。本研究预期,父母温暖可能缓和粗暴养育与儿童攻击同伴行为之间的关系。根据父母教养风格的综合模型(Darling & Stenberg, 1993),父母特定养育行为对儿童发展的影响随着父母整体养育风格或亲子关系质量的不同而变化。在该模型的启发下,本研究拟考察父母一方的温暖支持能否缓和父母另一方的粗暴养育行为对儿童的不利影响。这种综合性的探究有助于揭示父母彼此之间的相互影响在儿童发展中的作用机制。

3. 父亲与母亲的不同影响

根据家庭系统理论(Margolin, Gordis, & John, 2001),有必要研究父子关系以及母子关系这两个子系统所扮演的不同角色。在整个青春期,父亲与孩子的相处时间往往少于母亲与孩子的相处时间(Parke & Buriel, 1998)。在我国家庭中,父亲和母亲与孩子的互动方式存在很大差异。母亲倾向于提供情感支持、日常照料、语言引导、帮助孩子完成学校作业等活动,而父亲作为家里的权威人物,则倾向于帮助孩子学习社会规则,训练社会认可的行为,帮助孩子获得学业成功(Ho, 1986)。父亲和母亲对孩子的养育行为具有互补性,因此有必要分析在父母一方表达温暖行为的背景下另一方采取粗暴管教行为对孩子发展的影响。实际上,父亲粗暴和母亲粗暴对儿童的攻击行为存在不同影响

(Wang, 2017),而父亲温暖比母亲温暖更有助于发展孩子的努力控制能力。因此,母亲的温暖行为可能会缓和父亲粗暴对儿童努力控制和攻击行为的影响,父亲的温暖行为同样会缓冲母亲粗暴对儿童发展的不良影响,但这种缓冲作用可能存在差异。

(三)研究假设

为了更好地了解粗暴养育影响儿童校园攻击行为的机制,本研究基于以上文献分析,构建了有调节的中介模型(见图 1-1-1)。根据该模型,粗暴养育损害儿童的努力控制能力,进而提高他们攻击同伴的风险。此外,父母一方的温暖行为可以减弱另一方粗暴养育对儿童攻击行为的影响。具体假设如下:

假设 1:父亲粗暴养育和母亲粗暴养育均与儿童的攻击行为呈正向关联。即当父母粗暴管教孩子时,孩子更有可能在校表现出攻击同伴的行为。

假设 2:父亲以及母亲的粗暴养育行为均与儿童的努力控制呈负相关,而努力控制能力又与儿童的攻击行为呈负相关。也就是说,粗暴养育可能会损害儿童的努力控制能力,进而增加他们的攻击行为。

假设 3:母亲的温暖支持行为能够缓冲父亲粗暴养育和儿童攻击行为之间的联系,父亲温暖则会缓冲母亲粗暴养育与儿童攻击行为之间的联系。

本研究从山东省某公立小学和公立初中抽取儿童青少年样本,由家长报告粗暴养育,孩子报告努力控制能力,由同伴提名具有攻击行为的同学,通过多种方法收集数据,验证图 1-1-1 提出的假设模型。考虑到性别、年龄和社会经济地位与儿童攻击行为之间的关系(Fernández-Fuertes & Fuertes, 2010; Wang, 2017),后续统计分析控制了这三个变量。

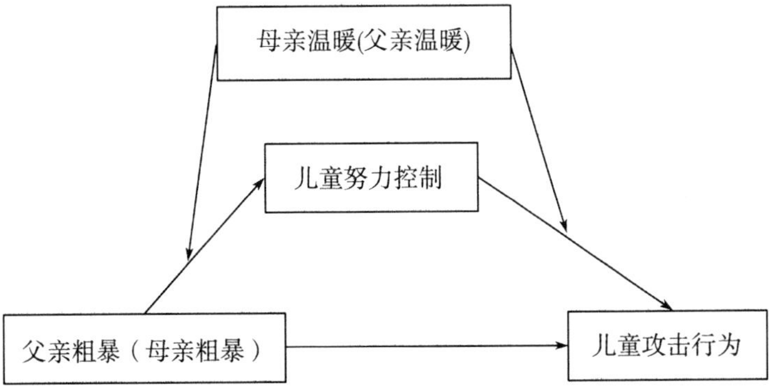

图 1-1-1 粗暴养育和儿童攻击行为之间关系的有调节的中介模型

二、研究方法

(一)被试

从山东省济南市某公立小学和公立初中抽取被试。小学二、四、五、六四个年级的700名学生,初中七年级和八年级的900名学生参与了本次问卷调查。由于天气原因造成的缺席以及问卷完成的质量等问题,小学部分的有效样本为685人(355名男生和330名女生),年龄范围在7～13岁,平均年龄为10.02岁。初中部分的有效样本为867人(465名男生和402名女生),年龄从12岁～16岁不等,平均年龄为12.47岁。考虑到我国城乡二元经济体制,为了提高样本的代表性,小学和初中分别从市中和城郊的农村地区进行了抽样。使用全息最大似然估计(Full information maximum likelihood estimation)处理缺失数据。

(二)测量工具

1.粗暴养育

该问卷包括四道题目,由父亲和母亲通过电脑或手机填写网络问卷,评定配偶在育儿过程中对孩子的粗暴行为(Wang & Qi, 2017; Wang, 2017)。具体题目如下:当孩子做错事或让你的配偶生气时,配偶通常会"发脾气,甚至对孩子大吼大叫","用手打或者用脚踢孩子","借助工具打孩子",以及"告诉孩子再不听话就把他们撵出家门或者锁起来"。每道题目采用Likert五点量表进行评分(1=从未如此,5=总是如此)。父亲粗暴养育和母亲粗暴养育的内部一致性系数分别为$\alpha=0.79$和$\alpha=0.84$。以往对中国儿童样本的研究表明,该工具具有良好的信度和效度指标(Wang & Qi, 2017; Wang, 2017)。在当前研究中,对该工具的单因子结构进行验证性因子分析(父亲粗暴和母亲粗暴分开验证),拟合指标如下:$\chi^2/df=5.40(6.18)$;CFI=0.99(0.98);RMSEA=0.07(0.08);标准化因子负荷的范围是0.57～0.80(0.61～0.76)。

2.父母温暖

儿童通过父母温暖分量表的四个题目评价父母的温暖支持行为(Skinner, Johnson, & Snyder, 2005;比如,"父母告诉我他们很爱我"),采用Likert五点量表(1=完全不正确,5=完全正确)分别评价父亲和母亲在每道题目上的表现。父亲温暖和母亲温暖的内部一致性系数分别为$\alpha=0.85$和$\alpha=0.83$。对该问卷的单因子结构进行验证性因子分析(父亲和母亲问卷分开验证),$\chi^2_{(2)}=$

6.79(5.11)；$p<0.01(0.01)$；CFI＝0.99(0.99)；RMSEA＝0.08(0.07)，标准化因子负荷为0.72～0.85(0.65～0.84)。

3.努力控制

儿童的努力控制能力由早期气质问卷中的努力控制子量表(Capaldi & Rothbart，1992)加以测量。该子量表由三种因素组成：注意力(6个题目，$\alpha=0.73$)；抑制控制(5个题目，$\alpha=0.79$)；激活控制(6个题目，$\alpha=0.81$)。每个项目按照Likert五分制进行评分(1＝完全不符合我，5＝完全符合我)。验证性因子分析表明，三因子模型与数据吻合较好：$\chi^2/df=4.67$，CFI＝0.97，RMSEA＝0.064。对所有题目取均值，分数越高，表明努力控制能力越强。

4.校园攻击行为

采用以往研究常用的四道题目，通过同伴提名法测量儿童在校的攻击同伴行为(Crick & Grotpeter，1995；Hoglund & Chisholm，2014)。具体题目如下："打、踢、推搡其他孩子的孩子"，"打架的孩子"，"对其他孩子大喊大叫的孩子"，"经常与其他孩子吵架的孩子"。在班级花名册上，要求孩子选出符合每道题目描述的同学。被选到的次数越多，表明孩了攻击同学的行为越多。将每个孩子在四个题目上的所有提名汇总，然后除以每个班级的学生人数以消除班级规模的影响(Coie，Dodge，& Coppotelli，1982)。该方法是测量攻击同伴行为的经典方法，具有非常高的外部效度和可靠性。

5.控制变量

本研究控制了孩子的年龄、性别和家庭社会经济地位等三个变量的影响。与以往研究者一致，采用标准化的父母教育水平和月收入来计算家庭经济地位分数(Wang，2017)。父母的教育水平编码为1(等于或低于初中)到4(研究生或以上)四个水平。父亲和母亲的平均教育水平分别为1.82(标准差为0.71)和1.64(标准差为0.85)。以人民币为基本货币单位的父母月收入编码为1(不足2000元)到5(超过5000元)五个水平。父亲和母亲的月平均收入分别为2.82(标准差为1.24)和1.97(标准差为0.88)。

(三)测量程序

本研究所涉及的所有程序均符合问卷调查的伦理要求。首先，本研究征求了调查单位的同意。其次，征求了参与调查的同学及其父母的同意。在调查过程中，主试采用标准化指导语向被试说明问卷填写方式，并向被试解释了问卷结果的保密性等问题。父母粗暴养育问卷由父母通过台式机或手机完成网络问卷调查。儿童的努力控制能力和攻击行为等问卷则由儿童在班级环境中完成并交给施测的研究生。由于小学低年级阅读理解能力有限,特别是二年级的学生,因此采取老师统一阅读,学生跟着作答的方式。

(四)数据处理

首先,我们检验了变量分布是否符合多变量分布的基本要求。由于本研究均采用问卷调查收集数据,所以进行了共同方法偏差检验,结果没有发现共同方差问题。接着计算二元相关,检验多重共线性,初步判断变量之间的相关模式是否符合预期。结果发现,不存在多重共线性问题,变量之间的关联模式符合预先假设的变量关系。

其次,采用 Muller、Judd 和 Yzerbyt(2005)的方法来检验假设模型。具体来说,本研究将依次检验三个回归模型。在模型 1 中,分析了父母温暖在父亲粗暴和母亲粗暴对儿童攻击行为的影响中的调节作用。在模型 2 中,分析了父母温暖在粗暴养育与儿童努力控制之间的调节作用。在模型 3 中,分析了父母温暖在儿童努力控制与其攻击行为之间的调节作用。

Edwards 和 Lambert(2007)指出,只要存在以下两种模式即可判断存在有调节的中介效应:(1)父亲粗暴或母亲粗暴对儿童努力控制的影响受到父母温暖的调节,即模型的前半路径受到调节作用;(2)父亲温暖或母亲温暖调节着儿童努力控制能力对其攻击行为的影响。最后,在验证模型的基础上,进一步进行陡坡检验(Dearing & Hamilton, 2006),以阐明父母一方的温暖行为如何调节另一方的粗暴养育行为对孩子攻击行为的间接影响。以上统计分析均采用 SPSS 22.0 软件进行。

三、结果与分析

(一)描述性统计结果

如表 1-1-1 所示,父亲粗暴养育与小学生的攻击同伴行为呈显著正相关($r=0.16, p<0.001$),然而母亲粗暴养育与小学生攻击同伴行为之间的相关不显著。父亲温暖、母亲温暖、小学生的努力控制能力均与小学生的攻击同伴行为呈显著负相关($r=-0.17, r=-0.12, r=-0.19, ps<0.01$)。父亲粗暴养育与母亲粗暴养育均与小学生的努力控制能力呈显著负相关($r=-0.18, r=-0.16, ps<0.001$)。父亲温暖和母亲温暖均与小学生的努力控制能力呈显著正相关($r=0.30, r=0.28, ps<0.001$),与小学生的攻击同伴行为呈显著负

相关($r=-0.17$,$r=-0.12$,$p<0.01$)。

如表 1-1-2 所示,父亲粗暴养育和母亲粗暴养育均与初中生的攻击同伴行为呈显著正相关($r=0.25$,$r=0.17$,$ps<0.001$)。父亲温暖、母亲温暖、初中生的努力控制能力均与初中生的攻击同伴行为呈显著负相关($r=-0.13$,$r=-0.11$,$r=-0.16$,$ps<0.01$)。父亲粗暴养育与母亲粗暴养育均与初中生的努力控制能力呈显著负相关($r=-0.16$,$r=-0.14$,$ps<0.001$)。父母温暖与初中生的努力控制能力呈显著正相关($r=0.29$,$r=0.29$,$ps<0.001$),与初中生的攻击同伴行为呈显著负相关($r=-0.16$,$p<0.001$)。上述相关分析支持了第一个假设,为进一步验证假设模型提供了基础。相比之下,对小学生而言,父亲粗暴养育比母亲粗暴养育对儿童的攻击同伴行为的影响更严重。

对各个变量进行年级差异的事后比较后发现(Bonferroni 法),二年级以及四年级的父亲温暖均显著低于五、六年级的父亲温暖($ps<0.001$),也低于七年级的父亲温暖($p<0.05$),七年级的父亲温暖低于六年级和八年级的父亲温暖($ps<0.01$);二年级以及四年级的母亲温暖均显著低于五、六、八年级的母亲温暖($ps<0.001$),七年级的母亲温暖显著低于八年级($p<0.01$)。总体来看,父母对小学二年级以及初中一年级的温暖支持水平较低。就努力控制能力来看,二年级和四年级学生的努力控制水平低于五年级学生($ps<0.01$),四年级低于七年级($p<0.01$),七年级高于八年级($p<0.01$)。就攻击同伴行为而言,二年级显著高于六、八年级($ps<0.01$),五年级显著低于七年级($p<0.01$),七年级显著高于八年级($p<0.01$)。这些年级比较结果显示,小学二年级以及初中一年级是攻击同伴行为较多、缺乏努力控制能力、父母关注较少的两个年级。令人惊讶的是,父亲粗暴和母亲粗暴没有出现显著的年级差异($ps>0.05$)。

表 1-1-1　本研究主要变量的均值、标准差和相关系数(小学样本,$N=685$)

	平均数	标准差	1	2	3	4	5
1. 父亲粗暴	2.23	0.76	—				
2. 母亲粗暴	2.11	0.12	0.46^{***}	—			
3. 父亲温暖	3.89	1.23	-0.21^{***}	-0.14^{***}	—		
4. 母亲温暖	3.99	0.99	-0.11^{**}	-0.21^{***}	0.87^{***}	—	
5. 努力控制	2.75	0.25	-0.18^{***}	-0.16^{***}	0.30^{***}	0.28^{***}	
6. 攻击行为	0.029	0.065	0.16^{***}	0.07	-0.17^{**}	-0.12^{**}	-0.19^{**}

注:$^{**}p<0.01$,$^{***}p<0.001$。

表 1-1-2　本研究主要变量的均值、标准差和相关系数(初中样本，$N=867$)

	平均数	标准差	1	2	3	4	5
1. 父亲粗暴	2.19	0.54	—				
2. 母亲粗暴	2.21	0.47	0.49***	—			
3. 父亲温暖	3.92	1.16	−0.22***	−0.18***	—		
4. 母亲温暖	4.12	1.06	−0.11**	−0.18***	0.86***	—	
5. 努力控制	3.65	0.55	−0.16***	−0.14***	0.29***	0.29***	
6. 攻击行为	0.03	0.05	0.25***	0.17***	−0.13**	−0.11**	−0.16**

注：** $p<0.01$，*** $p<0.001$。

(二)假设模型的检验

由于小学生样本和初中生样本在变量相关关系上出现较大差异，所以用中小学两个阶段的数据分别检验所提出的假设模型。由于母亲粗暴养育对小学生的攻击同伴行为没有显著性影响，所以只需要检验父亲粗暴养育是否通过影响小学生的努力控制能力影响他们的攻击行为，以及母亲温暖在这些变量关系中的调节作用，这主要通过估计三个回归模型实现。如表 1-1-3 所示，在模型 1 中，在控制年龄、性别和社会经济地位之后，父亲粗暴养育显著正向预测小学儿童对同伴的攻击行为($\beta=0.12$，$p<0.01$)；在模型 2 中，父亲粗暴养育显著负向预测小学儿童的努力控制能力($\beta=-0.16$，$p<0.001$)；在模型 3 中，以父亲粗暴养育和儿童的努力控制能力同时预测儿童的攻击同伴行为时，两者均显著预测儿童的攻击行为($\beta=0.11$，$p<0.01$；$\beta=-0.21$，$p<0.001$)。然而调节作用分析结果表明，母亲温暖的调节作用不显著。

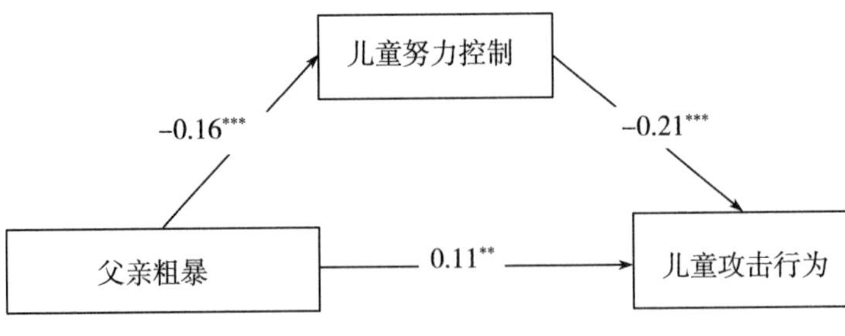

图 1-1-2　努力控制在父亲粗暴与小学儿童攻击攻击之间关系的中介作用

表 1-1-3 努力控制在父亲粗暴养育与小学生攻击行为之间的中介作用

	模型 1（攻击行为）		模型 2（努力控制）		模型 3（攻击行为）	
	β	t	β	t	β	t
CO:年龄	−0.15	−4.01***	0.14	3.42**	−0.12	3.21**
CO:性别	−0.23	−6.04***	0.15	3.89***	−0.19	−4.21***
CO:社会经济地位	−0.06	−1.60	0.13	3.31**	−0.04	−0.31
X:父亲粗暴	0.12	3.17**	−0.16	−4.13***	0.11	3.05**
ME:青少年努力控制					−0.21	−5.14***
R^2	0.10		0.09		0.11	
F	16.93***		15.15***		13.32***	

注:CO 表示控制变量,X 是预测变量,ME 是中介变量。** $p<0.01$,*** $p<0.001$。

按照同样方法对初中生样本数据进行如上分析(如表 1-1-4 所示)。在回归模型 1 中,在控制初中生的性别,年龄和社会经济地位(SES)之后,父亲粗暴养育正向预测初中生的攻击同伴行为($\beta=0.21$,$p<0.001$);父亲粗暴养育与母亲温暖的交互作用显著($\beta=-0.11$,$p<0.01$)。接着进行陡坡检验(simple slope test)以分析母亲温暖行为的变化对父亲粗暴和初中生攻击行为之间关系的调节作用,这里取母亲温暖的平均值上下一个标准差作为对照(如图 1-1-3)。结果发现,父亲粗暴对初中生攻击行为的正向预测作用只发生在母亲温暖水平较低的孩子当中($b_{simple}=0.31$,$p<0.001$),对于母亲温暖程度较高的初中生,父亲粗暴对其攻击行为的影响不显著($b_{simple}=0.10$,$p>0.05$)。在回归模型 2 中,母亲粗暴养育显著负向预测初中生的努力控制能力($\beta=-0.11$,$p<0.01$),父亲粗暴与母亲温暖的交互效应以及母亲粗暴与父亲温暖的交互效应均显著影响初中生的努力控制能力。后续的陡坡检验表明(如图 1-1-4),对于母亲温暖较低的初中生(均值以下一个标准差),父亲粗暴显著负向预测其努力控制能力($b_{simple}=-0.13$,$p<0.01$),而对于母亲温暖较高的孩子,父亲粗暴对其努力控制能力的影响不显著($b_{simple}=0.05$,$p=0.42$)。同样,对母亲粗暴和父亲温暖之间的交互作用进一步做陡坡分析(如图 1-1-5),结果表明,对于父亲温暖水平较低的初中生,母亲粗暴养育显著负向预测其努力控制能力($b_{simple}=$

-0.22，$p<0.001$），而对于父亲温暖程度较高的初中生，母亲粗暴养育对其努力控制能力的预测作用不显著（$b_{simple}=0.01$，$p=0.89$）。在回归模型 3 中，父亲粗暴养育对初中生攻击行为的直接效应显著（$\beta=0.19$，$p<0.001$），努力控制能力显著负向预测儿童的攻击同伴行为（$\beta=-0.12$，$p<0.01$）。

总的来看，在小学阶段，父亲粗暴养育是导致孩子努力控制能力不足，进而诱发孩子攻击同伴的家庭风险因素，而且这种影响不会受到母亲温暖的调节作用。然而，在初中阶段，父亲粗暴和母亲粗暴均会削弱初中生的努力控制能力，但是父母一方的温暖会缓冲另一方粗暴养育行为对初中生努力控制能力的损害作用。

表 1-1-4　假设模型在初中生样本中的回归检验结果（$N=867$）

	模型 1（攻击行为）		模型 2（努力控制）		模型 3（攻击行为）	
	β	t	β	t	β	t
CO：性别	−0.25	−7.61***	0.06	1.78	−0.24	−7.44***
CO：年龄	−0.07	−2.24*	−0.19	−6.13***	−0.10	−2.79**
CO：SES	−0.03	−0.79	0.09	2.83**	−0.02	−0.50
X_1：父亲粗暴养育	0.21	5.04***	−0.04	−1.09	0.19	4.65***
X_2：母亲粗暴养育	0.02	0.49	−0.11	−2.70**	0.01	0.33
MO_1：父亲温暖	0.05	0.78	0.18	2.81**	0.10	1.41
MO_2：母亲温暖	−0.13	−1.94	0.12	1.91	−0.15	−2.06*
X_1MO_2：父亲粗暴×母亲温暖	−0.11	−2.86**	0.10	2.60**	−0.09	−2.46*
X_2MO_1：母亲粗暴×父亲温暖	−0.05	−1.35	0.11	3.34**	−0.06	−1.68
ME：努力控制					−0.12	−3.30**
$MEMO_1$：努力控制×父亲温暖					0.14	1.68
$MEMO_2$：努力控制×母亲温暖					−0.13	−1.60
R^2	0.157		0.161		0.170	
F	17.80***		18.33***		14.61***	

注：CO 表示控制变量，X 是预测变量，ME 是中介变量，MO 是调节变量，XMO 是预测变量与调节变量的交互，MEMO 是中介变量与调节变量的交互。* $p<0.05$，** $p<0.01$，*** $p<0.001$。

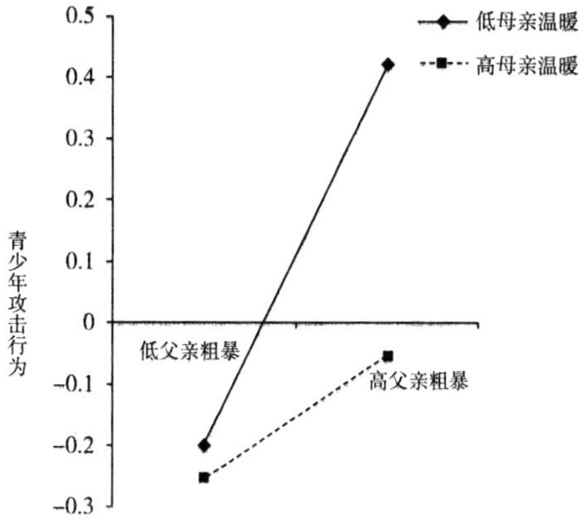

图 1-1-3　父亲粗暴养育×母亲温暖对青少年攻击行为的影响

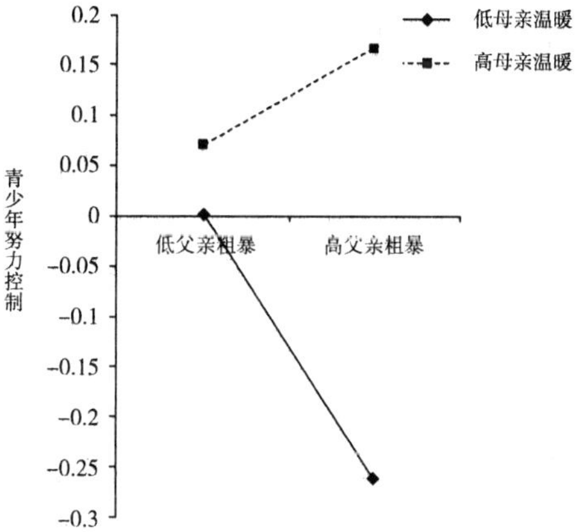

图 1-1-4　父亲粗暴养育×母亲温暖对青少年努力控制的影响

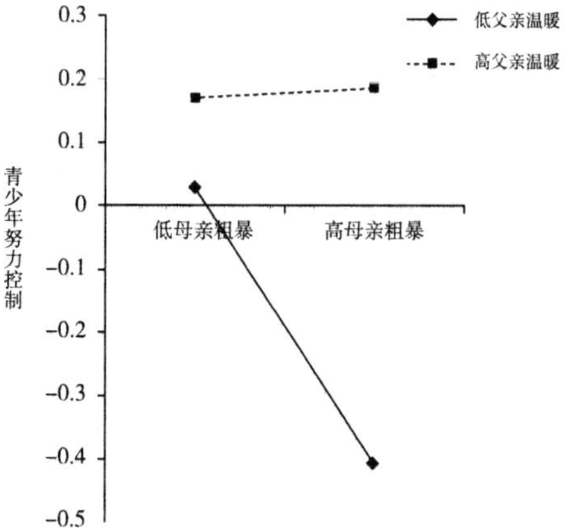

图 1-1-5　母亲粗暴养育×父亲温暖对青少年努力控制的影响

四、讨论

良好的行为表现是学生学校适应的重要层面。本研究着眼于学校心理学关注的热点问题，即校园环境中的攻击同伴行为，考察了父母粗暴养育在诱发校园攻击行为中的作用机制。研究发现，不论是对于小学生还是初中生，父母粗暴养育会导致儿童缺乏努力控制能力，无法有效地控制自己的冲动行为，从而提高了他们攻击同伴的风险。Darling 和 Stenberg(1993)曾提出，具体养育行为的影响受到亲子关系整体质量的影响。在该理论观点的启发下，本研究考察了父亲温暖和母亲温暖能否缓冲父母粗暴养育的不良影响。结果发现，在小学生群体中，父母温暖无法缓冲粗暴养育对孩子努力控制能力造成的损害以及对儿童攻击同伴行为的诱发作用。在初中生群体中，父母一方的温暖支持行为能够有效缓解另一方粗暴养育对孩子努力控制能力的损害作用，进而在一定程度上降低了孩子攻击同伴的风险。然而这种缓冲作用是有限的，毕竟这种缓冲作用主要发生在粗暴养育影响孩子攻击行为的间接路径上。此外，粗暴养育还直接影响孩子对同伴的攻击行为。

(一)孩子努力控制能力以及父母温暖的作用机制

相比之下，父亲粗暴养育比母亲粗暴养育更能影响孩子的攻击行为。对于小学生而言，母亲粗暴养育对儿童攻击行为没有产生显著的影响，只有父亲粗暴养育成为小学生攻击同伴行为的重要预测源。对于初中生而言，父亲粗暴养育不仅直接影响孩子的粗暴养育，而且还通过影响他们的努力控制能力而间接影响其攻击同伴行为。这些研究结果与中国家庭中父亲所承担的训练孩子的养育角色是一致的(Wang，2017)。

粗暴消极的养育手段损害儿童自控能力的发展。正如 Hoffman(2000)所言，父母频繁的粗暴养育行为所带来的身体和情感上的痛苦使孩子更容易产生情感上的过度唤起，使他们无法有效地控制和抑制冲动性的攻击行为。从情感安全感理论的角度来看(Cummings & Davies，1996)，粗暴养育削弱了儿童青少年的人际安全感，使他们在生气或焦虑时难以控制自己的冲动行为。再者，孩子可能通过反复观察父母对他们的身体攻击和言语攻击等粗暴行为，习得了攻击性的人际问题解决策略，并将之应用到同伴交往情景中，产生攻击同伴的行为。作为一种无效的养育手段，粗暴养育往往在父母以儿童为中心的不恰当归因(child-centered inappropriate attribution)受到激活的情况下产生

(Snyder, Cramer, Afrank, & Patterson, 2005)。这种归因的特点是,父母认为孩子故意行为不端,惹人生气。一旦父母把这些消极的信念灌输给孩子,他们便可能进一步将其推广到其他人际冲突环境中,认为别人也是故意惹恼自己,从而像他们的父母粗暴养育他们一样,不由自主地做出攻击同伴的行为。

本研究最有启发性之处在于考虑了父母彼此之间的相互影响,即一方积极养育行为或温暖支持行为能否削弱另一方不良养育的消极影响。在一个家庭中,父母的温暖和粗暴行为并非相互排斥,而是可以同时发生(Lee, Altschul, & Gershoff, 2013)。比如,父母在粗暴对待孩子之后,会抚慰孩子;或者父母一方粗暴对待孩子,另一方安慰孩子。本研究的结果表明,同时考察积极和消极的父母养育行为,探究他们对孩子攻击行为的交互影响,能够更清楚地揭示不同性质的养育因素之间的协同作用。不利的环境因素对孩子问题行为的影响往往因同时起保护作用的因素而大大削弱(Burt, Klahr, Neale, & Klump, 2013),而当多种不利因素共存时,孩子产生问题行为的风险大大增加。实际上,有攻击行为倾向的孩子往往因环境中存在的保护性因素而抑制了自己的攻击行为。比如,班主任经常关爱那些打架闹事的孩子,坚持教育引导,能够有效减少他们的问题行为。

本研究在考虑母亲温暖的同时,也考虑了父亲温暖的作用。以往研究者较多关注母亲的温暖养育行为。他们发现,母亲的温暖支持行为能够调节或缓解打屁股等体罚行为对孩子外化问题的影响(Deater-Deckard, Ivy, & Petrill, 2006)。与此一致,母亲温暖也能够缓冲父亲粗暴养育对我国中小学生攻击行为的不利影响;特别是对那些母亲温暖水平较高的初中生,父亲粗暴养育没有显著影响他们的攻击行为。此外,母亲温暖也缓冲了父亲粗暴养育对初中生努力控制能力的不利影响;对于那些母亲温暖水平较高的初中生,父亲粗暴养育没有显著损害他们的努力控制能力。这些结果从实证角度验证了母爱的伟大力量。以上研究结果再次说明了母亲在我国家庭中所扮演的温暖照料者的角色(Chen, Liu, & Li, 2000)。当孩子受到父亲的严厉教育时,母亲往往会安慰孩子,向他们解释父亲对他们的严厉管教完全是为了他们好,是为了促进他们进步的善意行为。母亲的这些疏导安慰有利于引导孩子理解父母的良苦用心,促使孩子原谅父母的粗暴养育行为。Wang 和 Qi(2017)的研究表明,善于原谅宽恕他人的孩子在遭受父母粗暴对待之后较少出现情绪上的困扰。母亲的温暖支持行为完全切断了粗暴养育对青少年攻击行为的有害影响,由此反映了母爱的伟大。

此外，对那些父亲温暖支持较高的初中生，母亲粗暴养育也没有显著损害他们的努力控制能力。尽管以往研究探索了母亲温暖的调节作用（Burt，et al.，2013；Deater-Deckard，et al.，2006），但关于父亲温暖养育的作用的研究非常少。特别是在中国文化背景下，父亲作为孩子的管教者承担着管教和训练孩子的责任，孩子一般也认为父亲比母亲更加专制（Chen，et al.，2000）。本研究结果恰恰填补了这一空白。本研究发现，父亲温暖与母亲温暖起着类似的调节作用，对于父亲温暖水平较高的孩子来说，母亲粗暴养育没有显著损害孩子的努力控制能力，从而大大降低了他们攻击同伴的风险。需要再次强调的是，父母温暖的调节作用只发生在初中生而非小学生群体中。处在青春期的初中生正面临着生理、学业和人际等多方面的发展任务，积极的人际因素对于缓解家庭不利因素的消极影响至关重要。相比之下，粗暴养育对小学生攻击行为的诱发作用没有受到父母温暖支持的调节作用。因此，对待小学生，父母更需要戒除粗暴无效的管教手段，因为父母后续的温暖支持等补偿行为无法缓解这些粗暴养育行为对其攻击等不良行为造成的影响。

（二）研究局限性以及未来研究方向

在解释本研究发现时需要注意几点。首先，受到社会赞许性效应的影响，父母在报告自身消极的养育行为以及孩子在报告自身的自控行为和攻击行为时均可能存在偏差，从而影响研究结果的准确性。一条较好的完善途径是，从多方面收集同一个变量的数据，以提高数据的稳定性和可靠性。例如，研究者可以通过教师报告收集关于儿童青少年努力控制能力的数据，或者通过观察亲子互动来收集关于父母育儿行为的数据。其次，儿童的攻击行为受到家庭养育之外多种因素的影响，如社区暴力因素的影响，后续研究者可以同时考察这些因素以便分析他们与粗暴养育的累积效应。再次，本研究只让父母报告了粗暴养育和父母温暖支持等变量，然而儿童青少年作为父母养育行为的接受者，可能对父母的管教行为有着更为准确的知觉，所有有必要让儿童报告父母的养育行为。最后，体罚等粗暴管教手段对儿童发展的影响可能存在文化差异性，因此有必要在其他文化情景中，特别是在认可粗暴养育的文化背景中检验本研究提出的假设模型。

（三）教育意义

如前所述，学生具备良好的行为举止是学校教育的目标之一。近年来，校园攻击行为或霸凌现象给学生的校园适应蒙上阴影，甚至造成部分学生退学。因此，分析中小学生攻击同伴行为的起因具有非常重要的理论和实践意义。从理论上来看，以往研究更多关注学生自身因素（比如气质）以及校园环境因素（比如同伴关系）对孩子攻击行为的影响，从家庭角度——特别是父母养育行为的视角——阐释孩子校园攻击行为的研究相对来说较少。本研究基于班杜拉的社会学习理论以及自我控制的相关理论，分析了粗暴养育可能造成孩子攻击同伴行为的路径。一方面，粗暴养育可能使孩子通过模仿而习得父母的攻击行为，进而诱发孩子的校园攻击行为。另一方面，粗暴养育造成孩子缺乏自控能力，更加难以控制自身的冲动行为，从而在同伴诱发愤怒情绪的情境中更容易产生攻击同伴的行为。前者作为直接路径，后者作为间接路径，均是粗暴养育诱发小学生以及初中生攻击同伴行为的重要路径。此外，在考察父母一方粗暴养育的消极影响时，我们同时考察了父母另一方的温暖支持行为的保护作用。对初中生而非小学生群体而言，父母一方的温暖行为减弱了粗暴养育对其努力控制能力的损害作用，缓和了粗暴养育对儿童攻击同伴行为的诱发作用。

因此，作为学校教育工作者，在分析学生攻击同伴行为的成因时，要重视家庭因素对学生攻击行为的重要影响。因为孩子的攻击行为，特别是习惯性的攻击行为不是短期内形成的，父母对待孩子的行为模式在其中起着重要作用。为减少校园攻击行为的发生，在家校合作育人的过程中，教育工作者特别是班主任要积极地走进孩子的家庭，通过与父母加强沟通，了解孩子在家的行为表现以及父母的处理方式。学校可以通过开展家庭教育讲座的方式，让父母认识到粗暴养育行为对孩子攻击等不良行为的严重影响。引导父母以合理的方式面对孩子的过错或其他不良表现，而不是简单地施加身体惩罚和言语羞辱。此外，由于努力控制能力是攻击行为的保护因子，积极培养孩子的自控能力，特别是在愤怒情绪下的冲动控制能力，将有利于减少儿童的攻击同伴行为。从本研究数据来看，父母温暖与努力控制之间存在正向关联，这说明父母良好的亲子沟通有助于培养孩子的自控能力，从而有助于减少孩子的校园攻击行为。

第二节　粗暴养育与校园攻击行为

——道德推脱的中介作用

一、问题提出

(一)研究背景

家庭养育环境是儿童道德行为发展的重要影响因素。父母不良的养育行为不利于孩子道德行为的健康发展。在家庭生活中,父母因孩子表现不佳而粗暴对待孩子之后,往往内心也感到痛苦和自责。显然,父母自身也知道不该打孩子,他们在粗暴对待孩子之后,往往通过一系列解释来缓解内心的自责感。比如父母会说,“我这是为了你好”,“我打的是你的错”等等。实际上,父母在粗暴养育之后的这类行为表现与班杜拉所提出的“道德推脱”(moral disengagement)的概念类似。道德推脱是指个体在违反内部道德标准,做出伤害他人的行为之后,为摆脱内疚等自责情绪而采取的一系列使该伤害行为合理化的策略。如果父母在伤害孩子之后,经常采取道德推脱的策略摆脱伤害孩子给自己带来的内心苦恼,久而久之孩子也会习得这些策略,在伤害他人之后进行心理的自我抚慰,从而提高了未来伤害他人的可能性。大量研究发现,道德推脱是个体攻击行为的有效预测变量(Bandura, et al., 1996; Kokkinos, Voulgaridou, & Markos, 2016; Wang, Lei, Liu, & Hu, 2016)。因此,父母的粗暴养育可能导致孩子的道德推脱,进而提高他们的校园攻击行为。

(二)变量关系梳理

不良的家庭养育环境是儿童攻击行为的风险因素(Chen & Raine, 2018)。在第一节的研究中,我们发现粗暴养育通过损害儿童的努力控制能力进而诱发儿童的攻击行为,除此之外,粗暴养育对儿童的攻击行为还存在较强的直接影响,这个直接影响说明,还可能存在其他重要的中介因素。考虑到粗暴养育可能导致儿童道德推脱,以及道德推脱对儿童攻击行为的影响(Gini, 2006; Shulman, et al., 2011),道德推脱可能在粗暴养育与儿童的攻击同伴行为之间起中介作用。也就是说,粗暴养育可能通过诱发儿童道德推脱,进一步引发其攻击同伴的行为。换句话说,道德推脱可能是粗暴养育诱发孩子校园攻击行为的一个机制。

Bandura(1999)在道德的社会认知理论(Social Cognitive Theory of Moral Agency)中指出,个体以往内化的道德标准会抑制自己做出伤害他人的行为。伤害他人的行为既可能招致外部的社会制裁(如遭到排斥),也可能招致内部的自我谴责(如羞愧和内疚)。为了避免内在的自我谴责,个体可能通过各种道德推脱的心理过程,把违反道德标准的有害行为合理化(Bandura, et al. ,1996)。Bandura 等(1996)提出了八种道德推脱的策略或机制,可分为以下四类:第一类是认知重构策略,是指个体以积极的基调重新解释理应受到谴责的行为。认知重构又主要包括以下三种机制:道德合理化(moral justification)是指个体把不道德的行为描绘成正当的;有利比较(advantageous comparison)是指个体将有害的行为与更坏的行为进行对比,使自己的伤害行为看起来不那么严重;委婉标签(euphemistic labeling)是指个体用迂回曲折的语言来掩饰自身应该受到谴责的行为。第二类策略主要包括责任转移和责任扩散,个体做出伤害行为之后把自己应该承担的责任最小化,比如把自己的不道德行为归因于社会压力等外部因素,而不是自身因素。第三类涉及个体对事实的扭曲(distorting consequences),主要是扭曲有害行为与行为后果之间的关系,弱化甚至无视伤害行为造成的严重后果。第四类,个体通过去人性化或归咎于他人的方式避免自我谴责,比如认为自己是在受到强迫后才伤害他人,是受害者自找的,受害者应该受到惩罚。

儿童的道德推脱与其校园攻击行为密切相关(Bandura, et al. , 1996; Kokkinos, et al. , 2016; Wang, et al. , 2016)。道德推脱的个体往往对违反道德的行为表现出更高水平的容忍,甚至对传统的道德标准或价值观表现出拒绝态度(Hyde, Shaw, & Moilanen, 2010)。他们经常为自己违反道德的行为进行辩护,维护一些看似合理的不良信念,比如,“当自己所在群体的荣誉受到威胁时,可以通过打架的方式来挽回荣誉”,“受到虐待的孩子应该反抗”等等。研究发现,拥有此类道德推脱信念的孩子表现出更为频繁的攻击行为(Pelton, et al. , 2004)。纵向研究表明,随着道德推脱的下降,青少年的反社会行为也在下降(Shulman, et al. , 2011)。

道德推脱的发展在很大程度上受到某些环境因素的影响,特别是那些容忍个体的攻击性信念的环境因素,更容易导致儿童的道德推脱。以发展为导向的道德推脱模型指出(Hyde, et al. , 2010),儿童道德推脱性的观点或信念首先是通过亲子互动获得的,尤其是在粗暴养育过程中,儿童会观察到父母如何以道德推脱的方式行事，从而逐渐习得父母的道德推脱态度。在中国文化背景下，父母倾向于采纳粗暴的管教行为来惩罚孩子的不当行为（Wang，2017）。在孩子受到父母粗暴的惩罚后（如被打屁股或扇耳光），父母往往会为自己对孩子的伤害行为进行辩护，比如说“没有父母会故意打他们的孩子，这都是孩子的错”，或者“父母只是想帮助孩子改正错误”等等。因此，粗暴养育可能是造成儿童道德推脱，进而诱发校园攻击同伴行为的一个家庭风险因素。

（三）研究假设

基于上述关于粗暴养育、道德推脱和儿童攻击行为之间关系的理论分析，本研究提出如下三个假设：

假设1：父母粗暴养育与儿童青少年的道德推脱存在正向关联。

假设2：儿童青少年的道德推脱与其校园攻击同伴行为存在正向关联。

假设3：不同类型的道德推脱方式在粗暴养育和攻击同伴行为之间起着不同的中介作用。

为验证以上假设，本研究构建多重中介模型，采用PROCESS分析比较了八种道德推脱方式的不同中介作用（如图1-2-1和1-2-2所示）。

二、研究方法

（一）被试

小学生样本来自山东临沂市两所公立小学的二、三、四、五年级，共有360人（男生171人，女生189人），平均年龄为9.45岁（$SD=0.64$），年龄范围从8岁到11岁。初中生样本来自山东临沂市一所公立初中六、七年级的389名学生（男生186人，女生203人），年龄范围从12岁到14岁，平均年龄为12.88岁（$SD=0.22$）。缺失数据采用全信息最大似然估计进行处理（Enders & Bandalos，2001）。

（二）测量工具

1.粗暴养育

在以往研究基础上，本研究采用网络调查的方式让父母双方完成由四个项目组成的粗暴养育调查问卷。其中一项题目如下，“当我的孩子做错事或惹人生气时，我的配偶往往会发脾气，甚至对他们大喊大叫”。该量表由父母报告配偶的粗暴养育水平，采用5点计分（1＝从来没有这样，5＝总是这样）。父亲的粗暴养育和母亲的粗暴养育分别计算，Cronbach 系数 α 分别为0.81和0.79。

将父亲粗暴养育和母亲粗暴养育相加后平均，作为父母粗暴养育水平的总指标，得分越高，表明父母对孩子的粗暴养育频率越高。

2. 道德推脱

孩子自习课时间当堂填写道德推脱机制量表（Mechanisms of Moral Disengagement Scale, Bandura, et al., 1996），该工具包括32个项目，每四个项目为一个维度，共由8个维度组成。采用5点计分（1=完全不同意，5=完全同意）。实测时8个维度的Cronbach系数分别为：道德辩护（$\alpha=0.72$），委婉标签（$\alpha=0.81$），有利比较（$\alpha=0.76$），责任转移（$\alpha=0.76$），责任分散（$\alpha=0.82$），扭曲行为结果（$\alpha=0.77$），责任归因（$\alpha=0.80$），和去人性化（$\alpha=0.74$）。将每个维度的四个题目求均值，作为该类道德推脱机制的分数。

3. 校园攻击行为

在以往研究的基础上，用四个同伴提名的项目来测量儿童在校的攻击同伴行为（Wang, 2017）。在班级花名册上，要求被试选出符合下列条件的同学：打、踢或推其他同学的学生；主动找茬打架的学生；对其他同学大喊大叫的学生；和其他同学经常争吵的学生。对每个学生来说，这四个项目的所有提名累加之后求均值，然后除以班级人数以消除班级规模造成的影响，分数越高代表孩子在校攻击同伴的行为越多。

4. 控制变量

仿照以往研究的做法（Wang, 2017），孩子的年龄、性别以及社会经济地位（SES）都作为控制变量加以控制。社会经济地位指标（SES）的算法与前面研究相同，用父母双方的教育水平和月收入水平的标准化得分的均值来表示。父母的教育程度分为四个水平（1=初中及以下学历，4=研究生及以上）。父母受教育程度的均值分别为2.20（$SD=0.76$）和2.13（$SD=0.65$）。父母的月收入编码为五个水平（1表示少于2000元，5表示5000元以上）。父亲和母亲的平均月收入分别为2.79（$SD=1.14$）和2.51（$SD=1.14$）。

（三）数据采集与处理

在获得调查单位同意并获得被试的知情同意之后，让父母通过网络平台完成粗暴养育的调查问卷，道德推脱以及攻击行为部分的问卷则在研究生的带领下由学生当堂完成。由于小学低年级（特别是二、三年级）的学生阅读理解能力有限，因此采取了老师统一阅读，学生作答的方式。数据分析通过SPSS 22.0中的PROCESS模块完成。

三、结果与分析

(一)初步分析

无论是小学生样本还是初中生样本(见表 1-2-1 和表 1-2-2),粗暴养育均与儿童青少年的攻击行为呈显著正相关。粗暴养育与中小学生的八种道德推脱机制均呈显著正向关联。在小学生样本中,八种道德推脱机制均与儿童的攻击同伴行为呈显著正相关。在初中生群体中,除了责任转移和责任分散两种道德推脱机制之外,其他六种道德推脱机制均与儿童的攻击同伴行为呈显著正相关。从相关系数的大小来看,粗暴养育与小学生道德推脱及其攻击同伴行为的关联要高于初中生样本。这意味着,粗暴养育可能更容易导致小学生群体出现道德推脱,更容易诱发小学生的攻击同伴行为。

表 1-2-1　主要变量的均值、标准差和相关系数(小学生样本,$N=360$)

	1	2	3	4	5	6	7	8	9	10
1. 粗暴养育	—									
2. 道德辩护	0.23***	—								
3. 委婉标签	0.16***	0.69***	—							
4. 有利比较	0.20**	0.58***	0.70***	—						
5. 责任转移	0.15***	0.62***	0.60***	0.60***	—					
6. 责任分化	0.17**	0.63***	0.59***	0.52***	0.70***	—				
7. 扭曲事实	0.22**	0.63***	0.75***	0.76***	0.64***	0.63***	—			
8. 责任归因	0.12***	0.62***	0.58***	0.58***	0.72***	0.64***	0.64***	—		
9. 去人性化	0.19***	0.71***	0.65***	0.61***	0.68***	0.65***	0.68***	0.69***	—	
10. 攻击行为	0.55***	0.26***	0.20***	0.23***	0.14***	0.16**	0.27***	0.16**	0.23***	—
M	1.83	1.84	1.73	1.54	1.97	2.02	1.67	1.89	1.39	0.06
SD	0.75	0.87	0.77	0.72	0.81	0.86	0.75	0.84	0.67	0.03

注:* $p<0.05$,** $p<0.01$,*** $p<0.001$。

表 1-2-2 主要变量的均值、标准差和相关系数(初中生样本,$N=389$)

	1	2	3	4	5	6	7	8	9	10
1. 粗暴养育	—									
2. 道德辩护	0.26***	—								
3. 委婉标签	0.24***	0.65***	—							
4. 有利比较	0.18**	0.53***	0.67***	—						
5. 责任转移	0.23***	0.48***	0.53***	0.50***	—					
6. 责任分化	0.16**	0.44***	0.54***	0.51***	0.53***	—				
7. 扭曲事实	0.14**	0.47***	0.62***	0.63***	0.48***	0.45***	—			
8. 责任归因	0.24***	0.48***	0.59***	0.55***	0.47***	0.51***	0.46***	—		
9. 去人性化	0.26***	0.62***	0.70***	0.64***	0.55***	0.60***	0.56***	0.62***	—	
10. 儿童攻击	0.14**	0.17**	0.17**	0.13*	0.1	0.07	0.11*	0.11*	0.15**	—
M	1.78	2.21	1.86	1.73	2.29	2.30	1.94	2.24	1.93	0.05
SD	0.87	0.99	0.83	0.87	0.92	0.85	1.15	0.94	0.88	0.09

注:$^{*}p<0.05$,$^{**}p<0.01$,$^{***}p<0.001$。

(二)多重中介效应的检验结果

在以上相关分析的基础上,分别以不同道德推脱机制以及儿童的攻击行为作为因变量进行回归分析,考察不同道德推脱机制在父母粗暴养育与儿童攻击行为之间的中介作用。首先对所有变量进行标准化,以减少多重共线性。对小学生样本的检验结果表明(如图 1-2-1 所示)在控制儿童性别、年龄和社会经济地位(SES)后,粗暴养育显著正向预测小学生的道德辩护($\beta=0.31$,$p<0.001$)、委婉标签($\beta=0.28$,$p<0.001$)、有利比较($\beta=0.19$,$p<0.01$)、责任转移($\beta=0.25$,$p<0.001$)、责任分散($\beta=0.26$,$p<0.001$)、扭曲事实($\beta=0.26$,$p<0.001$)、责任归因($\beta=0.20$,$p<0.001$)和去人性化($\beta=0.24$,$p<0.001$)等道德推脱机制的发展。粗暴养育与儿童的攻击行为之间没有显著的直接关系。在八种道德推脱机制中,只有道德辩护和委婉标签两种推脱机制与儿童的攻击同伴行为之间呈显著的正向关联($\beta=0.13$,$p<0.01$;$\beta=0.11$,$p<0.01$)。

采用同样思路对初中生样本的检验结果表明(如图 1-2-2 所示),在控制儿童的性别、年龄和社会经济地位(SES)后,粗暴养育显著正向预测儿童的道德辩护($\beta=0.23$,$p<0.001$)、委婉标签($\beta=0.29$,$p<0.001$)、有利比较($\beta=$

0.17，$p < 0.01$）、责任转移（$\beta = 0.23$，$p < 0.001$）、责任分散（$\beta = 0.20$，$p < 0.001$）、扭曲事实（$\beta = 0.28$，$p < 0.001$）、责备归因（$\beta = 0.23$，$p < 0.001$）和去人性化（$\beta = 0.28$，$p < 0.001$）等道德推脱机制的发展。粗暴养育与儿童的攻击同伴行为之间并没有显著的直接关联。在八种道德推脱机制中，只有道德辩护和委婉标签与儿童的攻击同伴行为存在显著的正向关联（$\beta = 0.15$，$p < 0.01$；$\beta = 0.13$，$p < 0.01$）。Sobel 检验表明，只有道德辩护和委婉标签在粗暴养育与儿童的攻击同伴行为之间起显著的中介作用（$z = 3.16$，2.98，$ps < 0.01$）。总体来看，粗暴养育是中小学产生各种道德推脱的家庭风险因素，其中道德合理化和委婉标签是粗暴养育影响儿童攻击同伴行为的重要中介变量。

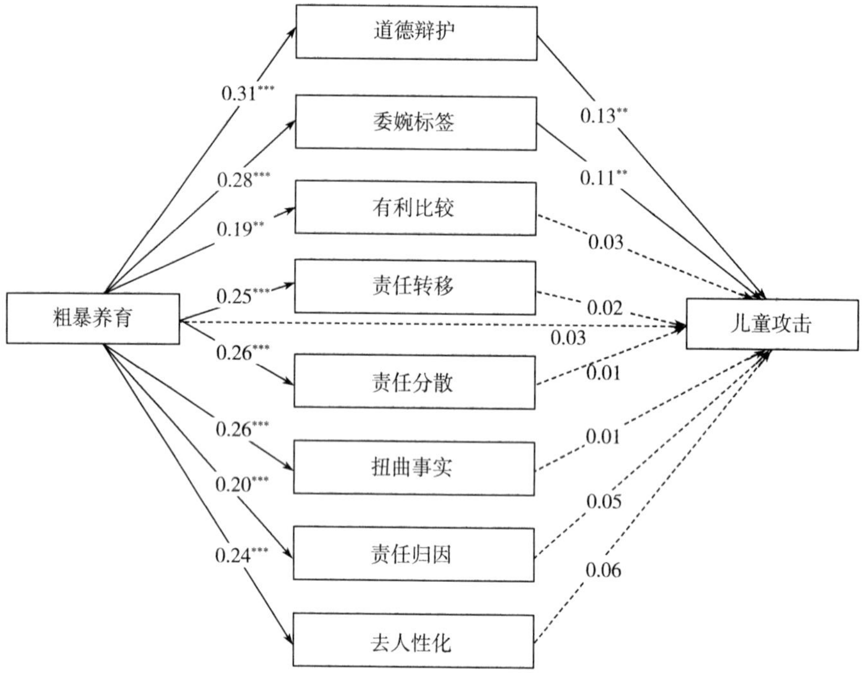

图 1-2-1　粗暴养育影响儿童攻击行为的多重中介模型（小学生样本）

注：* $p<0.05$，** $p<0.01$，*** $p<0.001$。

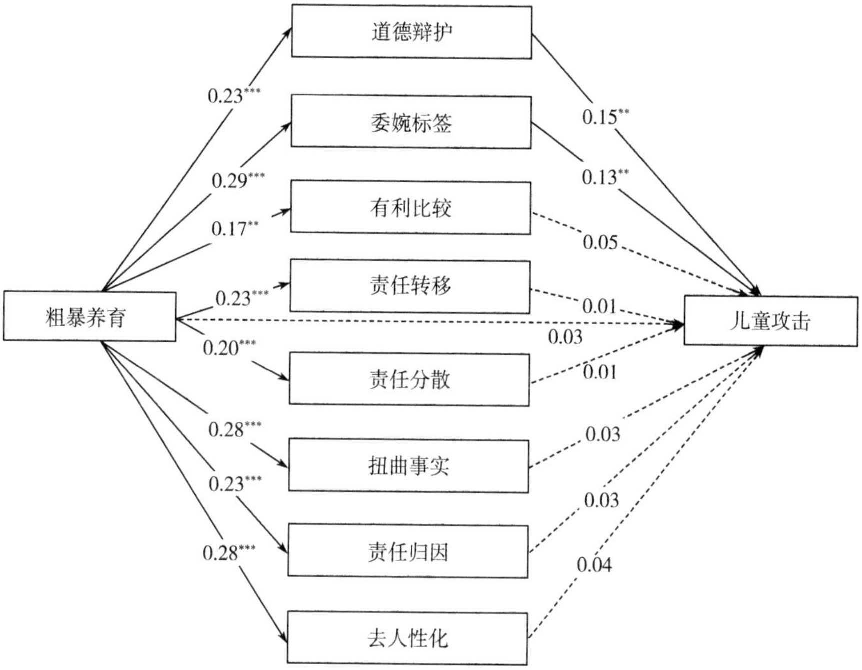

图 1-2-2　粗暴养育影响儿童攻击行为的多重中介模型(初中生样本)

注：* $p<0.05$，** $p<0.01$，*** $p<0.001$。

四、讨论

基于以往父母消极养育影响儿童攻击行为的相关研究，特别是 Bandura 等(1996)提出的有关道德推脱的理论框架，本研究考察了八种道德推脱机制在粗暴养育与儿童在校攻击行为之间的中介作用。我们发现，父母的粗暴养育是导致儿童采用各种道德推脱机制的家庭风险因素，道德合理化和委婉标签两种机制在粗暴养育和儿童青少年的攻击同伴行为之间起中介作用。

(一)道德推脱的中介作用

相比其他消极的养育态度或养育行为，粗暴养育可能更容易导致孩子产生道德推脱，这一发现支持了发展导向的道德推脱模型(Hyde, et al., 2010)。父母在粗暴养育过程中的某些行为让孩子学会了如何利用不同的道德推脱机制来避免自我谴责。这一发现再次表明，和谐的亲子互动对儿童道德行为的健康发展的重要促进作用(Hoffman, 2000)。以往研究表明，消极的道德推理和道德情感与儿童的攻击行为具有一致性(Carlo, Mestre, Samper, Tur,

& Armenta, 2010),本研究再次表明,道德推脱是儿童青少年攻击行为的风险因素。

值得注意的是,只有道德合理化和委婉言语在粗暴养育和儿童的校园攻击行为之间起中介作用。尽管以往研究没有考察粗暴养育背景下中国父母所维护的道德信念,然而粗暴养育过程中父母试图为自己粗暴管教子女的行为寻找合理的理由,尤其是当粗暴养育行为给孩子带来痛苦和伤害时,这本身就是道德推脱的行为表现。实际上,父母往往把自己粗暴对待孩子的不良管教行为归咎于孩子,或让孩子相信父母对他们采取的严厉行为只是为了帮助他们改正错误或改善自我。无论父母如何为自己的粗暴养育行为辩解,或用委婉的言语美化自己伤害孩子的行为,这种道德推脱的态度和行为只会增加孩子产生校园攻击行为的风险。因此,父母最好放弃粗暴养育,如果无意中采取了这些管教策略,就应该及时采取道歉等积极的措施来修复亲子关系,以免孩子习得道德推脱的态度,产生更多的攻击行为。

(二)教育意义

家庭是道德意识、道德情感和道德行为发展的重要生态环境,父母对待孩子的一言一行都具有道德教育的重要意义。粗暴养育过程中父母对孩子羞辱性的言语,愤怒的面部表情,以及各种身体伤害行为不仅不利于孩子形成正确的价值观,而且不利于孩子道德情感的发展,更有甚者会导致孩子直接习得一系列不道德的伤害行为。据笔者观察,很多中小学生在伤害他人之后受到老师批评时都会找出一系列借口为自己开脱,竭尽全力弱化自己为他人带来的伤害,而不是反思自己的过错,为自己给他人造成的伤害感到难过或内疚。这是很危险的一个现象,这种道德推脱现象很可能导致孩子继续攻击伤害他人。因此,为了减少孩子的校园攻击行为,一方面,父母要自觉地放弃不良的养育行为,另一方面,父母和教育工作者都要积极培养孩子正确的价值观。从八种道德推脱的机制来看,要让孩子明白,只要是伤害他人的行为,都是不对的,不要为自己的伤害行为寻找借口;不要美化自己的伤害行为;不要逃避责任,甚至归因于他人,要用于承担责任以免再犯。总之,在家庭教育以及学校教育中,面对孩子伤害他人的攻击行为,简单粗暴地惩罚孩子最终不利于孩子认识到自己的错误所在。要学会分析孩子攻击等不良行为背后的原因,使孩子认识到,各种脱离道德规范的态度和行为都是不合理的,只有这样才能更有效地预防或减少孩子的攻击行为。

第三节 粗暴养育与儿童的问题性网络使用

——儿童的情绪失调和宽恕倾向的作用

一、问题提出

(一)研究背景

问题性网络使用(problematic Internet use, PIU)是指个体过度使用互联网,进而导致心理社会功能、学业成绩、身体健康等各个方面出现功能性的失调问题(Mei, Yau, Chai, Guo, & Potenza, 2016)。PIU 在某些方面类似于物质成瘾(Synder, Li, O'Brien, & Howard, 2015)、赌博成瘾和饮食障碍(Yates, Gregor, & Haviland, 2012)。儿童青少年问题性网络使用的风险因素及其影响机制一直是一个重要的研究问题。随着互联网资源的普遍使用,儿童青少年的问题性网络使用问题愈加令人担忧(Spada, 2014)。尤其是在当前形势下,中国近 1.47 亿的儿童青少年成为互联网用户(中国互联网信息中心,2017),对该问题的研究显得更加迫切。

在家庭影响因素中,研究者已经分析了亲子关系对儿童 PIU 发展的影响。研究表明,亲子冲突预测青少年的网络成瘾行为(Yen, Yen, Chen, Chen, & Ko, 2007),而良好的亲子交流则保护儿童免受网络问题的侵扰(Van Den Eijnden, Spijkerman, Vermulst, Van Rooij, & Engels, 2010)。就目前研究来看,粗暴养育等不利的家庭因素在儿童青少年 PIU 的发展中所起的作用没有得到应有的重视,特别是其中所涉及的诱发机制更是值得深入探究。因此,本研究拟通过检验一个有调节的中介模型来考察粗暴养育对儿童青少年 PIU 的影响过程。在该模型中,粗暴养育首先影响儿童青少年的情绪失调,进而提高他们 PIU 的风险。此外,本研究还考察孩子受到他人伤害时的宽恕倾向是否会削弱粗暴养育对孩子的消极影响,进而减少孩子出现 PIU 的风险。

(二)变量关系梳理

1. 情绪失调的中介作用

粗暴养育(harsh parenting)是父母管教孩子不良表现时对孩子施加的身体攻击和言语攻击行为,比如扇巴掌、打屁股、推搡、吼叫或以物击打(Hinnant, et al., 2015; Wang, 2017)。情绪调节(emotional regulation)是指个体随着情境需求的变化而做出恰当、灵活的情绪反应的能力(Cole, Michel, & Teti, 1994)。情绪调节能力强的个体能够识别、监控和评价自己的情绪体验,然后熟练地修正情绪反应(Thompson, 1994)。相反,情绪功能失调的个体倾向于表现出与他们的目标或情境要求不一致的情绪反应(Zeman, Cassano, Perry-Parrish, & Stegall, 2006)。因此,粗暴养育等消极养育行为可能是儿童情绪失调和PIU 的风险因素。

消极的养育行为是青少年 PIU 的风险因素。亲子之间的冲突能够正向预测儿童的网络成瘾行为,而高质量的亲子关系则是预防儿童网络成瘾的保护因素(Yu, et al., 2013)。不恰当的养育行为会导致儿童过度依赖网络资源(Xiuqin, et al., 2010)。父母对孩子的暴力行为等无效的养育行为(Park, Kim, & Cho, 2008)以及父母的拒绝和惩罚等敌意行为(Davis, 2001)都可能使青少年 PIU 的风险大大提高。总体来看,当前对父母消极养育行为影响儿童 PIU 机制的研究较少。一项研究(Yates, et al., 2012)发现,以情绪失调为特征的述情障碍在儿童早期虐待经历与大学期间的 PIU 问题之间起中介作用。因此,本研究拟进一步探索儿童情绪失调是否在父母粗暴养育和我国儿童青少年的 PIU 之间起中介作用。或者说,粗暴养育是否导致我国儿童青少年出现情绪适应问题,进而提高他们 PIU 的风险。

儿童在家庭环境中通过与社会化过程的主要代理人(即父母)反复互动而发展自己的情绪调节能力。在缺少父母支持的家庭环境中长大的孩子往往更容易出现情绪失调(Adrian, Zeman, Erdley, Lisa, & Sim, 2011)。比如儿童期受虐待正向预测儿童的消极情绪反应、情绪不稳定和不良的人际关系(Shields & Cicchetti, 1998)。父母的养育行为和儿童的情绪调节能力之间存在明显的联系(Chang, et al., 2003)。在粗暴养育家庭环境中长大的儿童往往表现出各种情绪调节方面的缺陷(Fruzzetti, Shenk, & Hoffman, 2005)。具体来说,父母在粗暴养育过程中爆发脾气等情绪失调行为有可能损害孩子的调节情绪能力(Chang, et al.,2003)。Carson 和 Parke(1996)发现,父母和孩子的情绪调节能力之间存在着相互作用的过程。Eisenberg 和 Fabes(1994)进一步发现了父母消极情绪与孩子愤怒等负面情绪之间的一致性。基于以上变量关系的分析可以推测,父母的粗暴养育行为可能是儿童青少年出现情绪失调的风险前兆。

情绪失调是个体各种成瘾行为的重要风险因素,比如吸毒(Bonn-Miller,

Vujanovic, & Zvolensky, 2008)或吸烟(Gonzalez, Zvolensky, Vujanovic, Leyro, & Marshall, 2008)。情绪失调的个体更有可能通过成瘾行为来缓解负面情绪,以便从情绪困扰中走出来(Schreiber, et al., 2012)。有研究指出,青少年的情绪调节困难与 PIU 有关(Yu, et al., 2013)。Chun(2016)发现,缺乏情绪调节能力预测青少年的 PIU,比如抑郁(Akin & Iskender, 2011; Jang, Hwang, & Choi, 2008)和焦虑(Kim & Davis, 2009)对 PIU 均具有预测作用。研究发现青少年通过各种网络活动来寻求安慰和快乐(Young, 2011)。实际上,不良的人际关系使青少年面临更高的 PIU 风险(Milani, Osualdella, & Di Blasio, 2009)。因此本研究推断,粗暴养育可能导致儿童青少年产生情绪失调,促使他们把网络作为消极情绪的宣泄口,从而进一步增加了 PIU 的风险。换句话说,儿童青少年的情绪失调可能在父母粗暴养育与他们的 PIU 之间起中介作用。这是以往研究较少探索的问题。

2. 儿童宽恕倾向的调节作用

人际宽恕(Interpersonal forgiveness)是指个体原谅冒犯者对自己造成的不公正伤害的倾向(Enright & the Human Development Study Group, 1991)。宽恕对那些受到他人伤害的个体有疗愈功能(Smedes, 1996)。宽恕是一种性格因素,推动个体从愤怒和报复等消极情绪反应中解脱出来,转变为仁慈地对待冒犯者(Enright & Fitzgibbons, 2000)。当受到不公正的伤害时,有些人更容易宽恕冒犯者。即使父母的用意是好的,粗暴养育仍然对孩子造成一系列不公正的伤害。因此,在考察父母粗暴养育、儿童的情绪失调以及他们的 PIU 之间的关系时,很有必要探究儿童的宽恕特质所起的作用。具体来说,容易宽恕他人的孩子在遭受父母粗暴养育之后,可能较少产生情绪失调,从而进一步降低了产生 PIU 的风险。

宽恕有利于个体在多方面的积极适应。宽恕他人的个体在身体和心理上更加健康(Rey & Extremera, 2016)。在宽恕过程中,个体逐渐摆脱他人不公正的对待所带来的负面情绪和伤害(Watanabe, 2011),很多消极的想法或情绪以及报复的欲望逐渐消解,取而代之的是对冒犯者的宽恕。宽恕使个体能够修复和维持当前的人际关系,促进健康的情感发展(Freedman & Knupp, 2003)。容易宽恕他人的个体一般具有较少的抑郁体验和焦虑症状(Reed & Enright, 2006)以及较高的幸福感(Maltby, Day, & Barber, 2005)。不善于宽恕的个体往往在经历不公正待遇之后体验到强烈的愤怒情绪(Enright, Gassin,

& Wu, 1992; Thoresen, Luskin, & Harris, 1998)。个体在宽恕冒犯者之后，开始释放愤怒和放弃怨恨(Smedes, 1996)。DiBlasio 和 Proctor(1993)认为，这种放弃怨恨的过程可以促进家庭成员之间的健康互动，有助于塑造和谐的家庭环境。因此本研究预测，宽恕倾向较高的孩子在受到父母粗暴养育之后，较少产生情绪失调。Freedman 和 Knupp(2003)的研究部分支持了该假设，他们发现宽恕可以帮助青少年有效应对父母离异所造成的伤害。

与西方和美国父母相比，我国家庭受儒家孝道思想的影响，父母可能更多地要求子女顺从自己，从而对子女施加更多控制(Ng, Pomerantz, & Deng, 2014)。我国父母对孩子的控制行为主要集中在孩子的学业成绩方面，这种父母控制往往被视为父母温暖的表现(Chao & Tseng, 2002)。因此，当孩子意识到父母的严格管教是出于好意时，宽恕可能会缓冲粗暴养育对孩子情绪适应产生的负面影响。

(三)研究假设

综上所述，本研究旨在探讨粗暴养育与儿童青少年的 PIU 之间的关系，尤其是这种关系所涉及的中介和调节机制。基于上述文献综述，提出以下假设：

假设 1：粗暴养育可能是儿童青少年 PIU 的风险因素，在粗暴养育比较频繁的家庭中，儿童更有可能出现 PIU。

假设 2：儿童青少年的情绪失调在粗暴养育和他们的 PIU 之间起中介作用，青少年沉迷于网络可能是为了应对情绪失调造成的情绪痛苦。

假设 3：儿童的宽恕倾向调节着父母粗暴养育和儿童青少年 PIU 之间的间接关系，儿童越容易宽恕别人，在受到父母粗暴养育后产生 PIU 的风险越低。

本研究通过检验一个有调节的中介模型验证以上假设。相比于城市家庭，粗暴养育在我国农村家庭中更为常见。当前，互联网已在农村地区得到了广泛普及。考虑到这些因素，本研究选取农村一所公立小学和两所公立初中的儿童青少年为被试，检验图 1-3-1 所示的是假设模型。

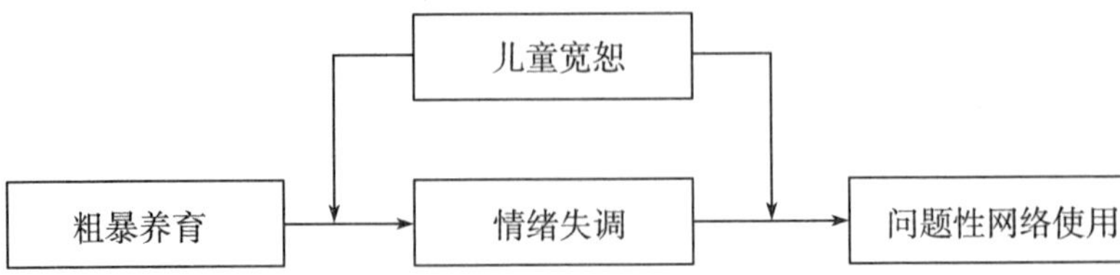

图 1-3-1 粗暴养育与青少年问题性网络使用：有调节的中介模型

二、研究方法

(一)被试

小学儿童样本来自济宁市农村地区一所公立小学三、四、五年级的380名学生(男生201名,女生179名),年龄范围从8岁到12岁,平均年龄为10.09岁。初中生样本来自济宁城区两所公立初中七、八、九三个年级的828名学生(男生433名,女生395名),年龄范围从11岁到16岁,平均年龄为13.57岁。缺失数据采用全信息最大似然估计进行处理(Enders & Bandalos, 2001)。

(二)测量工具

1. 粗暴养育

采用以往研究中使用的项目评估父母粗暴养育(Wang, 2017)。测量题目如前面研究所述,同样由父母来报告配偶的粗暴养育行为,采用5点计分(1=从来不这样,5=总是这样)。父亲的粗暴养育和母亲的粗暴养育分别计算,Cronbach 系数 α 分别为0.78和0.73。采用中小学生的总体数据进行单因素验证性因子分析,结果表明,母亲评价的父亲粗暴养育(以及父亲评价的母亲粗暴养育)具有良好的结构效度:$\chi^2_{(2)}=8.40\ (14.79)$,$p<0.05\ (0.01)$,CFI=0.99 (0.98),RMSEA=0.06 (0.08),标准化因子负荷在0.51~0.73之间。为了检验图1-3-1中提出的有调节的中介模型,计算父亲粗暴养育和母亲粗暴养育的均值,作为反映父母粗暴养育水平的单一指标,得分越高,表明父母的粗暴养育水平越高。

2. 情绪失调量表

采用自我分化的情绪反应分量表(Emotional Rcactivity Subscale, Skowron & Friedlader, 1998)考察个体在情境事件中情绪的不稳定和波动程度(Aldea &Rice, 2006)。被试对问卷每个项目进行自我评估,采用Likert五点计分(1=完全不符合,5=完全符合)。利用所有数据进行单因素验证性因子分析表明,该工具具有良好的结构效度:$\chi^2_{(44)}=231.28$,$p<0.01$,CFI=0.91,RMSEA=0.07,标准化因子负荷在0.45~0.81之间。所有问卷项目相加后取均值,分数越高表示青少年情绪失调的水平越高。

3. 问题性网络使用量表

采用Caplan(2010)编制的问题性网络使用量表(Problematic Internet Use

Scale)，该工具由 15 个题目组成，包括在线交流偏好、情绪调节、认知偏见、强迫性网络使用和消极结果等 5 个维度，每个维度包括三个题目。各维度具有良好的内部一致性(α 分别为 0.81，0.90，0.89，0.85 和 0.76)。该量表采用 5 点计分(1＝完全不符合，5＝完全符合)。单因素验证性因子分析表明，该工具具有良好的结构效度：$\chi^2_{(5)}=16.78$，$p<0.01$，CFI＝0.99，RMSEA＝0.052。问卷所有项目相加后取均值，得分越高，说明 PIU 越严重。

4. 儿童宽恕量表

儿童采用 Brown(2003)的宽恕倾向量表(Tendency to Forgive Scale，TTF)中的 4 个题目进行自我评估，题目通过 5 点计分(1＝完全不符合，5＝完全符合)。本研究该量表具有良好的内部一致性信度($\alpha=0.898$)，单因素验证性因子分析进一步表明，该工具具有良好的结构效度：$\chi^2_{(2)}=5.97$，$p<0.05$，CFI＝0.99，RMSEA＝0.05，标准化因子负荷在 0.51～0.82 之间。四个题目相加取均值，得分越高，表明个体越能宽恕他人对自己造成的伤害。

5. 控制变量

以往研究发现，个体的年龄和性别与 PIU 的发展相关(Caplan, Williams, & Yee, 2009)，因此本研究将两者作为控制变量。

(三)研究程序

由于有些问卷属于第一次在国内使用，所以我们在两位精通英语的心理专业博士的帮助下，通过小组讨论将所有问卷题目翻译成中文并进行回译，以确保翻译的准确性。我们在进行问卷调查之前，获得了施测单位的同意。然后，各班班主任在班会时间将调查事宜提前通知学生，并通过短信或电话告知学生家长，说明此次调查研究的意义以及参与的自愿性。由于上学期间学校对孩子起主要监护作用，家长可以定期联系班主任，因此父母在得知研究的目的和程序后，口头同意即可(Wang, 2017)。在班主任的帮助下，受过专门训练的研究生按照标准化的指导语当堂讲解问卷做法，强调作答真实性以及个人信息的保密性。学生利用 20 分钟的课间休息时间完成部分问卷。父母粗暴养育的调查问卷则由父母通过电脑或手机填写网络问卷。

三、结果与分析

(一)描述性统计分析

如表 1-3-1 所示，尽管粗暴养育与小学生的情绪失调存在正相关，然而与

PIU 没有显著关联。这说明，粗暴养育可能不是小学生问题性网络使用的主要影响因素。当然也存在另一种可能性，小学生群体的网络使用频率较低，出现 PIU 的风险明显低于初中生群体，因此所调查的小学生样本可能不存在问题性网络使用问题。实际上，在我们调查的样本中，初中生 PIU 以及情绪失调的水平均显著高于小学生群体（$ps < 0.01, 0.05$）。相比之下，中小学生在粗暴养育和宽恕倾向上没有显著差异（$ps > 0.05$）。

以初中生数据计算各变量之间的相关关系，如表 1-3-2 所示，粗暴养育和情绪失调均与初中生的 PIU 呈显著正相关（$rs = 0.17, 0.37, ps < 0.001$），这表明两者均为 PIU 的风险因素。父母粗暴养育与初中生的情绪失调呈正相关（$r = 0.21, p < 0.001$），与他们的宽恕倾向呈负相关（$r = -0.08, p < 0.05$）。这表明使用粗暴养育策略的父母，其子女往往更容易情绪失调，一旦受到不公正的伤害，更难以宽恕他人。这些结果支持了第一个假设，为检验中介和调节假设提供了基础。在本研究中，初中生所遭受的粗暴养育和产生的 PIU 水平较低，其均值均低于 2。这些结果在某种程度上与以往研究相似。有研究考察了美国青少年遭受的粗暴养育（Simons, et al., 1991），发现粗暴养育水平也低于 2。Xu、Farver 和 Zhang(2009)采用五点计分来测量中国儿童的粗暴养育，同样报告了较低水平的粗暴养育，而且粗暴养育的三个指标（敌意性言语、惩罚和身体强迫）均低于 3。Chang 等(2003)采用 4 点计分的方式对父母的粗暴养育进行评估，结果显示，中国父亲的粗暴养育和母亲的粗暴养育程度均低于 2。这些研究发现，即使低水平的粗暴养育仍与儿童的外化问题存在密切关联。因此，即使较少的粗暴养育也会对儿童的发展造成较为严重的消极影响。同样，在与本研究被试群体同龄的中国青少年样本中（平均年龄为 13.53 岁），我国学者也发现较低水平的 PIU（在五点计分量表中的平均值为 2.47；Li, et al., 2013）。尽管在本研究中，父母粗暴养育和青少年 PIU 的平均值都很低，但相关分析表明，即使是较低水平的粗暴养育也可能会造成我国青少年的情绪失调和 PIU 问题。

表 1-3-1　本研究主要变量的均值、标准差和相关系数(小学生样本)

	M	*SD*	1	2	3	4	5
1. 性别	—	—	—				
2. 年龄	10.09	0.92	—	—			
3. 粗暴养育	1.23	0.40	-0.12^{*}	-0.08	—		
4. 儿童宽恕	3.95	1.07	-0.03	0.34^{***}	-0.03	—	
5. 儿童的情绪失调	2.11	0.92	0.02	-0.11^{*}	0.28^{***}	-0.23^{***}	—
6. 儿童的 PIU	1.68	0.73	-0.24^{***}	-0.01	0.09	-0.17^{**}	0.33^{***}

表 1-3-2　本研究主要变量的均值、标准差和相关系数(初中生样本)

	M	*SD*	1	2	3	4	5
1. 性别	—	—	—				
2. 年龄	13.57	0.91	—	—			
3. 粗暴养育	1.25	0.44	-0.06	-0.02	—		
4. 儿童宽恕	4.01	1.01	-0.04	-0.03	-0.08^{*}	—	
5. 儿童的情绪失调	2.27	0.99	0.02	0.13^{***}	0.21^{***}	-0.13^{***}	—
6. 儿童的 PIU	1.83	0.79	-0.20^{***}	0.21^{***}	0.17^{***}	-0.10^{**}	0.37^{***}

注:性别变量为虚拟编码,0=男孩,1=女孩。*M*=平均值,*SD*=标准差。$^{*}p<0.05$,$^{**}p<0.01$,$^{***}p<0.001$。

(二)假设模型的检验

由于小学生群体中,父母粗暴养育和儿童 PIU 的关系没有达到显著水平,因此只用初中生样本检验所提出的假设模型。参照以往研究者的验证方法,本研究采用 Muller、Judd 和 Yzerbyt(2005)的程序来检验假设模型。具体来说,我们对三个回归模型的参数进行了估计。模型 1 检验了青少年宽恕对粗暴养育和青少年 PIU 之间关系的调节作用。模型 2 检验了孩子宽恕倾向对粗暴养育和孩子情绪失调之间关系的调节作用。模型 3 检验了孩子宽恕在孩子情绪失调影响 PIU 这条路径上的调节作用以及在直接路径上的调节作用。表 1-3-3 呈现了该模型验证的详细信息。为减小多重共线性,将所有预测因子进行了标准化(Dearing & Hamilton, 2006)。Edwards 和 Lambert(2007)提出,如果以下两种调节模式中有一种或两种同时出现，就可以判断有调节中介模型的存在：(1)儿童宽恕倾向调节着粗暴养育对青少年情绪失调的影响，即调节模型的前半路径；(2)儿童宽恕倾向调节着青少年情绪失调影响青少年 PIU 的路径，即调节模型的后半路径。

如表 1-3-3 所示，第一个模型的结果表明，粗暴养育显著正向预测青少年的 PIU($\beta=0.16, p<0.001$)。第二个模型表明，粗暴养育的主效应显著($\beta=0.21, p<0.001$)，且粗暴养育与儿童宽恕倾向的交互作用对青少年情绪失调的效应显著($\beta=-0.07, p<0.05$)。为了更加清晰地呈现交互作用的结果，根据青少年的宽恕水平，我们将青少年样本分为两组(高于平均数 1 个标准差作为高宽恕倾向组，低于平均数 1 个标准差作为低宽恕倾向组)，绘制了粗暴养育预测青少年情绪失调的简单效应分析图。简单斜率分析的结果表明，对于宽恕倾向较低的青少年，粗暴养育与青少年的情绪失调呈显著正相关($b_{simple}=0.31, p<0.001$)；而对于宽恕倾向较高的青少年，这种影响并不显著($b_{simple}=0.11, p=0.09$)。在第三个模型中，青少年的情绪失调显著正向预测他们的 PIU($\beta=0.33, p<0.001$)。儿童宽恕在情绪失调影响青少年 PIU 的路径上没有产生调节作用($b_{simple}=0.01, p>0.05$)。

表 1-3-3 粗暴养育与青少年 PIU 关系的有调节的中介模型检验($N=828$)

	模型 1(攻击行为)		模型 2(努力控制)		模型 3(攻击行为)	
	β	t	β	t	β	t
CO：性别	−0.17	−4.94***	0.05	1.51	−0.18	−5.78***
CO：年龄	0.19	5.70***	0.14	4.05***	0.14	4.56***
X：粗暴养育	0.16	4.83***	0.21	6.12***	0.09	2.81**
MO：儿童宽恕	−0.09	−2.79**	−0.11	−3.34**	−0.06	−1.76+
XMO：粗暴养育×儿童宽恕	−0.04	−1.16	−0.07	−2.08*	−0.01	−0.20
ME：儿童情绪失调					0.33	10.30***
MEMO：儿童情绪失调×儿童宽恕					0.01	0.25
R^2	0.11		0.08		0.21	
F	20.33***		14.08***		31.51***	

注：每一列表示一个回归模型，该模型预测每列顶部所列出的结果变量。性别编码：0=男，1=女。CO、X、MO 和 ME 分别代表控制变量、自变量、调节变量和中介变量。XMO 和 MEMO 分别表示自变量和调节变量的交互，中介变量和调节变量的交互。$^+p<0.08$，$^*p<0.05$，$^{**}p<0.01$，$^{***}p<0.001$。

总的来说，青少年的情绪失调在粗暴养育对青少年 PIU 的影响中起中介作用，这种间接影响受到儿童宽恕倾向的调节作用。对于宽恕倾向较低的青少年，粗暴养育会加剧青少年 PIU 的风险。相比之下，同样的间接效应在宽恕倾向较高的青少年中并不显著。上述结果支持了假设模型要验证的三个假设。

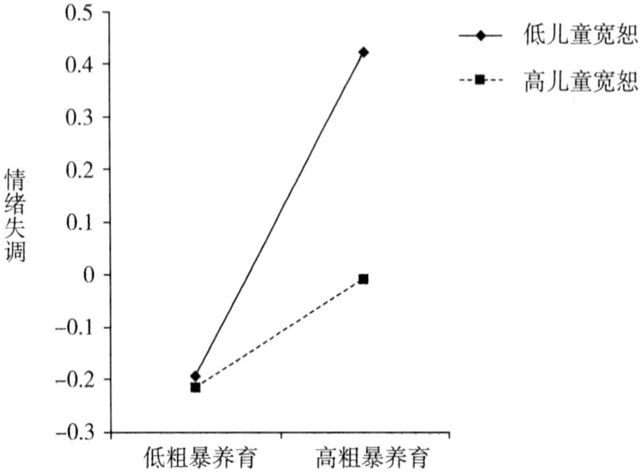

图 1-3-2　儿童宽恕×粗暴养育的交互作用对儿童情绪失调的影响

四、讨论

虽然已有研究在一定程度上考察了不良养育行为在诱发儿童青少年 PIU 中的作用，然而对其影响机制仍缺乏探究。本研究通过检验一个有调节的中介模型，考察了儿童青少年的情绪失调在粗暴养育与其 PIU 之间的中介作用，以及这种关系是否被孩子的宽恕倾向所调节。研究结果在初中和小学样本中存在较大差异。粗暴养育是中小学生情绪失调的家庭风险因素，而且是初中生（而非小学生）问题性网络使用问题的家庭风险因素。此外，青少年的宽恕能力能够缓和粗暴养育对其 PIU 的影响，对于高宽恕组的青少年而言，粗暴养育没有显著影响他们的 PIU。

（一）情绪失调的中介作用

本研究所揭示的粗暴养育对青少年 PIU 的影响与以往研究结果具有一致性，表明不良的人际关系可能会提高青少年 PIU 的风险（Douglas, et al., 2008）。父母的粗暴养育不可避免地对青少年造成某种生活压力，粗暴养育的消极影响与压力性生活事件对青少年 PIU 的影响具有一致性（Lam, Peng,

Mai, & Jing, 2009)。实际上,青少年沉迷于网络可能是一种调节消极情绪、应对生活压力的方式。本研究也发现,父母粗暴养育会导致青少年的情绪失调,进而通过情绪失调的间接影响提高青少年 PIU 的风险。

首先,本研究结果支持了粗暴养育对青少年情绪失调的直接影响。父母的消极情绪会破坏儿童的情绪安全感与情绪调节能力(Fabes, Leonard, Kupanoff, & Martin, 2001)。Denham(1997)指出,经常遭受父母的消极情绪(如敌意性的面部表情)会损害儿童应对消极情绪的能力。Cummings 和 Davies (1996)认为,经常发生冲突的家庭环境会导致儿童缺乏情绪安全感,进而损害儿童的情绪调节能力,甚至导致情绪功能失调。与情绪功能障碍的相关研究一致,粗暴养育行为能够预测儿童的焦虑(Callahan, et al., 2011)和抑郁症状(Pineda, Cole, & Bruce, 2007)。其次,本研究发现了情绪失调对青少年 PIU 的直接影响。Caplan(2010)在 PIU 的认知行为模型中指出,情绪调节方面的缺陷可能诱发 PIU。情绪调节方面存在困难的个体更有可能利用成瘾行为来抑制负面情绪或寻求即时的情绪满足(Schreiber, et al., 2012)。

综合以上两方面的研究结果可以推断,青少年有可能为了应对父母粗暴养育所带来的不良情绪而沉迷于网络,从而更容易受到 PIU 的消极影响。换句话说,本研究结果支持了情绪失调在粗暴养育和青少年 PIU 之间所起的中介作用,以往至少有两项类似研究支持我们的研究结果。Yu 等(2013)发现,情绪失调在青少年感知的父母养育方式与 PIU 之间起中介作用。Yates 等(2012)发现,儿童遭受虐待的经历通过损害儿童的情感信息加工导致 PIU,述情障碍在儿童受虐待经历与其 PIU 之间起中介作用。这些研究结果一致表明,不良的家庭养育环境会导致儿童情绪失调,进而诱发孩子的问题性网络使用。

最后,粗暴养育影响青少年 PIU 的直接路径表明,情绪失调并不能完全解释粗暴养育对青少年 PIU 的总体影响,其中的影响机制仍需要进一步探明。Sroufe 和 Fleeson(1986)指出,儿童可以从消极的亲子互动中获得不恰当的情绪调节策略,并将其迁移到同伴互动环境中,从而导致同伴排斥。Wang(2017)的研究表明,粗暴养育可能会让孩子做出攻击性行为,这些行为损害了儿童的同伴地位。父母的粗暴管教可能导致儿童缺乏人际交往技巧,难以建立和维持良好的同伴关系,进而促使孩子寻找更安全的环境(如匿名的互联网空间)来满足他们的人际需求。粗暴养育影响儿童社交焦虑(Callahan, et al., 2011),而社交焦虑影响 PIU (Fayazi & Hasani, 2017),此类研究也支持了我们的研究发现。

（二）青少年宽恕的调节作用

本研究发现，粗暴养育更容易导致那些不善于宽恕别人的青少年出现情绪失调，进一步提高他们出现 PIU 的风险。相比之下，粗暴养育不能使那些宽恕倾向较高的青少年产生情绪失调，也就阻断了粗暴养育对青少年 PIU 的间接影响。本研究有助于丰富父母养育影响儿童 PIU 的现有发现，对于预防和干预青少年的 PIU 具有现实意义。

尽管粗暴养育可能通过父母不公正的行为对后代造成各种伤害，但总的来看，父母显然不会故意伤害自己的孩子。在西方文化背景下，专制的父母控制通常被视为父母充满敌意的不信任行为（Rohner & Pettengill，1985）。相比之下，我国父母的严格控制则往往是为了使儿童表现出预期行为而进行的训练和管教，甚至被儿童视为父母的支持与关心（Chao & Tseng，2002）。因此，宽恕倾向较高的青少年更有可能宽恕父母粗暴养育行为带来的伤害，这可能是因为他们能够更好地理解父母严厉管教背后的善意。因此，他们不太可能因为父母的粗暴管教而产生情绪失调和 PIU 问题。当然，尽管父母并无伤害孩子之意，粗暴养育仍然会对孩子造成伤害。缺乏宽恕的青少年可能因为父母粗暴的管教行为而产生怨恨情绪，导致情绪失调，从而更容易出现 PIU 问题。

（三）研究局限及展望

在解释以上发现时，需要注意本研究存在的几个局限性，它们同时也指出了未来的研究方向。首先，横断设计使我们无法严格确定变量之间的因果关系，例如情绪失调和 PIU 问题比较严重的儿童可能更容易遭受父母的粗暴养育，这可以通过纵向研究来澄清。其次，情绪失调、宽恕和 PIU 等变量的数据采集仅仅采用了学生报告法。虽然以往研究表明，以上变量可以通过自我报告的方法来采集，但社会赞许效应仍然存在。建议在未来研究中增加这些变量的父母报告数据和同伴报告数据。第三，本研究仅仅是在我国被试群体中检验所提出的假设模型，这可能会限制研究结果的推广度。研究指出，文化差异影响父母粗暴养育与儿童适应性发展之间的关系（Ho，Bluestein，& Jenkins，2008）。在文化差异因素的影响下，变量之间的复杂关系可能有所不同。为了使孩子服从父母的要求，我国父母对孩子的控制要比西方家庭中的父母更为严格（Luo，et al.，2013）。事实上，亚洲父母似乎更加专制和粗暴（Chao，1994）。因此，我国青少年可能遭遇更多的粗暴养育，这反而使青少年更能够承受粗暴养育所造成的压力，从而可能使情绪失调和 PIU 水平低于西方家庭环境中的青少年，这是一个有趣的研究主题。总之，本研究表明父母粗暴养育会提高青少年 PIU 的风险。更重要的是，至今很少有研究考察情绪失调在粗暴养育和青少年 PIU 之间的中介作用，本研究首次探索了青少年宽恕在父母养育因素和青少年 PIU 之间的调节作用，同时分析了粗暴养育、青少年的情绪失调和宽恕倾向与他们的 PIU 之间的复杂关系，这为在其他文化中进行类似主题研究提供了初步证据。

（四）教育意义

本研究为预防和干预青少年的问题性网络使用问题提供了理论和实践指导。为预防和减少青少年的 PIU，父母和教育工作者不仅要关注青少年的个体因素（如情绪失调），还要关注环境因素（如父母粗暴养育）的作用。对于遭受父母粗暴养育的青少年来说，培养宽恕能力可以降低青少年情绪失调的可能性，进而降低他们 PIU 的风险。教育工作者要注意儿童的情绪失调现象，引导他们学习如何调节自己的负面情绪。例如，指导他们通过口头或书面形式练习情感表达能力，这有助于个体应对外部压力造成的消极情绪（Lumley & Provenzano, 2003）。此外，社会支持可以缓冲外部压力对适应结果的消极影响（Cohen & Wills, 1985），情绪失调严重的青少年可以从多种社会资源中寻求支持，以减轻粗暴养育带来的负面影响。

教育工作者可以帮助父母认识粗暴养育对孩子学校适应的不利影响，进一步帮助父母矫正不良的养育行为，提高养育技能。比如在家长会上，班主任或其他心理健康方面的教师可以向父母解释粗暴养育行为导致青少年情绪失调并促成孩子 PIU 的过程。家庭教育方面的工作者可以帮助父母分析粗暴养育的诱发因素，使父母意识到自己对孩子不当行为的消极归因风格可能导致粗暴养育（Snarr, Slep, & Grande, 2009）；他们也可以帮助父母找到诱发粗暴养育的人格方面的因素。比如，父母易激惹的人格特质可能诱发粗暴养育行为（Simons, et al., 1991）。在澄清父母粗暴养育的风险因素之后，可以设计具体的培训计划，帮助父母学习如何管理负面情绪，如何对孩子的不当行为做出恰当归因等。这些培训计划有利于改善父母养育行为以及青少年的情绪调节能力，从而减少青少年的 PIU。

宽恕能力有助于修复受到粗暴养育的孩子的亲子关系。心怀以久的怨恨很难得到化解，对于已经遭遇了粗暴养育的青少年，可以通过培养他们的宽恕能力来降低粗暴养育带来的消极影响。为防止孩子的怨恨情绪造成长期的消极影响，非常有必要对粗暴养育等人际伤害进行干预。Freedman 和 Knupp(2003)指出，怨恨等消极情绪不利于孩子的身心健康，而宽恕能力则可以帮助孩子有效地应对消极情绪。Hines(1997)提出，亲子关系比其他家庭因素对青少年的发展具有更为重要的作用。因此，预防父母粗暴养育的方案以及培养青少年宽恕能力的方案均有助于减少青少年的情绪失调，降低他们产生 PIU 的风险。

第二章 粗暴养育影响儿童情绪适应的实证研究

第一节 粗暴养育影响儿童抑郁

——消极自我认知的中介作用和同伴接纳的调节作用

一、问题提出

(一)研究背景

抑郁体验是日常生活中比较常见的一种消极的情绪体验。近四分之一的女性和六分之一的男性在一生中可能患上抑郁症(Kessler, ct al., 2010)。尽管精神病理学方面的大量研究从不同角度探讨了儿童(特别是青少年)抑郁的前因及其后果,然而在家庭心理学领域,研究者对粗暴养育影响儿童抑郁的机制尚未澄清。鉴于抑郁症状或抑郁情绪对学生日常生活和学习所造成的不利影响,本研究拟探讨粗暴养育对儿童青少年抑郁体验的影响。具体来说,本研究将探索粗暴养育是否导致孩子产生消极的自我认识,进而提高了他们产生抑郁体验的可能性。再者,由于个体生活在一个多样的人际关系网络之中,因此本研究也探究孩子的同伴关系是否调节着粗暴养育对孩子抑郁体验的影响。

(二)变量关系梳理

1.粗暴养育和孩子抑郁

粗暴养育因其对儿童发展的不利影响,引起了众多研究者的关注。它包括父母对孩子大吼大叫、打屁股、扇耳光等(Hinnant, et al., 2015),也包括忽视、反对、拒绝和威胁等消极养育行为(Barajas-Gonzalez & Brooks-Gunn, 2014)。粗暴养育的父母倾向于对儿童表现出冷漠、愤怒、不敏感和过度反应(Wong, et al., 2014)。经常受到父母粗暴管教的孩子更容易产生焦虑、警觉等不良情绪(Callahan, et al., 2011)。研究表明,消极的养育方式与孩子的抑郁体验等内化问题有关(Soenens, Vansteenkiste, Duriez, Luyten, & Goossens, 2005;

Yoshizumi, Murase, Murakami, & Takai, 2007)。因此,粗暴养育可能是青少年抑郁的一个家庭风险因素。孩子遭受粗暴教育之后,可能在脑海中复现他们受到虐待的情景,进一步引发担忧、绝望和无助等抑郁症状。尽管许多研究者已经发现了粗暴养育与儿童抑郁症状之间的正向关联(Heim & Nemeroff, 2001; Pineda, et al., 2007),但在中国文化背景下,很少有研究探索粗暴养育影响中小学生抑郁体验的潜在机制。

东西方文化层面的差异导致养育方式上存在着明显差异。欧美家庭中父母的社会化目标是促进儿童的独立、自主和自尊,养育方式富有高度的敏感性和反应性,父母对孩子的控制比较灵活。相比之下,亚洲父母往往严厉控制子女,推动子女追求智力和学业层面的成功(Lui & Rollock, 2013)。中国父母深受社会和谐、孝道等儒家思想的影响,他们比西方父母更注重孩子对社会规范和父母要求的服从,对子女控制更严厉,对孩子的温暖支持更少(Ng, et al., 2014)。受到这些文化差异的影响,粗暴养育可能给中国孩子的发展造成不同的影响。具体来说,作为一种惩罚孩子不良表现的管教手段,粗暴养育在中国家庭中可能更为常见。Chao(1994)认为,亚洲父母在养育中表现出较多的粗暴专横行为,这与Baumrind对专制型父母的描述大体一致。因此,与西方文化背景下的孩子相比,中国儿童可能会把父母的粗暴养育看作比较合理的做法,从而不会导致孩子严重的发展后果。可以推断,如果粗暴养育对其他文化背景下儿童的抑郁体验产生影响,那么这种关系在中国儿童中也可能存在。虽然研究者探讨了粗暴养育与中国儿童的攻击行为等外化问题之间的关系(Wang, 2017),但对粗暴养育与我国儿童的抑郁体验等内化问题之间的关系关注较少。

2.消极自我认知作为中介

Beck(2002)提出,消极的自我归因、自我批评和消极期望等消极的自我认知因素是造成抑郁的风险因素。根据抑郁症的无望理论(Abramson, et al., 1989),个体倾向于对消极事件进行内部归因,并预期这些事件的消极后果,从而更有可能发展成抑郁症。根据抑郁症的人际互动模型(Beck, 2002),人际互动的质量与抑郁症的发作、延长和复发等特征有关。可以推断,粗暴养育作为亲子之间的消极互动事件,可能导致孩子消极的自我认知,进而诱发他们的抑郁体验。

父母虐待方面的相关研究为消极自我认知在粗暴养育和青少年抑郁体验

之间的桥梁作用提供了证据。父母虐待儿童会向子女传递他们没有价值，不值得父母关爱等消极信息(Glaser，2002)。受虐待的儿童往往存在低自尊等自我系统方面的缺陷(Cicchetti & Rogosch，1994)。Garber、Robinson 和 Valentiner(1997)发现，父母等重要他人对儿童经常性的批评反馈导致儿童形成消极的自我认知，提高他们罹患抑郁症的可能性。Gibb 和 Abela(2008)也发现，父母对儿童的情绪虐待导致孩子消极的推理风格以及儿童抑郁症状的增加。实际上，消极养育通常与无意识或难以控制的消极思维等抑郁型的认知风格有关(Bruce，et al.，2006)。虽然当前研究者缺乏对粗暴养育、消极自我认知和青少年抑郁体验之间关系的研究，但可以推断，粗暴养育很可能塑造儿童消极的自我认知，提高他们罹患抑郁的风险。

(三)研究假设

基于以上文献分析，本研究构建如图 2-1-1 所示的假设模型，借此验证如下假设：

假设 1：粗暴养育通过中小学生的消极自我认知间接影响他们的抑郁症状。

假设 2：同伴接纳可能调节粗暴养育和中小学生抑郁症状之间的间接关系。具体来说，同伴接纳水平越高，粗暴养育诱发孩子抑郁症状的风险越低。

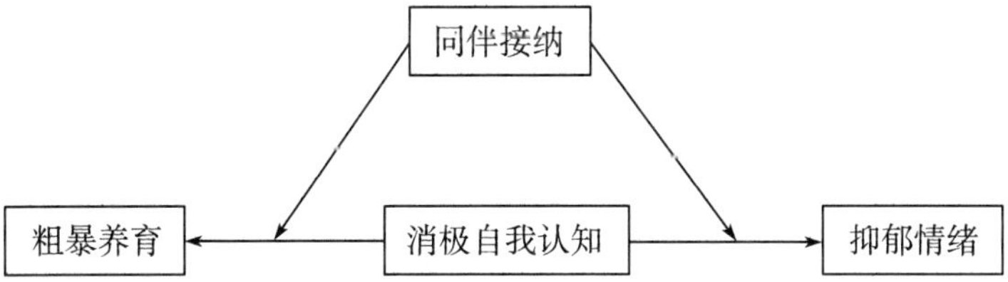

图 2-1-1　粗暴养育影响儿童抑郁的理论模型

二、研究方法

(一)被试

小学生样本来自山东省泰安市两所公立小学三、四、五年级的 390 名学生(男生 190 名，女生 200 名)，年龄分布从 8 岁到 13 岁之间，平均年龄为 10.51 岁。初中生样本来自泰安市两所公立初中七、八年级的 520 名学生(男生 280 名，女生 240 名)，年龄范围在 12～15 岁，平均年龄 13.11 岁。缺失数据采用期望最大化方法来处理(Little & Rubin，2002)。

(二)测量工具

1. 粗暴养育

父母自我评估前面研究中所采用的四个衡量粗暴养育的题目，比如，当孩子做错事时，“我会发脾气，甚至对他或她大喊大叫”。针对每个题目，父母对自己的养育行为进行五点评估，从1分(从不这样对待孩子)到5分(经常这样对待孩子)。粗暴养育水平表示为父母双方报告的均值，得分越高表明粗暴养育的水平越高。

2. 消极的自我认知

本研究使用儿童消极自我认知亚量表(negative self-cognition subscale)来评估儿童消极自我认知的水平(Jacobs & Joseph，1997)。被试针对每道题目(例如，我什么都做不好)进行自我评价，从1(强烈不同意)到5(强烈同意)进行五点评估。验证性因素分析的结果表明，数据很好地拟合了消极自我认知的单因素模型：$\chi^2_{(35)}=77.90$，$p<0.05$，比较拟合指数CFI为0.89，近似误差平方根RMSEA为0.075，项目因子负荷从0.36到0.68不等。消极自我认知的水平通过该量表题目的均值来反映($\alpha=0.76$)，得分越高表示儿童消极的自我认知水平越高。

3. 抑郁情绪

采用简要症状检核表中的抑郁分量表对儿童的抑郁体验进行评估(Derogatis & Melisaratos，1983)，比如“我对事物不感兴趣”。要求儿童青少年根据他们上个月的经历，指出问卷中每种抑郁症状发生的频率，从1(根本没有)到5(非常频繁)进行五点评价。验证性因素分析的结果有力地支持了抑郁的单因素模型：$\chi^2_{(14)}=182.04$，$p<0.05$，比较拟合指数CFI为0.95，近似误差平方根RMSEA为0.082，项目载荷从0.64到0.80不等。抑郁症状的严重程度通过项目均值来反映($\alpha=0.897$)，得分越高表明抑郁水平越高。

4. 同伴接纳

采用同伴提名程序评估儿童的同伴接纳程度(Coie，et al.，1982)。要求每个学生从自己班里提名三个最喜欢的学生和三个最不喜欢的学生。每个孩子都得到一个受欢迎的分数和一个不受欢迎的分数。用被他人喜欢的频次减去被他人不喜欢的频次，除以班级人数，所得分数即为社会喜好分数，该分数越高，表明同伴接纳水平越高。

5. 控制变量

本研究控制了孩子的年龄、性别和家庭社会经济地位(SES)。通过对父母双方的教育水平和月收入的标准化分数进行平均得到家庭 SES 分数。父母的教育程度分为四个级别,从 1 级(相当于或低于小学教育)到 4 级(研究生及以上)。父亲和母亲的平均教育水平分别是 1.87(*SD*=0.77)和 1.65(*SD*=0.72)。按人民币多少元计算的月收入编码为 1(不多于 2000 元)至 5(5000 元及以上)五个等级。父亲和母亲的平均月收入分别为 3.07(*SD*=1.19)和 2.17(*SD*=1.16)。

(三)研究程序

首先,我们通过班级 QQ 交流群说明了研究目的和简单的研究程序以及问卷调查所涉及的伦理问题,询问家长和学生是否愿意参与本次问卷调查。通过电话联系了那些很少使用网络交流的家庭,积极征求他们参与调查。所有参与者均被告知,他们有权随时退出调查。在班主任的帮助下,受过培训的研究生当堂指导学生填写消极自我认知与抑郁体验等问卷。同伴接纳的测量通过同伴提名程序完成。具体来说,每个学生使用一个班级花名册来提名班里三个最喜欢的学生和三个最不喜欢的学生(Coie, et al., 1982)。该方法在同伴关系的研究中得到大量使用,是一种非常稳健的测量方法。

三、结果与分析

(一)描述性统计分析

对于小学生样本而言(如表 2-1-1 所示),粗暴养育与他们的抑郁体验呈显著正相关,消极自我认知与其抑郁体验呈现显著正相关。由于粗暴养育与消极自我认知的相关没有达到显著性水平,所假设的理论模型可能不适用于小学生样本。

对于初中生样本而言(如表 2-1-2 所示),粗暴养育和他们消极的自我认知及其抑郁症状均呈显著正相关。消极自我认知与初中生的抑郁水平呈现中等程度的正相关,这与 Beck(2002)的假设一致。以上三个变量的相关模式为消极自我认知在粗暴养育与青少年抑郁之间的中介作用提供了初步根据。同伴接纳与粗暴养育、消极的自我认知以及抑郁症状均呈显著负相关。调节变量和结果变量之间的相关性较低,说明同伴接纳适合做调节变量。

表 2-1-1　本研究变量的平均数、标准差及相关情况(小学部分,390 人)

	M	SD	1	2	3	4	5	6
1. 性别	0.51	0.50	—					
2. 年龄	10.51	1.29	—	—				
3. 社会经济地位	0.14	0.61	—	—	—			
4. 粗暴养育	1.38	0.59	−0.05	−0.10*	−0.06	—		
5. 消极自我认知	2.26	0.58	0.12*	0.11**	−0.07	0.10	—	
6. 同伴接纳	0.01	0.07	0.16**	0.09	−0.002	−0.17**	−0.10	—
7. 抑郁症状	1.80	0.91	0.15**	0.11*	−0.02	0.28***	0.48***	−0.05

注:N=390。性别编码:0=男生,1=女生。* $p<0.05$,** $p<0.01$,*** $p<0.001$。

表 2-1-2　本研究变量的平均数、标准差及相关情况(初中部分,520 人)

	M	SD	1	2	3	4	5	6
1. 性别	0.44	0.50	—					
2. 年龄	13.58	1.02	—	—				
3. 社会经济地位	2.36	0.58	—	—	—			
4. 粗暴养育	1.35	0.57	−0.12**	−0.09*	−0.02	—		
5. 消极自我认知	2.33	0.56	0.05	0.11**	−0.17***	0.12***	—	
6. 同伴接纳	0.003	0.08	0.13**	−0.06	0.01	−0.16***	−0.15***	—
7. 抑郁症状	2.90	0.97	0.11**	0.13***	−0.05	0.21***	0.49***	−0.09***

注:N=520。性别编码:0=男生,1=女生。* $p<0.05$,** $p<0.01$,*** $p<0.001$。

(二)有调节的中介模型检验

本研究使用 Muller 等(2005)的检验方法分析假设模型,估计三个回归模型的参数。在模型 1 中,我们估计了同伴接纳对粗暴养育和青少年抑郁之间关系的调节效应。以粗暴养育,同伴接纳,以及他们的交互项,控制变量作为预测变量,以青少年的抑郁症状作为结果变量,进行回归分析。在模型 2 中,我们估计了同伴接纳对粗暴养育和消极的自我认知之间关系的调节效应。与模型 1 中的预测变量相同,结果变量改为消极的自我认知,进行回归分析。在模型 3 中,我们估计了同伴接纳对青少年消极自我认知与其抑郁症状之间关系的调节效应,以及粗暴养育对青少年抑郁症状的直接效应的调节作用。这些模型的设定见表 2-1-3 所示。在进行回归分析之前对所有预测变量进行标准化，以减少可能存在的多重共线性问题（Dearing & Hamilton，2006）。根据 Edwards 和 Lambert（2007）提出的原则，当下面两种情况至少出现一种时，便断定存在有调节的中介效应：（1）从粗暴养育到消极自我认知的路径受到同伴接纳的调节；（2）从消极自我认知到青少年抑郁的路径受到同伴接纳的调节。

表 2-1-3 消极自我认知的中介与同伴接纳的调节作用检验（初中生样本）

	模型 1（因变量：抑郁情绪）		模型 2（因变量：消极自我认知）		模型 3（因变量：抑郁情绪）	
	β	t	β	t	β	t
CO：性别	0.13	3.19***	0.07	2.05*	0.10	3.23**
CO：年龄	0.16	4.63***	0.09	2.68**	0.12	3.83***
CO：社会经济地位	−0.01	−0.27	−0.14	−4.19***	0.06	1.94
X：粗暴养育	0.22	6.55***	0.12	3.51***	0.17	5.56***
MO：同伴接纳	−0.07	−2.11*	−0.15	−4.15***	0.24	2.01*
XMO：粗暴养育×同伴接纳	0.03	0.90	0.06	1.61	0.01	0.43
ME：消极自我认知					0.47	15.54***
MEMO：消极自我认知×同伴接纳					−0.26	−2.13*
R^2	0.09		0.07		0.29	
F	13.47***		11.05***		43.25***	

注：$N=520$。每一列表示一个回归模型。性别编码：0＝男生，1＝女生。CO、X、MO、ME 分别代表控制变量、自变量、调节变量和中介变量。XMO 代表自变量与调节变量之间的交互作用，MEMO 代表中介变量与调节变量之间的交互作用。* $p<0.05$，** $p<0.01$，*** $p<0.001$。

如表 2-1-3 所示，第一个模型显示，粗暴养育对青少年抑郁的总效应显著（$\beta=0.22$，$p<0.001$），然而这个总效应没有受到同伴接纳的调节（$\beta=0.03$，$p>0.05$）。第二个模型揭示了粗暴养育对消极自我认知具有显著的正向预测作用（$\beta=0.12$，$p<0.001$）。最后，第三个模型揭示了消极自我认知对青少年抑郁症状显著的正向预测作用（$\beta=0.47$，$p<0.001$），以及消极自我认知×同伴接纳对青少年抑郁症状显著的交互效应（$\beta=0.26$，$p<0.05$）。我们描述了不同同伴接纳水平下（分别取同伴接纳均值上下 1 个 SD 作为高低同伴接纳组），消极自我认知对青少年抑郁体验的不同影响（图 2-1-2）。简单斜率分析表明，无论是高接纳还是低接纳组，消极自我认知与青少年的抑郁症状均呈显著正相

关，然而对于低接纳组来说，消极自我认知对抑郁症状的影响更强（高接纳组，$b_{simple}=0.35$，$p<0.001$；低接纳组，$b_{simple}=0.56$，$p<0.001$）。总的来说，同伴接纳调节了粗暴养育通过消极自我认知对青少年抑郁症状的间接影响。由于同伴接纳对消极自我认知到青少年抑郁路径的缓冲作用，对于受到同伴高度接纳的青少年来说，粗暴养育对其抑郁症状的间接影响大大降低。

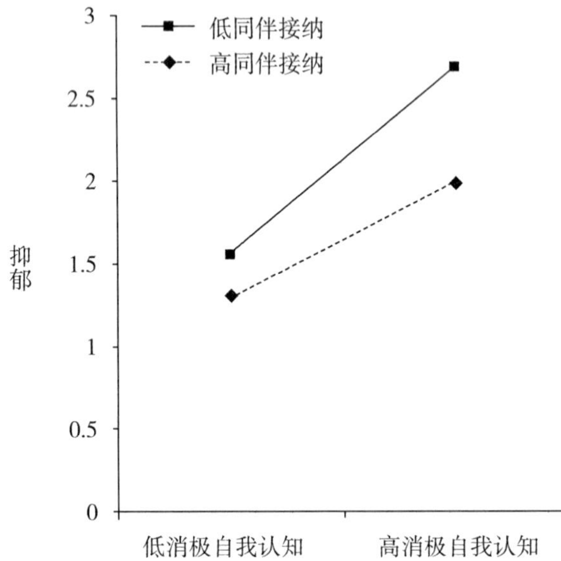

图 2-1-2　同伴接纳调节消极自我认知对青少年抑郁的影响

四、讨论

（一）消极自我认知的中介作用和同伴关系的调节作用

以 Beck 的抑郁认知模型为理论框架，本研究考察了不良家庭因素（即粗暴养育）与同伴因素（即同伴接纳）之间如何交互作用，诱发青少年产生消极自我认知，进而影响其抑郁症状。结果发现，粗暴养育是青少年消极自我认知的家庭风险因素，而消极自我认知是青少年抑郁体验的风险因素。总体来看，粗暴养育通过青少年的消极自我认知诱发其抑郁体验，其中同伴接纳缓和了粗暴养育对青少年抑郁体验的间接影响。

首先，与第一个假设相一致，本研究发现消极自我认知是青少年产生抑郁的一个基本的社会认知机制，它部分解释了粗暴养育与青少年抑郁体验之间的联系。当青少年频繁遭受父母粗暴养育时，他们更有可能形成消极的自我认知，进而提高了他们产生抑郁症状的可能性。这一发现也与之前研究一致，即父母以批评、拒绝和控制为特征的养育方式传达给孩子关于他们自身的消极信息，从而引发抑郁型的思维风格（Cole，1990）。本研究进一步表明，粗暴养育是抑郁认知易感性发展的一个家庭风险因素。这些研究结果也支持了 Beck 的观点，即抑郁易感性来源于童年的不良经历（如粗暴养育）。

其次，同伴接纳在粗暴养育和青少年抑郁之间的调节作用值得注意。Furman 和 Buhrmester（1985）提出，儿童可以从不同类型的人际关系中获得多方面的社会支持，当一种人际关系不能提供社会支持时，其他人际关系对个体适应的重要性就会变得更加突出和重要。尤其是在儿童晚期和青少年时期，孩子花费更多时间与同伴而不是父母进行交流，逐渐变得更加依赖同伴（Carlo，Fabes，Laible，Kupanoff，1999），此时同伴关系对其情绪适应发挥着更为重要的作用。本研究结果支持了压力缓冲模型（Cohen & Wills，1985），同伴接纳可以削弱消极自我认知与青少年抑郁之间的关系。这与同伴接纳可以减弱消极养育和儿童内化问题之间关系的以往研究相一致（Gaertner，Fite，& Colder，2010；Rubin，et al.，2004）。

相比之下，本研究没有发现同伴接纳在粗暴养育到消极自我认知这条路径上的调节作用。这一发现表明，虽然同伴接纳可以降低消极自我认知对青少年抑郁的诱导作用，但不能改变粗暴养育对青少年消极自我认知的塑造作用。Beck 和 Young（1985）认为，儿童在生命早期与重要他人的交往经历使他们形成有关自己的不良态度和信念。从认知发展的角度来看（Bruce，et al.，2006），粗暴养育行为可能向儿童传递了有关他们的负面信息，甚至使儿童将这些消极的自我信息内化到了自我概念之中，形成消极的自我信念。因此，粗暴养育对儿童自我认知的消极影响是相对稳定的，其他积极的人际关系也不太可能缓解粗暴养育对儿童消极自我认知的塑造作用。

（二）研究局限性

本研究加深了我们对粗暴养育与青少年抑郁之间关系的理解，然而也存在几个不足。首先，仅仅从目前的横向设计中无法明确变量之间的因果关系。未来研究者可以采用纵向设计进一步检验假设模型中各变量之间的因果关系。其次，取样的局限性使我们无法将研究结果推广到其他文化背景下的被试群体中去，未来研究者可以使用具有不同文化、经济或地区等特征的被试样本来检验本研究发现的普遍性。再次，社会赞许性可能使研究结果产生一定偏差。例如，在印象管理动机的影响下，父母可能隐瞒他们粗暴管教孩子的真相，以便呈现出自己和蔼可亲的一面。尽管存在以上几点不足，本研究还是揭示了粗暴养育影响青少年抑郁的可能路径，为预防和干预青少年抑郁提供了有意义的启示。由于同伴接纳的缓冲作用有限，在打破粗暴养育和青少年抑郁之间关系的方面，把重点放在预防上要比放在干预上会更加有效。在中国文化背景下对父母的粗暴养育行为和孩子消极的自我认知进行干预具有合理性和可行性的路径。

（三）教育意义

本研究为旨在减少家庭中的粗暴养育和学校中青少年的抑郁症状提供了启发，有助于设计合理的干预和预防方案。就预防措施而言，学校教育工作者可以制定具体的预防方案，比如通过讲座形式让父母意识到粗暴养育对青少年抑郁症状的严重影响，使其意识到自己的粗暴言行会让孩子发展出消极的自我信念，进而损害孩子的情绪适应。实际上，家庭教育方面的专家也可以指导父母，帮助他们改善不良的养育行为，创造积极的情绪氛围以促进亲子互动，发展青少年积极的自我认知。本研究结果对帮助教师提高他们的课堂管理也很有价值。首先，教育工作者要有意识地让孩子在学校生活的各个领域获得成功体验，努力培养他们积极的自我概念，让他们感到有自我价值，对学校生活充满积极的情感，这是预防抑郁体验的有效措施。其次，由于同伴接纳可以缓冲消极自我认知对青少年抑郁体验的影响。教师应该努力营造一个友好的课堂氛围，接纳所有的学生，特别是那些容易遭受同伴排斥的学生。最后，教育工作人员有必要与父母保持畅通的交流，共同帮助孩子发展健康的自我意识，积极促进孩子情绪的健康发展。

第二节　粗暴养育影响儿童社交焦虑

——依恋安全感的中介作用

一、问题提出

（一）研究背景

虽然以往研究表明，父母的消极养育和不安全型的亲子依恋会提高儿童社交焦虑的风险，然而父亲和母亲在这一关系中的不同角色需要进一步澄清。因此本研究欲考察父亲和母亲的粗暴养育行为对儿童青少年社交焦虑的不同影响过程。

粗暴养育主要发生在孩子做错事或惹父母生气时，此时父母往往采用身体惩罚或言语斥责的形式来管教孩子(Wang, Deng, & Du, 2018)。粗暴的身体惩罚主要包括殴打、扇耳光、打屁股、推搡、用物品打人等形式，而粗暴的言语管教则涉及辱骂、羞辱、讽刺、过度批评等言语攻击形式(Wang, 2017, 2019; Wang & Wang, 2018)。父母高度控制、缺乏支持的消极养育行为是儿童各种内化问题特别是焦虑问题的风险因素(Knappe, et al., 2009; McLeod, Wood, & Weisz, 2007)。在粗暴养育的家庭环境中长大的孩子往往表现出更多的情绪失调问题(Fruzzetti, et al., 2005; Wang & Wang, 2018)。根据社交焦虑的发展模型(Spence & Rapee, 2016)，父母的行为会通过影响孩子的社交技能来影响孩子的社交焦虑问题。父母使用高度控制策略会阻碍儿童社交技能的发展，进而导致儿童在陌生情景或具有挑战性的社交情境中表现出焦虑症状(Ollendick, et al., 2014)。因此，父母的粗暴养育可能使我国儿童青少年面临社交焦虑的风险。本研究分别探讨父亲粗暴养育、母亲粗暴养育与我国儿童青少年社交焦虑之间的关系，特别是父子依恋安全感以及母子依恋安全感的不同中介作用。

(二)变量关系梳理

1. 粗暴养育与孩子的社交焦虑

根据 Pollak(2003)的情感学习理论，频繁接收威胁性的情绪信号会影响儿童对消极情绪线索的注意以及注意力资源的灵活分配，引起儿童对类似情绪信号的加工偏差。父母的身体虐待使儿童对威胁性刺激更加敏感，尤其是愤怒的面部表情(Pollak & Tolley-Schell, 2003)，而对愤怒表情的过度关注是儿童社交焦虑的风险因素(Gulley, et al., 2014)。因此父母的粗暴养育可能提高儿童青少年面临社交焦虑的风险。粗暴养育可能导致儿童在社交情景中对自我表现的过度监控，进而诱发社交焦虑(Brooker & Buss, 2014)。根据道德发展理论(Theory of Moral Development, Hoffman, 1983)，父母频繁的粗暴养育行为可能导致儿童对惩罚的恐惧，这种恐惧情绪有可能逐渐发展为内化问题(Eisenberg, et al., 2001)。因此，父母粗暴养育可能是我国儿童青少年社交焦虑的家庭风险因素之一。

以往研究者主要关注母亲养育行为对儿童社交焦虑的影响(De Rosnay,

Cooper, Tsigaras, & Murray, 2006; Murray, et al., 2008),较少关注消极的父亲养育行为在儿童青少年社交焦虑发展中的作用。在中国文化背景下,母亲主要扮演着照料者的角色,为孩子提供温暖的照顾和关爱(Chao, 1994),而父亲在培养孩子方面扮演严格的管教者(Shwalb, Nakazawa, Yamamoto, & Hyun, 2010)。因此,粗暴的父亲养育和粗暴的母亲养育对我国儿童青少年社交焦虑的发展可能有着不同的影响,这个问题在以往研究中很少得到探索。

2. 粗暴养育与不安全的亲子依恋

依恋作为亲子之间情感纽带的反馈系统,使儿童青少年在亲近父母和探索外部世界两种需要之间取得平衡(Güngör & Bornstein, 2010)。富有敏感性和反应性的父母养育促进孩子对父母的安全型依恋(Dexter, Wong, Stacks, Beeghly, & Barnett, 2013),而问题性的父母养育对安全型依恋的发展构成严重威胁(Bender, et al., 2007)。安全型依恋儿童的父母表征一般以仁慈和不惩罚为特征(Levy, Blatt, & Shaver, 1998)。相反,经常受到父母强迫压制的孩子可能认为父母缺乏可靠性,难以接近(Bosmans, et al., 2011; Wu, 2007)。遭受父母虐待的儿童更容易与父母形成不安全的亲子依恋关系(Cyr, et al., 2010),这样的孩子往往认为自己很无能,不被重视,从而逐渐减少对父母的信任和依赖(Bretherton & Munholland, 1999)。经常遭受父母体罚的孩子往往缺乏依恋安全感(Bender, et al., 2007; Tussey, Tyler, & Simons, 2018)。我国父母更强调孩子对父母以及其他长者的顺从,对孩子似乎存在更多令人厌恶的管教行为(Wang, 2017)。因此父母的粗暴养育可能是造成我国儿童青少年缺乏依恋安全感的家庭风险因素。

青春期的孩子需要父母的继续支持,以便应对青春期的各种挑战,所以父亲和母亲对青少年来说仍然是重要的依恋角色(Hazan & Zeifman, 1994)。目前针对父母养育行为与儿童依恋之间关系的研究大多都把父亲和母亲双方的数据整合在一起,然后检验这一整合指标对儿童依恋安全感的影响(Paterson, Pryor, & Field, 1995; Van IJzendoorn & Bakermans-Kranenburg, 1996)。因此,本研究拟考察父亲粗暴和母亲粗暴分别与父子依恋和母子依恋之间的复杂关系,考察父母一方的粗暴养育如何影响孩子与父母双方的依恋不安全感,这是一个非常有趣且值得探索的研究问题。已有研究提出,父亲对孩子的影响主要是通过母亲的态度和行为的中介作用产生的(Clarke-Stewart, 1980),但很少有相关研究验证这一观点。Pedersen(1975)发现,如果父亲倾向于对孩子表达积极的情感，那么母亲也会对孩子表现出积极的态度。父亲的行为影响着母亲对孩子的敏感性和母子依恋(De Wolff & Van Ijzendoorn，1997)。因此，父亲的粗暴养育可能削弱孩子与母亲之间的依恋安全感。虽然目前还没有研究考察母亲对待孩子的方式如何影响孩子对父亲的依恋安全感，但我们可以从父母养育角色的互补性上进行一定程度的推断。在我国家庭中，母亲对孩子通常承担监督并向父亲报告孩子越轨行为的责任，特别是当孩子违抗母亲的时候。这可能导致孩子在遭受母亲粗暴对待之后仍然感到焦虑，因为他们担心母亲随时向父亲报告自己的不良行为，从而招致父亲更加严厉的惩罚。换句话说，母亲的粗暴养育行为可能增加孩子对父亲的依恋不安全感。因此父亲粗暴养育对母子依恋，以及母亲粗暴养育对父子依恋，均可能存在溢出效应。

3. 不安全的亲子依恋与孩子的社交焦虑

亲子之间的不安全型依恋是孩子社交焦虑问题的家庭风险因素，这种影响在青少年时期尤为突出(Brumariu & Kerns，2010；Spence & Rapee，2016)。消极的亲子依恋表征与儿童多方面的焦虑症状有关(Kim，Trickett，& Putnam，2011)。对父母缺乏安全依恋的孩子往往认为自己的父母不可靠、难以接近和不值得信任(Manassis & Bradley，1994)。对照料者形成的这种内部工作模式最终可能导致儿童的关系需要无法得到满足，进而导致孩子在其他人际关系中形成对他人过分苛刻的行为。这些不恰当的人际行为可能诱发社交伙伴的消极反应，进而强化他们认为自己不受欢迎的消极内部表征。这种扭曲的自我观念在不同的社交环境中不断强化而趋于稳定，从而诱发孩子对人际交往情境的持续性恐惧。

此外，不安全型亲子依恋的个体可能在情感理解方面存在困难，这使他们更有可能在模糊的社交情境中将他人的中性意图误解为敌意，从而更加难以修复不良的人际关系(Kobak & Cole，1994)。他们往往对他人的意图充满敌意性的解释，从而产生攻击反应或退缩行为，这些反应招致他人的反感，使得他们在社交场合更加焦虑。此外，缺乏依恋安全感的个体通常缺乏自我调节能力(Stams，Juffer，& Van IJzendoorn，2002)，不能灵活地应付迅速变化的人际关系。

母子之间不安全的依恋关系在儿童社交焦虑的发展过程中扮演着重要的角色(Brumariu & Kerns，2008)，而父子依恋对儿童社交焦虑的影响相对较小(Roelofs，Meesters，Huurne，Bamelis，& Muris，2006)。由于母亲主要承担着养育孩子的责任，而父亲主要负责训练孩子并将他们推向家庭之外的世界

(Bögels & Brechman-Toussaint, 2006),因而良好的父子依恋关系会保护孩子免受社交恐惧的威胁。研究者强调,父亲在家庭环境中如何影响孩子的成长需要进一步澄清(Easterbrooks & Goldberg, 1984)。因此,本研究主要探究父子之间以及母子之间的不安全依恋在父亲粗暴养育和母亲粗暴养育与儿童社交焦虑之间的不同中介作用。

(三)研究假设

基于以上分析,本研究拟考察父亲粗暴和母亲粗暴对儿童青少年社交焦虑的不同影响,特别是父子不安全依恋和母子不安全依恋在其中所扮演的不同中介机制。基于以上分析,构建了图 2-2-1 所示的假设模型并提出如下假设:

假设 1:粗暴的父亲养育和粗暴的母亲养育均与儿童青少年的不安全亲子依恋和社交焦虑存在正相关。

假设 2:儿童青少年的父子不安全依恋和母子不安全依恋均与儿童青少年的社交焦虑存在正向关联。

假设 3:孩子与父母双方的不安全依恋在粗暴养育与儿童青少年的社交焦虑之间起着不同的中介作用。

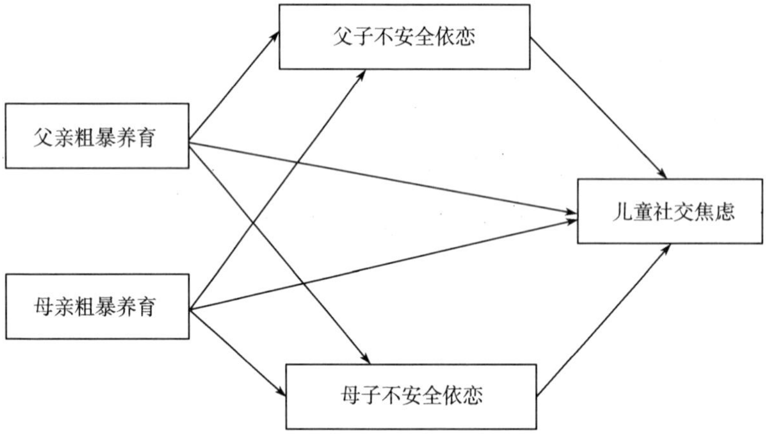

图 2-2-1 粗暴养育与儿童社交焦虑的假设模型

二、研究方法

(一)被试

小学生样本来自山东省临沂市一所公立小学 210 名三至五年级的学生,其中男生 116 名,女生 94 名;年龄范围在 8 岁到 12 岁,平均年龄为 9.33 岁。初中生样本来自台儿庄两所公立中学395名六至八年级的学生，其中，男生225名，女生170名，平均年龄13.36岁。缺失数据采用全信息最大似然估计进行处理(Enders & Bandalos, 2001)。

(二)测量工具

1. 父母粗暴养育

测量工具与前面研究相同，由父母报告自己的粗暴养育水平，采用5点计分(1=从来没有这样，5=总是这样)。父亲的粗暴养育和母亲的粗暴养育分别计算，Cronbach 系数 α 分别为0.81和0.82。本问卷在前面对中国儿童青少年的一系列研究中呈现出令人满意的信度和效度(Wang, 2017; Wang, et al., 2018)。单因素验证性因子分析表明，父亲粗暴养育(以及母亲粗暴养育)的结构效度良好：$\chi^2/df=3.60$ (1.30)，(CFI)=0.99 (0.99)，RMSEA=0.076 (0.028)，标准化因子负荷在0.58～0.80(0.57～0.69)之间。

2. 亲子不安全依恋

本研究采纳Cook(2000)的依恋不安全感问卷(Relationship-specific attachment insecurity questionnaire, RS)来测量青少年与父亲和母亲的依恋不安全感。该工具共有10个题目(比如，"我很难对父母产生依赖")，采用5点计分(1=完全不符合，5=完全符合)。父子不安全依恋和母子不安全依恋分开计算，Cronbach 系数 α 分别为0.75和0.89。单因素验证性因子分析表明，父子不安全依恋(以及母子不安全依恋)的结构效度良好：$\chi^2/df=4.68$ (1.48)，CFI=0.96 (0.99)，RMSEA=0.075 (0.034)，标准化因子负荷在0.61～0.73(0.62～0.69)之间。

3. 社交焦虑

儿童对社交焦虑量表(La Greca & Lopez, 1998)中的18个项目进行自我评估以测量他们的社交焦虑水平(如，"我担心在别人面前尝试新的东西")。采用5点计分(1=从来没有，5=一直这样)。社交焦虑水平由项目均值来反映，Cronbach 系数 α 为0.87。单因素验证性因子分析表明该问卷具有良好的效度：$\chi^2/df=2.92$，CFI=0.98，RMSEA=0.071，标准化因子负荷在0.67～0.82之间。

4. 控制变量

本研究控制了儿童的年龄、性别和他们的家庭社会经济地位(SES)。SES指数由父母双方标准化的教育程度和月薪水平计算均值得出。根据以往研究

(Wang, 2017),父母的受教育程度被编码为 1(初中及以下)到 4(研究生及以上)四个水平。父亲和母亲的平均受教育程度分别为 1.68(SD=0.57)和 1.48(SD=0.72)。父母的月收入编码为 1(2000 元以下)到 5(5000 元以上)五个等级。父亲和母亲的月平均收入分别为 2.89(0.75)和 1.7(0.88)。

(三)研究程序

首先,班主任在班会时间提前通知学生调查事宜,通过短信或电话邀请父母完成一项有助于理解孩子发展的问卷调查,并告知他们参与的自愿性。我国中小学在孩子上学期间起主要监护作用,家长可以定期联系负责孩子所在班级的班主任老师。因此,父母只需要提供口头同意即可。在班主任老师的帮助下,所有学生和家长都同意参加本次调查。然后,一名训练有素的研究生当堂指导学生填写问卷。父母则通过电脑或手机在线完成关于粗暴养育的调查问卷。调查结束后,每个学生都得到一个小纪念品。

(四)数据分析策略

采用 SPSS 17.0 计算变量之间的描述性统计信息和相关系数,并检验亲子依恋不安全感在粗暴养育与儿童青少年的社交焦虑之间的中介作用。在回归分析之前,所有预测变量均标准化以便降低多重共线性问题(Dearing & Hamilton, 2006)。采用 Baron 和 Kenny(1986)的因果步骤法,通过分析三个回归模型,分析了亲子依恋不安全感的中介作用。在 Model 1 中,以控制变量和父母双方的粗暴养育为预测变量,分析父亲粗暴和母亲粗暴对父子依恋不安全感的预测效应。Model 2 与 Model 1 的预测变量一样,只不过将结果变量换为母子依恋不安全感。在 Model 3 中,用父亲粗暴、母亲粗暴、父子不安全依恋、母子不安全依恋以及所有的控制变量来预测社交焦虑。

三、结果与分析

(一)描述性统计

本研究主要变量的均值、标准差和相关系数如表 2-2-1 和表 2-2-2 所示。对小学生而言,父亲和母亲的粗暴养育均与小学生的社交焦虑呈显著正相关($r=0.27, r=0.29, ps<0.001$)。父亲的粗暴养育与父子不安全依恋($r=0.47, p<0.001$)和母子不安全依恋($r=0.42, p<0.001$)均呈显著正相关。同样,母亲的粗暴养育与母子不安全依恋($r=0.31, p<0.001$)和父子不安全依恋($r=0.33, p<0.001$)均呈显著正相关。父子和母子的不安全依恋均与小

学生的社交焦虑呈显著正相关($r=0.40$，$r=0.30$，$ps<0.001$)。初中生样本中各变量的关系模式与小学生群体类似。父亲和母亲的粗暴养育均与青少年的社交焦虑呈显著正相关($r=0.24$，$r=0.29$，$ps<0.001$)。父亲的粗暴养育与父子不安全依恋($r=0.51$，$p<0.001$)和母子不安全依恋($r=0.46$，$p<0.001$)均呈显著正相关。同样，母亲的粗暴养育与青少年的母子不安全依恋($r=0.40$，$p<0.001$)和父子不安全依恋($r=0.44$，$p<0.001$)均呈显著正相关。父子和母子的不安全依恋均与青少年的社交焦虑呈显著正相关($r=0.32$，$r=0.31$，$ps<0.001$)。变量之间的相关模式符合预期的变量关系，为验证模型的假设提供了基本前提。

表 2-2-1 主要变量的均值、标准差和相关系数(小学生，$N=210$)

	M	*SD*	1	2	3	4
1. 父亲粗暴养育	2.33	0.88	—			
2. 母亲粗暴养育	2.46	1.09	0.58***	—		
3. 父子不安全依恋	2.26	0.89	0.47***	0.33***	—	
4. 母子不安全依恋	2.20	0.80	0.42***	0.31***	0.83***	—
5. 社交焦虑	2.97	1.10	0.27***	0.29***	0.40***	0.30***

注：* $p<0.05$，** $p<0.01$，*** $p<0.001$。

表 2-2-2 主要变量的均值、标准差和相关系数(初中生，$N=395$)

	M	*SD*	1	2	3	4
1. 父亲粗暴养育	2.32	0.87	—			
2. 母亲粗暴养育	2.427	0.97	0.59**	—		
3. 父子不安全依恋	2.23	0.88	0.51**	0.40**	—	
4. 母子不安全依恋	2.20	0.81	0.46**	0.44**	0.77**	—
5. 社交焦虑	2.99	1.12	0.24**	0.29***	0.32**	0.31**

注：* $p<0.05$，** $p<0.01$，*** $p<0.001$。

(二)亲子依恋不安全感的中介作用

对小学生而言(如表 2-2-3 和图 2-2-2 所示)，父亲的粗暴养育正向预测小学生与父亲以及与母亲的依恋不安全感($\beta s=0.35$，0.29，$ps<0.001$)，然而母亲的粗暴养育只能正向预测他们的母子依恋不安全感。在控制其他变量之

后，母子依恋不安全感正向预测小学生社交焦虑。父亲粗暴养育以及母亲粗暴养育均通过母子依恋不安全感间接影响孩子的社交焦虑。对初中生来说(如表2-2-4和图2-2-3所示)，父亲的粗暴养育和母亲的粗暴养育均正向预测青少年与父亲的依恋不安全感(βs=0.33，0.25，ps < 0.001)，父亲粗暴养育与父子的依恋不安全感的关系更强。同样，父亲的粗暴养育和母亲的粗暴养育均正向预测青少年与母亲的依恋不安全感(βs=0.24，0.37，ps < 0.001)，母亲粗暴养育与母子依恋不安全感的关系更强。因此，父亲粗暴养育和母亲粗暴养育均是父子和母子依恋不安全感的风险因素。父亲粗暴养育仅通过母子依恋不安全感的中介作用间接地影响青少年的社交焦虑。母亲粗暴养育不仅直接影响青少年社交焦虑而且通过母子依恋不安全感的中介作用间接影响青少年的社交焦虑。根据之前的研究(Wang，et al.，2018)，我们使用间接效应与总效应的比值来表示中介变量的相对贡献。如图2-2-2所示，母子不安全依恋的间接效应(0.115)占了母亲粗暴养育影响青少年社交焦虑总效应(0.275)的42%，而母子不安全依恋在父亲粗暴养育和青少年社交焦虑之间起到了完全中介的作用(间接效应为0.074)。因此，母子不安全依恋在父亲粗暴与青少年社交焦虑以及母亲粗暴与青少年社交焦虑之间均起到了重要的中介作用。

表2-2-3　亲子依恋不安全感中介作用的回归分析(小学生，N=210)

	模型1(父子依恋不安全感)		模型2(母子依恋不安全感)		模型3(社交焦虑)	
	β	t	β	t	β	t
年龄	0.12	1.62	0.03	0.40	−0.09	−0.99
儿童的性别	−0.08	−1.16	−0.08	−1.11	−0.01	−0.13
SES	0.11	1.58	0.11	1.38	−0.02	−0.12
父亲的粗暴养育	0.35	4.17***	0.29	3.41**	−0.01	−0.03
母亲的粗暴养育	0.16	1.87	0.21	2.34*	0.12	1.22
父子不安全依恋					0.08	0.66
母子不安全依恋					0.22	2.41*
R^2	0.27		0.23		0.12	
F	10.85***		8.72***		2.81**	

注：每一列表示一个回归模型，该模型预测列顶部的校标。性别编码：0=男，1=女。* p< 0.05，** p<0.01，*** p< 0.001。

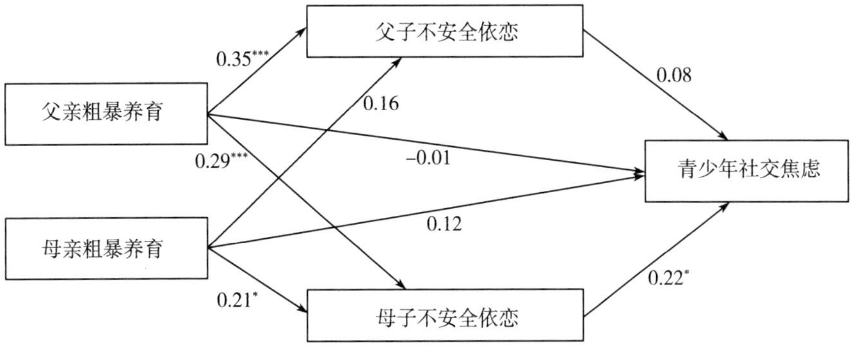

图 2-2-2 亲子依恋不安全感的中介作用(小学生样本)

表 2-2-4 亲子依恋不安全感中介作用的回归分析(初中生,$N=395$)

	模型 1 (父子依恋不安全感)		模型 2 (母子依恋不安全感)		模型 3 (社交焦虑)	
	β	t	β	t	β	t
年龄	0.001	0.02	0.03	0.66	−0.05	−0.93
儿童的性别	−0.04	−0.77	0.04	0.74	0.11	1.93
SES	0.06	1.06	0.06	1.18	0.01	0.12
父亲的粗暴养育	0.33	5.44***	0.24	4.01***	−0.04	−0.50
母亲的粗暴养育	0.25	4.08***	0.37	6.23***	0.16	2.21*
父子不安全依恋					−0.02	−0.24
母子不安全依恋					0.31	3.47**
R^2	0.29		0.31		0.15	
F	24.17***		25.91***		6.82***	

注:每一列表示一个回归模型,该模型预测列顶部的校标。性别编码:0=男,1=女。* $p<0.05$,** $p<0.01$,*** $p<0.001$。

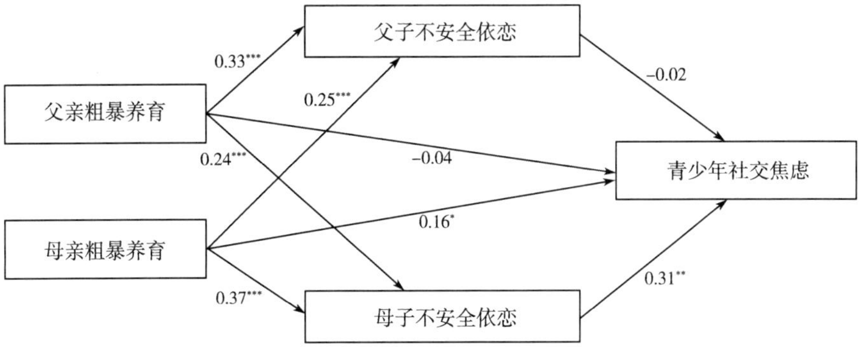

图 2-2-3 亲子依恋不安全感的中介作用(初中生样本)

四、讨论

基于以往有关消极养育影响儿童社交焦虑的研究(Bögels, Stevens, & Majdandzic, 2011; Murray, et al., 2008),本研究考察了父亲粗暴养育和母亲粗暴养育是否会诱发父子不安全依恋和母子不安全依恋,进而影响青少年社交焦虑的发展。本研究发现,无论是儿童还是青少年,粗暴养育都是他们亲子不安全依恋感以及社交焦虑的风险因素;母子依恋不安全感在父母两者的粗暴养育和孩子社交焦虑之间均起着中介作用。

(一)亲子依恋不安全感的中介作用

以往研究主要集中在母亲养育行为与儿童依恋安全感之间的关系,或父母行为对亲子依恋质量的影响上。在此基础上,本研究区分了父亲和母亲的粗暴养育,以及父子和母子之间的依恋不安全感,更详细地考察了两种粗暴养育对两种不安全的亲子依恋的不同影响。因此,本研究深化了当前对消极父母养育与亲子依恋关系的理解。本研究表明,父亲粗暴养育和母亲粗暴养育均与父子不安全依恋呈正相关。同样的关系模式也出现在父亲粗暴养育和母亲粗暴养育与母子不安全依恋之间的关系上。这些发现与之前研究一致,表明有问题的父母养育行为使孩子产生不安全的亲子依恋(Bender, et al., 2007),而恰当的父母养育行为则有利于安全型亲子依恋关系的发展(De Wolff & Van Ijzendoorn, 1997)。通过同时考察父亲以及母亲的粗暴养育和亲子依恋不安全感,本研究发现,实施粗暴养育的一方与孩子的依恋不安全感的关系更强。更有趣的是,父母一方的粗暴养育很可能引发孩子与另一方的依恋不安全感。可以推断,父母一方的粗暴养育可能导致另一方也采取粗暴管教策略,从而降低孩子对另一方的依恋安全感。另一种合理的解释是,当孩子因为犯错而遭受到父母一方的粗暴养育时,孩子会担心惩罚他们的一方告诉另一方他们的过错,引发新一轮的粗暴对待,所以父母一方的粗暴养育可能导致孩子与父母另一方的不安全依恋。以往研究表明,父亲的养育行为间接地影响母子依恋关系(De Wolff & Van Ijzendoorn, 1997)。本研究结果支持了 Bögels 和 Brechman-Toussaint(2006)的观点,父母一方的养育行为会加强或弥补配偶的不良行为。

本研究发现,母亲的粗暴养育除了直接影响青少年社交焦虑之外,还会通过母子不安全依恋的中介作用间接地影响青少年的社交焦虑。从母亲粗暴养育到青少年社交焦虑的直接路径支持了 Pollak(2003)的经验依赖型情感学习理论(Experience-dependent Affective Learning Theory),即儿童情感系统的发展受到环境输入的情感信号的影响,经常暴露在危险情绪信号之中会导致儿童在不同社交情境中对情绪线索的加工偏差。因此,粗暴的母亲养育可能使孩子对他人消极的面部表情和言语表达更加敏感,从而进一步提高了他们在社交情境中产生社交焦虑的风险。除了这种直接影响之外,粗暴的母亲养育还通过母子不安全依恋间接地影响青少年的社交焦虑。这一发现与内部工作模型的理论观点一致(Bretherton & Munholland, 1999),母亲的粗暴养育导致孩子逐渐形成消极的内在表征,认为自己不值得他人关爱,他人会拒绝自己,这也提高了青少年社交焦虑的风险。研究表明,成人的依恋风格在童年期所经历的逆境与成年后的社交焦虑之间起中介作用(Bifulco, et al., 2006),并间接地影响父母缺乏照料对成年早期焦虑障碍的影响(Schimmenti & Bifulco, 2015),本研究在此基础上丰富了父母消极养育影响个体社交焦虑的现有研究。

父亲的粗暴养育并没有直接影响青少年的社交焦虑,而是通过母子之间的不安全依恋的中介作用间接地影响青少年的社交焦虑。相比之下,母亲的粗暴养育比父亲的粗暴养育对青少年社交焦虑的影响更强。这一发现与 Bowlby (1982)的观点一致,即儿童与不同的依恋角色可能形成了多种依恋关系,但其中某个依恋关系要比其他依恋关系更为重要。对母亲的依恋要比对父亲的依恋更能预测孩子的社会情感功能(Suess, Grossmann, & Sroufe, 1992)。我国父母在养育子女和管理家庭方面发挥着互补作用(Chao & Tseng, 2002)。父亲通常在外工作以维持生计,母亲则倾向于呆在家里处理家庭事务。即使在今天,越来越多的女性外出工作的情形下,我国母亲与孩子呆在一起的时间仍然多于父子相处的时间。因此,当孩子表现不好时,母亲有更多时间面对孩子的错误行为,从而有更多机会实施粗暴养育。儿童遭受虐待的时间长短是儿童人际交往障碍的重要预测因素(Bolger, Patterson, & Kupersmidt, 1998)。本研究扩展了以往研究,揭示了儿童遭受虐待的持续时间在引起人际适应不良中的作用。此外,与父亲的教养方式相比,母亲的粗暴养育更具侵入性,这也可以解释为什么母亲粗暴养育对社交焦虑产生更强的影响。母亲往往限制青少年的自由和自主,导致母子关系存在更多冲突,削弱了孩子对母亲的依恋(Bao & Xu, 2006)。在我国家庭中,母亲经常把孩子的不听话视为孩子对父母的不尊重和不孝顺行为,引发母亲采取更多限制性的养育行为,使孩子感受到更多焦虑情绪。本研究结果再次强调了母子依恋关系在儿童社交焦虑发展中的重要作用，支持了以往研究(Brumariu & Kerns，2008)。

(二)局限与展望

本研究在设计上存在一些不足。第一，横断设计使我们无法得出研究变量之间的因果关系。解决这个问题的有效办法是在儿童发展的不同阶段收集不同的变量数据，比如在学前阶段便收集粗暴养育的数据，在小学或其他阶段收集其他数据。第二，由于社会期望效应，父母可能较少报告自己的粗暴养育行为。未来研究人员可以考虑将父母和青少年所报告的粗暴养育数据结合起来，以提高测量的准确性。第三，本研究只使用了四个项目来衡量父亲和母亲的粗暴养育水平，可能不够全面准确。正如最近一项调查显示，我国父母的粗暴养育至少有三种形式，即身体攻击、言语攻击和父母的控制—拒绝行为。再者，父亲和母亲会采取不同形式的粗暴养育行为，母亲比父亲更可能口头批评或责骂孩子。未来研究人员可以考虑这些问题，以便更加详细地阐明不同形式的粗暴养育对儿童青少年社交焦虑的不同影响。第四，特质焦虑高的个体对依恋测量的反应可能更焦虑，从而混淆本研究的结果，因此有必要控制这一变量。第五，本研究结果的稳健性需要在其他具有不同文化属性的儿童青少年样本中进一步检验。由于中国文化强调和谐与相互依存，尤其是强调孩子的孝道观念以及对父母和其他老人的服从，所以当孩子行为不端时，中国父母更有可能采取专制甚至粗暴的养育方式。这种父母控制行为常常被儿童青少年视为父母的温暖关爱。Chao(1994)认为，父母的严厉管教在某些方面可能被西方孩子视为父母的敌意行为，而被中国孩子视为父母富有责任心的关心和照顾行为。因此，中国孩子可能较少受到父母粗暴养育的不利影响。相比之下，西方孩子可能更容易因为粗暴养育而产生不安全的依恋关系，进而诱发社交焦虑。

(三)教育意义

本研究为考察父母消极养育如何引发孩子的社交焦虑提供了新的视角，从家庭教育心理学的角度揭示了父亲的粗暴养育和母亲的粗暴养育对青少年社交焦虑的不同影响，以及母子不安全依恋在父母粗暴养育和儿童社交焦虑之间的重要中介作用。这些发现对预防和干预儿童青少年的社交焦虑具有重要的教育意义。

当班主任等教育工作人员发现学生存在社交焦虑问题时，除了从班级环境因素入手之外，还要考虑不良家庭因素在造成孩子社交焦虑中的作用。比如在考虑同伴排斥或同伴欺负等因素的影响之外，班主任可以考虑是否是亲子关系造成了学生的社交焦虑。班主任可以通过家长会的形式了解孩子的亲子互动模式，帮助父母更好地认识造成孩子社交焦虑的原因，以免社交焦虑损害孩子的学校适应。此外，父母应该有意识地避免体罚或责骂等令人厌恶的粗暴养育行为，因为这些强势的立威行为会损害亲子依恋（Bosmans, et al., 2011; Wu, 2007）。家庭教育方面的专家可以引导父母采取更加有效的养育技能，如推理和归纳。父母可以学习一些情绪管理策略，以控制孩子的不当行为引发的愤怒和其他负面情绪，以免进一步引发父母的粗暴养育和孩子的偏差行为。更重要的是，教育工作者要帮助青少年建设性地应对父母粗暴养育的痛苦经历，以免造成情绪障碍。比如引导青少年使用认知重评策略重新解释父母的粗暴对待，理解父母的良好意愿，原谅父母对他们的无意伤害。由于母亲粗暴养育对孩子社交焦虑存在较大影响，母亲应主动采取适当的养育方式，让孩子形成一种有益的内部工作模式，自信地参与社会交往。

第三节　父母消极归因对儿童情绪失调的影响

——粗暴养育的中介作用

一、问题提出

（一）研究背景

父母对儿童行为做出消极归因的背景下，消极养育如何影响儿童的情绪适应一直备受研究者关注。父母对孩子不良行为的解释（尤其是父母给这些行为贴上的问题标签）影响着父母对孩子不良行为的反应（Johnston & Freeman, 1997）。父母对孩子不良行为的归因以及父母为改善这些行为而采取的管教策略对孩子的适应有很大影响（Chen, Johnston, Sheeber, & Leve, 2009）。以往研究表明，儿童的消极归因会诱发抑郁（Runyon & Kenny, 2002）和社交焦虑（Crick & Ladd, 1993）等情绪适应问题。相比之下，关于父母消极归因（negative parental attribution）如何诱发儿童情绪失调（emotional dysfunction）的研究相对匮乏。根据消极归因的相关理论，父母消极归因会造成儿童的情绪适应问题。比如当孩子出于好意而犯错误，父母却认为他们有意而为，孩子由此感到焦虑或抑郁。我国父母深受儒家孝道观念的影响，高度强调孩子对父母命令的服从，更容易采取令人厌恶的管教行为（Luo, Tamis-

LeMonda, & Song, 2013)。面对富有挑战性的发展任务时,粗暴养育更加不利于青少年的发展。因此有必要考察父母消极归因是否导致父母粗暴养育,进而诱发儿童的情绪失调,即父亲粗暴养育(harsh fathering)和母亲粗暴养育(harsh mothering)是否起中介作用,这是以往研究缺乏探讨的问题。

本研究与以往研究相比存在如下优势。首先,样本来自乡村公立学校,相比城市地区的孩子,这里的孩子受到父母粗暴养育的风险更高,而父母粗暴养育如何影响农村孩子适应的研究尤为匮乏。其次,以往研究主要考察父母消极归因如何影响儿童的外化问题。本研究有助于阐明消极的父母认知因素与粗暴养育如何诱发农村地区孩子的情绪适应问题。本研究以儿童情绪失调作为结果变量,启发未来研究者深入考察父母消极信念如何影响儿童的内化问题。本研究首次同时分析父亲和母亲的消极归因对两人的粗暴养育的影响模式,以及它们如何交织在一起诱发儿童的情绪失调,这是以往研究没有探究的问题。

(二)变量关系梳理

1. 父亲粗暴养育与母亲粗暴养育的中介作用

Patterson(1997)认为,父母对孩子行为偏差的错误知觉是父母消极养育的风险因素。根据双加工理论模型(Barrett, et al., 2004),父母归因是一个稳定的认知结构,经常在父母无意识的情况下发挥作用(Bugental & Johnston, 2000),干扰父母辨别和实施有效的管教策略。根据归因理论,父母总是解释儿童令人不快的行为产生的原因,这些归因性的解释影响着父母对儿童的情绪和行为反应(Slep & O'Leary, 1998)。

消极的父母归因涉及父母一系列普遍的消极信念,往往具有否定性甚至贬低性。与那些将儿童不良行为归因于偶然因素的父母相比,将儿童不良行为归因于故意而为的父母更有可能发生粗暴养育现象(Wilson, Gardner, Burton, & Leung, 2006)。我国家庭中的双亲通常与子女生活在一起,并在监督子女不良行为方面发挥着协调作用,父母一方的消极归因可能导致父母双方都会对孩子采取粗暴养育。由于父亲在管教子女方面往往扮演着严厉的管理者角色(Shwalb, Nakazawa, Yamamoto, & Hyun, 2010),母亲往往扮演着看护者的角色(Chao, 1994)。因此,父母一方的消极归因可能引起父母双方不同程度的粗暴养育。

父母归因涉及父母对孩子行为原因的认知方式,影响父母对孩子的管教策略(Hayes, & Ju, 1995)。这些根深蒂固的信念会自动激活僵硬的管教策略,使父母忽略情境变化和儿童的具体行为。儿童的不良行为更容易唤醒和激怒那些对儿童行为作出消极归因的母亲(Bugental, Blue, & Cruzcosa, 1989)。Slep 和 O'Leary(1998)也发现,那些知道自己孩子会故意捣乱的母亲往往表现出过度的愤怒情绪。当父母认为孩子会长期地或者故意地做出不良行为时,他们更容易表达愤怒并采取消极的养育策略(Snyder, Reid, & Patterson, 2003)。父母的消极归因纵向预测父母的愤怒情绪及其粗暴养育行为,使孩子面临更多适应问题(Snyder, et al., 2005)。与母亲消极归因(negative maternal attribution)的影响相比,较少有研究关注父亲消极归因对父亲粗暴养育的影响,本研究拟对该问题进行探究。

情绪失调涉及个体调节情绪体验的一系列机制的损伤(Calkins & Hill, 2007)。与以往研究相同(Wang & Qi, 2017),本研究把情绪失调操作性地界定为青少年的情绪过度反应、情绪不稳定和过度敏感性等情绪特点。父母粗暴养育与儿童的情绪失调有关(Chang, et al., 2003)。父母把孩子不良行为归因为故意而为所产生的愤怒反应会损害孩子的情绪安全感,甚至塑造孩子不恰当的情绪调节模式(Patterson, 1982; Patterson, 2002),进一步诱发孩子的情绪失调。此外,当孩子出于无害甚至善良的意图而做错事情时,他们会感到委屈,并对父母抱有怨恨,这是导致情绪失调的另一个风险因素。因此,父亲粗暴养育和母亲粗暴养育可能在父母消极归因与儿童的情绪失调之间起中介作用。

为了探究父母消极归因如何与消极的养育行为相结合,从而导致儿童行为问题,研究者进行了大量实证研究(Snyder, et al., 2005)。研究发现,母亲粗暴养育在母亲敌意性归因和儿童的问题行为之间起中介作用(Nix, et al., 1999)。然而仍有必要进一步考察母亲粗暴养育是否仍在母亲的消极归因和儿童的情绪失调之间起中介作用,尤其是同时考虑父亲消极归因和父亲粗暴养育的情况。因此,在研究父母消极归因和粗暴养育之间的关系时,本研究更加详细地分析了父亲消极归因和母亲消极归因对父亲粗暴养育和母亲粗暴养育的不同影响,以及这两种粗暴养育方式在中介作用上的差异(见图 2-3-1 和 2-3-2)。

2. 儿童性别的调节作用

同样的粗暴养育行为对男孩和女孩可能会产生不同的影响。比如,母亲粗暴养育往往与男孩的攻击行为有关,与女孩攻击行为的关系则较弱(McFadyen-Ketchum & And, 1996)。研究者调查了我国父母粗暴养育对儿童攻击行为及其同伴关系的影响(Wang, 2017),结果发现父亲粗暴养育(而非母亲粗暴养育)的水平越高,男孩的攻击行为越多。因此,父亲粗暴养育和母亲粗暴养育可能与儿童情绪失调也有着不同的关系。此外,性别差异现象表明,中国父母喜欢男孩胜过女孩(Chao & Tseng, 2002)。因此对于不同性别的儿童,同样的父母消极归因诱导粗暴养育的可能性可能不同。

3. 研究假设

在以往关于父母消极养育(negative parenting)和父母消极归因影响儿童情绪适应的研究背景下,本研究旨在考察父亲粗暴养育和母亲粗暴养育在父母消极归因与儿童情绪失调关系中的不同中介作用。本研究提出如下假设:

假设 1:父亲消极归因和母亲消极归因均与儿童的情绪失调呈正相关。

假设 2:父亲消极归因和母亲消极归因均与父亲粗暴养育和母亲粗暴养育呈正相关。

假设 3:父亲粗暴养育和母亲粗暴养育均与儿童的情绪失调呈正相关。

假设 4:在父亲消极归因和母亲消极归因影响儿童情绪失调的关系中,父亲粗暴养育和母亲粗暴养育起中介作用。

二、研究方法

(一)被试

小学生样本来自山东省济宁市两所公立小学的 488 名学生,男生 264 名,女生 224 名,平均年龄 10.06 岁,标准差为 0.95,年龄范围在 8 岁到 12 岁。初中生样本是该市两所公立初中的 864 名学生,男生 497 名,女生 367 名,平均年龄为 13.55 岁,标准差为 0.95,年龄范围在 12 岁到 16 岁。采用全息最大似然估计处理缺失数据(Enders & Bandalos, 2001)。

(二)测量工具

1. 父母消极归因

父母填写父母认知量表中的儿童责任归因子量表,评估自己对儿童不良行为进行责任归因的现状(Snarr, et al., 2009)。父母回忆孩子在过去两个月里的不良行为,然后评估造成孩子不良行为的各种可能原因(比如,孩子故意让我生气),采用 5 点计分对每个题目进行评价(1=非常不符合,5=非常符合)。通过计算项目均值得到父亲消极归因和母亲消极归因的指标,问卷具有良好的内部一致性信度(α 分别为 0.84 和 0.85)。验证性因素分析表明,总样本数据很好地拟合了单因素模型。父亲(和母亲)消极归因的拟合指标分别如下:χ^2/df =6.34(8.66),比较拟合指数(CFI)=0.96(0.93),近似误差平方根(RMSEA)=0.07(0.08),标准化荷载的范围为0.58~0.73(0.56~0.71)。

2.粗暴养育

采用前面研究所用的四道题目让父母通过自评来测量他们对孩子的粗暴养育行为。比如,当孩子做错事或让我生气时,我会“发脾气,甚至冲孩子吼叫”。所有题目由父母自评,采用5点计分(1=几乎不这样,5=经常这样),通过对项目得分求均值,分别计算父亲和母亲的粗暴养育水平。该问卷具有良好的内部一致性信度(α 分别为0.77和0.73)。

3.情绪失调

青少年针完成自我分化量表中的情绪反应性子量表(Skowron & Friedlader, 1998),通过自评方式评价自己的情绪失调状况(比如,“人们认为我过于情绪化”)。该量表共包括11道题目,每个题目均采用5点计分(1=完全不符合我,5=完全符合我)。该工具在以往研究中呈现出良好的信度和效度(Wang & Qi, 2017)。

4.控制变量

本研究控制了孩子的年龄、性别和社会经济地位。首先把父母的教育程度和月工资标准化后进行平均,得出SES指数(社会经济地位)。与前面研究相同,父母的教育成就编码为四个水平(1=初中及以下,4=研究生教育及以上)。月收入按人民币多少编码为5个水平(1=不足2000元,5=超过5000元)。

(三)研究程序

按照以往研究程序,在进行问卷调查之前,我们请班主任或任课教师通过短信或电话邀请家长自愿参加问卷调查。教师告诉家长,调查有助于研究者更好地了解学生的成长,进而更好地服务于学校教育。在第二课堂自由活动时间,班主任通知学生关于调查的相关事宜并征求他们的同意。家长在得知研究目的后,只需要通过网络平台提供口头同意即可。班主任还告知学生及其家长,该调查具有自愿性并可以随时退出。调查结束后,每个孩子都收到一支笔或小笔记本以示感谢。

所有问卷项目均以中文呈现。初步调查显示,粗暴养育(Wang, 2017)和儿童情绪失调(Wang & Qi, 2017)问卷具有良好的信度和效度。父母消极归因问卷由两位精通英语的心理学博士进行了翻译和回译处理。在班主任的帮助下，经过培训的研究生当堂向学生澄清问卷调查的保密性、真实性以及完成问卷的程序等问题。家长利用在线网络平台，通过个人电脑或手机按照标准化程序完成网络问卷。

（四）数据分析策略

采用SPSS 17.0计算变量间的描述性统计和相关系数，检验父亲粗暴养育和母亲粗暴养育的中介作用以及性别的调节作用。为减少多重共线性问题，首先把所有变量都标准化（Dearing & Hamilton，2006）。然后，应用Hayes（2012）编写的PROCESS程序分析中介效应。在控制了儿童年龄、性别、家庭社会经济地位和母亲（或父亲）的消极归因之后，计算当父亲（或母亲）消极归因作为模型的预测因子时，父亲粗暴养育和母亲粗暴养育的中介效应（如图2-3-1所示）。具体来说，我们需要估计三个回归模型的参数。在模型1中，以父亲消极归因和母亲消极归因以及控制变量作为预测变量，以父亲粗暴养育为结果变量，进行回归分析。在模型2中，预测变量与模型1相同，只需要以母亲粗暴养育作为结果变量。在模型3中，以父母双方的消极归因、粗暴养育以及控制变量作为预测因素，评估它们对儿童情绪失调的影响。

为探讨儿童性别对父母消极归因于粗暴养育关系的调节作用，以父亲或母亲粗暴养育为结果变量，分别进行了两次分层回归分析。在每个回归模型中，第一步输入儿童年龄和家庭SES，第二步输入儿童性别和父母消极归因，第三步输入儿童性别与父母消极归因之间的交互项。采用同样步骤分析了儿童性别对父母粗暴养育与儿童情绪失调之间关系的调节作用。

三、结果与分析

（一）描述性统计分析

表2-3-1和表2-3-2呈现了本研究主要变量的平均值、标准差和相关系数等信息。各变量之间的关系在小学生群体和初中生群体中具有一致性。父亲和母亲的消极归因均与孩子的情绪失调呈现正相关。父亲粗暴养育和母亲粗暴养育均与儿童的情绪失调呈现正相关。值得注意的是，父亲消极归因不仅与父亲粗暴养育关系密切，而且与母亲粗暴养育的关系也很密切。同样的模式也适用于母亲消极归因与母亲粗暴养育和父亲粗暴养育之间的关系。所有的变量关系均符合预期的关系模式，从而为检验假设模型提供了基本的前提条件。

表 2-3-1 本研究主要变量的均值、标准差和相关系数(小学样本,N=488)

	1	2	3	4	5
1. 父亲消极归因	—				
2. 母亲消极归因	0.75***	—			
3. 父亲粗暴养育	0.44***	0.20***	—		
4. 母亲粗暴养育	0.26***	0.35***	0.47***	—	
5. 儿童情绪失调	0.40***	0.42***	0.22***	0.25***	—
M	1.71	1.81	1.24	1.24	2.19
SD	0.80	0.84	0.50	0.45	0.95

注:*** $p < 0.001$。

表 2-3-2 本研究主要变量的均值、标准差和相关系数(初中样本,N=864)

	1	2	3	4	5
1. 父亲消极归因	—				
2. 母亲消极归因	0.74***	—			
3. 父亲粗暴养育	0.44***	0.27***	—		
4. 母亲粗暴养育	0.27***	0.39***	0.47***	—	
5. 儿童情绪失调	0.39***	0.40***	0.31***	0.35***	—
M	1.78	1.89	1.24	1.25	2.15
SD	0.85	0.88	0.52	0.47	0.81

注:*** $p < 0.001$。

(二)父亲粗暴养育和母亲粗暴养育的中介作用

用小学生样本数据进行回归分析表明(如表 2-3-3 和图 2-3-1 所示),父母消极归因是儿童情绪失调的重要预测因素。父亲消极归因主要导致父亲而非母亲的粗暴养育,然而母亲的消极归因可能导致父母双方对孩子的粗暴养育。由于粗暴养育到情绪失调的路径不显著,所以父母粗暴养育在父母消极归因与小学儿童的情绪失调之间没有产生中介作用。

表 2-3-3　父母粗暴养育的中介作用模型(小学样本)

	模型 1 (父亲粗暴养育)		模型 2 (母亲粗暴养育)		模型 3 (儿童情绪失调)	
	β	t	β	t	β	t
年龄	−0.05	−1.12	−0.07	−1.62	−0.02	−0.50
儿童性别	−0.12	−2.78**	−0.08	−1.94	0.02	0.40
社会经济地位	−0.07	−1.56	−0.04	−0.93	−0.02	−0.53
父亲消极归因	0.67	10.77***	0.01	0.04	0.20	2.58*
母亲消极归因	0.31	4.94***	0.34	5.26***	0.20	2.92**
父亲粗暴养育					0.04	0.76
母亲粗暴养育					0.09	1.78
F	29.45***		13.99***		15.64***	
R^2	0.24***		0.13***		0.21***	

注:儿童性别编码为,0=男性,1=女性。* $p<0.05$,** $p<0.01$,*** $p<0.001$。

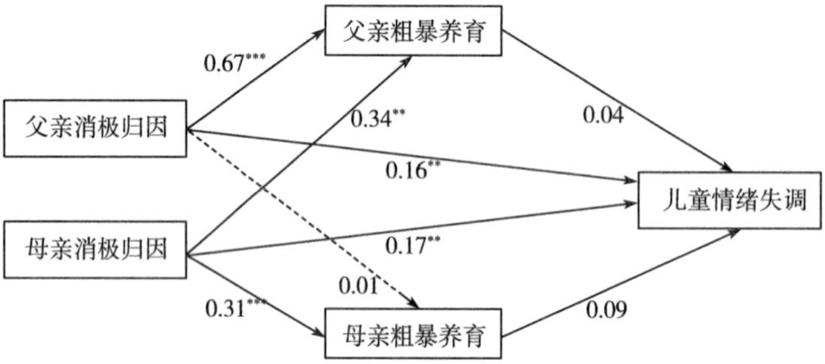

图 2-3-1　父母消极归因与儿童情绪失调的多重中介模型(小学样本)

用初中生样本数据进行回归分析表明(如表 2-3-4 和图 2-3-2 所示),父亲粗暴养育与父亲消极归因和母亲消极归因均存在正向关联,与父亲消极归因的关系更强。相比之下,母亲粗暴养育与母亲消极归因而非父亲消极归因存在关联。因此,父亲消极归因和母亲消极归因均为父亲粗暴养育的风险因素,而只有母亲消极归因与母亲粗暴养育存在正向关联。父亲粗暴养育和母亲粗暴养育均与青少年的情绪失调存在正向关联。父亲消极归因也通过父亲粗暴养育的中介作用间接影响青少年的情绪失调,间接效应(0.06)与总效应(0.22)之比达到 27.3%。母亲消极归因不仅直接影响青少年的情绪失调,还通过父亲粗暴养育和母亲粗暴养育的中介作用影响孩子的情绪失调,父亲粗暴养育和母亲粗暴养育的间接影响(0.01 和 0.09)与母亲消极归因对青少年情绪失调的总效应(0.27)的比值分别为 3.7%和 33.33%。由此,假设模型在初中生样本中获得支持。

表 2-3-4　父母粗暴养育的中介作用模型(初中样本)

	模型 1(父亲粗暴养育)		模型 2(母亲粗暴养育)		模型 3(儿童情绪失调)	
	β	t	β	t	β	t
年龄	−0.01	−0.40	−0.08	−2.34*	0.01	0.28
儿童性别	−0.05	−1.55	−0.06	−1.71	0.02	0.67
社会经济地位	0.01	0.23	0.03	0.85	0.09	2.85**
父亲消极归因	0.52	10.54***	0.07	1.32	0.16	2.88**
母亲消极归因	0.11	2.18*	0.46	9.12***	0.17	3.23**
父亲粗暴养育					0.11	2.61**
母亲粗暴养育					0.19	4.69***
F	36.80***		30.16***		31.51***	
R^2	0.20***		0.17***		0.23***	

注:儿童性别编码为,0=男性,1=女性。* $p < 0.05$,** $p < 0.01$,*** $p < 0.001$。

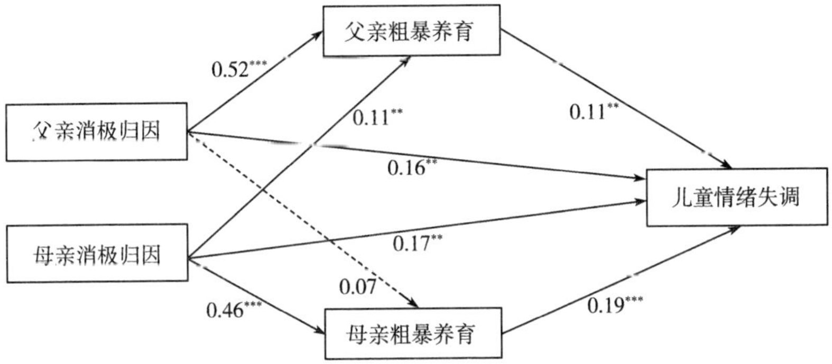

图 2-3-2　父母消极归因与儿童情绪失调的多重中介模型(初中样本)

(三)儿童性别的调节作用

由于假设的中介模型在初中生样本中成立,所以继续分析了青少年性别对变量关系的调节作用。如表 2-3-5 所示,无论是以父亲粗暴养育还是母亲粗暴养育为结果变量,都不存在父母消极归因和儿童性别的交互影响。在所有的交互作用中,只有父亲粗暴养育与儿童性别对青少年的情绪失调存在显著的交互作用。图 2-3-3 显示了这种交互作用，其中儿童性别作为调节变量。简单斜率分析表明，父亲粗暴养育行为显著正向预测女孩的情绪失调（$B_{simple}=0.26$，$t=5.23^{***}$），但与男孩的情绪失调没有显著关联（$B_{simple}=0.01$，$t=0.17$）。

表 2-3-5　儿童性别在假设模型中的调节作用分析（初中生样本）

		模型 1（父亲粗暴养育）		模型 2（母亲粗暴养育）		模型 3（儿童情绪失调）	
		β	t	β	t	β	t
第一步	年龄	−0.02	−0.67	−0.08	-2.67^{**}	−0.08	-2.85^{**}
	社会经济地位	0.02	0.73	0.03	1.05	−0.06	−1.70
	F	0.15		0.79		3.05^{*}	
	R^2	0		0.002		0.01^{*}	
第二步	儿童性别	−0.06	−1.87	−0.07	-2.19^{*}	0.02	0.77
	父亲消极归因	0.53	11.54^{***}	0.1	2.65^{**}	0.14	2.78^{**}
	母亲消极归因	0.11	2.27^{*}	0.06	1.33	0.19	5.22^{***}
	父亲粗暴养育					0.13	3.54^{***}
	母亲粗暴养育					0.19	5.21^{***}
	F	45.67^{***}		38.27^{***}		40.31^{***}	
	$R^2(\triangle R^2)$	$0.21^{***}(0.21^{**})$		$0.18^{***}(0.18^{***})$		$0.24^{***}(0.24^{***})$	
第三步	父亲消极归因×儿童性别	−0.03	−0.55	−0.08	−1.64	0.01	0.16
	母亲消极归因×儿童性别	−0.06	−1.30	0.01	0.22	0.03	0.64
	父亲粗暴养育×儿童性别					0.12	3.35^{**}
	母亲粗暴养育×儿童性别					0.04	1.1
	F	33.76^{***}		28.11^{***}		27.66^{***}	
	$R^2(\triangle R^2)$	$0.21^{*}(0.01^{*})$		$0.18^{***}(0.004)$		$26^{**}(0.02^{**})$	

注：儿童性别编码为，0=男性，1=女性。$^{*}p<0.05$，$^{**}p<0.01$，$^{***}p<0.001$。回归分析前对所有变量进行了标准化处理。

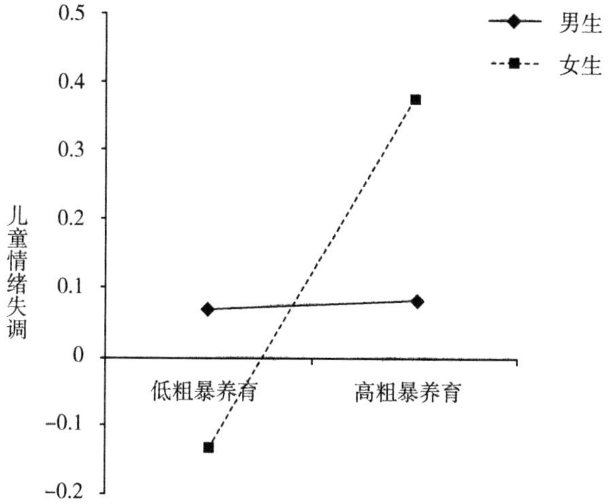

图 2-3-3 儿童性别和父亲粗暴养育对儿童情绪失调的交互作用

四、讨论

本研究的主要目的是探讨父母消极归因对儿童情绪失调的影响，特别是父亲以及母亲粗暴养育的中介作用，并探索儿童性别在假设模型变量关系中所起的调节作用。研究结果表明，虽然父母双方的消极归因均能诱发父母双方的粗暴养育，然而只有在青少年或初中生样本中，粗暴养育才起到中介作用。具体来说，父亲粗暴养育和母亲粗暴养育均在母亲消极归因与儿童情绪失调之间起到部分中介作用，而父亲粗暴养育只在父亲消极归因和儿童情绪失调之间起部分中介作用。此外，儿童性别的调节作用只发生在父亲粗暴养育和儿童情绪失调之间的关系上，即父亲粗暴养育更容易诱发女孩产生情绪失调。

（一）父母粗暴养育的中介作用

本研究结果为双加工模型和归因理论提供了支持。父母对儿童不良行为的归因失调往往诱发他们粗暴的管教策略甚至身体虐待。Smith 和 O'Leary (1995)发现，母亲以孩子为中心的归因失调与父母报告的粗暴养育有关。以往研究主要从总体上考察母亲归因与母亲养育或父母归因与总体养育行为之间的关系；本研究进一步区分了父亲消极归因与母亲消极归因，以及父亲粗暴养育与母亲粗暴养育，更为详细地研究了父母两者的消极归因对双方的粗暴养育的不同影响。因此，本研究有助于进一步揭示父母归因如何影响父母对儿童的行为反应。

本研究发现，父亲归因可能是父亲粗暴养育而非母亲粗暴养育的家庭风险因素，而母亲归因可能是父母双方粗暴养育的风险因素。这些发现与社会信息处理模型相一致，即当父母把儿童的不良行为归因于故意而为或者敌意性的意图时，父母更容易产生粗暴养育(Beckerman，Van Berkel，Mesman，& Alink，2017)。本研究结果也支持了养育信念(parenting beliefs)和父母敌意归因(hostile parental attribution)对父母粗暴养育行为的影响(Crouch，et al.，2017)。敌意性归因会诱发个体的消极情绪和攻击行为(Berkowitz，1990；Slep & O'Leary，1998)，父母的消极情感对粗暴养育行为具有诱发作用(Ateah & Durrant，2005)。那些将孩子的不良行为归因于故意而为的母亲更有可能使用惩罚手段来制止儿童的不良行为(Burchinal，et al.，2010)。本研究也发现，那些倾向于对孩子的不良行为作出敌意归因的中国父母更容易产生粗暴养育。本研究中父母消极归因到父亲粗暴养育与母亲粗暴养育的直接途径进一步支持了失调性归因对父母粗暴管教的诱发作用。

至今很少有研究考察父母一方归因对另一方粗暴养育行为的影响。本研究发现，父亲消极归因和母亲消极归因可能对父母双方的粗暴养育具有不同的预测功能。母亲把儿童不良行为归因于故意或敌意性意图时，他们更可能采取粗暴的养育行为(Slep & O'Leary，1998)。父亲消极归因与母亲消极归因在引发粗暴养育方面的不同作用与我国家庭中父母传统角色的互补性是一致的(Wang，2017)。当母亲将孩子的不良行为归因于故意而为时，不仅母亲会赞成粗暴管教策略，父亲作为主要的纪律监管者也可能实施粗暴的养育行为。相比之下，父亲消极归因可能导致作为管理者的父亲更加严厉地管教孩子，但不太可能激活作为照料者的母亲采取类似的粗暴行为。值得注意的是，本研究被试报告了低水平的父母消极归因和父母粗暴养育。这些结果与以往对中国青少年(Wang，2017)和美国青少年(Simons，et al.，1991)的研究一致，在这些研究中也报告了较低的粗暴养育(平均值均低于 2)。从前面几个研究以及当前研究来看，我国父母实施粗暴养育的频率相对较低。然而，即使在控制了父母消极归因的影响之后，这些消极的养育策略还是导致青少年情绪失调。因此，有必要对父母的消极归因和粗暴养育策略进行干预。

与以往研究一致，本研究支持了父母粗暴养育和儿童缺乏情绪调节能力之间的密切关系(Wang & Qi，2017)。与父亲粗暴养育相比，母亲粗暴养育似乎更容易诱发儿童的情绪失调，这一发现也与我国父母在家庭中的互补角色有关。作为管理者，父亲比母亲(Wang，2017)更容易产生粗暴养育，导致孩子更能忍受父亲的粗暴养育行为，从而母亲比父亲的粗暴养育更能预测儿童的情绪失调。当考虑到儿童性别在父亲粗暴养育与儿童情绪失调之间的调节作用时，父亲粗暴养育的中介作用变得更加复杂。母亲消极归因所激发的父亲粗暴养育只能诱发女孩产生情绪失调，而母亲归因失调所激发的母亲粗暴养育，则会间接地诱发男孩和女孩的情绪失调。相比之下，父亲消极归因对儿童情绪失调的间接影响只能通过父亲粗暴养育间接地诱发女孩的情绪失调。这些发现加深了当前对父母消极归因、父母不良养育以及儿童情绪障碍之间关系的理解。然而，本研究也可能受到社会期望效应的影响，从而影响父母报告的真实性；父母为了呈现慈祥的形象可能隐瞒了某些粗暴养育行为。再者，所提出的假设模型还需要在其他年龄组加以检验，以便提高结论的普遍性。

(二)教育意义

本研究提醒教育工作者，孩子的情绪适应问题可能源自家庭环境。当孩子受到不良情绪的困扰时，其校园生活就会受到干扰，从而导致学业成绩下降、厌学逃学等现象。因此，减少孩子的情绪失调问题，促进孩子情绪健康发展，是教育工作者教书育人的一个重要方面。当教师发现学生情绪表现不正常，遭受情绪困扰时，要主动联系家长，从多个角度分析孩子情绪问题的产生原因。比如，孩子的消极情绪是否由于在家中受到了父母不公正的责罚。教师在与家长的定期沟通中，不能仅仅关注孩子的学业发展，孩子的情绪健康也要成为家校共同关注的话题。

家庭教育工作者要帮助父母改善养育技能，摒弃消极乃至粗暴的养育策略。父母的消极归因可能导致父母无效的养育行为以及儿童的情绪适应问题，因此有必要有针对性地纠正父母失调的归因风格。既然本研究把父母消极归因确定为父母粗暴养育以及儿童情绪失调的家庭风险因素，父母就要自觉纠正对儿童行为的不当归因。父母可以主动接受家庭教育层面的培训以获得适当的归因技能，学会从不同角度解释儿童行为发生的原因。个体对负面事件的责任归因可以预测其愤怒反应和报复行为(Weiner, 1995)。当父母学会从不同角度考虑孩子的不良行为时，父母粗暴养育以及儿童产生情绪障碍的风险就会大大降低。父母归因研究领域正从因果归因转向注重功能失调的责任归因(Snarr, et al., 2009)，这也说明了父母归因对于儿童行为和情绪健康发展的重要性。最后，为了保护儿童免受粗暴养育，政府有必要成立专门的儿童保护机构来维护儿童的身心权益，至少可以在社区建立监督系统以监管和处理粗暴养育事件。

第三章 粗暴养育影响儿童人际适应的实证研究

第一节 粗暴养育影响儿童同伴关系

——有调节的中介分析

一、问题提出

(一)研究背景

研究者一直对家庭因素与儿童同伴关系之间的联系感兴趣(Kerns, Contreras, & Neal-Barnett, 2000; Ooi, Ang, Fung, Wong, & Cai, 2006; Shin & Kim, 2008)。在家庭日常生活中,父母的言行举止为孩子在家庭外的同伴交往提供了榜样。家庭—同伴关系模型表明,父母通过在同伴交往情境中训练孩子的社交技能来影响其同伴关系质量(Parke, Burks, Carson, Neville, & Boyum, 1994)。同伴为孩子提供了各种社会化的机会以及家庭环境之外的归属感(Rubin & Coplan, 1992)。孩子在家庭之外非常重视同伴关系,特别是在青春期。那么,那些受到父母粗暴养育的孩子是否存在同伴交往问题,或者说粗暴养育是否导致孩子不为同伴所接纳呢?或者,粗暴养育是否诱发了孩子更多的外显攻击行为,从而遭到同伴拒绝呢?如果存在这种可能性,孩子的个体人格因素(冲动性)是否调节了家庭环境因素(粗暴养育)对孩子外显攻击行为以及同伴关系的影响呢?

(二)变量关系梳理

1. 儿童外显攻击行为的中介作用

粗暴养育不同于虐待儿童,前者主要包括父母对孩子的身体攻击和言语攻击行为,如大喊大叫和殴打等;后者主要包括身体虐待、情绪虐待、性虐待和忽视(Herrenkohl, 2005)等四个方面。相比之下,粗暴养育类似于父母对孩子的身体虐待和情绪虐待，然而在严重程度上一般低于虐待。研究表明，严厉的养育方式与同伴关系呈负向关联。父母在亲子交往过程中的强迫行为越多，孩子的同伴接纳水平越低(Pettit & Harrist, 1993)。当儿童把他们从亲子互动中习得的不良的情绪调节策略应用到同伴交往情境时，就会引发同伴排斥(Parke, et al., 1992)。受到父母粗暴对待的孩子往往形成不安全型依恋，不利于他们与同龄人的交往(Kerns, Cole, & Andrews, 1998)。尽管现有研究支持粗暴养育与同伴关系不良之间的关系，然而对这一关系产生的中介环节(即粗暴养育如何影响同伴关系)和调节变量(即粗暴养育对孩子同伴关系的间接影响什么时候更显著)关注的较少。

粗暴养育是孩子攻击行为的家庭风险因素。父母倾向于粗暴养育往往导致学龄前儿童的外显攻击行为(Kimonis, et al., 2006)。父母的粗暴管教诱发孩子更多的外化行为(Loginova & Slobodskaya, 2017)，会使孩子把攻击行为作为达成个人目标的合理手段(Ross & Howe, 2009)。儿童的攻击行为主要包括外显攻击和关系攻击(Crick, 1996)。外显攻击主要包括身体攻击和言语攻击，前者通过殴打、推搡等行为造成身体伤害，后者通过辱骂等言语行为使他人产生痛苦感受。与社会学习理论相一致，儿童可以通过观察和模仿父母的行为习得各种攻击行为。消极的亲子互动情境成为训练孩子攻击行为的训练场(Patterson, et al., 1992)。鉴于粗暴养育主要以身体攻击和言语攻击的形式发生，孩子更有可能通过观察和模仿从父母那里习得外部攻击行为。

儿童的攻击行为与同伴交往困难有关(Rubin, Bukowski, & Parker, 1998)。Tomada 和 Schneider(1997)发现，同伴提名测得的外显攻击行为与同伴拒绝呈显著关联。Crick(1996)也发现，儿童的外显攻击可以预测三至六年级学生的同伴拒绝。儿童的外显攻击与我国儿童的同伴关系不良有关(Chen, et al., 1995)。中国文化重视群体和谐和群体责任，家庭养育的一个重要目标便是引导儿童行为符合群体规范(Chao, 1994)。中国文化不赞成甚至禁止攻击行为，因为此类行为破坏群体凝聚力，儿童一旦表现出攻击行为通常受到严厉惩罚(Chen & French, 2008)。可以推断，粗暴养育可能诱发孩子的外显攻击行为，进而对孩子的同伴关系产生不利影响。

2. 儿童冲动性的调节作用

冲动性是个体一时心血来潮而做出行动的倾向，由神经质、消极情绪化、去抑制和缺乏自我调节能力等多种因素组成(Sharma, Markon, & Clark, 2014)。高冲动性的个体往往在行动时对行为后果缺乏适当的预先考虑。研究表明，孩子的冲动性与他们的攻击行为密切相关（Vigil-Colet &Codorniu-Raga，2004）。

个体发展是在长期与近端环境（如家庭或学校）中的个体进行交往的过程中实现的(Bronfenbrenner & Morris，2006)。父母的严厉养育行为构成儿童发展的一个消极的近端因素。根据个体—环境互动模型（Sroufe & Egeland，1991)，相同的环境因素对不同的人群往往产生不同的影响。孩子的冲动性不同，粗暴养育与其外部攻击之间的联系也可能不同，粗暴养育可能诱发高冲动的孩子产生更多的外部攻击行为。

3.研究假设

本研究拟考察儿童的外部攻击行为在父母粗暴养育和同伴接纳之间的中介作用，以及这种中介关系是否受到儿童冲动性的调节。基于上述文献分析，本研究提出以下两个假设，并通过检验一个有调节的中介模型对如下假设进行检验(图 3-1-1)：

假设 1：粗暴养育与儿童的外部攻击行为呈正相关，与其同伴接纳呈负相关。也就是说，儿童的外部攻击行为在粗暴养育和儿童的同伴接纳之间起中介作用。或者说，粗暴养育通过诱发孩子更多的外部攻击行为而损害孩子的同伴关系。

假设 2：粗暴养育通过儿童的外部攻击行为损害其同伴关系的间接关系受到儿童冲动性的调节作用。粗暴养育可能诱发高冲动的儿童产生更多外部攻击行为。

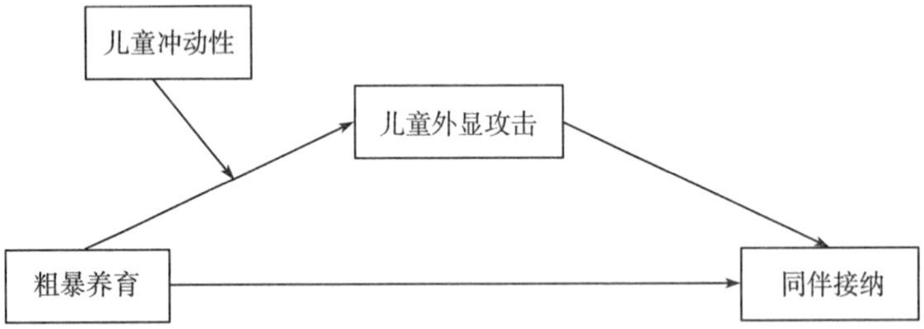

图 3-1-1　粗暴养育影响儿童同伴接纳的中介调节模型

二、研究方法

（一）被试

山东省济宁市两所公立小学的 824 名四至六年级的学生（475 名男生和

349名女生)参与本次调查。被试平均年龄为12.56岁($SD=0.89$),年龄范围在9岁到12岁之间。缺失数据通过期望最大化进行处理(Little & Rubin, 2002)。

(二)测量工具

1.粗暴养育

用前面研究中的工具评估父母的粗暴养育行为。对于每道题目,要求父母采用五点计分进行自我评价(1=从未像这样;5=总是这样)。对父亲和母亲分别计算粗暴养育分数($\alpha=0.77$和$\alpha=0.73$),用两者的均值作为粗暴养育水平的指标,分数越高表明父母的粗暴养育行为越多。

2.儿童的外部攻击

通过同伴提名的方法测量儿童在学校环境中对同伴的外部攻击行为(Crick & Gropeter, 1995)。采用三个项目评估孩子的身体攻击行为:“与其他孩子打架”“殴打、推搡其他孩子”和“威胁要打其他孩子”。言语攻击通过以下两个项目来评估:“对其他孩子大喊大叫”和“与其他孩子大吵大闹”。每个学生使用他们班级的点名册选出符合以上行为的同学。对每个学生来说,把每个项目的提名分数求均值,然后除以班级规模,分数越高表明孩子的外部攻击行为越多。该方法具有良好的可靠性($\alpha=0.95$)。

3.儿童冲动性

采用Barratt的冲动量表(Patton, Stanford, & Barratt,1995)评估儿童的冲动水平。被试采用五点计分的方式(1=从不这样 5=总是这样)对每道题目进行自我评价(比如,“我很快就能做出一个决定”)。该问卷具有良好的信度($\alpha=0.82$),对问卷项目的得分计算均值,分数越高表明孩子的冲动水平越高。

4.同伴接纳

采用同伴提名的程序测量孩子被班级同学的接纳程度(Coie, et al., 1982)。每个学生使用自己班级的点名册,选出三个他们最喜欢的学生和三个他们最不喜欢的学生。然后,计算每个孩子被喜欢的次数和不被喜欢的次数,用前者减去后者,并除以班级规模,作为同伴接纳的指标(Terry & Coie, 1991)。

5.控制变量

本研究控制了儿童的年龄、性别及其家庭经济地位,因为它们与儿童的攻击行为有关(Murray, et al., 2014)。用父母的受教育水平和月工资计算社会经济地位的指标。父母受教育程度编码为四级水平(1=初中及以下,4=研究生及以上)。父母的月薪水平编码为五级(1=2000 元及以下,5=5000 元及以上)。父亲和母亲的平均教育水平分别为 1.71(SD =0.71)和 1.52(SD =0.66),父亲和母亲的平均月薪水平分别为 1.71(0.71)和 1.83(1.02)。把父母的受教育水平以及月薪水平标准化后再求均值,作为家庭社会经济地位的指标。

(三)研究程序

在进行问卷调查之前,首先获得了问卷调查所在单位的老师及其同学的知情同意。在每周例行的班级会议上,班主任通过班级管理 QQ 群或手机短信的方式通知每个孩子及其家长,争取他们的口头同意。在班主任的帮助下,经过培训的研究生当堂讲解问卷的填写程序,由学生当堂完成。需要父母完成的问卷由学生带回家让父母在家完成,班主任老师最后把这部分问卷寄给我们。

三、结果与分析

(一)描述性统计分析

如表 3-1-1 所示,粗暴养育和儿童的冲动倾向均与儿童的同伴接纳呈显著负相关($r=0.23, p<0.001$;$r=0.08, p<0.05$),与儿童的外部攻击均呈显著正相关($r=0.21, p<0.01$;$r=0.10, p<0.01$)。儿童的外部攻击与他们的同伴接纳呈显著负相关($r=0.66, p<0.001$)。变量之间的关系模式为前面的研究假设提供了初步支持。

表 3-1-1 主要变量的均值、标准差和相关关系

	M	SD	1	2	3	4	5	6
1. 性别	0.42	0.49	—					
2. 年龄	12.56	0.89	—	—				
3. SES	2.22	1.11	—	—	—			
4. 儿童冲动	2.54	0.74	0.002	0.06	−0.03	—		
5. 粗暴养育	1.25	0.44	−0.06	−0.02	−0.02	0.02***	—	
6. 外部攻击	0.03	0.05	−0.24***	−0.06	−0.06	0.10**	0.21***	—
7. 同伴接纳	0.003	0.07	0.15***	−0.10**	0.03	−0.08*	−0.23***	−0.66***

注:$N=833$,* $p<0.05$,** $p<0.01$,*** $p<0.001$。

(二)模型检验结果

采用 Muller、Judd 和 Yzerbyt(2005)的方法检验提出的假设模型,对三个回归模型进行参数估计。模型 1 估计了儿童冲动对粗暴养育和同伴接纳之间关系的调节作用。模型 2 估计了儿童冲动对粗暴养育和孩子外部攻击之间关系的调节作用。模型 3 估计了儿童冲动对儿童外部攻击到同伴接纳的直接路径的调节作用(即控制中介变量后)。以上三个模型的设定如表 3-1-2 所示。首先把所有预测因子标准化 (Dearing & Hamilton, 2006),然后采用 bootstrapping 法进行回归分析以便获得稳定的参数估计。

根据 Edwards 和 Lambert(2007)提出的标准,如果以下两种调节模式中的一种或两种出现,就会存在有调节的中介:粗暴养育到儿童外部攻击的路径受到儿童冲动性的调节;儿童外部攻击到同伴接纳的路径受到儿童冲动性的调节作用。

第一个模型的检验结果表明(如表 3-1-2 所示),粗暴养育负向预测儿童的同伴接纳($\beta=-0.19, p<0.001$)。儿童受到的粗暴养育越多,他们越难获得同伴的接纳。粗暴养育对同伴关系的影响受到儿童冲动性的调节($\beta=-0.08, p<0.05$)。为了方便描述,我们分别绘制了儿童冲动性高低两个水平上(即冲动性均值上下一个标准差处)粗暴养育对儿童同伴接纳的影响。简易斜率检验(Dearing & Hamilton, 2006)的结果表明(图 3-1-2),父母粗暴养育对同伴接纳的损害作用只发生在高冲动性的儿童当中($b_{simpe}=-0.28, p<0.001$)。对于低冲动性的儿童,粗暴养育对同伴接纳的影响边缘性显著($b_{simple}=-0.11, p=0.06$)。粗暴养育显著正向预测儿童对同伴的外部攻击行为($\beta=0.15, p<0.001$),并且粗暴养育与儿童冲动性对儿童外部攻击的交互效应显著($\beta=0.11, p<0.01$)。为便于描述,同样分析了儿童冲动性高低两个水平上(即冲动性均值上下一个标准差处)粗暴养育对儿童外部攻击行为的影响。简易斜率检验表明(图 3-1-3),父母粗暴养育对孩子外部攻击的正向预测作用只发生在高冲动性的儿童之中($b_{simple}=0.26, p<0.001$);对于低冲动性的儿童,这种影响并不显著($b_{simple}=0.03, p=0.63$)。模型 3 的检验结果表明,儿童的外部攻击行为越多,其同伴接纳水平越低($\beta=-0.66, p<0.001$)。

总体来看,粗暴养育通过诱发儿童对同伴的外部攻击行为而导致儿童难以获得同伴的接纳。对于高冲动性的儿童,粗暴养育显著破坏其同伴关系($Z=-3.08, p<0.01$)。相比之下,这一间接效应在冲动性较低的儿童中不存在($Z=-0.44, p>0.05$)。以上研究结果支持了前面所提出的研究假设。

表 3-1-2　粗暴养育对同伴接纳的中介效应检验

	模型 1（同伴接纳）		模型 2（外显攻击）		模型 3（同伴接纳）	
预测因子	β	t	β	t	β	t
CO:性别	0.13	3.74***	−0.25	−7.49***	−0.03	−1.27
CO:年龄	−0.08	−2.49*	−0.09	−2.61**	−0.14	−5.42
CO:社会经济地位	0.05	1.34	−0.07	−2.09*	−0.00	−0.06
X:粗暴养育	−0.19	−5.49***	0.15	4.18***	−0.10	−3.66
MO:冲动性	−0.05	−1.36	0.09	2.58*	0.01	0.37
XMO:粗暴养育×冲动性	−0.08	−2.36*	0.11	3.29**	−0.01	−0.50
ME:外显攻击					−0.66	−23.01***
MEMO:外显攻击×冲动性					0.03	1.11
R^2	0.09		0.12		0.46	
F	12.89***		19.17***		86.80***	

注：$N=833$，$^{*}p<0.05$，$^{**}p<0.01$，$^{***}p<0.001$。

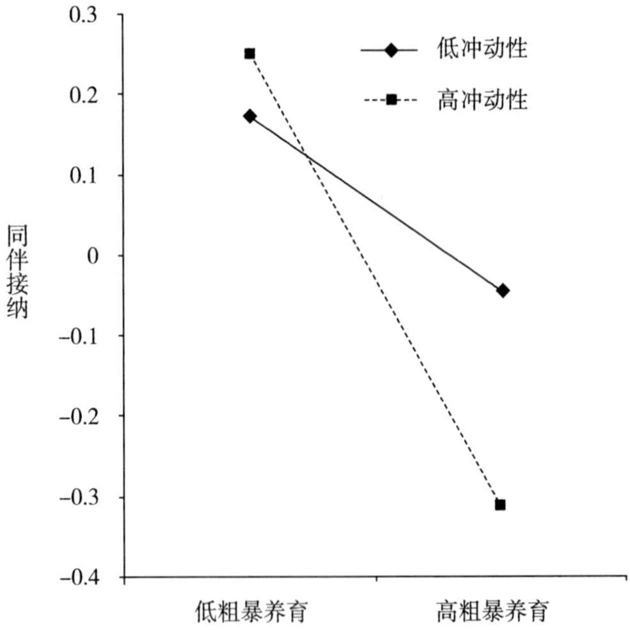

图 3-1-2　儿童冲动性调节粗暴养育对同伴接纳的影响

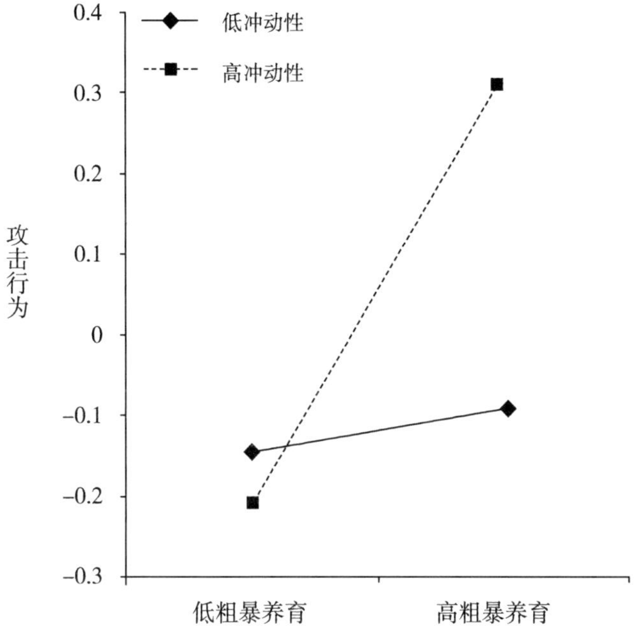

图 3-1-3 儿童冲动调节粗暴养育对外显攻击的影响

四、讨论

基于以往关于家庭因素影响同伴关系的相关研究(Parke & Ladd, 1992),本研究考察了粗暴养育对儿童同伴关系的影响,特别是其中涉及的某些中介和调节机制。本研究发现,儿童遭遇父母的粗暴养育行为越多,他们的同伴关系越差。这是因为粗暴养育导致他们对同伴产生更多的外部攻击行为,此类行为使他们难以获得同伴的接纳。进一步分析表明,粗暴养育对儿童外部攻击和同伴关系的影响受到其冲动性人格特质的影响。具体来说,只有对于高冲动性的儿童,粗暴养育才对他们的外部攻击具有显著的诱发作用,进而对其同伴关系存在显著的损害作用。

(一)儿童外部攻击和冲动性的作用

与假设 1 一致,本研究发现粗暴养育通过儿童的外部攻击间接导致儿童不良的同伴关系。也就是说如果儿童在家庭环境中经常受到父母粗暴对待,他们更可能在同伴环境中表现出对同伴的身体攻击和言语攻击行为,从而越难获得同伴的接纳。这些发现可以通过社会学习理论和社会信息加工模型来解释。粗暴养育不仅使儿童缺乏机会学习各种社交技能(如情绪控制),还可能导致儿童习得不恰当的情绪调节策略(例如通过愤怒反应来解决问题;Brody, et al., 2014)。因此,遭受父母粗暴养育的儿童更有可能通过攻击的方式来实现自身目标。粗暴养育还会损害儿童对社会信息的认知加工过程。经常受到父母消极对待的孩子往往对愤怒的面部表情表现出过度关注(Gulley, et al., 2014)。实际上,粗暴养育往往导致孩子不正常的社会信息加工风格(比如对重要社会线索缺乏关注或敌对的归因偏差),进而诱发攻击行为(Weiss, et al., 1992)。本研究直接支持了社会学习理论,那些在家里被父母粗暴养育的儿童在校园情境中往往表现出更多对同伴的外部攻击行为,进而不为同伴所接纳。

本研究表明,儿童的冲动性调节着粗暴养育与儿童同伴接纳之间的关系。具体来说,粗暴养育只会导致冲动性较高的儿童难以被同伴所接纳。此外,儿童的冲动性也调节了从粗暴养育到儿童外部攻击之间的关系,冲动性较高的儿童因遭受粗暴养育而表现出更多的外部攻击行为。通过考察儿童冲动性的调节作用,本研究更加详细地阐明了粗暴养育与儿童同伴功能之间的关系。父母粗暴养育等不利的家庭养育因素以及儿童冲动性等消极的人格特质均是儿童攻击行为的风险因素。本研究通过分析父母粗暴养育和儿童冲动性之间的交互作用,更为深入地揭示了不利的家庭环境因素与儿童不良的人格因素如何交互影响孩子的不良行为。换句话说,只有高冲动的儿童在受到父母粗暴养育时,粗暴养育才可能通过影响孩子的外部攻击损害儿童的同伴接纳。这些发现支持了人与环境之间相互作用的模型(Sroufe & Egeland, 1991),即在父母粗暴养育环境下,冲动性水平不同的儿童表现出攻击同伴行为的风险存在很大差异。

本研究存在几个局限性需要考虑。本研究只使用了四个问题来测量粗暴养育,未来研究者可以考虑通过更多问题来测量粗暴养育,以便提高测量的稳定性和有效性。此外,父母可能低估了自己的粗暴养育行为对孩子的影响,未来研究者可以考虑让父母以及孩子同时报告父母的粗暴养育行为。最后,可以考虑在其他文化背景中检验假设模型,以考察研究结果的普遍性。

(二)教育意义

儿童的同伴关系影响着他们的在校适应,良好的同伴关系是儿童发展的重要社会资源。良好的同伴关系有利于儿童的学校适应,特别是情绪的健康发展,使其能够更好地应对校园环境中遇到的各种压力性事件。由于同伴关系天然具有的平等性,无论是在人际交往还是学业发展领域遇到难以解决的问题时,儿童也是往往求助于同伴。因此学校教育要重视孩子的同伴关系,积极帮助他们建立和完善良好的同伴关系。

教育工作者要关注同伴交往存在困难的孩子并提供必要的指导和帮助。从本研究结果来看，除了需要考虑同伴环境或校园因素引发不良同伴关系的可能性，教育工作者特别是班主任也要考虑学生所在家庭中的不良因素对孩子同伴关系的影响，比如了解父母是否存在对他们的粗暴管教行为。学校教育工作者可以邀请家庭养育方面的专家到校做讲座，向父母讲解粗暴养育对孩子发展带来的危害，提供关于父母积极养育策略的咨询。这有利于减少孩子在家庭环境中模仿父母不良的情绪表现或攻击行为，从而减少他们在校园环境中对其他孩子的攻击行为。尤其是近年来，校园霸凌成为孩子学校适应的一个风险因素，很多孩子提心吊胆地过着校园生活。因此，父母能够有意识地减少粗暴的养育策略，从长期来看有利于从根源上减少校园攻击现象。需要注意的是，在预防孩子的攻击行为和同伴拒绝时，要注意孩子不良人格特点的影响。从本研究来看，那些冲动性较高的孩子更需要老师的关爱和同学的接纳，他们更容易在不良环境因素的作用下产生攻击行为，从而使得他们更加难以融入同伴群体。也就是说，父母粗暴养育等不利的家庭因素在某种程度上对这些孩子来说无异于火上浇油。因此，在预防校园攻击行为，改善学生同伴关系的过程中，教育工作者有必要因材指导，考虑学生人格的个体差异。

第二节　粗暴养育影响儿童同伴接纳

三种攻击行为的中介作用和儿童性别的调节作用

一、问题提出

(一)研究背景

父母行为影响儿童同伴关系的中介机制一直备受研究者关注。根据家庭影响同伴关系的理论模型(McDowell & Parke，2009)，亲子互动为儿童与同伴的社会交往提供了“训练场”。本章研究一发现，粗暴养育通过诱发儿童更多的外显攻击行为进而破坏孩子的同伴关系。本节以家庭影响同伴关系的模型为理论框架，在研究一的基础上继续考察我国儿童青少年遭遇的粗暴养育(harsh parenting)对其攻击行为和同伴关系的影响。儿童攻击行为是指儿童有意做出的伤害行为，至少包含身体攻击、言语攻击和关系攻击三种形式(Olweus，1995)。身体攻击包括击打和推搡行为；言语攻击包括嘲弄和辱骂，旨在引发他人的痛苦感受。关系攻击则指通过排斥、散布谣言、拒绝交友等行为来破坏被攻击者的社会关系的行为(Crick, Ostrov, & Werner, 2006)。本研究考察粗暴养育如何影响孩子的身体攻击、言语攻击和关系攻击等三种攻击行为,进而如何影响他们的同伴关系。也就是说,我们将考察三种不同的攻击类型在粗暴养育与儿童同伴关系之间的不同中介作用。同时本研究还要分析孩子性别和父母性别在其中的调节作用。具体来说,父亲粗暴养育和母亲粗暴养育对孩子攻击行为以及同伴关系的影响有何不同?此外,父亲或母亲粗暴养育对不同性别儿童的攻击行为以及同伴关系有何不同的影响?虽然粗暴养育主要表现为父母对孩子的身体攻击和言语攻击,因而可能主要影响孩子的外部攻击行为,然而粗暴养育如何影响孩子的关系攻击也是一个值得探讨的研究问题。

(二)变量关系梳理

1. 三种攻击行为的多重中介作用

根据社会学习理论(Bandura, 1986),经常粗暴管教孩子的父母不能成为儿童情绪和行为管理的有效榜样。家庭强迫过程理论(Patterson, et al., 1992)也指出,消极的亲子交流对儿童攻击行为的发展起到了社会化的作用。父母的粗暴养育为儿童提供了通过攻击行为获得个人目标的榜样(Ross & Howe, 2009)。总的来说,各种粗暴养育行为使得儿童更容易情绪失调、反应过度和行为冲动(Shields & Cicchetti, 2001),更容易产生攻击性的认知偏差(Fite, et al., 2008),更可能通过攻击行为来解决社交问题(Brody, et al., 2014)。以往研究表明,粗暴养育是儿童攻击行为的家庭风险因素(Holt, Buckley, & Whelan, 2008; You & Lim, 2015)。一般来说,粗暴养育致使儿童缺乏情绪调节能力(Chang, et al., 2003),父母对孩子的身体惩罚导致学前儿童缺乏自我控制(Darwish, Esquivel, Houtz, & Alfonso, 2001),进而诱发攻击行为。父母敌意性的言语和批评等言语攻击行为也与儿童的攻击行为有关(Shaffer, Yates, & Egeland, 2009)。

根据社会学习理论,儿童通过观察和模仿父母的类似行为习得不同形式的攻击行为。父母对孩子的体罚会向孩子传递出一种"可以通过身体攻击达到个人目标"的错误信念(Hart, et al., 1992)。粗暴养育主要包括父母对子女的身体惩罚和言语苛责,此类养育行为更容易诱发孩子的身体攻击和言语攻击。然而,模仿并非简单地效仿他人的行为(Bandura, 1989)。儿童可能由于情境变化而表现出不同的攻击行为(Kawabata, Alink, Tseng, Van IJzendoorn,

& Crick, 2011)。随着年龄增长,个体对攻击行为后果的理解也在加深,从而更有能力实施隐秘的攻击行为(Card, Stucky, Sawalani, & Little, 2008)。Björkqvist(1994)指出,相对于言语攻击和关系攻击,人们很少通过身体攻击的方式解决人际冲突。与身体攻击相比,关系攻击的研究相对较少(Nelson, et al., 2006),尤其是家庭养育因素对关系攻击的影响机制(Park, et al., 2005)。相比之下,言语攻击也没有得到应有的重视。言语攻击通常被视为外部攻击的组成部分,导致对它的作用机制的认识不足。因此,有必要分别研究并比较粗暴养育对儿童三种攻击行为的不同影响,这是以往研究缺乏探究的问题。

父母的消极养育行为是儿童遭受同伴侵害的风险因素(Lereya, Samara, & Wolke, 2013)。同伴对受到母亲过多干涉的儿童往往作出更多消极的反应(Pettit & Harrist, 1993)。Kerns 等(2000)认为,如果儿童将其从亲子互动中获得的不恰当的情绪调节策略应用于同伴交往情景中,便会导致较低的同伴接纳。儿童的同伴关系问题是儿童攻击行为的不良后果之一。Crick(1996)的纵向研究表明,三至六年级学生的外部攻击和关系攻击均预测儿童的同伴拒绝。一项以幼儿园到三年级的学生为被试的纵向研究表明,攻击行为较多的孩子仅仅在短短三个月的时间里就遭到了同伴的排斥和伤害(Chisholm, 2014)。在中国传统的集体主义文化背景下,攻击行为破坏群体和谐,一般遭到严厉的禁止,一旦发生便招致严厉的惩罚(Chen & French, 2008)。与其他文化背景下的研究结果相同,我国儿童的攻击行为也是同伴关系不良的风险因素(Chen, Dong, & Zhou, 1997)。直接攻击和间接攻击在不同程度上影响着适应不良。不同的攻击行为可能导致不同程度的同伴拒绝。研究表明,父母虐待通过影响儿童的身体攻击和言语攻击进而诱发同伴拒绝(Anthonysamy & Zimmer-Gembeck, 2007)。相比之下,关系攻击在消极养育和儿童同伴关系之间的作用机制仍缺乏考察。通过以上分析可以推测,粗暴养育可能诱发儿童产生攻击行为进而损害其同伴关系质量。再者,儿童的三种攻击行为(即身体攻击,言语攻击和关系攻击)在粗暴养育与儿童不良的同伴关系之间可能起着不同的中介作用。

2. 父母性别的作用

在儒家孝道思想的影响下,我国形成了父权制的家庭制度,父亲比母亲拥有更多的决策权(Chao & Tseng, 2002),在培养和管教孩子的过程中承担着更大的责任,扮演着严格管教者的角色。相比之下,母亲则通常给予孩子更多的温暖和较少的约束。一般来说,母亲致力于孩子的早期培养,更多地引导孩子而非绝对地控制孩子(Chao，1995)。因此,父亲粗暴养育和母亲粗暴养育与孩子攻击行为之间的关系可能存在差异。相比于母亲,中国父亲的养育行为具有更为独特的影响(Chen，et al.，1997)。传统上,中国父母在养育孩子中发挥着互补的作用(Chao & Tseng，2002),父亲作为一个严格的管教者为孩子提供道德教育,母亲则创造充满爱的家庭环境。相比于父亲,母亲通常与孩子建立起更为亲密的情感联系。因此,有必要探讨父亲和母亲的粗暴养育对我国儿童攻击行为的不同影响。

3.儿童性别的调节作用

以往研究主要关注儿童身体攻击及其对儿童适应的影响,而身体攻击更多发生在男孩身上(Archer,2004),对女孩的攻击行为关注较少。研究者指出,为获得满意的个人目标,身体较弱的女性虽然较少使用身体攻击的方式,但可能采用其他形式的攻击手段(Björkqvist，1994)。因此有必要研究儿童攻击行为的性别差异。一般来说,男孩更容易表现出直接的攻击行为,女孩则表现出更多的关系攻击或间接的攻击行为(Crick，1997)。一项元分析研究发现,男孩的身体攻击水平较高,但关系攻击的性别差异并不显著(Card，et al.，2008)。

大量研究表明,消极养育对男孩和女孩的攻击行为存在不同影响。一项以幼儿园到三年级学生为被试的纵向研究表明,母亲的强迫行为导致男孩攻击行为增加,导致女孩攻击行为下降(McFadyen-Ketchum，Bates，Dodge，& Pettit，1996)。Nelson 等(2006)发现,父母的身体强迫行为预测学前男孩的攻击行为,父母心理控制则预测学前女孩的攻击行为。一项元分析考察了父母在养育孩子方面的性别差异,结果发现父亲对男孩施加更多的身体惩罚,而且比母亲在养育中更注意根据孩子的性别采取不同的养育行为。

不同文化中儿童攻击模式的性别差异可能不同,而特定类型的攻击行为对男孩和女孩的同伴关系的影响也存在差异。Underwood(2003)指出,照料者在社会化过程中不鼓励女孩进行直接攻击,从而导致女孩比男孩表现出更多的关系攻击行为。特别是在中国文化背景下,人们更期望女孩表现得矜持保守。因此,攻击行为对儿童同伴接纳的影响可能随着儿童性别和攻击类型的不同而存在差异。具体来说,儿童的身体攻击和言语攻击对中国女孩的消极影响可能多于男孩。考察儿童性别在粗暴养育和不同类型的儿童攻击行为之间的调节作用,以及在不同攻击行为与同伴接纳的关系中的调节作用,有助于更好地理解粗暴养育通过诱发儿童攻击行为导致儿童受到同伴拒绝的性别差异。

4.研究假设

本研究主要考察儿童三种攻击行为在粗暴养育和同伴接纳关系中的不同中介作用,特别是这种间接关系的性别差异。本研究假设:

假设 1:儿童的三种攻击行为在父亲粗暴养育以及母亲粗暴养育与儿童同伴接纳的关系中起着不同的中介作用。

假设 2:相对于母亲粗暴养育,父亲粗暴养育与儿童(特别是男孩)三种攻击行为的关系更加紧密。

假设 3:言语攻击和关系攻击对儿童(特别是女孩)的同伴关系的影响更大。

本研究通过检验图 3-2-1 所示的模型检验上述假设,该模型仅用于组织变量之间的理论关系,并非意味着变量之间存在必然的因果关系,但该模型对未来采用纵向研究考察变量之间可能存在的因果关系提供了启发。本研究从中国大陆农村地区的普通中学招募被试,同时收集父母报告和同伴提名的数据。由于年龄和社会经济地位(SES)与儿童的攻击行为有关,因而在后续的统计分析中对两者进行了控制。

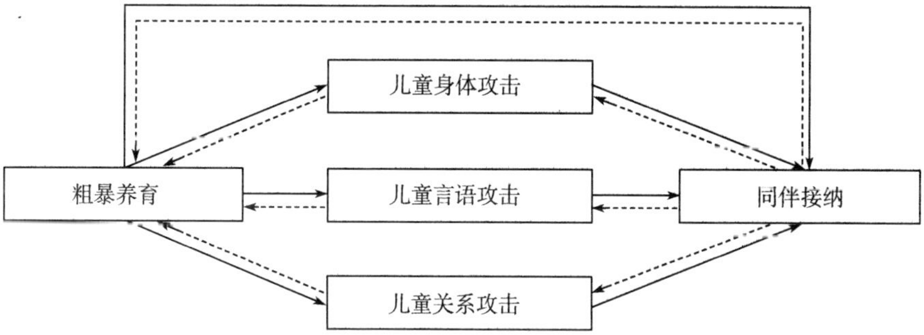

图 3-2-1 粗暴养育损害儿童同伴接纳的多重中介模型

二、研究方法

(一)被试

采用方便取样法(convenient sampling)在山东省济宁市两所初中抽取 833 名六至八年级学生作为被试。调查前告知被试及其父母本研究的研究目标、研究程序以及数据收集过程等相关信息。整个样本包括女生 352 名,男生 481 名,平均年龄为 13.58 岁。有 815 个家庭的父亲和母亲均报告了自己的粗暴养育。其余 18 个家庭中,7 个父亲和 11 个母亲未完成报告。缺失数据采用全信息极大似然估计法进行处理(Enders & Bandalos, 2001)。

(二)测量工具

1. 粗暴养育

采用前面研究所使用的测量工具,所有题目由父母自评(比如,当孩子做错事或让我生气时,我会发脾气,甚至冲孩子吼叫)。采用5点计分(1=几乎不这样,5=经常这样),分别计算父亲和母亲的粗暴养育分数,该问卷具有良好的内部一致性信度(α 分别为0.81和0.74)。单因子验证性分析表明,该问卷具有良好的结构效度:对于父亲粗暴养育,$\chi^2_{(2)}=8.39$, $p<0.05$, CFI=0.99, RMSEA=0.06;标准化因子负荷在0.51~0.80之间;对于母亲粗暴养育,$\chi^2_{(2)}=14.18$, $p<0.01$, CFI=0.99, RMSEA=0.086;标准化因子负荷在0.53~0.78之间。

2. 攻击同伴行为

使用以往研究中同伴提名的6个题目(Crick & Gropeter, 1995; Hoglund & Chisholm, 2014)来考察青少年的三种攻击同伴行为:身体攻击(两个题目:打别人,踢别人或者推搡别人;主动找茬打架),言语攻击(两个题目:对别人大喊大叫;与别人争吵不休),以及关系攻击(两个题目:在背后说别人坏话或谎话;排斥其他同学)。被试根据班级花名册选择班上与每句话所描述的行为最符合的所有学生。被试在六个题目上被提名的总数除以班级人数,转换为 z 分数作为各种攻击行为的指标(Coie, et al., 1982)。

3. 同伴接纳

同样采用同伴提名的方式考察儿童的同伴接纳(Coie, et al., 1982)。要求学生根据班级花名册提名三个他们最喜欢和三个最不喜欢的学生。由此获得每个孩子的“喜欢”分数(即最喜欢提名总分)和“不喜欢”分数(即最不喜欢提名总分)。喜欢分数减去不喜欢分数除以班级总人数,用以反映孩子的同伴接纳水平。以往研究表明,这种方法在将儿童划分为各种同伴群体方面非常有效(Coie, et al., 1982)。

4. 控制变量

本研究控制了被试的年龄和社会经济地位(SES),把父母教育水平和父母月薪分别标准化,然后求其均值反映家庭经济地位水平。父母教育分为四个水平:1=初中及以下学历,2=高中学历,3=专科、本科及同等水平的大学学历,4=研究生及以上学历。父亲和母亲的平均教育水平分别为1.71($SD=0.71$)和1.52($SD=0.66$)。父母的月薪(Monthly Salary, MS)包括五个水平:1表示 MS≤2000 元，2 表示 2000 元<MS≤3000 元，3 表示 3000 元<MS≤4000 元，4 表示 4000 元<MS≤5000 元，5 表示 MS>5000 元。父亲和母亲的平均月薪水平为 1.71（SD=0.71）和 1.83（SD=1.02）。

（三）研究程序

首先由各班班主任将本次调查研究的通知在班会上告知学生，并通过短信或电话告知学生家长，说明此次调查研究的意义以及参与的自愿性。我国中小学上学期间，学校履行孩子的监护职责，家长通常与孩子所在班级的班主任保持经常性沟通。家长在阅读了研究目的之后，通过电话或短信给予口头同意。在班主任的帮助下，受过专门训练的研究生按照标准化的指导语讲解问卷做法，强调作答真实性以及个人信息的保密性。采用同伴提名的方法获取同伴接纳和儿童攻击行为的数据，这些方法已在我国中小学儿童同伴关系的研究中获得多次使用。提名问卷完成之后，向学生分发已放入信封的父母养育行为问卷（附有指导语），由学生带回家请家长完成，学生在信封上填写自己在班级花名册上的序号，以便将学生和家长报告的数据进行合并。最后由班主任收集家长问卷并邮寄给我们。

三、研究结果

（一）描述性统计

主要变量的均值和标准差按性别列于表 3-2-1。与女生相比，男生三种攻击的同伴提名分数较高，而同伴接纳水平较低。父母自我报告的粗暴养育在男孩和女孩之间无显著差异。父亲和母亲粗暴养育均与青少年同伴接纳呈显著负相关，表明在家遭受父母粗暴养育的孩子往往不受同伴喜欢。身体攻击、言语攻击和关系攻击均与同伴接纳呈显著负相关，与父母粗暴养育呈显著正相关。因此，父母粗暴养育是青少年三种攻击行为的家庭风险因素，不利于儿童同伴关系的发展。变量之间的相关模式与假设模型一致（图 3-2-1）。

表 3-2-1　本研究主要变量的均值、标准差和相关系数(N=833)

	男		女		F 检验	1	2	3	4	5
	M	SD	M	SD						
1. 父亲粗暴养育	1.27	0.57	1.20	0.50	3.48+	—				
2. 母亲粗暴养育	1.27	0.51	1.23	0.47	0.92	0.46***	—			
3. 儿童身体攻击	0.04	0.08	0.01	0.02	52.69***	0.17***	0.13***	—		
4. 儿童言语攻击	0.04	0.06	0.02	0.03	37.23***	0.22***	0.18***	0.79***	—	
5. 儿童关系攻击	0.04	0.05	0.02	0.03	26.09***	0.18***	0.13***	0.87***	0.83***	—
6. 同伴接纳	−0.01	0.08	0.01	0.06	16.93***	−0.22***	−0.19***	−0.60***	−0.63***	−0.65***

注：$^{+}p<0.07$，$^{*}p<0.05$，$^{**}p<0.01$，$^{***}p<0.001$。

(二)三种攻击行为的中介作用

为减少多重共线性，首先对所有变量进行了标准化处理(Dearing &Hamilton，2006)。然后，采用 PROCESS 模块(Hayes，2012)对儿童三种攻击行为的中介效应进行分析，其中年龄和 SES 作为控制变量，父(母)亲粗暴养育在母(父)亲粗暴养育作为预测变量时同样作为控制变量。采用 1000 个 Bootstrap 样本，利用偏差矫正的 Bootstrap 置信区间来估计间接效应值。

表 3-2-2　使用 PROCESS 进行多重中介检验(N=833)

	校标 1(儿童身体攻击)		校标 2(儿童言语攻击)		校标 3(儿童关系攻击)		校标 4(同伴接纳)	
	β	t	β	t	β	t	β	t
年龄	−0.05	−1.61	−0.11	−3.29**	−0.12	−3.60***	−0.16	−6.21***
儿童性别	−0.25	−7.33**	−0.21	−6.34***	−0.18	−5.47***	−0.02	−0.83
家庭社会经济地位	−0.06	−1.88+	−0.04	−1.24	−0.07	−2.03*	−0.01	−0.37
母亲粗暴养育	0.07	1.29+	0.10	2.65**	0.06	1.68	−0.05	−1.92
父亲粗暴养育	0.12	3.28**	0.16	4.33***	0.14	3.65***	−0.06	−2.09*
儿童身体攻击							−0.06	−1.10
儿童言语攻击							−0.27	−5.79***
儿童关系攻击							−0.37	−6.16***
F	17.36***		20.16***		14.98***		95.07***	
R^2	0.10***		0.11***		0.08***		0.48***	

注：儿童性别编码方式为，0=男，1=女。$^{+}p<0.07$，$^{*}p<0.05$，$^{**}p<0.01$，$^{***}p<0.001$。

如表 3-2-2 所示，估计了四个回归方程，分别以儿童三种攻击行为和同伴接纳作为结果变量或被预测变量。父亲粗暴养育与青少年三种攻击行为均呈显著正相关，母亲粗暴养育只与青少年的言语攻击呈显著正相关。以其他所有因素为预测变量对同伴接纳进行回归时，青少年的言语攻击和关系攻击均显著负向预测青少年的同伴接纳。

根据显著性检验的原则，当95%偏差校正的 bootstrap 置信区间不包含0时，间接效应在0.05水平上显著(Hayes，2012)。根据这一原则，父亲粗暴养育对同伴接纳的总效应（-0.16，$t=-4.29^{***}$)，可以划分为直接效应（-0.06，$t=-2.09^{*}$)和分别通过身体攻击（-0.01，95%置信区间：$-0.04\sim0.01$)、言语攻击（-0.04，95%置信区间：$-0.09\sim-0.01$)以及关系攻击（-0.05，95%置信区间：$-0.11\sim-0.02$)产生的间接效应。此外，青少年言语攻击和关系攻击的间接效应不存在显著差异（-0.01，95% 置信区间：$-0.03\sim0.05$)。因此，只有言语攻击和关系攻击在父亲粗暴养育和青少年同伴接纳之间的中介效应显著，间接效应占总效应的62.50%，表明青少年的这两种攻击行为在父亲粗暴养育与青少年的同伴接纳之间起到重要的中介作用。同样，母亲粗暴养育对青少年同伴接纳的总效应（-0.11，$t=-2.89^{**}$)可以划分为直接效应（-0.05，$t=-2.09^{*}$)和通过身体攻击（-0.01，95%置信区间：$-0.03\sim0.004$)、言语攻击（-0.03，95%置信区间：$-0.07\sim-0.0003$)以及关系攻击（-0.02，95%置信区间：$-0.07\sim0.004$)产生的间接效应。因此，只有青少年的言语攻击在母亲粗暴养育和青少年的同伴接纳之间起到显著的中介作用。总的来说，研究结果支持了第一个假设，即青少年言语攻击和关系攻击在父亲粗暴养育和同伴接纳之间起中介作用，只有言语攻击在母亲粗暴养育与同伴接纳之间起中介作用。

（三）儿童性别的调节作用分析

为探讨儿童性别与粗暴养育对青少年攻击行为的交互作用，以儿童的身体攻击、言语攻击和关系攻击为校标变量，进行分层回归分析。在每个回归模型中，第一步输入儿童年龄和家庭社会经济地位，第二步输入儿童性别、父亲和母亲的粗暴养育，第三步输入粗暴养育与儿童性别的交互作用。采用类似步骤分析儿童性别在青少年攻击行为与同伴接纳之间的潜在调节作用（见表3-2-3)。依照 Aiken 和 West(1991)的做法，对所有预测因子进行标准化。从方差膨胀系数来看，不存在多重共线性问题。

表 3-2-3　儿童性别调节作用的分层回归分析(N=833)

		校标 1（儿童身体攻击）		校标 2（儿童言语攻击）		校标 3（儿童关系攻击）		校标 4（同伴接纳）	
		β	t	β	t	β	t	β	t
第一步	年龄	−0.03	−0.75	−0.09	−2.52*	−0.10	−2.95**	−0.09	−2.65**
	家庭社会经济地位	−0.05	−1.40	−0.03	−0.85	−0.06	−1.70	0.03	0.71
	F	1.33		3.69*		6.10**		3.66*	
	R^2	0.00		0.01*		0.01**		0.01*	
第二步	儿童性别	−0.25	−7.33***	−0.21	−6.34***	−0.19	−5.47***	−0.02	−0.83
	母亲粗暴养育	0.07	1.82+	0.10	2.65**	0.06	1.68	−0.06	−1.92+
	父亲粗暴养育	0.12	3.28**	0.16	4.33***	0.14	3.65***	−0.06	−2.09*
	儿童身体攻击							−0.06	−1.10
	儿童言语攻击							−0.27	−5.79***
	儿童关系攻击							−0.37	−6.16***
	F	17.36***		20.16***		14.98***		95.07***	
	$R^2(\Delta R^2)$	0.10***(0.10***)		0.11***(0.10***)		0.08***(0.07***)		0.48***(0.47***)	
第三步	母亲粗暴×儿童性别	−0.03	−0.79	−0.04	−1.09	−0.00	−0.04	−0.05	−1.85+
	父亲粗暴×儿童性别	−0.10	−2.75**	−0.10	−2.67**	−0.11	−3.00**	0.01	0.17
	身体攻击×儿童性别							0.09	1.03
	言语攻击×儿童性别							−0.12	−2.22*
	关系攻击×儿童性别						−0.03	−0.53	
	F	14.35***		16.53***		12.43***		60.57***	
	$R^2(\Delta R^2)$	0.11**(0.01**)		0.12**(0.01**)		0.09**(0.01**)		0.49**(0.01**)	

注:儿童性别编码方式为,0=男,1=女。回归分析前所有变量均进行标准化,$^{+}p<0.07$,$^{*}p<0.05$,$^{**}p<0.01$,$^{***}p<0.001$。

如表 3-2-3 所示,第一步和第二步中预测变量的主要影响与表 2-2 中 PROCESS 的分析结果一致,再次为第一个假设提供了支持。此外,从分析的第三步开始涉及性别的交互作用,这对于验证第二个假设非常重要。如上所述,父亲粗暴养育×性别分别对儿童的身体攻击、言语攻击和关系攻击具有显著影响,而母亲粗暴养育×性别则对于青少年每种攻击行为均不存在显著影响。本研究计算出性别(调节变量)在平均数上下一个标准差时,父亲粗暴养育(预测变量)对青少年身体攻击、言语攻击或关系攻击(校标变量)的效应值(即进行简单斜率分析),并根据回归方程分别取父亲粗暴养育和儿童性别在均值上下一个标准差时的值绘制了三个简单效应分析图(如图 3-2-2 所示)。只有青少年言语攻击×性别对同伴接纳存在显著的预测作用。分别取青少年言语攻击和性别的均值上下一个标准差时青少年同伴接纳的值绘制了如图 3-2-3 所示的简单效应分析图。

简单效应分析结果显示,父亲粗暴养育显著影响男孩的身体攻击(b_{simple}=0.21,t=4.19***)、言语攻击(b_{simple}=0.25,t=4.78***)和关系攻击(b_{simple}=0.24,t=4.55***),然而对女孩的三种攻击行为的预测作用均不显著(b_{simple}=0.01, 0.05, 0.01,t=0.12, 0.90, 0.22)。相比男孩,青少年言语攻击与女孩同伴接纳的关系更强(b_{simple}=−0.48, −0.21,t=−5.84***, −2.62**)。研究结果支持假设二,部分支持假设三。

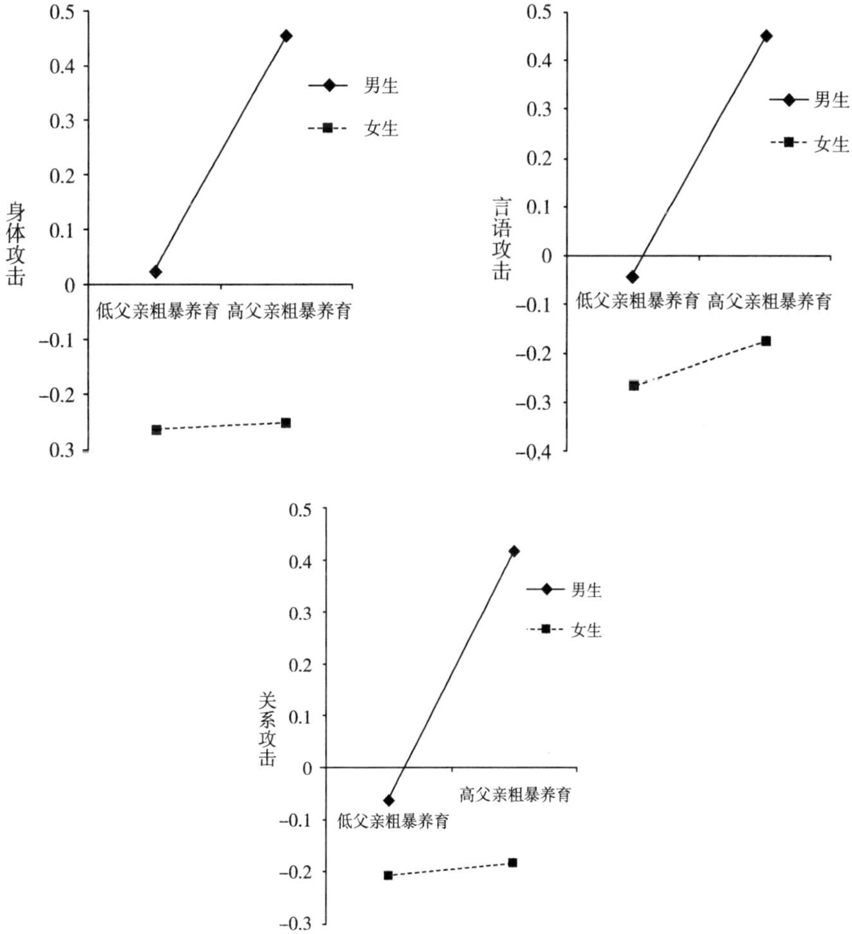

图 3-2-2 儿童性别调节粗暴养育与儿童三种攻击之间的关系

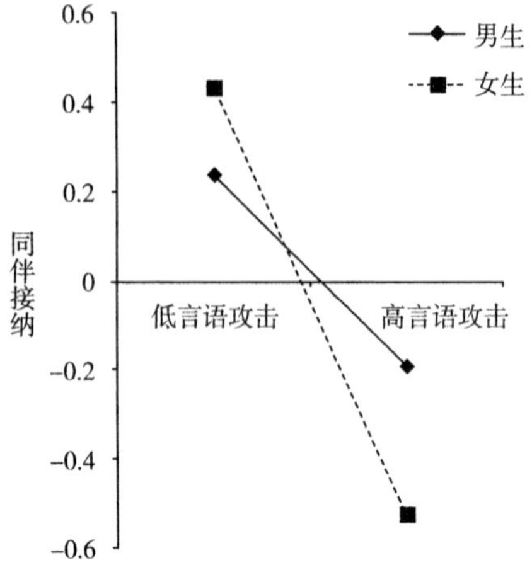

图 3-2-3　儿童性别调节言语攻击与同伴接纳之间的关系

四、讨论

根据家庭影响同伴关系模型(Kerns, et al., 2000; Parke & Ladd, 1992),本研究考察了儿童性别和粗暴养育之间复杂的交互作用如何影响儿童在校的三种攻击同伴行为,以及三种攻击行为如何与儿童性别存在交互,进而损害青少年在校的同伴接纳。与西方研究一致,粗暴养育对青少年的不同攻击行为存在不同影响,而青少年的不同攻击行为对青少年的同伴接纳也存在不同影响,这表明我国青少年的三种攻击行为具有不同的功能。此外,父亲粗暴养育和儿童性别之间的交互作用表明,男孩和女孩在三种攻击行为发生的风险上存在差异。

(一)不同攻击行为的中介作用和性别的调节作用

本研究显示,父亲粗暴养育影响男孩的身体攻击和言语攻击,而母亲粗暴养育主要影响女孩的言语攻击,这与 Dodge(1991)的模型和 Bandura(1986)的社会学习理论相一致。父母的身体攻击和言语攻击使孩子更容易受到敌意性归因偏差的消极影响,对潜在的具有威胁性的社会线索更加警惕,更加难以控制愤怒反应(Dodge, 1991),更可能采用攻击性的方式解决同伴问题。此外,父母惩罚性的管教策略可能被儿童视为有效的问题解决手段,从而在与同伴发生冲突时采取类似的强制性手段(Patterson, DeBaryshe, & Ramsey, 1989)。最后,父母粗暴养育与孩子关系攻击之间的关系表明,伴随青少年时期出现的更为复杂的认知功能,青少年在攻击策略的使用上具有更强的灵活性。

在考察父母粗暴养育的消极影响时考虑父母性别的作用是十分必要的。与假设2一致，相比于母亲粗暴养育，父亲粗暴养育与青少年三种攻击行为的关系更为密切。这一发现符合我国家庭中“严父慈母”的传统形象(Shwalb，et al.，2010)。Chang等(2003)也发现了中国父母粗暴养育与学前儿童的身体攻击之间的关系，其中父亲粗暴养育的影响尤为明显。母亲粗暴养育的消极后果受到多种因素的影响，比如父亲和母亲管教方式的差异(Chao，1994，1995；Chao & Tseng，2002)。本研究未发现母亲粗暴养育对青少年身体攻击和言语攻击的显著影响。

关于孩子性别在粗暴养育与青少年各种攻击行为之间的调节作用，本研究发现，父亲粗暴养育对男孩和女孩各种攻击行为的影响存在差异，而母亲粗暴养育的影响不存在性别差异。根据社会学习理论，父母养育行为对同性别孩子的影响较大(Chang，et al.，2003)。性别认同效应(The Gender Identification Effect)在父子关系中比在母女关系中更加明显(Lytton & Romney，1991)。研究表明，父亲粗暴养育与男孩的三种攻击行为均呈显著正相关，但与女孩的攻击行为无显著关系，而母亲粗暴养育与儿童言语攻击的关系不存在显著的性别差异。Carson和Parke(1996)发现，父亲(而非母亲)对孩子传递出的消极情绪与儿童的言语攻击和身体攻击均存在密切相关。

与以往关于儿童攻击行为影响同伴关系的研究一致(Chen，et al.，1997)，富有攻击性的中国青少年同样不受同伴欢迎。本研究发现，采用关系攻击伤害同伴的儿童最不受同伴喜爱，其次是言语攻击同伴的儿童，这一模式符合中国文化强调通过相互依赖和行为克制以维持人际和谐的文化特点(Chao & Tseng，2002)。然而本研究没有发现身体攻击对同伴接纳的显著影响。Björkqvist(1994)指出，直接攻击行为在儿童早期达到顶峰，间接攻击行为在儿童后期达到顶峰。本研究样本的年龄范围在11～15岁，这一时期儿童的身体攻击行为在逐渐减少，间接攻击或关系攻击行为逐渐增多，这可能是导致身体攻击与同伴关系之间无显著关联、关系攻击显著损害同伴接纳的原因所在。此外，本研究发现青少年的言语攻击对女孩同伴关系的损害作用强于男孩，这与社会所期望的女孩要保持安静、合作的形象一致(Golombok & Hines，2002)。本研究表明，除直接影响外，父亲粗暴养育与中国青少年的同伴接纳存在负向的间接关系，即父亲粗暴养育主要通过诱发青少年的言语攻击和关系攻击损害其同伴关系，这种间接效应对男孩来说更加明显。相比之下，母亲粗暴养育主要通过影响女孩的言语攻击行为间接地损害其同伴接纳。

(二)研究局限

本研究存在几个局限性,影响了研究结果的外部效度。首先,本研究为横断设计,不能据此推断变量之间的因果关系。变量之间的关系仍存在其他可能性。具体来说,儿童的攻击行为可能同时诱发父母的粗暴养育和同伴的拒绝;或者同伴拒绝是儿童攻击行为的风险因素,攻击行为又进一步引发了父母的粗暴养育。其次,由于粗暴养育通过父母自己报告,因而可能受到自我报告偏差的影响。再次,本研究未直接考察特定形式的粗暴养育与儿童攻击行为之间的潜在关系,未来研究者对此可以进行细致考察,以便对社会学习理论进行更为有力的检验。

尽管存在以上局限,本研究加深了我们对青少年不同攻击行为在粗暴养育和同伴关系之间可能起到的中介作用的理解。首先,本研究在农村地区的学校儿童中完成,这有助于揭示在我国庞大的农村人口中,粗暴养育对孩子的攻击行为和同伴关系的消极影响。其次,本研究被试为小学到初中这一过渡时期的青少年。粗暴养育使青少年的心理需求得不到满足,引发各种行为问题,对这一特定年龄段儿童群体的研究有助于促进该阶段儿童的学校适应。第三,本研究同时分析了青少年三种攻击行为在父母养育行为与同伴关系之间的多重中介作用,这种中介分析过程更为细致深入地揭示了不同攻击行为的同伴功能。第四,对儿童性别的调节作用加以分析,有助于了解父亲粗暴养育和母亲粗暴养育对男孩和女孩的同伴接纳的不同损害机制。最后,本研究首次同时研究粗暴养育、青少年不同攻击行为、同伴接纳以及性别之间的复杂关系,为在其他文化背景下展开相关研究提供了依据。

(三)教育意义

本研究为预防校园环境中儿童对同伴的攻击行为、改善儿童的同伴关系、促进儿童的校园适应提供了理论依据。本研究表明,儿童对同伴的攻击存在多种形式,特别是在青春期,随着儿童认知能力的发展,他们越来越倾向于采取更为隐蔽的攻击形式。这启发教育工作者,在应对校园环境中存在的攻击或欺凌行为时,不能仅仅将注意力放在可观察的身体攻击和言语攻击上。教育工作者,特别是班主任和任课老师,不仅要关注孩子的学业适应,还要关注他们的人际交往问题,特别是那些受到欺负或攻击的孩子。有些孩子遭遇到其他同伴的排斥后,很久才被老师觉察,甚至无法觉察,这对于受到关系攻击的孩子来说是一种持续存在的校园压力。因此,如何检测学生群体中存在的关系攻击并有效加以应对是一个应对青春期儿童攻击行为、增进孩子学校适应的重要课题。实际上，由于孩子的攻击同伴行为受到父母粗暴养育的影响，因而家庭教育领域的专家要有意识地组织父母学习有关家庭养育方面的知识，引导他们放弃无效乃至粗暴的管教方式。这有助于从根源上减少孩子的攻击行为。父母要清楚地意识到，粗暴的养育行为引发孩子粗暴的行为模式，导致孩子在校园环境中遭遇同伴拒绝。不良的家庭生存环境会进一步造成孩子不利的班级生存环境，这对于孩子的学业发展和人格发展将会产生长期的不良影响。

第四章　粗暴养育影响儿童学业适应的实证研究

第一节　粗暴养育影响儿童学业成绩

——努力控制和课堂参与的中介作用

一、问题提出

(一)研究背景

“不打不成器”,本意指不打造就不能成为有用的器物,用来比喻不教育就不成材,不会有出息。然而很多父母在教育孩子的过程中忽视耐心的“打造”过程,通过体罚和言语苛责等途径粗暴管理孩子。那么,粗暴的养育行为能够帮助孩子改善学业成绩吗?

教养方式及其对儿童青少年学业成绩的影响一直是一个有趣的研究课题(Oxford & Lee, 2011)。虽然研究者考察了父母养育(Mattanah, Pratt, Cowan, & Cowan, 2005)、儿童的自我调节能力(Liew, McTigue, Barrois, & Hughes, 2008)和动机因素(Liew, McTigue, Barrois, & Hughes, 2008)对学生学习能力的影响,但很少有研究将这些变量结合起来,研究它们之间更为复杂、有趣的关系。在以往研究基础上,本研究拟考察粗暴养育对学生学业成绩的影响。动机发展的自我系统模型(self-system model of motivational development, SSMMD)为本研究考察努力控制和课堂参与在粗暴养育和儿童学业成绩之间的中介作用提供了理论支持。SSMMD 模型主要包括社会环境、自我系统、行为表现和发展结果四个因素(Connell & Wellborn, 1991; Skinner & Wellborn, 1997)。其中,由父母、教师和同伴等构成的社会环境因素,塑造着个体的自我系统,它是个体与周围环境长期互动中逐渐形成的一种相对稳定的个人资源,能够有效地预测个体对特定活动的投入程度或参与水平。而个体的参与水平对其诸多方面的发展存在直接影响,如社会行为和学业成绩等。SSMMD 模型呈现了社会环境—自我系统—行为表现—发展结果之间的线性发展关系,揭示了父母养育因素会通过影响青少年的自我调节能力和参与活动的水平进而影响他们的学业成绩。为了更为准确地阐明粗暴养育和青少年学业成绩之间的关系,本研究基于 SSMMD 模型考察了努力控制和课堂参与在粗暴养育与青少年学业成绩之间的中介作用(见图 4-1-1)。

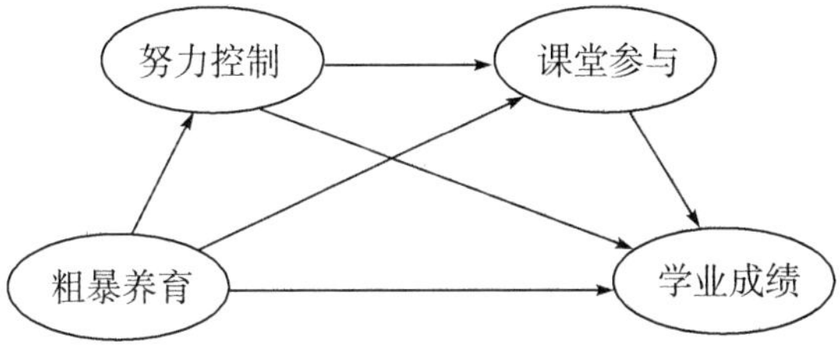

图 4-1-1 努力控制和课堂参与在粗暴养育与青少年学业成绩关系之间的中介作用模型

(二)变量关系梳理

1. 粗暴养育和儿童学业成绩的关系

长期以来,研究者一直关注养育行为和孩子学业成绩之间的关系(Spera, 2005)。一般来说,如果父母给予儿童更多的自主支持和更少的专制控制,儿童往往会取得更好的学业成绩(Pomerantz, Grolnick, & Price, 2005)。以往研究多采用类型学方法(Baumrind, 1991)来考察父母教养方式对儿童学习能力的影响,也就是考察不同类型的养育方式对儿童学业功能的不同影响,本研究则采用维度取向的思路来考察粗暴养育和青少年学业成绩之间的关系,即考察特定养育行为(即粗暴养育)如何影响孩子的学业成绩。

粗暴养育(harshparenting)是指父母对儿童采取打屁股、扇耳光、大喊大叫等的管教行为(Hinnant, et al., 2015)。根据定义,这些养育行为与专制型养育中的粗暴行为(如体罚和敌意性言语)以及父母对儿童的身体虐待很相似。专制型养育主要包括不讲道理、命令性、体罚和敌意性言语等维度(Wang & Chang, 2010),后两个维度恰恰构成了本研究中粗暴养育的概念。因此,粗暴养育可以看作是专制型养育的粗暴形式,或者如一些研究者所称的粗暴的专制型养育(Nelson, Hart, Yang, Olsen, & Jin, 2006)。相比之下,专制型养育的其他维度(即不讲道理和命令性)则属于较为温和的养育行为,体现了父母的支持与关心,与 Chao(1994)提出的"管"(training)的概念在内涵上具有一致性。粗暴养育以父母容易生气、过度反应、缺乏行为控制为特征(Wong, et al., 2014),这些与儿童不良的学业成绩相关(Chen, Liu, & Li, 2000; Shumow, Vandell, & Posner, 1998)。值得注意的是,粗暴惩罚纵向预测七年级学生不良的学业成绩表现(Schwartz, Lansford, Dodge, Pettit, & Bates, 2013)。

以往研究考察了消极养育因素与儿童学业困难的关系机制。Martin 和 Rodeheffer(1976)发现,父母的粗暴行为破坏了儿童在认知活动中追求卓越的动机,进而对其学业表现产生负面影响。粗暴养育的父母往往对孩子有过高的期望并高度重视孩子的学业成就(Trickett, Aber, Carlson, & Cicchetti, 1991),但他们往往过分强调孩子的服从行为,限制他们的自由表达,并忽视孩子的智力启发,进而影响了孩子参与课堂活动的意愿。实际上,父母的严格控制和对孩子学业表现的过高期望往往与孩子的外部动机有关,而外部动机通常不利于学业成就的发展(Ryan, Connell, & Deci, 1985)。基于以上关于不良养育行为影响孩子学业表现的文献,本研究将考察粗暴养育是否通过损害孩子的自我控制能力,进而损害其课堂参与和学业成绩等学业功能。

2.努力控制的中介作用

努力控制(effortful control)是指个体调控管理自己的能力,包括抑制优势反应、激活从属反应、制定计划和发现错误等(Rothbart & Bates, 2006)。努力控制能力强的个体能够更好地(1)调节自己消极的想法和情绪;(2)应对压力情境;(3)根据需要集中并维持注意力;(4)完成具有挑战性的任务;(5)将注意力由消极目标转向积极目标(Derryberry & Reed, 2002)。高努力控制的学生更容易专注于学习任务而避免分心,从而有助于提高学业成绩(Duncan, et al., 2007)。一般来说,自控力强的学生往往能够(1)按时完成任务,(2)长期保持对学习活动的兴趣,(3)高效地利用学习时间,(4)合理选择学业课程,(5)控制消极情绪,以免干扰学习(Tangney, Baumeister, & Boone, 2004)。

认知能力是个体在与富有支持性和反应性的成年人的交往中发展起来的(Vygotsky, 1978),家庭关系影响着儿童青少年自控能力的发展(Eisenberg, Spinrad, & Eggum, 2010),并进一步影响学业领域等方面的发展。以往研究发现,努力控制能力解释了父母养育行为和儿童学业成绩之间的关系,父母一致性的支持行为能够促进孩子的自我调节能力,有益于孩子学业成绩的提高(Eisenberg, et al., 1998)。相反,父母的敌意或惩罚行为则导致青少年情绪失控,进而削弱他们的调节能力并扰乱学习进程(Hoffman, 2000)。由于注意力和调节能力受到损害，易冲动的青少年往往难以集中注意力或根据需要将注意力转向当前任务(Raver & Leadbeater, 1995)。

总之，努力控制能力是影响青少年学业成绩的重要因素，而父母的养育行为对青少年的努力控制能力具有塑造作用。当前较少研究关注养育因素和努力控制能力对儿童学业成绩的影响机制。研究表明，父母养育因素通过影响孩子的努力控制能力进而影响其社会功能(Hofer, Eisenberg, & Reiser, 2010)，然而努力控制能力能否在父母粗暴的养育行为和学业成绩之间起中介作用是当前研究缺乏探讨的问题。

3. 课堂参与的中介作用

课堂参与(classroom engagement)是指儿童对与学校活动相关的目标和任务的投入程度以及与同伴的课堂交流等行为(Skinner, Kindermann, & Furrer, 2009)。很多教育者关注课堂参与并认为它是影响学生学业成绩的重要因素(Skinner, et al., 2009)。Finn(1989)提出，课堂参与主要包括行为参与和情绪参与。后有研究者(Fredericks, Blumenfeld, & Paris, 2004)增加了认知参与，进一步丰富了 Finn 对课堂参与的界定。当学生积极地通过向老师传递自身的需求从而影响老师教学进程，进而促进自身学习时，这种自主性的参与也是课堂参与的重要组成部分(Reeve, 2013)。

根据当前研究文献，课堂参与主要包括行为参与、情绪参与、认知参与和自主参与四个维度(Reeve, 2013; Reeve & Tseng, 2011)。行为参与是指学生在面临困难时，通过集中和转移注意力、投入足够的精力以及坚持完成学习任务等参与学习活动的程度(Skinner, et al., 2009)。情绪参与是指学生在课堂学习活动中激发积极情绪(如兴趣、好奇心)以促进学业活动，摆脱消极情绪(如焦虑)对学业活动的不利影响的程度(Skinner, et al., 2009)。认知参与是指学生在学习活动中主动使用复杂的学习策略的程度(Walker, Greene, & Mansell, 2006)。自主参与是课堂参与的一个新维度，是指学生在课堂活动中通过提出有意义的问题，向老师表达自身的观点和需要，进而促进自身知识的建构与加工的过程(Reeve, 2013)。

积极的课堂参与有利于学生的学业发展(Li & Lerner, 2011)。积极的行为和情绪参与预测较好的学业成绩(Dotterer & Lowe, 2012)。积极的认知参与有助于加深学生对知识的理解(Fredericks, et al., 2004)和学习投入程度(Greene, Miller, Crowson, Duke, & Akey, 2004)。当学生积极参与到课堂中并喜欢学校课堂活动时(即当学生表现出充分的行为参与和情绪参与时),其上课出勤率、数学和言语技能以及整体的学习结果都会显著提高(Valiente, Lemery-Chalfant, & Castro, 2007)。相反,不积极参与课堂活动的学生经常违反纪律,不珍惜学习机会(Hughes & Kwok, 2006)。自由散漫的学生在课堂中常常处于消极被动的地位,体验到更多的消极情绪(如无聊和焦虑;Chen, 2005)。因此,积极的课堂参与是学生提高学业成绩的重要前提。

有关儿童虐待的研究表明,粗暴养育负向预测儿童的课堂参与。与未曾遭受父母虐待的儿童相比,受虐待儿童往往表现出更多的依赖性和戒备性、较低的学习动机和探索意愿(Aber, Allen, Carlson, & Cicchetti, 1989)以及较差的情绪调节能力(Shields & Cicchetti, 2001)。父母的虐待行为干扰儿童的感知能力,导致儿童缺乏自制能力(Shonk & Cicchetti, 2001),进一步损害他们的课堂参与。此外,父母的惩罚使儿童树立消极的学业目标,从而对他们的学业成绩产生负面影响(De Bruyn, Deković, & Meijnen, 2003)。比如,生活在消极的养育情境中的儿童更有可能在外部动机的驱动下参与课堂活动(Glasgow, Dornbusch, Troyer, Steinberg, & Ritter, 1997)。本研究推断,粗暴养育可能通过损害儿童青少年的课堂参与进而损害其学业成绩。

努力控制能力是影响课堂参与的重要因素。努力控制能力强的个体往往喜欢各种课堂活动(情绪参与的一个方面),从而表现出较强的学业能力(Valiente, et al., 2007)。努力控制能力强的儿童青少年一般能够合理地调控自己的情绪和行为,更好地适应学校的课堂活动(Valiente, Lemery-Chalfant, & Swanson, 2010)。相反,缺乏努力控制能力的儿童青少年更容易出现行为失调,产生不良情绪,进而削弱他们对学校课堂活动的喜欢程度,也不利于他们与老师和同伴建立良好的人际关系(Valiente, Swanson, & Lemery-Chalfant, 2012)。Alexander 和 Entwisle(1988)提出,学生必须灵活地调整自己的行为和情绪才能更好地适应学校课堂环境,因此较高的努力控制能力有利于提高学生的课堂参与水平。基于努力控制能力与课堂参与之间的关系分析,本研究拟考察粗暴养育能否依次通过儿童的努力控制能力和课堂参与的间接作用对他们的学业成绩产生负面影响。

4. 文化和性别因素的影响

我国父母在养育中对孩子存在更多控制行为,他们重视孩子的学业成绩,对男孩和女孩存在性别区分行为(Lau, 1996)。与西方父母相比,中国父母深受儒家文化的影响，强调孝道（即对长辈尤其是父母的自我牺牲式的遵从）和社会和谐，更加重视孩子的服从，对孩子的控制和约束行为较多（Luo，et al.，2013；Ng，et al.，2014）。我国父母对孩子的控制行为很多集中在孩子的学业领域，他们特别重视孩子的学业成绩（Chao & Tseng，2002；Lau，1996）。虽然欧美父母的专制型养育往往不利于学生的学业成绩，然而专制型养育行为似乎不会损害亚洲学生的学业表现（Dornbusch，et al.，1987）。

我国父母过分重视孩子的学业成绩，甚至认为取得良好的学业成绩是孝顺的表现（Chow & Chu，2007；Hui，Sun，Chow，& Chu，2011）。通过学业进步完善自己是对家庭乃至整个社会的义务，这激励着学生积极参与学业活动。中国父母往往严格控制孩子，认为专制型养育利于孩子的最终发展（Wang & Chang，2010）。因此非常有必要考察父母粗暴养育与我国儿童学业成绩的关系机制。青春期的孩子积极争取独立自主（Wigfield，Eccles，& Pintrich，1996），父母也在试图加强学业监督，因此粗暴养育可能会加剧青少年的学业困难。

受父系传统或家长制思想的影响，我国家庭在过去很长一段时间里重视男孩甚于女孩，因此养育中的性别区分可能是影响学业成绩与粗暴养育关系的潜在因素（Chao & Tseng，2002）。相比于女生，父母更容易体罚男生（Lytton & Romney，1991）。中国父亲更容易对男生采取粗暴的养育行为，尤其是在孩子上幼儿园期间（Chang，McBride-Chang，Stewart，& Au，2003）和青春期早期阶段（Wang，2017）。相反，香港父母更容易体罚童年中期的男生（Tang，2006）。基于这种性别差异，本研究推断，粗暴养育和儿童的努力控制能力、课堂参与以及学业成绩等变量之间的关系可能在不同性别儿童之间存在差异。

5.研究假设

本研究拟考察努力控制能力和课堂参与在粗暴养育与儿童青少年的学业成绩之间的中介作用。基于以上分析，本研究提出如下假设：

假设1：粗暴养育通过损害儿童的努力控制能力进而损害其学业成绩。

假设2：粗暴养育通过损害儿童的课堂参与进而损害儿童的学业成绩。

假设3：粗暴养育通过依次影响儿童的努力控制能力和课堂参与，从而间接损害儿童的学业成绩。

本研究的理论和统计分析以多重中介模型（图4-1-1）为指导。本研究在全文的行文中使用“路径”一词只是为了便于说明变量间的关系，而不是表明它们之间存在着确定的因果关系。我国家庭养育中存在的性别差异表明，性别的调节作用是一个有必要研究的问题。比如，男女生往往对父母相同的消极养育行为产生不同的反应（Nelson, et al., 2006），而亲子关系对男生和女生的学业投入存在不同影响（Furrer & Skinner, 2003）。由于我们对儿童性别的调节作用只作探索性的分析，因此并未提出相应的假设。

二、研究方法

（一）被试

小学生样本来自山东邹城两所公立小学三到五年级的408名学生，其中男生218名，女生190名。被试的年龄范围在8～12岁，平均年龄为9.96岁。初中生样本来自山东省济宁市和临沂市各一所公立初中的六至八年级的815名被试，其中男生467名，女生348名。被试的年龄范围在11～15岁，被试的平均年龄为12.55岁。

（二）测量工具

1.粗暴养育量表

采用前面研究中的工具测量父母粗暴养育水平，要求儿童和父母共同评价。为了减少测量养育行为时可能存在的自我报告偏差，本研究采用了配偶互相报告范式（Nelson, et al., 2006），孩子也对父亲和母亲的粗暴养育行为分别进行评价。比如，“当孩子做错事或使我的配偶生气时，对孩子发脾气，甚至对孩子大喊大叫”（父母报告的题目）；“当我做错事或让父母生气时，对我发脾气，甚至对我大喊大叫”（儿童报告的题目）。问卷采用5点计分（1 = 几乎从未这样，5 = 总是这样）。通过对相应题目进行平均，得到四个综合分数：母亲报告的父亲粗暴养育（MRHF）、父亲报告的母亲粗暴养育（FRHM）、儿童报告的父亲粗暴养育（CRHF）和母亲粗暴养育（CRHM），后续统计分析将这四个方面作为粗暴养育潜变量的指标。对该问卷的单因子结构进行验证性因子分析，拟合指标如下：$\chi^2/df = 7.45$，2.89，4.28和6.39；$p < 0.01$；CFI= 0.93，0.99，0.99，0.98；RMSEA= 0.09，0.05，0.06和0.08，数据拟合良好。以往研究也发现，粗暴养育问卷具有良好的测量学指标（Wang, 2017）。实测时四个方面的Cronbach系数α分别为0.81，0.74，0.77和0.73。

2.努力控制分量表

采用简版气质量表中的努力控制分量表（Capaldi & Rothbart, 1992），由儿童青少年自我评估努力控制水平。该量表具有良好的信效度指标(Loukas & Murphy, 2007)。该工具主要包括三个维度，即注意力(6 题)、抑制控制(5 题)和激活控制(5 题)，用这三个维度作为努力控制能力潜变量的指标。本量表共 16 题，采用 5 点计分(1 = 完全不符合我，5 =完全符合我)。对该工具的三因子结构进行验证性因子分析，拟合指标如下：$\chi^2/df = 6.37$，$p < 0.01$，CFI = 0.92，RMSEA = 0.072，数据拟合良好。以往研究表明，努力控制能力分量表具有良好的心理测量学指标(Zhou, Eisenberg, Wang, & Reiser, 2004)。实测时该工具三个维度的 Cronbach 系数 α 分别为 0.82，0.78 和 0.74。

3. 课堂参与量表

采用课堂参与量表评估青少年的课堂参与水平(Reeve & Lee, 2014)。该量表有四个维度，包括行为参与(3 题)："我在上课时竭尽全力""我在课堂上能够集中注意力""我在课堂上努力学习"；情绪参与(3 题)："我在课堂上感觉很棒""我对课堂上的学习很感兴趣""我喜欢在课堂上学习新知识"；认知参与(3 题)："在完成课堂任务时，我会尽力找出最好的解决方法""在课堂上，我不仅关注正确答案，更会积极检查自己掌握了多少知识""当在课堂上遇到难题时，我会改变我的学习方法"；自主参与(3 题)："在课堂上，我会向老师提出问题以促进自己学习""我会让老师了解我的课堂兴趣""在课堂上，我会表达自己的观点和倾向"。本量表共 12 题，采用 5 点计分(1 = 完全不同意，5 = 完全同意)。分别计算课堂参与四个维度的得分，分数越高代表课堂参与的水平越高。对该量表的四因子结构进行验证性因子分析，拟合指标如下：$\chi^2/df = 5.75$，$p < 0.01$，CFI = 0.97，RMSEA = 0.07，数据拟合良好。实测时四个维度的 Cronbach 系数 α 分别为 0.86，0.73，0.78 和 0.85。

4. 学业成绩

在期末考试结束后，研究生收集学生语、数、外三门课程的考试成绩。每科成绩的分数范围在 0 ～ 100 分之间，60 分为及格。班主任对学生的学习表现也进行评分("学生善于学习"和"学生经常取得好成绩")，以全面评估学生的学业表现，题目采用 5 点计分(1 = 完全不同意，5 = 完全同意)。三门课程的考试成绩和教师报告的题目均已标准化，作为学业成绩潜变量的指标。

(三)研究程序

本研究获得了学校领导和青少年本人的知情同意，并通过短信或电话获得了参与者父母的口头同意。所有问卷均以中文填写。两名教育心理学的博士生采用“翻译—回译”的方法对课堂参与量表进行了修正。

以班级为单位，在班主任的组织协调下，研究生按照标准化的指导语讲解问卷做法。学生完成自我报告问卷后，研究生再发放装在信封里的父母报告问卷。学生们把问卷带回家让父母填写，填好后交给班主任老师，最后再寄给我们。家长与子女不在一起居住的就由老师联系这些家长，让他们通过手机或电脑完成网上问卷调查。11 月份学期结束后，班主任报告学生的学业表现，并把评估信息通过网络传给我们。

（四）数据处理

本研究首先检验了变量分布是否符合参数和多变量分布的前提条件和假设，然后把变量加入结构方程模型中进行分析，并通过相关分析检验多重共线性以及预测变量和结果变量之间的关系是否符合假设。结果表明不存在多重共线性，预期的关系和假设一致。由于学生嵌套在班级群体内，可能违反了观察的独立性前提(Preacher, Zhang, & Zyphur, 2011)，因此进行了检验，结果发现，ICC <0.01，表明不存在数据嵌套造成的问题。

其次，利用结构方程模型验证假设模型的合理性。构成中介关系需要满足如下条件：(1)粗暴养育显著预测青少年的学业成绩；(2)粗暴养育和作为中介变量的努力控制能力与课堂参与显著相关；(3)控制粗暴养育之后，努力控制能力与课堂参与以及学业成绩相关。采用 Amos 17.0(Arbuckle, 2008)，使用极大似然估计法和 Bootstrap 法验证假设模型的拟合度，获得结构模型部分路径的参数估计，模型拟合良好。结合变量之间的相关性和路径分析结果，探讨了潜在的中介效应。

最后，检验儿童性别的调节作用。先检验测量模型是否具有跨性别的不变性。限制两个性别组之间的模型路径相等，并通过卡方检验比较约束和无约束模型之间的差异，如果没有显著差异则表明约束模型数据拟合良好，有显著差异则表明性别起到了调节作用。采用全信息极大似然估计处理缺失数据(Little & Rubin, 2002)。

三、结果与分析

（一）描述性统计结果

从表 4-1-1 和表 4-1-2 来看，无论是中学生还是小学生，男生都比女生报告了更多的父亲粗暴养育、更低的努力控制能力和学业成绩。相关分析表明，粗暴养育与儿童青少年的努力控制能力、课堂参与水平以及学业成绩均呈显著负相关，努力控制能力与他们的课堂参与水平和学业成绩均呈显著正相关，课堂参与水平与其学业成绩呈显著正相关。总体来看，变量之间的相关关系为后续的中介分析提供了支持。

（二）测量模型和路径模型的拟合检验

根据以往研究（Hu & Bentler, 1999），评估一个模型的拟合度的标准包括，CFI >0.90，TLI >0.90，RMSEA <0.10（Steiger，1990）。本研究通过三个嵌套模型获得的 $\Delta\chi^2$ 和 Δdf 进行模型差异的显著性检验，从而测量模型的不变性。由于 χ^2 受样本量的影响较大，本研究也采用了更敏感的差别拟合指数法（Differential Fit Index, DFI），该指数如果在 0.01 ～ 0.02 之间，就表明没有显著性差异或者差异较小（Cheung & Rensvold, 2002）。

模型 1 作为无约束模型拟合良好（$\chi^2=611.563$，$df=196$，$p<0.001$，RMSEA $=0.051$，CFI $=0.922$，TLI $=0.904$）。限制不同性别组模型的因子相同之后，模型 2 数据拟合良好（$\chi^2=630.200$，$df=208$，$p<0.001$，RMSEA $=0.050$，CFI $=0.920$，TLI $=0.908$），和无约束模型没有显著性差异（$\Delta\chi^2=18.637$，$\Delta df=12$，$p>0.01$，ΔCFI $=0.001$，ΔTLI $=0.004$）。限制该模型在不同性别组之间路径参数等同，模型 3 数据拟合良好（$\chi^2=649.380$，$df=214$，$p<0.001$，RMSEA $=0.050$，CFI $=0.918$，TLI $=0.908$），但和模型 2 存在显著性差异（$\Delta\chi^2=19.18$，$\Delta df=6$，$p<0.01$）。成对参数比较表明，性别只在粗暴养育到课堂参与以及努力控制能力到学业成绩这两条直接路径上起调节作用。

如表 4-1-3、图 4-1-2 和图 4-1-3 所示，粗暴养育对男生和女生的学业成绩均有直接的负面影响，并通过损害努力控制能力和课堂参与间接地负向预测他们的学业成绩，由此构成粗暴养育影响男生（间接效应为－0.049）和女生（间接效应为－0.035）的学业成绩的共同间接路径。粗暴养育显著地负向预测女生的课堂参与水平，努力控制能力显著地正向预测男生的学业成绩。除了共同间接路径之外，粗暴养育还可以通过努力控制能力（间接效应为－0.092）的中介作用间接损害男生的学业成绩，也可以通过损害课堂参与（间接效应为－0.048）进而损害女生的学业成绩。

表 4-1-1 本研究主要变量的均值、标准差和相关系数(小学样本，N=408)

	1	2	3	4	5	6	7	8	9	10	11	12	13	14	15
1. MRHF	—														
2. FRHM	0.47***	—													
3. CRHF	0.50***	0.26***	—												
4. CRHM	0.70***	0.46***	0.58***	—											
5. 总粗暴养育	0.82***	0.67***	0.83***	0.81***	—										
6. 注意	−0.011*	−0.11*	−0.10	−0.01	−0.09	—									
7. 抑制控制	−0.14**	−0.16**	−0.03	−0.13*	−0.13*	0.26***	—								
8. 激活控制	−0.13*	−0.09	−0.05	−0.03	−0.09	0.27***	0.40***	—							
9. 努力控制	−0.18***	−0.15**	−0.08	−0.06	−0.14*	0.66***	0.76***	0.78***	—						
10. 行为参与	−0.15**	−0.12*	−0.15**	−0.17**	−0.19**	0.29***	0.34***	0.38***	0.46***	—					
11. 情绪参与	−0.14***	−0.20***	−0.10	−0.19***	−0.19**	0.29***	0.37***	0.44***	0.49***	0.78***	—				
12. 认知参与	−0.17***	−0.19***	−0.19***	−0.30***	−0.29***	0.29***	0.44***	0.42***	0.52***	0.73***	0.73***	—			
13. 自主参与	−0.11*	−0.17**	−0.15**	−0.22***	−0.20***	0.23***	0.36***	0.28***	0.41***	0.58***	0.61***	0.66***	—		
14. 课堂参与	−0.16**	−0.19***	−0.17***	−0.24***	−0.24***	0.31***	0.43***	0.44***	0.53***	0.89***	0.89***	0.89***	0.83***	—	
15. 学业成绩	−0.16**	−0.18**	−0.08	−0.06	−0.15**	0.26***	0.19***	0.33***	0.35***	0.32***	0.40***	0.27***	0.17**	0.33***	—
$M_{男}$	1.29	1.27	1.44	1.49	1.36	3.23	3.62	4.02	3.62	3.60	3.78	3.60	2.90	3.47	−0.11
$SD_{男}$	0.54	0.47	0.75	0.72	0.48	0.54	0.72	0.87	0.54	1.21	1.17	1.08	1.27	1.02	1.09
$M_{女}$	1.18	1.21	1.38	1.45	1.30	3.33	3.70	4.25	3.77	3.80	3.82	3.79	3.05	3.62	0.12
$SD_{女}$	0.46	0.43	0.68	0.69	0.42	0.77	0.75	0.71	0.52	1.07	1.06	1.13	1.24	0.98	0.88

注：* $p<0.05$，** $p<0.01$，*** $p<0.001$。MRHF=母亲报告的父亲粗暴养育，FRHM = 父亲报告的母亲粗暴养育，CRHF = 儿童报告的父亲粗暴养育，CRHM = 儿童报告的母亲粗暴养育。

粗暴养育影响学业成绩的总体间接效应与总效应的比值表明了努力控制和课堂参与在两者之间所起的重要作用。具体来说，粗暴养育通过努力控制能力和课堂参与的中介作用负向预测男生学业成绩的间接效应为－0.141，占总效应－0.285 的比例为 49.47％，即努力控制能力和课堂参与可以解释粗暴养育对男生学业成绩的一半影响。对女生来说，相同路径的总间接效应为－0.097，占总效应－0.288 的比例为 34.04％，表明这两个中介变量可以解释粗暴养育对女生学业成绩影响的 1/3。由于粗暴养育也能直接预测学生的学业成绩，说明在这种关系中可能存在其他重要的中介变量。粗暴养育对男生和女生的学业成绩有相近的总效应，但总体的间接效应揭示了性别差异，即粗暴养育通过损害努力控制能力和课堂参与而负向预测男生的学业成绩。

表 4-1-2　本研究主要变量的均值、标准差和相关系数(初中样本，$N=815$)

	1	2	3	4	5	6	7	8	9	10	11	12	13	14	15
1. MRHF	—														
2. FRHM	0.64***	—													
3. CRHF	0.47***	0.26***	—												
4. CRHM	0.32***	0.51***	0.46***	—											
5. 总粗暴养育	0.82***	0.81***	0.70***	0.72***	—										
6. 注意	−0.07*	0.00***	−0.05	−0.08*	−0.06	—									
7. 抑制控制	−0.09*	−0.12**	−0.16***	−0.12**	−0.16***	0.23***	—								
8. 激活控制	−0.15***	−0.10**	−0.15***	−0.13***	−0.18***	0.25***	0.42***	—							
9. 努力控制	−0.15***	−0.11**	−0.17***	−0.15***	−0.19***	0.63***	0.76***	0.79***	—						
10. 行为参与	−0.16***	−0.14***	−0.11**	−0.15***	−0.18***	0.29***	0.35***	0.39***	0.47***	—					
11. 情绪参与	−0.14***	−0.15***	−0.13***	−0.20***	−0.20***	0.31***	0.39***	0.44***	0.53***	0.77***	—				
12. 认知参与	−0.20***	−0.22***	−0.13***	−0.18***	−0.24***	0.26***	0.38***	0.41***	0.48***	0.69***	0.69***	—			
13. 自主参与	−0.13***	−0.12***	−0.06	−0.12**	−0.15***	0.23***	0.31***	0.28***	0.37***	0.52***	0.56***	0.59***	—		
14. 课堂参与	−0.19***	−0.18***	−0.13***	−0.19***	−0.22***	0.32***	0.42***	0.45***	0.54***	0.87***	0.88***	0.87***	0.79***	—	
15. 学业成绩	−0.17***	−0.12**	−0.22***	−0.21***	−0.23***	0.21***	0.19***	0.30***	0.32***	0.36***	0.40***	0.30***	0.16***	0.35***	—
$M_{男}$	1.41	1.27	1.28	1.27	1.35	3.24	3.61	3.97	3.61	3.62	3.72	3.61	2.88	3.46	−0.13
$SD_{男}$	0.65	0.51	0.57	0.51	0.46	0.68	0.75	0.87	0.57	1.16	1.14	1.14	1.25	1.01	1.06
$M_{女}$	1.33	1.22	1.19	1.22	1.29	3.29	3.62	4.14	3.69	3.79	3.74	3.71	2.86	3.53	0.18
$SD_{女}$	0.58	0.45	0.48	0.45	0.39	0.66	0.76	0.75	0.52	1.05	1.08	1.24	1.24	0.97	0.89
F	3.03	0.26	5.52	2.01	3.74	0.81	0.08	9.11**	4.00*	4.73*	0.09	1.20	0.05	0.90	20.97***

注：* $p < 0.05$，** $p < 0.01$，*** $p < 0.001$。MRHF = 母亲报告的父亲粗暴养育，FRHM = 父亲报告的母亲粗暴养育，CRHF = 儿童报告的父亲粗暴养育，CRHM = 儿童报告的母亲粗暴养育。

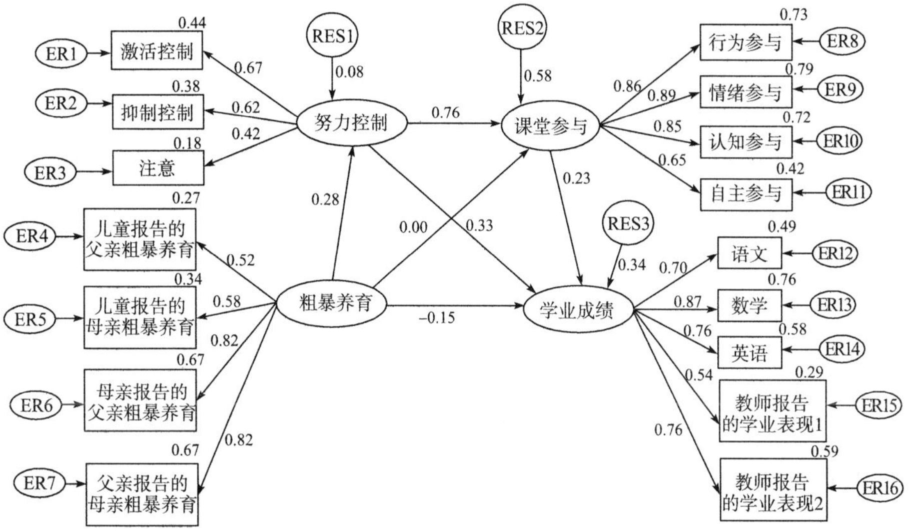

图 4-1-2　父母粗暴养育与男生学业成绩的中介模型(ER＝误差,RES＝残差)

表 4-1-3　不同性别组模型的标准化路径参数估计

	男生			女生		
	β	95%置信区间下限	95%置信区间上限	β	95%置信区间下限	95%置信区间上限
粗暴养育 → 努力控制	−0.277	−0.397	−0.131	−0.209	−0.382	−0.067
粗暴养育 → 课堂参与	−0.003	−0.126	0.108	−0.192	−0.299	−0.087
粗暴养育 → 学业成绩	−0.146	−0.272	−0.007	−0.177	−0.361	−0.054
努力控制 → 课堂参与	0.758	0.666	0.865	0.669	0.550	0.808
努力控制 → 学业成绩	0.329	0.120	0.635	0.063	−0.187	0.381
课堂参与 → 学业成绩	0.234	0.202	0.428	0.249	0.216	0.555

注:采用 Bootstrapping 法估计模型参数。95%CIUL = 95%置信区间上限。95%CILL = 95%置信区间的下限。其中置信区间(不)包含零表示对应的路径系数(显著)不显著。

四、讨论

以往研究多考察学校或课堂环境因素、教师的教学策略或教学方法、学生的学习策略等因素对学业成绩的影响,很少有研究分析家庭中的父母养育因素对孩子学业功能的影响。本研究基于以往研究分析了粗暴养育对儿童学业成绩的影响，以及儿童性别在其中的调节作用。结果表明，父母粗暴养育对儿童的学业成绩不仅存在直接的负面影响，还会通过损害儿童的努力控制能力和课堂参与间接损害儿童的学业成绩。

（一）粗暴养育对儿童学业成绩的直接影响

与以往研究一致，本研究发现粗暴养育直接损害儿童的学业成绩。遭受虐待往往损害儿童青少年的学业功能（Barnett, Vondra, & Shonk, 1996）。从长期来看，粗暴养育负向预测青少年的学业成绩（Shumow & Posner, 1998）。直接路径的成立也支持了 SSMMD 模型关于自我系统在儿童学业成绩中发挥重要作用的观点（Connell & Wellborn, 1991）。根据该模型，消极的父母养育行为通过破坏儿童与父母的亲密关系进而损害其学业成绩（Lynch & Cicchetti, 1997）。具体来说，良好的亲子关系有利于儿童与老师和同伴建立积极的人际关系，进而影响他们的学业活动（Furrer & Skinner, 2003）。因此，粗暴养育可能通过破坏亲子关系，损害儿童的学业成绩，同时也可能以其他方式影响青少年的学业成绩。

直接路径的成立也支持了 Hoover-Dempsey 和 Sandler(1995)的父母教育卷入理论。该理论认为，父母能够在学习技能或学习策略方面指导孩子，培养孩子的独立思考能力和积极的学习态度，父母的这种积极参与有益于孩子的学业发展。如果父母总是以提高孩子学业成绩为目的，采取粗暴养育的管教行为，则会损害孩子的学业成绩。父母的粗暴惩罚不仅无法为孩子提供有效的指导以帮助他们改善学业成绩（Tang & Davis-Kean, 2015），反而诱发孩子对学业活动的消极情绪（Eccles, et al., 1993），进而损害其课堂参与行为。此外，由于直接效应只能解释粗暴养育对学业成绩总效应的一半左右，从而表明粗暴养育还可能通过其他因素的中介作用影响儿童的学业成绩。

（二）粗暴养育影响男女生学业成绩的共同间接路径

粗暴养育→努力控制→课堂参与→学业成绩这条对于男生和女生均成立的共同的间接路径进一步支持了 SSMMD 模型（Skinner & Wellborn, 1997）。粗暴养育不利于学生努力控制能力的发展，使他们无法专注于课堂学业活动，进而导致不良的学业成绩。研究者认为，为了更好地理解努力控制能力对个体发展的意义，有必要考察养育因素对努力控制能力的影响（Zhou, et al., 2004）。粗暴养育到努力控制能力的直接路径表明，经常遭受父母粗暴养育的学生往往缺乏努力控制能力，这与以往研究中无效养育行为导致孩子缺乏自制能力的结果一致(Gottfredson & Hirschi, 1990)。研究表明,父母的体罚行为预测儿童的情绪失调和过度反应(Shields & Cicchetti, 2001),父母粗暴的体罚或言语虐待容易使儿童产生愤怒、恐惧等消极情绪,进而损害他们的生理调节系统(Repetti, Taylor, & Seeman, 2002)。

努力控制能力到课堂参与的直接路径显示了自控能力对课堂活动的重要性。努力控制是自我调节系统的核心,包括控制注意力和调控行为的能力,是个体能够抑制优势反应、激活次优势反应的前提(Rothbart, Ahadi, & Evans, 2000)。根据该定义以及努力控制能力的三个维度,缺乏努力控制能力的儿童往往:(1)难以按照课堂活动的要求集中或转移注意力;(2)难以抑制不恰当的课堂行为;(3)难以按照课堂要求激活积极反应。因此,努力控制能力不足会削弱儿童的课堂参与水平。研究发现,注意控制能力强的学生具有更佳的课堂表现(Boekaerts & Corno, 2005),能够更有效地参与到学业任务中(Gumora & Arsenio, 2002)。因此,努力控制能力影响学生在课堂上的认知参与和行为参与。

努力控制能力在个体的情绪调节过程中也起着重要作用(Eisenberg, Hofer, & Vaughan, 2007)。缺乏努力控制能力的儿童在课堂上更容易受到负性情绪的干扰(比如回答问题错误后受到同学嘲笑或老师批评而诱发的消极情绪等)。注意控制能力强的儿童更受同伴欢迎(Fabes, Martin, Hanish, Anders, & Madden- Derdich, 2003),这促使他们带着积极的情绪参与课堂活动。努力控制能力强的儿童在课堂上能够适当地抑制或激活自身行为,积极主动地和老师交流自己的观点和需要,促进师生沟通,从而提高自主参与的水平(Reeve, 2013)。总之,高水平的努力控制能力可以促进儿童课堂参与不同层面的发展。

课堂参与到学业成绩的直接路径支持了 Wentzel(1999)的观点。在学校里感觉舒适并积极参与学习过程的儿童往往追求有价值的学业目标,从而更有可能获得好的学业成绩,因此课堂参与对学业成绩至关重要。课堂参与水平高的学生能够更加积极地参与课堂活动,付出更多努力并对学习活动充满兴趣(Marks, 2000)。然而,缺乏参与积极性的学生往往缺乏学习兴趣,甚至表现出破坏课堂活动的行为(Kaplan, Peck, & Kaplan, 1997)。以上三个直接路径构成了环境影响个体自我系统,进而影响个体的行动和发展后果的链条。

（三）性别的调节作用分析

粗暴养育对男生学业成绩的影响除了直接路径和上述的共同间接路径之外，还会通过损害他们的努力控制能力而间接损害学业成绩。描述性结果表明，和女生相比，遭受父母粗暴养育的男生的激活控制能力更低，表明男生比女生更难以激励自己去做那些不愿做但应该做的事情。缺乏努力控制能力主要通过两种方式阻碍男生的学业发展。首先，正如本研究在描述性统计和路径分析中所发现的，缺乏努力控制能力会损害男生的课堂参与进而损害他们的学业成绩。女生往往具有更高水平的自我调节能力（Matthews，Ponitz，& Morrison，2009）。从幼儿园到高中，女生的学业成绩和学校表现总体上优于男生（Duckworth & Seligman，2006）。其次，缺乏努力控制能力会干扰男生在课堂环境之外的学习任务（如家庭作业），从而不利于学生学业成绩的提高。

粗暴养育通过损害女生的课堂参与负向预测她们的学业成绩。Rudolph（2002）发现，男生和女生在人际压力和情绪困扰方面存在性别差异，女生（尤其在青春期）更容易受到人际关系的影响。与男生相比，女生在不良的亲子关系中承受着更大的压力（Pomerantz & Ruble，1998），更容易受到家庭压力源的消极影响（Greene & Larson，1991），面临压力情景时更容易产生情绪痛苦（Leadbeater，Kuperminc，Hertzog，& Blatt，1999）。Blair（2002）提出，消极情绪会干扰儿童的反思、计划和问题解决等认知加工过程，使他们更难于采用高级认知加工策略。因此，父母粗暴养育可能导致女生产生更多不良情绪，进而干扰其课堂参与，损害其学业成绩。粗暴养育还通过损害男生的努力控制能力间接损害他们的学业成绩，并通过损害女生的课堂参与间接损害其学业成绩。努力控制能力和课堂参与共同作用的性别差异表明，在粗暴养育和学业成绩之间的关系上，努力控制能力和课堂参与的间接影响对男生来说更高。这可能是由于中国男生比女生一般要遭受更多的粗暴养育，而且粗暴养育导致男生产生更多攻击行为，使儿童更容易遭遇同伴拒绝（Wang，2017）。

本研究丰富了现有的关于粗暴养育、儿童的努力控制能力、课堂参与和他们的学业成绩之间关系的研究，进一步支持了动机发展的自我系统模型（Skinner & Wellborn，1997）。本研究有如下优势：首先，多人报告法提高了测量结果的准确性。本研究采用了父母和儿童共同报告法评估父母的粗暴养育行为，用考试分数和老师的评分来评估孩子的学业表现。其次，根据Reeve（2013）对课堂参与的定义，本研究更全面地考察了课堂参与的四个维度。虽然以往研究考察了课堂参与在教师支持和同伴接纳(Hughes & Kwok, 2006)、同伴拒绝和学业成绩(Buhs, 2005)等变量之间的中介作用,然而很少有研究关注课堂参与在粗暴养育和儿童学业成绩之间的中介作用。再次,首次在SSMMD的理论框架下整合家庭和个体变量,考察他们对学业成绩的影响机制,以及性别在其中的调节作用。

(四)研究局限和展望

本研究存在的几点不足虽然影响了研究结果的稳健性,但为未来研究方向提供了启发。首先,横断研究设计使我们不能断定变量之间的因果关系。比如,缺乏努力控制能力的儿童可能更容易遭受父母粗暴养育。中国父母非常重视儿童的学业成绩,当孩子取得较差的学业成绩或发现孩子不能积极参与课堂活动时,更容易对孩子采取粗暴养育行为。因此,未来可以采用纵向设计,进一步验证本研究变量可能存在的纵向关联。其次,虽然测量努力控制能力和课堂参与的工具都具有较高的信度和效度,然而这两个工具只采用了学生自我报告法,因而可能受到社会期望效应的干扰。本研究建议后续研究者采用老师和同伴共同报告的方式,以提高数据的准确性。再次,课堂参与的四维结构可能无法涵盖课堂参与的所有维度。已有研究者把社会参与作为衡量学生在课堂上与老师和同伴互动的指标(Martin & Rimm-Kaufman, 2015)。未来研究可以整合这一维度,以便更好地理解和测量课堂参与。最后,本研究的结果需要在其他文化背景的儿童群体中进一步检验。文化因素能够缓和粗暴养育和儿童发展结果之间的关系(Ho, et al., 2008)。比如,父母采取粗暴养育可能是为了获得孩子的顺从,而像中国这样的集体主义国家往往比个人主义国家更倾向于顺从(Bond & Smith, 1996)。这些因素可能导致研究结果的文化差异。虽然只关注孩子学业成绩(如学术权威主义)的专制型养育具有消极性,然而一般的专制型养育仍具有积极意义,比如香港父母的专制型养育与儿童的学习成绩呈现正向关联(Leung, Lau, & Lam, 1998)。本研究结果支持了粗暴养育与中国儿童学业成绩之间的整体关系,然而粗暴养育对儿童不同层面的不良表现可能存在不同影响,这需要进一步探索澄清。

(五)教育意义

虽然教师的教学策略、教学态度、教学技能等教师因素,学生的学习态度、学习方法等学生因素以及班级氛围等课堂因素是影响学生学业成绩发展的近端因素,然而孩子的家庭环境因素在孩子学业发展中所起的作用不可忽视。虽然儿童到一定年龄才进入学校学习，然而作为孩子的第一任教师，父母已经在为孩子今后学业的顺利发展打着基础，这个基础就是孩子的自控能力。本研究基于 SSMMD 框架的四个元素（即环境、自我系统、行为和结果），揭示了粗暴养育对学生学业成绩的消极影响，特别是努力控制能力和课堂参与在其中的中介作用。这些发现启发教育工作者，要提高儿童的学业成绩（结果因素），教师不仅要重视课堂参与（行为因素）等近端因素，还要重视粗暴养育（情景因素）等远端因素，因为这两个因素都具有很强的可塑性。

在以提高课堂学习效率为目标的教师培训方案中，可以聚焦课堂参与，指导教师如何让学生积极参与到教学过程中来，如何使用元认知策略（即如何调节注意力、如何联系新旧知识、如何监控理解过程等等），通过训练这些高级的认知策略促进学生的认知参与（Walker, et al., 2006）。此外，积极的课堂情绪参与是提高学业成绩的重要保证（Rudasill, Gallagher, & White, 2010）。教师在课堂教学过程中要创设温馨的课堂氛围，积极关注学生需求，增进师生以及同伴之间的沟通交流（Hamre & Pianta, 2007）。这种课堂气氛更有可能（1）使学生自觉参与到学习活动中，享受学习过程带来的乐趣（情绪参与）；（2）使学生付出更多努力，坚持当前的学习任务（行为参与）以及（3）使学生更愿意与老师分享他们的想法和感受，帮助教师调整教学过程（自主参与）。这种课堂氛围有益于学生的情绪参与和行为参与（Reyes, Brackett, Rivers, White, & Salovey, 2012）。因此，在课堂上提高情绪支持、教授复杂的认知策略，可以提高学生的课堂参与度。教育工作者也可以与家长合作，通过观察家庭或社区环境中的亲子互动或询问父母，或者通过家长家长见面会，帮助家长识别粗暴养育行为及其对儿童学业等各方面发展的不利影响。此外，将孩子的不良行为归因于孩子的敌意性意图往往诱发父母对孩子的攻击行为（Snarr, et al., 2009）。因此，培养父母对孩子不当行为的合理的归因风格有助于减少父母的粗暴养育行为。总之，父母的养育行为和学生的课堂参与均具有很强的可塑性。预防或干预粗暴养育，促进学生积极主动的课堂参与行为，都有利于提高儿童的学业成绩。最后，打破粗暴养育与儿童不良学业成绩之间的恶性循环，保护遭受粗暴养育的儿童青少年，需要教育专家、教师和家长的长期合作。特别是在深受儒家思想影响的中国，很多父母往往认为，“不打不成器”，甚至把孩子良好的学业成绩看作孩子对父母的孝顺之举。本研究启发我们，帮助父母改善养育技巧，放弃不合理的养育行为，培养孩子的自控能力，增进学生积极的课堂参与,有助于改善孩子在校的学业表现。

第二节 粗暴养育影响儿童的课堂参与

——基本心理需要的中介作用

一、问题提出

(一)研究背景

以往旨在改善儿童学业参与的教学改革往往集中在学校内部因素上,比如延长在校时间,制定严格的学习标准,提高教学要求等。虽然教师和学生等方面的校内因素非常重要,然而校外因素同样是学生学业成就发展的重要影响因素(Cohen & Rice, 1997; Schickedanz, 1995)。研究表明,父母对孩子严格要求、设定标准等行为与孩子良好的学业参与呈正向关联(Pierce, Hamm, & Vandell, 1997)。相反,父母专制而粗暴的养育行为损害儿童的学业参与(Wentzel, Feldman, & Weinberger, 1991)。那么,父母的粗暴养育行为除了以往研究所探索的影响学业成绩的路径之外,还有其他路径吗?家庭因素特别是父母所提供的养育环境影响着儿童基本心理需要的满足水平,进而影响儿童多方面的健康发展(Grolnick, 2003; Soenens, 2006)。那么父母粗暴养育是否通过影响儿童基本心理需要的满足进而影响他们的课堂参与呢?

(二)变量关系梳理

1. 粗暴养育影响儿童基本心理需要的满足状况

Deci 和 Ryan 提出的基本心理需要理论(Basic Psychological Need Theory)是自我决定理论的重要组成部分之一(Deci & Ryan, 2000; Ryan & Deci, 2002)。根据该理论,个体有三种基本心理需要:自主需要、关系需要和能力需要。自主需要是指个体必须按照自己的意愿行动,是自身行动的发起者。自我决定论中的自主并不意味着个体不需要依赖他人。个体可以选择去依靠别人,只要这种选择是个体自我决定后发出的,个体的自主需要就没有受到损害(Deci, La Guardia, Moller, Scheiner, & Ryan, 2006)。能力需要是指个体需要感到自己有能力完成任务,对所从事的活动存在胜任感和掌控感。当个体感知到自身有能力达成目标时,个体的能力需要就得到了满足。最后,关系需要是指个体需要与别人具有一种连接感,感到被他人所理解、所接纳

(Baumeister & Leary, 1995)。

与重要他人(比如父母)的人际互动影响着个体基本心理需要的满足水平(Vallerand, Pelletier, & Koestner, 2008)。父母的养育行为从个体出生到成年都一直影响着儿童的发展(Mabbe, et al. 2015)。因此,父母粗暴养育可能会损害儿童基本心理需要的满足程度。研究者发现,以过度控制为典型特征的养育行为,减少了儿童表达自己观点的机会,往往忽视甚至否定儿童的看法,倾向于利用言语攻击和身体惩罚等高压策略将自己的观点灌输给儿童,因此不能满足儿童的基本心理需要(Grolnick & Pomerantz, 2009)。粗暴管教孩子的父母往往通过心理控制手段损害儿童的基本心理需要(Soenens & Vansteenkiste, 2010)。父母可能通过诱发儿童的内疚感来控制儿童,比如对儿童的表现进行消极反馈("我做梦都没想到你会做的这么差;我对你很失望"),这会损害儿童的能力需要(Soucy & Larose, 2000)。此类专制粗暴的养育行为还可能导致亲子之间的距离和冷漠(Assor, Roth, & Deci, 2004),导致个体的关系需要得不到满足。最后,父母粗暴地强迫儿童改变自己的行为或思维方式,也会削弱他们的自主需要(Vansteenkiste, Simons, Lens, Soenens, & Matos, 2005)。

以过度控制和过度保护为特征的父母经常向孩子提供各种建议,干涉孩子的决定,甚至替孩子做决定(Reed, et al., 2016),使儿童的基本心理需要无法得到满足。由于儿童的行动不是源自本身意愿,而是由父母所决定,孩子的自主需要因此受到损害。父母过多地干涉孩子,会让他们对自己的能力缺乏信心,认为自己没有能力独立地解决问题,从而影响能力需要的满足。父母的过度控制行为还导致亲子之间更加疏远,使孩子的关系需要也难以获得满足(Schiffrin, et al., 2014)。因此,父母的过度控制行为导致孩子的基本心理需要无法获得满足。粗暴养育过程中,父母因孩子表现不佳而对孩子施加身体攻击和言语苛责,这些行为首先损害孩子的关系需要。父母对孩子的消极评价和羞辱性言语无疑会损害孩子的能力需要。父母因孩子犯错而对孩子产生的过度控制行为损害了孩子的自主需要。

2.基本心理需要的满足水平对孩子学业参与的影响

基本心理需要的满足水平是学生学业参与的重要影响因素之一(Wilson, et al., 2012)。学业参与程度越高,学生的学业成就越高(Carter, Reschly, Lovelace, Appleton, & Thompson, 2012)。当学生的基本心理需要得到满足时,他们的内在动机就会被激活,促使他们更加积极主动地从事学业活动,争取好成绩(Sansone & Harackiewicz, 2000)。也就是说,基本心理需要的满足可能通过影响儿童的学业动机因素(比如学业自我效能感)来影响他们的学业参与水平。当孩子在学业活动中感到自主,不受他人约束时,他们更倾向于对学业表现进行内部归因,并感到有能力控制学业活动的进程和结果。能力需要的满足能够增强孩子完成任务的信念,提升自我效能感。关系需要得到满足意味着学生在处理问题时会得到他人的关心和支持,解决问题的信心和自我效能感自然会提高(Ryan & Deci, 2000)。在个体的自主需要、关系需要和能力需要得到满足的情况下,学生更有可能抓住每个学习机会积极地探索学习任务。在这种情况下,个体高水平的自我效能感促使他们使用更多学业技能、在学业活动中更富有坚持性,更加积极主动地参与学业活动。此外,基本心理需要的满足也有助于提升个体的积极情感,抑制消极情感(Baard, Deci, & Ryan, 2004;Deci & Ryan, 2002)。在教育环境中,积极的学业情感促使学生设立目标,迎接挑战,拓展思维,提高解决问题的能力,进一步促进学生的课堂参与。然而,消极的学业情感会损害学生的学习积极性,破坏认知加工过程,损害学业参与(Derakshan, et al., 2009)。具体来看,当个体的基本心理需要获得满足时,他们更能体验到自我价值,并对学业活动充满乐趣,开放地接受积极的思想,积极拓展认知活动范围(Fredrickson & Branigan, 2005)。当基本心理需要获得不了满足时,个体就会体验到更多消极的学业情感,从而损害学业参与,影响学业成绩。

3.研究假设

本研究拟考察三种基本心理需要在粗暴养育与儿童学业成绩之间的中介作用(如图 4-2-1)。基于以上理论分析,本研究提出如下假设:

假设 1:粗暴养育削弱学生基本心理需要的满足水平。

假设 2:学生基本心理需要的满足水平是其课堂参与的重要影响因素。

假设 3:粗暴养育通过损害学生的基本心理需要损害他们的课堂参与。

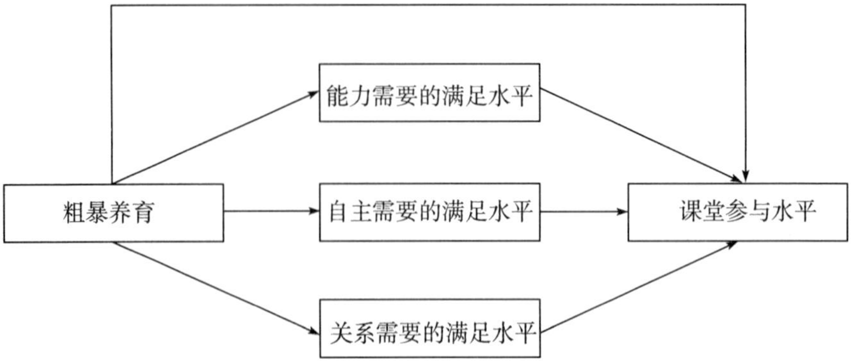

图 4-2-1　粗暴养育损害儿童课堂参与的多重中介模型

二、研究方法

（一）被试

来自山东省济南市一所初级中学的六、七、八年级的 299 学生参与了本次调查，其中男生 165 名，女生 134 名。被试的年龄范围在 11～15 岁，平均年龄为 13.43 岁（$SD = 0.94$）。缺失数据采用全信息极大似然估计法处理。

（二）测量工具

1. 粗暴养育量表

采用粗暴养育简版问卷测量父母的粗暴养育水平，要求父母之间彼此互评对方的粗暴养育行为，这种方法是以往研究中测量父母粗暴养育的经典方法（Nelson, et al., 2006）。问卷采用 5 点计分（1 = 几乎从未这样做过，5 = 总是这样做）。通过对相应题目进行平均，获得父亲评价的母亲粗暴养育（$\alpha = 0.86$）以及母亲评价的父亲粗暴养育（$\alpha = 0.84$）。该问卷在前面研究中展示出良好的信度和效度指标。

2. 基本心理需要量表

儿童采用基本心理需要满足状况量表对三种基本心理需要的满足水平进行自我评价（Ryan & Deci, 2000）。该量表包括能力需要满足、自主需要满足和关系需要满足三个维度，每个维度八个题目，采用 5 点计分（1 = 完全不符合，5 = 完全符合），各维度的 Cronbach 系数 α 分别为 0.89、0.87 和 0.79。用每个维度的题目均值作为基本心理需要满足水平的三个指标，分数越高表明儿童的基本心理需要获得满足的状况越好。

3.课堂参与

儿童采用课堂参与量表对自己的课堂参与水平进行自我评价(Reeve & Lee, 2014)。该量表包括行为参与、情绪参与、认知参与和自主参与四个维度,共有12题,采用5点计分(1 = 完全不同意,5 = 完全同意)。该工具在本章研究1中表现出良好的信度和效度。本研究中总问卷的Cronbach 系数 α 为0.96。

(三)研究程序

本研究首先获得了学校领导、教师以及学生的知情同意,并通过短信或电话联系征得了父母的口头同意。所有问卷均以中文填写。以班级为单位,在班主任的协调下,研究生按照标准化指导语讲解问卷做法。课堂参与问卷和基本心理需要问卷由学生当堂完成,粗暴养育问卷由父母在网络上完成。

(四)数据处理

本研究采用当前流行的多重中介模型的检验程序,通过SPSS中的PROCESS分析三种基本心理需要在父母粗暴养育和儿童课堂参与之间的中介作用。

三、结果与分析

(一)描述性统计结果

从表4-2-1来看,三种基本心理需要之间彼此呈显著正相关,课堂参与的四个维度之间彼此呈正相关。粗暴养育与儿童的能力需要、自主需要以及关系需要均呈显著负相关。粗暴养育与儿童的行为参与、情绪参与和认知参与均呈显著负相关。每种基本心理需要均与课堂参与的四个层面呈显著正相关。变量之间的关系模式支持后续的多重中介模型检验。

表 4-2-1　本研究主要变量的均值、标准差和相关关系

变量名称	1	2	3	4	5	6	7	8	9	10
1. 粗暴养育	1									
2. 能力需要	-0.18^{**}	1								
3. 自主需要	-0.23^{***}	0.62^{***}	1							
4. 关系需要	-0.18^{**}	0.65^{***}	0.58^{***}	1						
5. 基本心理需要	-0.23^{***}	0.88^{***}	0.83^{***}	0.88^{***}	1					
6. 行为参与	-0.15^{**}	0.34^{***}	0.28^{***}	0.35^{***}	0.38^{***}	1				
7. 情绪参与	-0.11^{*}	0.36^{***}	0.27^{***}	0.30^{***}	0.36^{***}	0.83^{***}	1			
8. 认知参与	-0.10^{***}	0.38^{***}	0.29^{***}	0.29^{***}	0.37^{***}	0.78^{***}	0.82^{***}	1		
9. 自主参与	−0.03	0.32^{***}	0.23^{***}	0.25^{***}	0.31^{***}	0.66^{***}	0.75^{***}	0.76^{***}	1	
10. 课堂参与	-0.12^{**}	0.38^{***}	0.30^{***}	0.34^{***}	0.39^{***}	0.94^{***}	0.88^{***}	0.91^{***}	0.86^{***}	1
M	1.71	3.32	3.29	3.46	3.36	3.80	3.78	3.78	3.47	3.71
SD	0.77	0.63	0.53	0.65	0.52	1.01	0.99	0.10	1.14	0.95

注：$N = 299$，$^{*}p < 0.05$，$^{**}p < 0.01$，$^{***}p < 0.001$。

（二）三种基本心理需要的中介作用检验

采用 PROCESS 检验三种基本心理需要的中介作用，结果如表 4-2-2 所示。分别以三种基本心理需要为被预测变量，在控制被试的年龄、性别和家庭社会经济地位（SES）之后，粗暴养育显著负向预测儿童的能力需要（$\beta=-0.20, p<0.01$）、关系需要（$\beta=-0.19, p<0.01$）和自主需要（$\beta=-0.24, p<0.01$）。控制人口学变量，以父母粗暴养育以及儿童的三种基本心理需要为预测变量预儿童的课堂参与，粗暴养育对课堂参与的直接效应不显著（$\beta=-0.07, p>0.05$），能力需要以及关系需要的满足水平正向预测儿童的课堂参与（$\beta=0.18, p<0.05$；$\beta=0.17, p<0.05$）。由于粗暴养育对儿童课堂参与的直接效应不显著，因此粗暴养育主要通过损害儿童的能力需要和关系需要而削弱儿童的课堂参与。

表 4-2-2　三种基本心理需要的中介作用(N = 299)

	校标 1		校标 2		校标 3		校标 4	
	能力需要		关系需要		自主需要		课堂参与	
预测变量	β	t	β	t	β	t	β	t
年龄	−0.12	−2.04*	−0.03	−0.49	−0.07	−1.15	−0.13	−2.35*
儿童性别	−0.04	−0.71	0.14	2.34*	0.13	2.24*	−0.14	−2.41
家庭社会经济地位	0.14	2.35*	0.13	2.20*	0.13	2.23*	0.04	0.72
父母粗暴养育	−0.20	−3.44**	−0.19	−3.29**	−0.24	−4.15***	−1.28	0.20
能力需要							0.18	2.27*
关系需要							0.17	2.28*
自主需要							0.07	0.93
课堂参与								
F	5.79***		5.07**		6.87***		9.79***	
R^2	0.08***		0.07**		.09***		.20***	

注:儿童性别编码方式为,0 = 男,1 = 女;* $p<0.05$,** $p<0.01$,*** $p<0.001$。

四、讨论

本研究以自我决定理论为理论框架(Ryan & Deci, 2000),结合以往消极养育损害儿童学业参与的相关研究,考察了儿童的能力需要、关系需要和自主需要等三种基本心理需要的满足水平在粗暴养育和儿童课堂参与之间的中介作用。总体来看,儿童的基本心理需要在粗暴养育和儿童的课堂参与之间起完全中介作用。具体来说,父母的粗暴养育水平越高,儿童的能力需要和关系需要的满足水平越低,他们的课堂参与的水平越低。

(一)粗暴养育对儿童基本心理需要的损害效应

粗暴养育是在孩子犯错或表现不佳的情况下,父母对孩子产生的身体攻击和言语攻击行为。虽然父母是出于促进孩子更加完善的目的,然而父母对孩子的身体攻击毕竟会对孩子的身心健康造成伤害,父母对孩子的言语攻击会伤害孩子的自尊。本研究表明,粗暴养育会破坏亲子之间的连接感,使孩子的关系需要得不到满足。这一发现与以往消极养育行为破坏孩子依恋安全感的相关研究是一致的。Wang 等(2019)发现,父亲以及母亲的粗暴养育导致孩了在亲子交往中缺乏安全感,甚至在其他人际场合产生焦虑情绪。换句话说,父母的粗暴养育阻碍了儿童人际关系需要的满足。

本研究发现,粗暴养育阻碍孩子能力需要的满足,使孩子对所从事的活动缺乏胜任感。实际上,在孩子表现不佳或出现错误时,粗暴养育无助于孩子获得改善。比如在学业领域,一旦孩子成绩不良或做错题时,父母往往表现出粗暴的养育行为,这并不能从本质上改善孩子的学业表现。Wang 等(2018)的研究表明,粗暴养育会损害孩子的自我控制能力,使其无法更好的控制自己的注意力和课堂参与行为,从而不利于学业成绩的长期发展。实际上,当孩子犯错或表现不佳时,父母应该帮助孩子找出问题所在,积极的解决问题,而不是一味地指责甚至体罚孩子。有些父母甚至把孩子的错误或不良表现归结到孩子的智力因素上,说出“猪脑子”“笨死了”等羞辱孩子的话,这些粗暴的言语攻击会让儿童对所从事的学业活动越来越缺乏自信和胜任感。

(二)儿童基本心理需要对课堂参与的损害作用

基本心理需要的良好满足会让孩子产生积极情绪(Deci & Ryan, 2002),这种积极情绪有助于个体在课堂环境中的认知加工活动。相反,在基本心理需要得不到满足的情境下,个体的消极情绪会破坏课堂参与的积极性(Derakshan, et al.，2009)。本研究表明，三种基本心理需要中的能力需要和关系需要是儿童课堂参与的积极预测因素。能力需要的满足有助于提高儿童对课堂活动的自我效能感，使其充满信心更加积极地参与到课堂活动中来。如果孩子在课堂活动中屡屡受挫，能力需要得不到满足，就可能丧失信心，产生一种无助感，损害课堂参与的积极性。同样，关系需要得到满足的学生更加积极地参与课堂交流，而那些关系需要得不到满足的孩子不敢与老师或其他同学交流，缺乏课堂参与的主动性和积极性。

(三)教育意义

成绩是学生乃至教师的"命根子"。每次考试结束完成试卷分析之后，教师往往给班里每个学生制定下一次考试要达到的分数目标，这种做法很不合理。学生的考试成绩受到多种因素的影响，具有不可控性和不可塑性。一个有效合理的改善学生学业表现的途径应该是促使学生更好地参与到课堂活动中去，通过提高他们的努力投入和积极参与来提高他们的学业成绩。换句话说，教育工作者需要努力调动起学生的积极性，使其充分参与到课堂学习活动中来，而不是一味地强调成绩。

要调动学生课堂参与的积极性，就要让学生在课堂活动中体验到对学习活动的胜任感。不能总是让学生在课堂上经历挫折，甚至故意通过提高问题难度挑战学生。相反，教师要把课堂学习任务划分为多个难度水平，从简单的问题入手，让学生体验到成功带来的快乐，直到最终能够解决更为复杂的问题。其次，改善课堂人际氛围，使学生愿意与老师交流，喜欢与同伴互动，通过满足孩子的关系需要促进课堂参与。如果学生害怕老师，不为同伴所接纳，就很难在课堂上围绕问题展开讨论和交流，影响课堂学习。最后，由于消极的父母养育行为阻碍孩子基本心理需要的满足状况，因此父母要主动放弃无效的养育措施，积极改善亲子关系，最大程度地满足孩子的基本心理需要，为提高孩子的课堂参与水平创造良好的家庭氛围。

主要参考文献

池丽萍. 认知评价在婚姻冲突与儿童问题行为之间的作用：中介还是缓冲[J]. 心理发展与教育，2005(2)：30-35.

房超，方晓义，申子姣. 心理控制、行为控制与青少年网络成瘾的关系[J]. 中国特殊教育，2012(12)：70-74.

谷传华，周宗奎. 小学儿童社会创造性倾向与父母养育方式的关系[J]. 心理发展与教育，2008(2)：34-38.

李董平，张卫，李丹黎，王艳辉，甄霜菊. 教养方式、气质对青少年攻击的影响：独特、差别与中介效应检验[J]. 心理学报，2012，44(2)：211-225.

刘亚鹏，邓慧华，张光珍，梁宗保，陆祖宏. 父母养育压力对儿童问题行为的影响：养育方式的中介作用[J]. 心理发展与教育，2015，31(3)：319-326.

罗媛，李鹏程. 父母冲突对子女攻击性行为的影响[J]. 社会心理科学，2013(9)：43-48.

万明钢，王亚鹏，王舟. 5～7 岁幼儿的同伴关系、社会行为与其母亲教养方式[J]. 心理科学，2001(5)：621-622.

王明忠，杜秀秀，周宗奎. 粗暴养育的内涵、影响因素及作用机制[J]. 心理科学进展，2016，24(3)：379-391.

王明珠，邹泓，李晓巍，张文娟，王英芊. 幼儿父母婚姻冲突与教养方式的关系：父母情绪调节策略的调节作用[J]. 心理发展与教育，2015，31(3)：279-286.

王倩. 儿童虐待研究述评[J]. 中国特殊教育，2015(5)：74-79.

许维素. 对儿童虐待研究分析的综述[J]. 社会心理科学，2004，19(2)：69-72.

Abela，J. R. Z.，& Hankin，B. L. (2011). Rumination as a vulnerability factor to depression during the transition from early to middle adolescence：A multiwave longitudinal study. *Journal of Abnormal Psychol-*

ogy, 120:259-271.

Aber, J. L., Allen, J. P., Carlson, V., & Cicchetti, P. (1989). The effects of maltreatment on development during childhood: Recent studies and their theoretical, clinical and policy implications. In D. Cicchetti, & V. Carlson (eds.). *Child maltreatment. Theory and research on the causes and consequences of child abuse and neglect* (pp. 579-619). Cambridge, England: Cambridge University Press.

Abidin, R. R. (1990). Introduction to the special issue: The stresses of parenting. *Journal of Clinical Child Psychology*, 19, 298-301.

Abramson, L. Y., Metalsky, G. I., & Alloy, L. B. (1988). The hopelessness theory of depression: Does the research test the theory? In L. Y. Abramson (ed.), *Social cognition and clinical psychology: A synthesis* (pp. 33-65). New York, NY: Guilford Press.

Abramson, L. Y., Seligman, M., & Teasdale, J. (1978). Learned helplessness in humans: Critique and reformulation. *Journal of Abnormal Psychology*, 87:49-74.

Achenbach, T. M., & Edelbrock, C. S. (1978). The classification of child psychopathology: A review and analysis of empirical efforts. *Psychological Bulletin*, 85:1275-1301.

Adrian, M., Zeman, J., Erdley, C., Lisa, L., & Sim, L. (2011). Emotional dysregulation and interpersonal difficulties as risk factors for nonsuicidal self-injury in adolescent girls. *Journal of Abnormal Child Psychology*, 39:389-400.

Afonso, V. M., Sison, M., Lovic, V., & Fleming, A. S. (2007). Medial prefrontal cortex lesions in the female rat affect sexual and maternal behavior and their sequential organization. *Behavioral Neuroscience*, 121: 515-526.

Ahn, A. J., Kim, B. S. K., & Park, Y. S. (2008). Asian cultural values gap, cognitive flexibility, coping strategies, and child-parent conflicts among Korean Americans. *Cultural Diversity & Ethnic Minority Psychology*, 14:353-363.

Agnew, R. (1985). A revised strain theory of delinquency. *Social Forces*, 64: 151-167.

Agnew, R. (1992). Foundation for a general strain theory of crime and delinquency. *Criminology*, 30: 47-88.

Agnew, R. (1997). Stability and change in crime over the life course: A strain theory explanation. *Developmental Theories of Crime and Delinquency*, 7: 101-132.

Agnew, R. (2001). Building on the foundation of general strain theory: Specifying the types of strain most likely to lead to crime and delinquency. *Journal of Research in Crime and Delinquency*, 38: 319-361.

Akin, A., & Iskender, M. (2011). Internet addiction and depression, anxiety and stress. *International Online Journal of Education Science*, 3: 138-148.

Aldea, M. A., & Rice, K. G. (2006). The role of emotional dysregulation in perfectionism and psychological distress. *Journal of Counseling Psychology*, 53: 498-510.

Anthonysamy, A., & Zimmer-Gembeck, M. J. (2007). Peer status and behaviors of maltreated children and their classmates in the early years of school. *Child Abuse & Neglect*, 31: 971-991.

Applegate, J. L., Burke, J. A., Burleson, B. R., Delia, J. G., and Kline, S. L. (1985). Reflection-enhancing parental communication. In I. E. Sigel (ed.), *Parental belief systems* (pp. 107-142). Hillsdale, NJ: Lawrence Erlbaum Associates.

Arbuckle, J. L. (2008). *Amos 17.0 user's guide*. Chicago, IL: SPSS.

Arnold, D. S., O'Leary, S. G., Wolff, L. S. & Acker, M. M. (1993). The Parenting Scale: A measure of dysfunctional parenting in discipline situations. *Psychological Assessment*, 5: 137-144.

Archer, J. (2004). Sex differences in aggression in real world settings: A meta-analytic review. *Review of General Psychology*, 8: 291-322.

Ardelt, M., & Eccles, J. S. (2001). Effects of mothers' parental efficacy beliefs and promotive parenting strategies on inner-city youth. *Journal of Family Issues*, 22:944-972.

Armsden, G. C., & Greenberg, M. T. (1987). The inventory of parent and peer attachment: Individual differences and their relationship to psychological well-being in adolescence. *Journal of Youth and Adolescence*, 16:427-454.

Ateah, C. A., & Durrant, J. E. (2005). Maternal use of physical punishment in response to child misbehavior: Implications for child abuse prevention. *Child Abuse & Neglect*, 29:169-185.

Atzaba-Poria, N., & Pike, A. (2008). Correlates of parenting for mothers and fathers from English and Indian backgrounds. *Parenting: Science and Practice*, 8:17-40.

Azar, S. T. (1991). Models of child abuse. A metatheoretical analysis. *Criminal Justice and Behavior*, 18: 30-46.

Azar, S. T., Reitz, E. B., & Goslin, M. C. (2008). Mothering: Thinking is part of the job description: Application of cognitive views to understanding maladaptive parenting and doing intervention and prevention work. *Journal of Applied Developmental Psychology*, 29:295-304.

Azar, S. T., Robinson, D. R., Hekimian, E., & Twentyman, C. T. (1984). Unrealistic expectations and problem-solving ability in maltreating and comparison mothers. *Journal of Consulting and Clinical Psychology*, 52:687-691.

Azar, S. T., & Rohrbeck, C. A. (1986). Child abuse and unrealistic expectations: Further validation of the Parent Opinion Questionnaire. *Journal of Consulting and Clinical psychology*, 54:867-868.

Bai, L. (2005). Children at play: A childhood beyond the Confucian shadow. *Childhood: A Global Journal of Child Research*, 12:9-32.

Bakermans-Kranenburg, M. J., & Van Ijzendoorn, M. H. (2006). Gene-environment interaction of the dopamine D4 receptor (DRD4) and observed maternal insensitivity predicting externalizing behavior in preschoolers. *Developmental Psychobiology: The Journal of the International Society for Developmental Psychobiology*, 48:406-409.

Bakhla, A. K., Sinha. P., Sharan, R., Binay, Y., Verma, V., & Chaudhury, S. (2013). Anxiety in school students: Role of parenting and gender. *Industrial Psychiatry Journal*, 22: 131-137.

Bandura, A. (1977). Self-efficacy: Toward a unifying theory of behavior change. *Psychological Review*, 84: 191-215.

Bandura, A. (1989). Social cognitive theory. In R. Vasta (ed.), *Annals of child development. Six theories of child development* (Vol. 6, pp. 1-60). Greenwich, CT: JAI Press.

Bandura, A. (1991). Social cognitive theory of moral thought and action. In W. M. Kurtines and J. L. Gewirtz (eds.), *Handbook of moral behavior and development* (Vol. 1, pp. 45-103). Hillsdale, NJ: Lawrence Erlbaum Associates.

Bandura, A. (1999). Moral disengagement in the perpetration of inhumanities. *Personality and Social Psychology Review*, 3: 193-209.

Bandura, A., Barbaranelli, C., Caprara, G. V., & Pastorelli, C. (1996). Mechanisms of moral disengagement in the exercise of moral agency. *Journal of Personality and Social Psychology*, 71: 364-374.

Bao, K. B., & Xu, M. Q. (2006). A comparison of attachment in adolescents of mainland China & Malaysia. *Chinese Journal of Clinical Psychology*, 114: 172-174. (In Chinese)

Bao, Z., Zhang, W., Lai, X., Sun, W., & Wang, Y. (2015). Parental attachment and Chinese adolescents' delinquency: The mediating role of moral disengagement. *Journal of Adolescence*, 44: 37-47.

Barajas-Gonzalez, G., & Brooks-Gunn, J. (2014). Income, neighborhood stressors, and harsh parenting: Test of moderation by ethnicity, age, and gender. *Journal of Family Psychology*, 28: 855-866.

Bariola, E., Hughes, E. K., & Gullone, E. (2012). Relationships between parent and child emotion regulation strategy use: A brief report. *Journal of Child and Family Studies*, 21: 443-448.

Barling, J., & MacEwen, K. E. (1991). Maternal employment experiences, attention problems and behavioral performance: A mediational model.

Journal of Organizational Behavior, 12:495-505.

Barnett, D., Vondra, J. I., & Shonk, S. (1996). Self-perceptions, motivation, and school functioning of low-income maltreated and comparison children. *Child Abuse & Neglect*, 20:397-410.

Baron, R. M., & Kenny, D. A. (1986). The moderator-mediator variable distinction in social psychological research: Conceptual, strategic, and statistical considerations. *Journal of Personality and Social Psychology*, 51: 1173-1182.

Barrett, J., & Fleming, A. S. (2011). Annual research review: All mothers are not created equal: Neural and psychobiological perspectives on mothering and the importance of individual differences. *Journal of Child Psychology and Psychiatry*, 52:368-397.

Barrett, L. F., Tugade, M. M., & Engle, R. W. (2004). Individual differences in working memory capacity and dual-process theories of the mind. *Psychological Bulletin*, 130:553-573.

Bartholomew, K., & Horowitz, L. M. (1991). Attachment styles among young adults: A test of a four-category model. *Journal of Personality and Social Psychology*, 61:226-471.

Bates, J. E., Pettit, G. S., Dodge, K. A., & Ridge, B. (1998). Interaction of temperamental resistance to control and restrictive parenting in the development of externalizing behavior. *Developmental Psychology*, 34: 982-995.

Bates, D. M., & Watts, D. G. (1980). Relative curvature measures of nonlinearity. *Journal of the Royal Statistical Society: Series B (Methodological)*, 42:1-16.

Baumrind, D. (1967). Child care practices anteceding three patterns of preschool behavior. *Genetic Psychology Monographs*, 76:43-88.

Baumrind, D. (1972). An exploratory study of socialization effects on Black children: Some Black-White comparisons. *Child Development*, 43: 261-267.

Baumrind, D. (1991). Effective parenting during the early adolescent transition. In P. A. Cowan, & E. M. Hetherington (eds.), *Advances in family research*: Vol. 2. *Advances in family research*(pp. 111-163).

Baumrind, D., & Moselle, K. A. (1985). A developmental perspective on adolescent drug abuse. *Advances in Alcohol and Substance Use*, 5:41-67.

Beard, K. W., & Wolf, E. M. (2001). Modification in the proposed diagnostic criteria for internet addiction. *Cyberpsychology & Behavior*, 4: 377-383.

Beauchaine, T. P., Gatzke-Kopp, L., & Mead, H. K. (2007). Polyvagal Theory and developmental psychopathology: Emotion dysregulation and conduct problems from preschool toadolescence. *Biological Psychology*, 74:174-184.

Beck, A. T. (1987). Cognitive models of depression. *Journal of Cognitive Psychotherapy*, 1:5-37.

Beck, A. T. (2002). Cognitive models of depression. In R. L. Leahy & E. T. Dowd (eds.), *Clinical advances in cognitive psychotherapy: Theory and application*(pp. 29-61).

Beck, A. T., & Young, J. E. (1985). Depression. In D. H. Barlow (ed.), *Clinical handbook of psychological disorders: A step-by-step treatment manual* (pp. 206-244).

Beckerman, M., Van Berkel, S. R., Mesman, J., & Alink, L. R. A. (2017). The role of negative parental attributions in the associations between daily stressors, maltreatment history, and harsh and abusive discipline. *Child Abuse & Neglect*, 64:109-116.

Bell, R. Q., & Chapman, M. (1986). Child effects in studies using experimental or brief longitudinal approaches to socialization. *Developmental Psychology*, 22:595-603.

Belsky, J. (1984). The determinants of parenting. *Child Development*, 55, 83-96.

Belsky, J. (1993). Etiology of child maltreatment: A developmental-ecological analysis. *Psychological Bulletin*, 114:413-434.

Belsky, J., & Barends, N. (2002). Personality and parenting. In M.

H. Bornstein (ed.), *Handbook of parenting: Being and becoming a parent* (2nd ed., pp. 415-438). Mahwah, NJ: Erlbaum.

Belsky, J., Crnic, K., and Woodworth, S. (1995). Personality and parenting: Exploring the mediating role of transient mood and daily hassles. *Journal of Personality*, 63, 905-931.

Benasich, A. A., & Brooks-Gunn, J. (1996). Maternal attitudes and knowledge of child-rearing: Associations with family and child outcomes. *Child Development*, 67:1186-1205.

Bender, H. L., Allen, J. P., McElhaney, K. B., Antonishak, J., Moore, C. M., O'Beirne Kelly, H., & Davis, S. M. (2007). Use of harsh discipline and developmental outcomes in adolescence. *Development and Psychopathology*, 19:227-242.

Benedek, R. S., & Benedek, E. P. (1979). Children of divorce: Can we meet their needs? *Journal of Social Issues*, 35:155-169.

Bennett, D. C., Kerig, P. K., Chaplo, S. D., McGee, A. B., & Baucom, B. R. (2014). Validation of the five-factor model of PTSD symptom structure among delinquent youth. *Psychological Trauma: Theory, Research, Practice, and Policy*, 6:438-447.

Benson, M. J., Buehler, C., & Gerard, J. M. (2008). Interparental hostility and early adolescent problem behavior: Spillover via maternal acceptance, harshness, inconsistency, and intrusiveness. *The Journal of Early Adolescence*, 28:428-454.

Berg-Nielsen, T. S., Vikan, A., & Dahl, A. A. (2002). Parenting related to child and parental psychopathology: A descriptive review of the literature. *Clinical Child Psychology and Psychiatry*, 7:529-552.

Berkowitz, L. (1989). Frustration-aggression hypothesis: Examination and reformulation. *Psychological Bulletin*, 106:59-73.

Berkowitz, L. (1990). On the formation and regulation of anger and aggression: A cognitive-neoassociationistic analysis. *American Psychologist*, 45: 494-503.

Bernier, A., Carlson, S. M., Deschenes, M., & Matte-Gagne, C.

(2012). Social factors in the development of early executive functioning: A closer look at the caregiving environment. *Developmental Science*, 15:12-24.

Bert, S. C., Guner, B. M., & Lanzi, R. G. (2009). The influence of maternal history of abuse on parenting knowledge and behavior. *Family Relations*, 58:176-187.

Beyers, J. M., Bates, J. E., Pettit, G. S., & Dodge, K. A. (2003). Neighborhood structure, parenting processes, and the development of youths' externalizing behaviors: A multilevel analysis. *American Journal of Community Psychology*, 31:35-53.

Bifulco, A., Kwon, J., Jacobs, C., Moran, P. M., Bunn, A., & Beer, N. (2006). Adult attachment style as mediator between childhood neglect/abuse and adult depression and anxiety. *Social Psychiatry and Psychiatric Epidemiology*, 41:796-805.

Björkqvist, K. (1994). Sex differences in physical, verbal, and indirect aggression: A review of recent research. *Sex Roles*, 30:177-188.

Blair, C. (2002). School readiness: Integrating cognition and emotion in a neurobiological conceptualization of children's functioning at school entry. *The American Psychologist*, 57:111-127.

Blair, C. (2010). Stress and the development of self-regulation in context. *Child Development Perspectives*, 4:181-188.

Blair, C., Granger, D. A., Willoughby, M., Mills-Koonce, R., Cox, M., Greenberg, M. T., et al. (2011). Salivary cortisol mediates effects of poverty and parenting on executive functions in early childhood. *Child Development*, 82:1970-1984.

Blair, C., & Raver, C. C. (2015). School readiness and self-regulation: A developmentalpsychobiological approach. *Annual Review of Psychology*, 66:711-731.

Blair, K., Smith, B., Mitchell, D., Morton, J., Vythilingam, R., Pessoa, L., et al. (2007). Modulation of emotion by cognition and cognition by emotion. *Neuroimage*, 35:430-440.

Blatt, S. J. (1995). The destructiveness of perfectionism. *American*

Psychologist, 50:1003-1020.

Bloom, B. L., Asher, S. J., & White, S. W. (1978). Marital disruption as a stressor: A review and analysis. *Psychological Bulletin*, 85: 867-894.

Boekaerts, M., & Corno, L. (2005). Self-regulation in the classroom: A perspective on assessment and intervention. *Applied Psychology*, 54: 199-231.

Bögels, S. M., & Brechman-Toussaint, M. L. (2006). Family issues in child anxiety: Attachment, family functioning, parental rearing and beliefs. *Clinical Psychology Review*, 26:834-856.

Bögels, S., Stevens, J., & Majdandzic, M. (2011). Parenting and social anxiety: "Fathers" versus mothers' influence on their children's anxiety in ambiguous social situations. *Journal of Child Psychology and Psychiatry*, 52:599-606.

Bojuwoye, O. (2001). Crossing cultural boundaries in counseling. *International Journal for the Advancement of Counseling*, 23:31-50.

Bolger, K. E., Patterson, C. J., & Kupersmidt, J. B. (1998). Peer relationships and self-esteem among children who have been maltreated. *Child Development*, 69:1171-1197.

Bond, R., & Smith, P. B. (1996). Culture and conformity: A meta-analysis of studies using Asch's (1952b, 1956) line judgment task. *Psychological Bulletin*, 119:111-137.

Bonn-Miller, M. O., Vujanovic, A. A., & Zvolensky, M. J. (2008). Emotional dysregulation: Association with coping-oriented marijuana use motives among current marijuana users. *Substance Use & Misuse*, 43:1653-1665.

Booth-LaForce, C., & Oxford, M. L. (2008). Trajectories of social withdrawal from grades 1 to 6: Prediction from early parenting, attachment, and temperament. *Developmental Psychology*, 44:1298-1313.

Bornstein, M. H., Cote, L. R., Haynes, O. M., Hahn, C. S., & Park, Y. (2010). Parenting knowledge: Experiential and sociodemographic factors in European American mothers of young children. *Developmental*

Psychology, 46:1677-1693.

Bornstein, M. H., Hahn, C. S., & Haynes, O. M. (2011). Maternal personality, parenting cognitions, and parenting practices. *Developmental Psychology*, 47:658-675.

Bosmans, G., Braet, C., Beyers, W., Van Leeuwen, K., & Van Vlierberghe, L. (2011). Parents' power assertive discipline and internalizing problems in adolescents: The role of attachment. *Parenting: Science and Practice*, 11: 34-55.

Bouchard, G. (2003). Cognitive appraisals, neuroticism, and openness as correlates of coping strategies: An integrative model of adaptation to marital difficulties. *Canadian Journal of Behavioural Science*, 35: 1-12.

Bowlby, J. (1982). Attachment and loss: Retrospect and prospect. American*Journal of Orthopsychiatry*, 52:664-678.

Bronfenbrenner, U., & Morris, P. A. (2006). The bioecological model of human development. In R. M. Lerner (ed.), *Handbook of child development: Theoretical models of human development* (6th ed. pp. 793-828). Hoboken, NJ: Wiley.

Bugental, D. B., & Johnston, C. (2000). Parental and child cognitions in the context of the family. *Annual Review of Psychology*, 51:315-344.

Buhs, E. S. (2005). Peer rejection, negative peer treatment, and school adjustment: Self-concept and classroom engagement as mediating processes. *Journal of School Psychology*, 43:407-424.

Burt, S. A., Klahr, A. M., Neale, M. C., & Klump, K. L. (2013). Maternal warmth and directiveness jointly moderate the etiology of childhood conduct problems. *Journal of Child Psychology and Psychiatry*, 54: 1030-1037.

Bradley, R. H., Corwyn, R. F., Burchinal, M., McAdoo, H. P., & Coll, C. G. (2001). The home environments of children in the United States part I: Relations with behavioral development through age thirteen. *Child Development*, 72:1844-1867.

Brand, J. E., & Burgard, S. A. (2008). Job displacement and social participation over the life course: Findings for a cohort of joiners. *Social Forces*, 87:211-242.

Bretherton, I., & Munholland, C. (1999). Internal working models in attachment relationships: A construct revisited. In J. Cassidy & P. Shaver (eds.), *Handbook of attachment: Theory, research and clinical applications*(pp. 89-111). New York, NY: Guilford Press.

Bridgett, D. J., Gartstein, M. A., Putnam, S. P., McKay, T., Iddins, E., Robertson, C., et al. (2009). Maternal and contextual influences on the effect of temperament development during infancy on parenting in toddlerhood. *Infant Behavior and Development*, 32:103-116.

Bridgett, D. J., Laake, L. M., Gartstein, M. A., & Dorn, D. (2013). Development of infant positive emotionality: The contribution of maternal characteristics and effects on subsequent parenting. *Infant and Child Development*, 22:362-382.

Briggs, J. G., & Morgan, D. M. (2017). Subsystem in Family Systems Theory. In J. L. Lebow et al. (eds.), *Encyclopedia of Couple and Family Therapy*(pp. 1-3). Nashville: TN, USA.

Brody, G. H., Dorsey, S., Forehand, R., & Armistead, L. (2002). Unique and protective contributions of parenting and classroom processes to the adjustment of African American children living in single-parent families. *Child Development*, 73:274-286.

Brody, G. H., Yu, T., Beach, S. R. H., Kogan, S. M., Windle, M., & Philibert, R. A. (2014). Harsh parenting and adolescent health: A longitudinal analysis with genetic moderation. *Health Psychology*, 33: 401-409.

Bronfenbrenner, U. (1986). Ecology of the family as a context for human development: Research perspectives. *Developmental Psychology*, 22: 723-742.

Bronfenbrenner, U., & Ceci, S. J. (1994). Nature-nuture reconceptualized in developmental perspective: A bioecological model. *Psychological Review*, 101:568-586.

Bronfenbrenner, U., & Morris, P. A. (2006). The bioecological model of human development. In R. M. Lerner (ed.) *Handbook of child development: Theoretical models of human development* (6th ed., pp. 793-828). Hoboken, NJ: Wiley.

Brooker, R. J., & Buss, K. A. (2014). Harsh parenting and fearfulness in toddlerhood interact to predict amplitudes of preschool error-related negativity. *Developmental Cognitive Neuroscience*, 9:148-159.

Brotman, M. A., Kircanski, K., & Leibenluft, E. (2017). Irritability in children and adolescents. *Annual Review of Clinical Psychology*, 13: 317-341.

Brown, A. M., & Whiteside, S. P. (2008). Relations among perceived parental rearing behaviors, attachment style, and worry in anxious children. *Anxiety Disorders*, 22:263-272.

Brown, B. B., & Bakken, J. P. (2011). Parenting and peer relationships: Reinvigorating research on family-peer linkages in adolescence. *Journal of Research on Adolescence*, 21:153-165.

Brown, R. P. (2003). Measuring individual differences in the tendency to forgive: Construct validity and links with depression. *Personality and Social Psychology Bulletin*, 29:759-771.

Browne, D. T., Meunier, J. C., O'Connor, T. G., & Jenkins, J. M. (2012). The role of parental personality traits in differential parenting. *Journal of Family Psychology*, 26:542-553.

Bruce, A. E., Cole, D. A., Dallaire, D. H., Jacquez, F. M., Pineda, A. Q., & LaGrange, B. (2006). Relations of parenting and negative life events to cognitive diatheses for depression in children. *Journal of Abnormal Child Psychology*, 34:310-322.

Brumariu, L. E., & Kerns, K. A. (2008). Mother-child attachment and social anxiety symptoms in middle childhood. *Journal of Applied Developmental Psychology*, 29:393-402.

Bugental, D. B. (1992). Affective and cognitive processes within threat-oriented family systems. In I. E. Sigel, A. V. McGillicuddy-DeLisi, and J.

J. Goodnow (eds.), *Parental belief systems: The psychological consequences for children* (pp. 219-248). Hillsdale, NJ: Lawrence Erlbaum Associates.

Bugental, D. B. & Cortez, V. (1988). Physiological reactivity to responsive and unresponsive children-as modified by perceived control. *Child Development*, 59: 686-693.

Bugental, D. B. , Blue, J. , & Cruzcosa, M. (1989). Perceived control over caregiving outcomes: Implications for child abuse. *Developmental Psychology*, 25: 532-539.

Bugental, D. B. , & Happaney, K. (2002). Parental attributions. In M. H. Bornstein (ed.), *Handbook of parenting: Being and becoming a parent* (pp. 509-535). Mahwah, NJ, US: Lawrence Erlbaum Associates Publishers.

Bugental, D. B. , & Johnston, C. (2000). Parental and child cognitions in the context of the family. *Annual Review of Psychology*, 51: 315-344.

Bukowski, W. M. , & Sippola, L. K. (1998). Diversity and the social mind: Goals, constructs, culture, and development. *Developmental Psychology*, 34: 742-746.

Burchinal, M. , Skinner, D. , & Reznick, J. S. (2010). European American and African American mothers' beliefs about parenting and disciplining infants: A mixed-method analysis. *Parenting: Science & Practice*, 10: 79-96.

Burgess, R. L. , & Youngblade, L. M. (1988). Social incompetence and the intergenerational transmission of abusive parental practices. In G. T. Hotaling, D. Finkelhor, J. T. Kirkpatrick, and M. A. Straus (eds.), *Family abuse and its consequences: New directions in research* (pp. 38-60). Newbury Park, CA: Sage.

Burk, W. J. , Van Der Vorst, H. , Kerr, M. , & Stattin, H. (2012). Alcohol use and friendship dynamics: Selection and socialization in early-, middle-, and late-adolescent peer networks. *Journal of Studies on Alcohol and Drugs*, 73: 89-98.

Burnett, S. B. , Gatrell, C. J. , Cooper, C. L. , & Sparrow, P.

(2012). Fathers at work: A ghost in the organizational machine. *Gender, Work & Organization*, 20:632-646.

Burns, W. J., & Burns, K. A. (1988). Parenting dysfunction in chemically dependent women. In *Drugs, alcohol, pregnancy and parenting* (pp. 159-171). Springer, Dordrecht.

Calafat, A., García, F., Juan, M., Becoña, E., & Fernández-Hermida, J. R. (2014). Which parenting style is more protective against adolescent substance use? Evidence within the European context. *Drug and Alcohol Dependence*, 138:185-192.

Calkins, S. D., Smith, C. L., Gill, K. L., & Johson, M. C. (1998). Maternal interactive style across contexts: Relation to emotional, behavioral and physiological regulation during toddlerhood. *Social Development*, 7: 350-369.

Calkins, S., & Hill, A. (2007). Caregiver influences on emerging emotion regulation: Biological and environmental transactions in early develop ment. In J. J. Gross(ed.). *Handbook of emotion regulation* (pp. 229-248). New York, NY: Guilford Press.

Calkins, S. D., & Johnson, M. C. (1998). Toddler regulation of distress to frustrating events: Temperamental and maternal correlates. *Infant Behavior and Development*, 21:379-395.

Calkins, S. D., Propper, C., & Mills-Koonce, W. R. (2013). A biopsychosocial perspective on parenting and developmental psychopathology. *Development and Psychopathology*, 25:1399-1414.

Callahan, K. L., Scaramella, L. V., Laird, R. D., & Sohr-Preston, S. L. (2011). Neighborhood disadvantage as a moderator of the association between harsh parenting and toddler-aged children's internalizing and externalizing problems. *Journal of Family Psychology*, 25:68-76.

Campbell, S. (1979). Mother-infant interaction as a function of maternal ratings of temperament. *Child Psychiatry and Human Development*, 10:67-76.

Campbell, S. B. (1997). Behavior problems in preschool children: Development and family issues. *Advances in Clinical Child Psychology*, 19: 1-26.

Campbell, S. B., Cohn, J. E., & Meyers, T. (1995). Depression in first-time mothers: Mother-infant interaction and depression chronicity. *Developmental Psychology*, 31: 349-357.

Campbell, S. B., Shaw, D. S., & Gilliom, M. (2000). Early externalizing behavior problems: Toddlers and preschoolers at risk for maladjustment. *Development and Psychopathology*, 12: 467-488.

Campos, J. J., Campos, R., & Barrett, K. C. (1989). Emergent themes in the study of emotional development and emotion regulation. *Developmental Psychology*, 25: 394-402.

Capaldi, D. M., & Rothbart, M. K. (1992). Development and validation of an early adolescent temperament measure. *The Journal of Early Adolescence*, 12: 153-173.

Caplan, S. E. (2010). Theory and measurement of generalized problematic Internet use: A two-step approach. *Computers in Human Behavior*, 26: 1089-1097.

Caplan, S., Williams, D., & Yee, N. (2009). Problematic Internet use and psychosocial well-being among MMO players. *Computers in Human Behavior*, 25: 1312-1319.

Card, N. A., Stucky, B. D., Sawalani, G. M., & Little, T. D. (2008). Direct and indirect aggression during childhood and adolescence: A meta-analytic review of gender differences, intercorrelations, and relations to maladjustment. *Child Development*, 79: 1185-1229.

Carlo, G., Fabes, R. A., Laible, D., & Kupanoff, K. (1999). Early adolescence and prosocial/moral behavior II: The role of social and contextual influences. *Journal of Early Adolescence*, 19: 133-147.

Carlo, G., Mestre, M. V., Samper, P., Tur, A., & Armenta, B. E. (2010). Feelings or cognitions? Moral cognitions and emotions as longitudinal predictors of prosocial and aggressive behaviors. *Personality and Individual Differences*, 48: 872-877.

Carlson, V., Cicchetti, D., Barnett, D., & Braunwald, K. (1989). Disorganized/disoriented attachment relationships in maltreated infants. *Developmental Psychology*, 25:525-531.

Carson, J. L., & Parke, R. D. (1996). Reciprocal negative affect in parent-child interactions and children's peer competency. *Child Development*, 67:2217-2226.

Caspi, A., Elder, G. H., & Bem, D. J. (1988). Moving away from the world: Life-course patterns of shy children. *Developmental Psychology*, 24:824-831.

Caspi, A., Henry, B., McGee, R. O., Moffitt, T. E., & Silva, P. A. (1995). Temperamental origins of child and adolescent behavior problems: From age three to age fifteen. *Child Development*, 66:55-68.

Castellanos-Ryan, N., & Conrod, P. J. (2013). Personality and addiction processes. In P. E. Miller (ed.). *Principles of addiction: Comprehensive addictive behaviors and disorders* (Vol. 1, pp. 271-281). San Diego, CA: Elsevier.

Catalano, R., Goldman-Mellor, S., Saxton, K., Margerison-Zilko, C., Subbaraman, M., LeWinn, K., & Anderson, E. (2011). The health cffccts of economic decline. *Annual Review of Sociology*, 32:431-450.

Caughlin, J. P., Huston, T. L., & Houts, R. M. (2000). How does personality matter in marriage? An examination of trait anxiety, interpersonal negativity, and marital satisfaction. *Journal of Personality and Social Psychology*, 78:326-336.

Cervone, D. (2000). Thinking about self-efficacy. *Behavior Modification*, 24:30-56.

Chang, L., McBride-Chang, C., Stewart, S., & Au, E. (2003). Life satisfaction, self-concept, and family relations in Chinese adolescents and children. *International Journal of Behavioral Development*, 27:182-190.

Chang, L., Schwartz, D., Dodge, K., & McBride-Chang, C. (2003). Harsh parenting in relation to child emotion regulation and aggression. *Journal of Family Psychology*, 17:598-606.

Chao, R. K. (1994). Beyond parental control and authoritarian parenting style: Understanding Chinese parenting through the cultural notion of training. *Child Development*, 65:1111-1119.

Chao, R. (1995). Chinese and European-American cultural models of the self reflected in mothers' child-rearing beliefs. *Ethos*, 23:328-354.

Chao, R. K. (2000). The parenting of immigrant Chinese and European American mothers: Relations between parenting styles, socialization goals, and parental practices. *Journal of Applied Developmental Psychology*, 21: 233-248.

Chao, R. K., & Tseng, V. (2002). Parenting of Asians. In M. H. Bornstein (ed.), *Handbook of Parenting*: Vol. 4. *Social conditions and applied parenting* (pp. 59-93). Mahwah, NJ: Lawrence Erlbaum.

Chassin, L., Presson, C. C., Sherman, S. J., Montello, D., & McGrew, J. (1986). Changes in peer and parent influence during adolescence: Longitudinal versus cross-sectional perspectives on smoking initiation. *Developmental Psychology*, 22:327-334.

Chen, J. J.-L. (2005). Relation of academic support from parents, teachers, and peers to Hong Kong adolescents' academic achievement: The mediating role of academic engagement. *Genetic, Social, and General Psychology Monographs*, 131:77-127.

Chen, X., & French, D. (2008). Children's social competence in cultural context. *Annual Review of Psychology*, 59:591-616.

Chen, M., & Johnston, C. (2007). Maternal inattention and impulsivity and parenting behaviors. *Journal of Clinical Child and Adolescent Psychology*, 36:455-468.

Chen, X., Liu, M., & Li, D. (2000). Parental warmth, control, and indulgence and their relations to adjustment in Chinese children: A longitudinal study. *Journal of Family Psychology*, 14:401-419.

Chen, M., Johnston, C., Sheeber, L., & Leve, C. (2009). Parent and adolescent depressive symptoms: The role of parental attributions. *Journal of Abnormal Child Psychology*, 37:119-130.

Chen, X., Liu, M., & Li, D. (2000). Parental warmth, control, and indulgence and their relations to adjustment in Chinese children: A longitudinal study. *Journal of Family Psychology*, 14:401-419.

Chen, F., & Luster, T. (2002). Factors related to parenting practices in Taiwan. *Early Child Development and Care*, 172:413-430.

Chen, X., Rubin, K. H., & Li, Z. -Y. (1995). Social functioning and adjustment in Chinese children: A longitudinal study. *Developmental Psychology*, 31:531-539.

Chen, C., & Uttal, D. H. (1988). Cultural values, parents' beliefs, and children's achievement in the United States and China. *Human Development*, 31:351-358.

Cherian, V. I. (1994). Self-reports of corporal punishment by Xhosa children from broken and intact families and their academic achievement. *Psychological Reports*, 74:867-874.

Cheung, G. W., & Rensvold, R. B. (2002). Evaluating goodness-of-fit indexes for testing measurement invariance. *Structural Equation Modeling*, 9:233-255.

Cheung, L. M., & Wong, W. S. (2011). The effects of insomnia and internet addiction on depression in Hong Kong Chinese adolescents: An exploratory cross-sectional analysis. *Journal of Sleep Research*, 20:311-317.

Chico, E., Gonzalez, A., Ali, N., Steiner, M., & Fleming, A. S. (2014). Executive function and mothering: Challenges faced by teenage mothers. *Developmental Psychobiology*, 56:1027-1035.

Chow, S. S., & Chu, M. H. (2007). The impact of filial piety and parental involvement on academic achievement motivation in Chinese secondary school students. *Asian Journal of Counseling*, 14:91-124.

Chuang, S. S., & Su, Y. (2009). Says who? Decision-making and conflicts among Chinese-Canadian and Mainland Chinese parents of young children. *Sex Roles*, 60:527-536.

Chung, E. K., Mathew, L., Rothkopf, A. C., Elo, I. T., Coyne, J. C., & Culhane, J. F. (2009). Parenting attitudes and infant spanking: The influence of childhood experiences. *Pediatrics*, 124: 278-286.

Chung, T. (2013). Adolescent substance use: Symptoms and course. In P. E. Miller (ed.). *Principles of addiction: Comprehensive addictive behaviors and disorders* (Vol. 1, pp. 97-106). San Diego, CA: Elsevier.

Chung, R. C., & Bemak, F. (2002). The relationship of culture and empathy in cross-cultural counseling. *Journal of Counseling and Development*, 80: 154-159.

Chung, G. H., Flook, L., & Fuligni, A. J. (2009). Daily family conflict and emotional distress among adolescents from Latin American, Asian, and European backgrounds. *Developmental Psychology*, 45: 1406-1415.

Chung, H. L., & Steinberg, L. (2006). Relations between neighborhood factors, parenting behaviors, peer deviance, and delinquency among serious juvenile offenders. *Developmental Psychology*, 42: 319-331.

Cicchetti, D., & Lynch, M. (1995). Failures in the expectable environment and their impact on individual development: The case of child maltreatment. In D. Cicchetti & D. J. Cohen (eds.), *Developmental psychopathology: Vol. 2. Risk, disorder, and adaptation* (pp. 32-71). Oxford, England: Wiley.

Cicchetti, D., & Toth, S. L. (2005). Child maltreatment. *Annual Review of Clinical Psychology*, 1: 409-438.

Clark, L. A., Kochanska, G., & Ready, R. (2000). Mothers' personality and its interaction with child temperament as predictors of parenting behavior. *Journal of Personality and Social Psychology*, 79: 274-285.

Clarke-Stewart, K. A. (1980). The father's contribution to children's cognitive and social development in early childhood. In F. A. Pederson (ed.), *The father-infant relationship: Observational studies in a family setting* (pp. 111-146). New York, NY: Praeger.

Cohen, S., Kessler, R., & Underwood Gordon, L. (1995). Strategies for measuring stress in studies of psychiatric and physical disorders. In S. Cohen, R. Kessler, & L. Underwood Gordon (eds.), *Measuring stress: A guide for health and social scientists* (pp. 3-26). New York, NY: Oxford University Press.

Cohen, S., & Wills, T. A. (1985). Stress, social support, and the buffering hypothesis. *Psychological Bulletin*, 98:310-357.

Coie, J. D., Dodge, K. A., & Coppotelli, H. (1982). Dimensions and types of social status: A cross-age perspective. *Developmental Psychology*, 18:557-570.

Cole, D. A. (1990). Relation of social and academic competence to depressive symptoms in childhood. *Journal of Abnormal Psychology*, 99: 422-429.

Cole, D. A., Martin, N. C., Sterba, S. K., Sinclair-McBride, K., Roeder, K. M., Zelkowitz, R., & Bilsky, S. A. (2014). Peer victimization (and harsh parenting) as developmental correlates of cognitive reactivity, A diathesis for depression. *Journal of Abnormal Psychology*, 123:336-349.

Cole, P. M., Michel, K. M., & Teti, L. O. (1994). The development of emotion regulation and dysregulation: A clinical perspective. *Monographs of the Society for Research in Child Development*, 59:73-102.

Coleman, P. K., & Karraker, K. H. (1997). Self-efficacy and parenting quality: Findings and future applications. *Developmental Review*, 18: 47-85.

Coley, R. L. & Lombardi, C. M. (2013). Does maternal employment following childbirth support or inhibit low-income children's long-term development? *Child Development*, 84:178-197.

Coln, K. L., Jordan, S. S., & Mercer, S. H. (2013). A unified model exploring parenting practices as mediators of marital conflict and children's adjustment. *Child Psychiatry & Human Development*, 44: 419-429.

Conger, R. D., Conger, K. J., & Martin, M. J. (2010). Social status, family processes, and individual development. *Journal of Marriage and Family*, 72:685-704.

Conger, R. D., Schofield, T. J., & Neppl, T. K. (2012). Intergenerational continuity and discontinuity in harsh parenting. *Parenting: Science and Practice*,12:222-231.

Connell, J. P., & Wellborn, J. G. (1991). Competence, autonomy and relatedness: A motivational analysis of self-system processes. In M. Gunnar, & L. A. Sroufe (eds.),*Self-processes in development: Minnesota symposium on child psychology*(pp. 43-77). Chicago: University of Chicago Press.

Conrad, B., Gross, D., Fogg, L., & Ruchala, P. (1992). Maternal confidence, knowledge, and quality of mother-toddler interactions: A preliminary study. *Infant Mental Health Journal*, 13:353-362.

Consedine, N. S., Strongman, K. T., & Magai, C. (2003). Emotions and behavior: Data from a cross-cultural recognition study. *Cognition and Emotion*,17:881-902.

Cook, W. L. (2000). Understanding attachment security in family context. *Journal of Personality and Social Psychology*, 78:285-294.

Cooklin, A. R., Westrupp, E. M., Strazdins, L., Giallo, R., Martin, A., & Nicholson, J. M. (2016). Fathers at work: Work-family conflict, work-family enrichment and parenting in an Australian cohort. *Journal of Family Issues*, 37:1611-1635.

Coombs, R. H., & Paulson, M. J. (1988). Contrasting family patterns of adolescent drug users and nonusers. *Journal of Chemical Dependency Treatment*, 1:59-72.

Copeland, W. E., Brotman, M. A., & Costello, E. J. (2015). Normative irritability in youth: Developmental findings from the Great Smoky Mountains Study. *Journal of the American Academy of Child & Adolescent Psychiatry*, 54:635-642.

Coplan, R. J., Hastings, P. D., Lagace-Seguin, D. G., & Moulton, C. E. (2002). Authoritative and authoritarian mothers' parenting goals, attributions, and emotions across different childrearing contexts. *Parenting: Science and Practice*, 2:1-26.

Coplan, R. J., Reichel, M., & Rowan, K. (2009). Exploring the associations between maternal personality, child temperament and parenting: A focus on emotions. *Personality and Individual Differences*, 46: 241-246.

Coricelli, G. (2005). Two-levels of mental states attribution: From automaticity to voluntariness. *Neuropsychologia*, 43: 294-300.

Costa, P. T., & McCrae, R. R. (2008). The revised neo personality inventory (neo-pi-r). *The SAGE handbook of personality theory and assessment*, 2: 179-198.

Cote, L. R., & Bornstein, M. H. (2001). Social and didactic parenting behaviors and beliefs among Japanese American and South American mothers of infants. *Infancy*, 1: 363-374.

Cox, M. J., & Paley, B. (1997). Families as systems. *Annual review of psychology*, 48: 243-267.

Conrad, B., Gross, D., Fogg, L. & Ruchala, P. (1992) Maternal confidence, knowledge, and quality of mother-toddler interactions: A preliminary study. *Infant Mental Health Journal*, 13: 353-362.

Coplan, R. J., Hastings, P. D., Lagacc-Scguin, D. G., & Moulton, C. E. (2002). Authoritative and authoritarian mothers' parenting goals, attributions, and emotions across different childrearing contexts. *Parenting: Science and Practice*, 2: 1-26.

Craig, L., Mullan, K., & Blaxland, M. (2010). Parenthood, policy and work-family time in Australia 1992—2006. *Work, Employment and Society*, 24: 27-45.

Crick, N. R. (1996). The role of overt aggression, relational aggression, and prosocial behavior in the prediction of children's future social adjustment. *Child Development*, 67: 2317-2327.

Crick, N. R. (1997). Engagement in gender normative versus nonnormative forms of aggression: Links to social-psychological adjustment. *Developmental Psychology*, 33: 610-617.

Crick, N. R., & Grotpeter, J. K. (1995). Relational aggression, gender, and social-psychological adjustment. *Child Development*, 66: 710-722.

Crick, N. R., & Ladd, G. W. (1993). Children's perceptions of their peer experiences: Attributions, loneliness, social anxiety, and social avoidance. *Developmental Psychology*, 29: 244-254.

Crick, N. R., Ostrov, J. M., & Werner, N. E. (2006). A longitudinal study of relational aggression, physical aggression, and children's social-psychological adjustment. *Journal of Abnormal Child Psychology*, 34: 131-142.

Crockenberg, S. C., & Leerkes, E. M. (2004). Infant and maternal behaviors regulate infant reactivity to novelty at 6 months. *Developmental Psychology*, 40: 1123-1132.

Crouch, J. L., Irwin, L. M., Milner, J. S., Skowronski, J. J., Rutledge, E., & Davila, A. L. (2017). Do hostile attributions and negative affect explain the association between authoritarian beliefs and harsh parenting? *Child Abuse & Neglect*, 67: 13-21.

Cuevas, K., Deater-Deckard, K., Kim-Spoon, J., Watson, A. J., Morasch, K. C., & Bell, M. A. (2014). What's mom got to do with it? Contributions of maternal executive function and caregiving to the development of executive function across early childhood. *Developmental Science*, 17: 224-238.

Cumberland-Li, A., Eisenberg, N., Champion, C., Gershoff, E., & Fabes, R. A. (2003). The relation of parental emotionality and related dispositional traits to parental expression of emotion and children's social functioning. *Motivation and Emotion*, 27: 27-56.

Cummings, E. M., & Davies, P. (1996). Emotional security as a regulatory process in normal development and the development of psychopathology. *Development and Psychopathology*, 8: 123-139.

Cummings, E. M., Hennessy, K. D., Rabideau, G. J., & Cicchetti, D. (1994). Responses of physically abused boys to interadult anger. *Development and Psychopathology*, 6: 31-41.

Cummings, E. M., Keller, P. S., & Davies, P. T. (2005). Towards a family process model of maternal and paternal depressive symptoms: Exploring multiple relations with child and family functioning. *Journal of Child Psychology and Psychiatry*, 46: 479-489.

Cummings, J. L., & Miller, B. L. (2007). Conceptual and clinical aspects of the frontal lobes. *The human frontal lobes: Functions and disorders*, 2007:12-21.

Cummings, E. M., Simson, K. S., & Wilson, A. (1993). Children's responses to interadult anger as a function of information about resolution. *Developmental Psychology*, 29:978-985.

Cyr, C., Euser, E. M., Bakermans-Kranenburg, M. J., & Van Ijzendoorn, M. H. (2010). Attachment security and disorganization in maltreating and high-risk families: A series of meta-analyses. *Development and Psychopathology*, 22:87-108.

Dabrowska, A., & Pisula, E. (2010). Parenting stress and coping styles in mothers and fathers of pre-school children with autism and Down syndrome. *Journal of Intellectual Disability Research*, 54:266-280.

D'Agostino, P. R., & Fincher-Kiefer, R. (1992). Need for cognition and the correspondence bias. *Social Cognition*, 10:151-163.

Damast, A. M., Tamis-LeMonda, C. S., & Bornstein, M. H. (1996). Mother-child play: Sequential interactions and the relation between maternal beliefs and behaviors. *Child Development*, 67:1752-1766.

Darling, N., & Steinberg, L. (1993). Parenting style as context: An integrative model. *Psychological Bulletin*, 113:487-496.

Darwish, D., Esquivel, G. B., Houtz, J. A., & Alfonso, V. C. (2001). Play and social skills in maltreated and non-maltreated preschoolers during peer interactions. *Child Abuse & Neglect*, 25:13-31.

Davenport, Y. B., Zahn-Waxler, C, Adland, M. L., & Mayfield, A. (1984). Early child-rearing practices in families with a manic-depressive parent. *American Journal of Psychiatry*, 141:230-235.

Davidov, M., & Grusec, J. E. (2006). Untangling the links of parental responsiveness to distress and warmth to child outcomes. *Child Development*, 77:44-58.

Davidson, J. R., Hughes, D. L., George, L. K., & Blazer, D. G. (1993). The epidemiology of social phobia: findings from the Duke Epidemiological Catchment Area Study. *Psychological Medicine*, 23:709-718.

Davies, P. T., & Cummings, E. M. (1994). Marital conflict and child adjustment: An emotional security hypothesis. *Psychological Bulletin*, 116: 387-411.

Davies, P. T., Myers, R. L., & Cummings, E. M. (1996). Responses of children and adolescents to marital conflict scenarios as a function of the emotionality of conflict endings. *Merrill-Palmer Quarterly*, 42:1-21.

Davies, P. T., Sturge-Apple, M. L., Woitach, M. J., & Cummings, E. M. (2009). A process analysis of the transmission of distress from interparental conflict to parenting: Adult relationship security as an explanatory mechanism. *Developmental Psychology*, 45:1761-1773.

Davies, S., & Witte, R. (2000). Self-management and peer-monitoring within a group contingency to decrease uncontrolled verbalizations of children with attention-deficit/hyperactivity disorder. *Psychology in the Schools*, 37: 135-147.

Davis, P. W. (1999). Corporal punishment cessation: Social context and parents' experiences. *Journal of Interpersonal Violence*, 14:492-510.

Davis, R. A. (2001). A cognitive-behavioral model of pathological Internet use. *Computers in Human Behavior*, 17:187-195.

Day, D. M., Factor, D. C., & Szkiba-Day, P. J. (1994). Relations among discipline style, child behavior problems, and perceived ineffectiveness as a caregiver among parents with conduct problem children. *Canadian Journal of Behavioral Science*, 26:520-533.

Deardorff, J., Cham, H., Gonzales, N. A., White, R. M. B., Tein, J-Y., Wong, J. J., & Roosa, M. W. (2013). Pubertal timing and mexican-origin girls' internalizing and externalizing symptoms: The influence of harsh parenting. *Developmental Psychology*, 49:1790-1804.

Dearing, E., & Hamilton, L. C. (2006). Contemporary advances and classic advice for analyzing mediating and moderating variables. *Monographs of the Society for Research in Child Development*, 71:88-104.

Deater-Deckard, K. (2014). Family matters intergenerational and interpersonal processes of executive function and attentive behavior. *Current Directions in Psychological Science*, 23:230-236.

Deater-Deckard, K., & Dodge, K. A. (1997). Externalizing behavior problems and discipline revisited: Nonlinear effects and variation by culture, context, and gender. *Psychological Inquiry*, 8:161-175.

Deater-Deckard, K., Ivy, L., & Petrill, S. A. (2006). Maternal warmth moderates the link between physical punishment and child externalizing problems: A parent-offspring behavior genetic analysis. *Parenting, Science and Practice*, 6:59-78.

Deater-Deckard, K., Lansford, J. E., Dodge, K. A., Pettit, G. S., & Bates, J. E. (2003). The development of attitudes about physical punishment: An 8-year longitudinal study. *Journal of Family Psychology*, 17:351-360.

Deater-Deckard, K., Mullineaux, P. Y., Beekman, C., Petrill, S. A., Schatschneider, C., & Thompson, L. A. (2009). Conduct problems, IQ, and household chaos: A longitudinal multi-informant study. *Journal of Child Psychology and Psychiatry*, 50:1301-1308.

Deater-Deckard, K., Sewell, M. D., Petrill, S. A., & Thompson, L. A. (2010). Maternal working memory and reactive negativity in parenting. *Psychological Science*, 21:75-79.

Deater-Deckard, K., Wang, Z., Chen, N., & Bell, M. A. (2012). Maternal executive function, harsh parenting, and child conduct problems. *Journal of Child Psychology and Psychiatry*, 53:1084-1091.

DeBaryshe, B. D., Patterson, G. R., & Capaldi, D. M. (1993). A performance model for academic achievement in early adolescent boys. *Developmental Psychology*, 29:795-804.

Deci, E. L., & Ryan, R. M. (2000). The "what" and "why" of goal pursuits: Human needs and the self-determination of behavior. *Psychological Inquiry*, 11:227-268.

De Kemp, R. A., Scholte, R. H., Overbeek, G., & Engels, R. C.

(2006). Early adolescent delinquency: The role of parents and best friends. *Criminal Justice and Behavior*, 33:488-510.

Denham, S. A. (1997). "When I have a bad dream, Mommy holds me": Preschooler's conceptions of emotions, parental socialization, and emotional competence. *International Journal of Behavioral Development*, 20: 301-319.

Denham, S. A., Zoller, D., & Couchoud, E. A. (1994). Socialization of preschoolers' emotion understanding. *Developmental Psychology*, 30: 928-936.

Denissen, J. J. A., Van Aken, M. A. G., & Dubas, J. S. (2009). It takes two to tango: How parents' and adolescents' personalities link to the quality of their mutual relationship. *Developmental Psychology*, 45:928-941.

Derogatis, L. R., & Melisaratos, N. (1983). The brief symptom inventory: An introductory report. *Psychological Medicine*, 13:595-605.

De Rosnay, M., Cooper, P. J., Tsigaras, N., & Murray, L. (2006). Transmission of social anxiety from mother to infant: An experimental study using a social referencing paradigm. *Behavior Research and Therapy*, 44: 1165-1175.

Derryberry, D., & Reed, M. A. (2002). Anxiety-related attentional biases and their regulation by attentional control. *Journal of Abnormal Psychology*, 111:225-236.

Detert, J. R., Trevno, L. K., & Sweitzer, V. L. (2008). Moral disengagement in ethical decision making: A study of antecedents and outcomes. *The Journal of Applied Psychology*, 93:374-391.

Deutsch, A. R., Crockett, L. J., Wolff, J. M., & Russell, S. T. (2012). Parent and peer pathways to adolescent delinquency: Variations by ethnicity and neighborhood context. *Journal of Youth and Adolescence*, 41: 1078-1094.

De Wolff, M. S., & Van Ijzendoorn, M. H. (1997). Sensitivity and attachment: A meta-analysis on parental antecedents of infant attachment. *Child Development*, 68:571-591.

Dexter, C. A., Wong, K., Stacks, A. M., Beeghly, M., & Barnett, D. (2013). Parenting and attachment among low-income African American and Caucasian preschoolers. *Journal of Family Psychology*, 27:629-638.

Diaz, R., Neal, C., & Amay-Williams, M. (1990). The social origins of self-regulation. In L. C. Moll (ed.), *Vygotsky and education: Instructional implications and applications sociohistorical psychology* (pp. 127-154). New York: Cambridge University Press.

DiBlasio, F. A., & Proctor, J. H. (1993). Therapists and the clinical use of forgiveness. *The American Journal of Family Therapy*, 21:175-184.

Dichtelmiller, M., Meisel, S. J., Plunkett, J. W., Bozynski, M. E. A., Clafin, C. & Mangelsdorf, S. C. (1992). The relationship of parental knowledge to the development of extremely low birth weight infants. *Journal of Early Intervention*, 13:210-220.

Dietrich, A., Riese, H., Sondeijker, F., Greaves-Lord, K., Van Roon, A. M., Ormel, J., et al. (2007). Externalizing and internalizing problems in relation to autonomic function: A population-based study in preadolescents. *Journal of the American Academy of Child and Adolescent Psychiatry*, 46:378-386.

Dix, T. (1991). The affective organization of parenting: Adaptive and maladaptative processes. *Psychological Bulletin*, 110:3-25.

Dix, T. (1992). Parenting on behalf of the child: Empathetic goals in the regulation of responsive parenting. In I. Sigel, A. McGillicuddy-DeLisi & J. Goodnow, (eds.), *Parental belief systems: The psychological consequences for children* (2nd ed., pp. 319-346). Hillsdale, NJ: Lawrence Erlbaum Associates.

Dix, T., & Grusec, J. E. (1985). Parent attribution processes in the socialization of children. In I. Sigel (ed.), *Parental belief systems: The psychological consequences for children* (pp. 201-233). Hillsdale, NJ: Erlbaum.

Dix, T., & Meunier, L. N. (2009). Depressive symptoms and parenting competence: An analysis of 13 regulatory processes. *Developmental Review*, 29:45-68.

Dix, T. H., Ruble, D. N., Grusec, J., & Nixon, S. (1986). Social cognition in parents: Inferential and affective reactions to children of three age levels. *Child Development*, 57:879-894.

Dixon, L., Browne, K., & Hamilton-Giachritsis, C. (2005). Risk factors of parents abused as children: A mediational analysis of the intergenerational continuity of child maltreatment (Part I). *Journal of Child Psychology and Psychiatry*, 46:47-57.

Dixon, L., Hamilton-Giachritsis, C., & Browne, K. (2005). Attributions and behaviors of parents abused as children: A mediational analysis of the intergenerational continuity of child maltreatment (Part II). *Journal of Child Psychology and Psychiatry*, 46:58-68.

Dodge, K. A. (1991). The structure and function of reactive and proactive aggression. In D. Peppler & K. Rubin (eds.), *The development and treatment of childhood aggression* (pp. 201-218). Hillsdale, NJ: Erlbaum.

Dodge, K. A., Bates, J. E., & Pettit, G. S. (1990). Mechanisms in the cycle of violence. *Science*, 250:1678-1683.

Dodge, K. A., & Coie, J. D. (1987). Social-informationprocessing factors in reactive and proactive aggression in children's peer groups. *Journal of Personality and Social Psychology*, 53:1146-1158.

Dodge, K. A., & Frame, C. L. (1982). Social cognitive biases and deficits in aggressive boys. *Child Development*, 1982:620-635.

Donahue, M. L., Pearl, R., & Herzog, A. (1997). Mothers' referential communication with preschoolers: Effects of children's syntax and mothers' beliefs. *Journal of Applied Developmental Psychology*, 18:133-147.

Donovan, W. L., Leavitt, L. A., & Walsh, R. O. (1990). Maternal self-efficacy: Illusory control and its effect on susceptibility to learned helplessness. *Child Development*, 61:1638-1647.

Dornbusch, S. M., Ritter, P. L., Leiderman, P. H., & Roberts, D. F. Fraleigh, (1987). The relation of parenting style to adolescent school performance. *Child Development*, 58:1244-1237.

Dotterer, A. M., & Lowe, K. (2012). Classroom context, school engagement, and academic achievement in early adolescence. *Journal of Youth and Adolescence*, 40: 1649-1660.

Douglas, A. C., Mills, J. E., Niang, M., Stepchenkova, S., Byun, S., Ruffini, C., et al. (2008). Internet addiction: Meta-synthesis of qualitative research for the decade 1996-2006. *Computers in Human Behavior*, 24: 3027-3044.

Duckworth, A. L., & Seligman, M. E. (2006). Self-discipline gives girls the edge: Gender in self-discipline, grades, and achievement test scores. *Journal of Education & Psychology*, 98: 198-208.

Dukewich, T. L., Borkowski, J. G. & Whitman, T. L. (1996) Adolescent mothers and child abuse potential: an evaluation of risk factors. *Child Abuse & Neglect*, 20: 1031-1047.

Duncan, G. J., Dowsett, C. J., Claessens, A., Magnuson, K., Huston, A. C., Klebanov, et al. (2007). School readiness and later achievement. *Developmental Psychology*, 43: 1428-1446.

Duncan, G. J., Magnuson, K., Kalil, A., & Ziol-Guest, K. (2012). The importance of early childhood poverty. *Social Indicators Research*, 108: 87-98.

Dunn, J. (2014). Moral development in early childhood, and social interaction in the family. In M. Killen, & J. G. Smetana (eds.). *Handbook of moral development* (2nd ed., pp. 135-159). New York, NY: Psychology Press.

Easterbrooks, M. A., & Goldberg, W. A. (1984). Toddler development in the family: Impact of father involvement and parenting characteristics. *Child Development*, 55: 740-752.

Eccles, J. S., Lord, S. E., & Roeser, R. W. (1996). Round holes, rocky roads, and sore feet: The impact of stage-environment fit on young adolescents' experience in schools and families. In D. Cicchetti & S. L. Toth (eds.), *Rochester Symposium on Developmental Psychopathology*: Vol. 7. *Adolescence*: *Opportunities and challenges* (pp. 47-92). Rochester, NY: University of Rochester Press.

Eccles, J. S., Midgley, C., Wigfield, A., Buchanan, C. M., Reuman, D., & Mac Iver, D. (1993). Development during adolescence: The impact of stage-environment fit on young adolescents' experiences in schools and in families. *American Psychologist*, 48: 90-101.

Edwards, J. R., & Lambert, L. S. (2007). Methods for integrating moderation and mediation: A general analytical framework using moderated path analysis. *Psychological Methods*, 12: 1-22.

Egan, S. J., Piek, J. P., Dyck, M. J., & Rees, C. S. (2007). The role of dichotomous thinking and rigidity in perfectionism. *Behavior Research and Therapy*, 45: 1813-1822.

Egeland, B., Pianta, R., & O'brien, M. A. (1993). Maternal intrusiveness in infancy and child maladaptation in early school years. *Development and Psychopathology*, 5: 359-370.

Egeland, B., Sroufe, L. A., & Erickson, M. (1983). The developmental consequences of different patterns of maltreatment. *Child Abuse & Neglect*, 7: 459-469.

Ehring, T., Tuschen-Caffier, B., Schnülle, J., Fischer, S., & Gross, J. J. (2010). Emotion regulation and vulnerability to depression: Spontaneous versus instructed use of emotion suppression and reappraisal. *Emotion*, 10: 563-572.

Eider, G., Nguyen, T., & Caspi, A. (1985). Linking family hardship to children's lives. *Child Development*, 56: 361-375.

Eisenberg, N., Chang, L., Ma, Y., & Huang, X. (2009). Relations of parenting style to Chinese children's effortful control, ego resilience, and maladjustment. *Development and Psychopathology*, 21: 455-477.

Eisenberg, N., Cumberland, A. J., & Spinrad, T. L. (1998). Parental socialization of emotion. *Psychological Inquiry*, 9: 241-273.

Eisenberg, N., & Fabes, R. A. (1994). Mothers' reactions to children's negative emotions: Relations to children's temperament and anger behavior. *Merrill-Palmer Quarterly*, 40: 138-156.

Eisenberg, N., Fabes, R. A., Shepard, S. A., Guthrie, I. K., Murphy, B. C., & Reiser, M. (1999). Parental reactions to children's negative emotions: Longitudinal relations to quality of children's social functioning. *Child Development*, 70: 513-534.

Eisenberg, N., Gershoff, E. T., Fabes, R. A., Shepard, S. A., Cumberland, A. J., Losoya, S. H., Guthrie, I. K., & Murphy, B. C. (2001). Mothers' emotional expressivity and children's behavior problems and social competence: Mediation through children's regulation. *Developmental Psychology*, 37: 475-490.

Eisenberg, N., Guthrie, I. K., Fabes, R. A., Shepard, S., Losoya, S., Murphy, B. C., et al. (2000). Prediction of elementary school children's externalizing problem behaviors from attentional and behavioral regulation and negative emotionality. *Child Development*, 71: 1367-1382.

Eisenberg, N., & Morris, A. S. (2002). Children's emotion-related regulation. *Advances in Child Development and Behavior*, 30: 189-229.

Eisenberg, N., Smith, C. L., Sadovsky, A., & Spinrad, T. L. (2004). Effortful control. In R. F. Baumeister, & K. D. Vohs (eds.). *Handbook of self-regulation* (pp. 259-282). New York: The Guilford Press.

Eisenberg, N., Spinrad, T. L., & Eggum, N. D. (2010). Emotion-related self-regulation and its relation to children's maladjustment. *Annual Review of Clinical Psychology*, 6: 495-525.

Eisenberg, N., Zhou, Q., Spinrad, T. L., Valiente, C., Fabes, R. A., & Liew, J. (2005). Relations among positive parenting, children's effortful control, and externalizing problems: A three-wave longitudinal study. *Child Development*, 76: 1055-1071.

Elder, G. H, Van Nguyen, T., & Caspi, A. (1985). Linking family hardship to children's lives. *Child Development*, 56: 361-375.

Elder Jr, G. H., Eccles, J. S., Ardelt, M., & Lord, S. (1995). Inner-city parents under economic pressure: Perspectives on the strategies of parenting. *Journal of Marriage and the Family*, 57: 771-784.

El-Sheikh, M., Keiley, M., Erath, S., & Dyer, W. J. (2013). Marital conflict and growth in children's internalizing symptoms: The role of autonomic nervous system activity. *Developmental Psychology*,49:92-108.

El-Sheikh, M., Keller, P. S., & Erath, S. A. (2007). Marital conflict and risk for child maladjustment over time: Skin conductance level reactivity as a vulnerability factor. *Journal of Abnormal Child Psychology*, 35: 715-727.

Emery, R. E. (1982). Interparental conflict and the children of discord and divorce. *Psychological Bulletin*,92:310-330.

Enders, C. K., & Bandalos, D. L. (2001). The relative performance of full information maximum likelihood estimation for missing data in structural equation models. *Structural Equation Modeling*,8:430-457.

Engfer, A. (1988). The interrelatedness of marriage and the mother-child relationship. In R. A. Hinde & J. Stevenson-Hinde (eds.),*Relationships within families: Mutual influences* (pp. 104-118). Oxford, United Kingdom: Clarendon.

Engle, R. W., & Kane, M. J. (2004). Executive attention, working memory capacity, and a two-factor theory of cognitive control. *Psychology of Learning and Motivation*,44:145-200.

Enright, R. D., & the Human Development Study Group. (1991). The moral development of forgiveness. In W. Kurtines, & J. Gewirtz (eds.), *Moral behavior and development* (Vol. 1, pp. 123-152). Hillsdale, NJ: Erlbaum.

Enright, R. D., Gassin, E. A., & Wu, C. (1992). Forgiveness: A developmental view. *Journal of Moral Education*,21:99-114.

Erath, S. A., & Bierman, K. L. (2006). Aggressive marital conflict, maternal harsh punishment, and child aggressive-disruptive behavior: Evidence for direct and mediated relations. *Journal of Family Psychology*, 20:217.

Ensminger, M. E., Lamkin, R. P., & Jacobson, N. (1996). School leaving: A longitudinal perspective including neighborhood effects. *Child De-*

velopment, 67:2400-2416.

Erel, O., & Burman, B. (1995). Interrelatedness of marital relations and parent-child relations: A meta-analytic review. *Psychological Bulletin*, 118:108-132.

Erikson, E. (1959). Identity and the life cycle. *Psychological Issues*, 1: 1-173.

Erickson, M. F., Egeland, B., & Pianta, R. (1989). The effects of maltreatment on the development of young children. In D. Cicchetti & V. Carlson (eds.), *Child maltreatment: Theory and research on the causes and consequences of child abuse and neglect* (pp. 647-684). New York: Cambridge University Press.

Fabes, R. A., Eisenberg, N., & Miller, P. A. (1990). Maternal correlates of children's vicarious emotional responsiveness. *Developmental Psychology*, 26:639-648.

Fabes, R. A., Leonard, S. A., Kupanoff, K., & Martin, C. L. (2001). Parental coping with children's negative emotions: Relations with children's emotional and social responding. *Child Development*, 72:907-920.

Fabes, R. A., Martin, C. L., Hanish, L. D., Anders, M. C., & Madden-Derdich, D. A. (2003). Early school competence: The roles of sex-segregated play and effortful control. *Developmental Psychology*, 39: 848-858.

Fabes, R. A., Poulin, R. E., Eisenberg, N., & Madden-Derdich, D. A. (2002). The Coping with Children's Negative Emotions Scale (CCNES): Psychometric properties and relations with children's emotional competence. *Marriage and Family Review*, 34:285-310.

Famularo, R., Kinscherff, R., & Fenton, T. (1992). Parental substance abuse and the nature of child maltreatment. *Child Abuse & Neglect*, 16:475-483.

Farrington, D. P. (2005). Childhood origins of Antisocial Behavior. *Clinical Psychology and Psychotherapy*, 12:177-190.

Fayazi, M., & Hasani, J. (2017). Structural relations between brainbehavioral systems, social anxiety, depression and Internet addiction: With regard to revised Reinforcement Sensitivity Theory (r-RST). *Computers in Human Behavior*, 72: 441-448.

Fredericks, J. A., Blumenfeld, P. C., & Paris, A. H. (2004). School engagement: Potential of the concept, state of the evidence. *Review of Educational Research*, 74: 59-109.

Feiring, C. (2005). Emotional development, shame, and adaptation to child maltreatment. *Child Maltreatment*, 10: 307-310.

Felson, R. B. (1992). Kick "em when they" re down: Explanations of the relationship between stress and interpersonal aggression and violence. *Sociological Quarterly*, 33: 1-16.

Fernández-Fuertes, A. A., & Fuertes, A. (2010). Physical and psychological aggression in dating relationships of Spanish adolescents: Motives and consequences. *Child Abuse & Neglect*, 34: 183-191.

Field, T., Healy, B., Goldstein, S., & Guthertz, M. (1990). Behavior-state matching and synchrony in mother-infant interactions of nondepressed versus depressed dyads. *Developmental Psychology*, 26: 7-14.

Finn, J. D. (1989). Withdrawing from school. *Review of Educational Research*, 59: 117-142.

Fite, J. E., Bates, J. E., Holtzworth-Munroe, A., Dodge, K. A., Nay, S. Y., & Pettit, G. S. (2008). Social information processing mediates the intergenerational transmission of aggressiveness in romantic relationships. *Journal of Family Psychology*, 22: 367-376.

Fite, P. J., Colder, C. R., Lochman, J. E., & Wells, K. C. (2006). The mutual influence of parenting and boys' externalizing behavior problems. *Applied Developmental Psychology*, 27: 151-164.

Flook, L. (2011). Gender differences in adolescents' daily interpersonal events and well-being. *Child Development*, 82: 454-461.

Flynn, M., Cicchetti, D., & Rogosch, F. (2014). The prospective contribution of childhood maltreatment to low self-worth, low relationship quality, and symptomatology across adolescence: A developmental-organizational perspective. *Developmental Psychology*, 50: 2165-2175.

Fontaine, R. G., Fida, R., Paciello, M., Tisak, M. S., & Caprara, G. V. (2014). The mediating role of moral disengagement in the developmental course from peer rejection in adolescence to crime in early adulthood. *Psychology Crime and Law*, 20: 1-19.

Ford, J. D., & Blaustein, M. E. (2013). Systemic self-regulation: A framework for trauma-informed services in residential juvenile justice programs. *Journal of Family Violence*, 28: 665-677.

Forehand, R., Lautenschlager, G. J., Faust, J., & Graziano, W. G. (1986). Parent perceptions and parent-child interactions in clinic-referred children: A preliminary investigation of the effects of maternal depressive moods. *Behavior Research and Therapy*, 24: 73-75.

Forehand, R., McCombs, A., Long, N., Brody, G., & Fauber, R. (1988). Early adolescent adjustment to recent parental divorce: The role of interparental conflict and adolescent sex as mediating variables. *Journal of Consulting and Clinical Psychology*, 56: 624-627.

Forehand, R., & Wierson, M. (1993). The role of developmental factors in planning behavioral interventions for children: Disruptive behavior as an example. *Behavior Therapy*, 24: 117-141.

Fortin, L. (2003). Students' antisocial and aggressive behavior: Development and prediction. *Journal of Educational Administration*, 41: 669-688.

Fosco, G. M., Lippold, M., & Feinberg, M. E. (2014). Interparental boundary problems, parent-adolescent hostility, and adolescent-parent hostility: A family process model for adolescent aggression problems. *Couple and Family Psychology: Research and Practice*, 3: 141-155.

Fox, H. C., Hong, K. A., & Sinha, R. (2008). Difficulties in emotion regulation and impulse control in recently abstinent alcoholics compared with social drinkers. *Addictive Behaviors*, 33: 388-394.

Freedman, S., & Knupp, A. (2003). The impact of forgiveness on adolescent adjustment to parental divorce. *Journal of Divorce & Remarriage*, 39: 135-165.

Fruzzetti, A. E., Shenk, C., & Hoffman, P. D. (2005). Family interaction and the development of borderline personality disorder: A transactional model. *Development and Psychopathology*, 17:1007-1030.

Furrer, C., & Skinner, E. (2003). Sense of relatedness as a factor in Children's academic engagement and performance. *Journal of Education & Psychology*, 95:148-162.

Furstenberg, F. F., Belzer, A., Davis, C., Levine, J. A., Morrow, K., & Washington, M. (1993). How families manage risk and opportunity in dangerous neighborhoods. In W. J. Wilson (ed.), *Sociology and the public agenda* (pp. 231-238). Newbury Park, CA: Sage.

Furstenberg Jr, F. F., & Nord, C. W. (1985). Parenting apart: Patterns of childrearing after marital disruption. *Journal of Marriage and the Family*, 47:893-904.

Gabriel, S., & Gardner, W. L. (1999). Are there "his" and "hers" types of interdependence? The implications of gender differences in collective versus relational interdependence for affect, behavior, and cognition. *Journal of Personality and Social Psychology*, 77:642-655.

Gaertner, A. E., Fite, P. J., & Colder, C. R. (2010). Parenting and friendship quality as predictors of internalizing and externalizing symptoms in early adolescence. *Journal of Child and Family Studies*, 19:101-108.

Gaik, L. P., Abdullah, M. C., Elias, H., & Uli, J. (2010). Development of antisocial behaviour. *Procedia-social and Behavioral Sciences*, 7: 383-388.

Galambos, N., & Silbereisen, R. (1987). Income change, parental life outlook, and adolescent expectations for job success. *Journal of Marriage and the Family*, 49:141-149.

Gao, M., Du, H., Davies, P. T., & Cummings, E. M. (2019). Marital conflict behaviors and parenting: Dyadic links over time. *Family Relations*, 68:135-49.

Garber, J., Robinson, N. S., & Valentiner, D. (1997). The relation between parenting and adolescent depression: Self-worth as a mediator. *Jour-*

nal of Adolescent Research,1:12-33.

Garcia Coll, C. T., Meyer, E. C., & Brillon, L. (1995). Ethnic and minority parenting. In M. H. Bornstein (ed.), *Handbook of parenting. Biology and ecology of parenting* (Vol. 2, pp. 189-210). Mahwah, NJ7 Lawrence Erlbaum.

Gary, L. (1985). Correlates of depressive symptoms among a select population of black men. *American Journal of Public Health*,75:1220-1222.

Gavidia-Payne, S., Denny, B., Davis, K., Francis, A., & Jackson, M. (2015). Parental resilience: A neglected construct in resilience research. *Clinical Psychologist*, 19:111-121.

Gawin, F. H., & Ellinwood, E. H. (1988). Cocaine and other stimulants: Actions, abuse, and treatment. *New England Journal of Medicine*, 318:1173-1182.

Gentzler, A. L., Rottenberg, J., Kovacs, M., George, C. J., & Morey, J. N. (2012). Atypical development of resting respiratory sinus arrhythmia in children at high risk for depression. *Developmental Psychobiology*,54:556-567.

George, C., and Main, M. (1979). Social interactions of young abused children: Approach, avoidance, and aggression. *Child Development*, 50: 306-318.

Germán, M., Gonzales, N. A., McClain, D. B., Dumka, L., & Millsap, R. (2013). Maternal warmth moderates the link between harsh discipline and later externalizing behaviors for Mexican American adolescents. *Parenting, Science and Practice*,13:169-177.

Gershoff, E. T. (2002). Corporal punishment by parents and associated child behaviors and experiences: A meta-analytic and theoretical review. *Psychological Bulletin*, 128:539-579.

Gest, S. D., Freeman, N. R., Domitrovich, C. E., & Welsh, J. A. (2004). Shared book reading and children's language comprehension skills: The moderating role of parental discipline practices. *Early Childhood Research Quarterly*, 19:319-336.

Gewirtz, J. L., and Pelaez-Nogueras, M. (1991). Proximal mechanisms underlying the acquisition of moral behavior patterns. In W. M. Kurtines and J. L. Gewirtz (eds.), *Handbook of moral behavior and development* (Vol. 1, pp. 153-182). Hillsdale, NJ: Lawrence Erlbaum Associates.

Giallo, R., Cooklin, A., Wade, C., D'Esposito, F., & Nicholson, J. (2013). Fathers' postnatal mental health and child wellbeing at aged five: The mediating role of parenting behavior. *Journal of Family Issues*, 35: 1543-1562.

Gibb, B. E., & Abela, J. Z. (2008). Emotional abuse, verbal victimization, and the development of children's negative inferential styles and depressive symptoms. *Cognitive Therapy and Research*, 32: 161-176.

Gifford, R. (1994). A lens-mapping framework for understanding the encoding and decoding of interpersonal dispositions in nonverbal behavior. *Journal of Personality and Social Psychology*, 66: 398-412.

Gini, G. (2006). Social cognition and moral cognition in bullying: What's wrong? *Aggressive Behavior*, 32: 528-539.

Gini, G., Pozzoli, T., & Bussey, K. (2015). The role of individual and collective moral disengagement in peer aggression and by standing: A multilevel analysis. *Journal of Abnormal Child Psychology*, 43: 441-452.

Glaser, D. (2002). Emotional abuse and neglect (psychological maltreatment): A conceptual framework. *Child Abuse & Neglect*, 26: 697-714.

Glasgow, K. L., Dornbusch, S. M., Troyer, L., Steinberg, L., & Ritter, P. L. (1997). Parenting styles and adolescents' attributions and educational outcomes in nine heterogeneous high schools. *Child Development*, 68: 507-529.

Goldberg, L. R. (1990). An alternative "description of personality": The Big-Five factor structure. *Journal of Personality and Social Psychology*, 59: 1216-1229.

Goldberg, W. A., & Easterbrooks, M. A. (1984). Role of marital quality in toddler development. *Developmental Psychology*, 20: 504-514.

Goldsmith, H. H., Buss, K. A., & Lemery, K. S. (1997). Toddler and childhood temperament: Expanded content, stronger genetic evidence, new evidence for the importance of environment. *Developmental Psychology*, 33:891-905.

Golombok, S., & Hines, M. (2002). Sex differences in social behavior. In P. Smith, & C. Hart (eds.), *Blackwell handbook of childhood social development* (pp. 117-136). Oxford, England: Blackwell.

Gonzalez, A., Atkinson, L., & Fleming, A. S. (2009). Attachment and the comparative psychobiology of mothering. In M. de Haan & M. R. Gunnar (eds.), *Handbook of developmental social neuroscience* (pp. 225-245). New York, NY: Guilford Press.

Gonzales, N. A., Cauce, A. M., Friedman, R. J., & Mason, C. A. (1996). Family, peer, and neighborhood influences on academic achievement among African-American adolescents: One-year prospective effects. *American Journal of Community Psychology*, 24:365-387.

Gonzalez, A., Jenkins, J. M., Steiner, M., & Fleming, A. S. (2012). Maternal early life experiences and parenting: The mediating role of cortisol and executive function. *Journal of the American Academy of Child and Adolescent Psychiatry*, 51:673-682.

Gonzalez, A., Zvolensky, M. J., Vujanovic, A. A., Leyro, T. M., & Marshall, E. C. (2008). An evaluation of anxiety sensitivity, emotional dysregulation, and negative affectivity among daily cigarette smokers: Relation to smoking motives and barriers to quitting. *Journal of Psychiatric Research*, 43:138-147.

Goodman, S. H., & Brumley, H. E. (1990). Schizophrenic and depressed mothers: Relational deficits in parenting. *Developmental Psychology*, 26:31-39.

Gottfried, A. W. (1985). Measures of socioeconomic status in child development research: Data and recommendations. *Merrill-Palmer Quarterly*, 31:85-92.

Gottfried, A. E. (1990). Academic intrinsic motivation in young elementary school children. *Journal of Educational Psychology*, 82:525-538.

Graham, A. M., Kim, H. K., & Fisher, P. A. (2012). Partner aggression in high-risk families from birth to age 3 years: Associations with harsh parenting and child maladjustment. *Journal of Family Psychology*, 26:105-114.

Grasmick, H. G., Tittle, C. R., Bursik Jr, R. J., & Arneklev, B. J. (1993). Testing the core empirical implications of Gottfredson and Hirschi's general theory of crime. *Journal of Research in Crime and Delinquency*, 30: 5-29.

Granic, I., & Patterson, G. R. (2006). Toward a comprehensive model of antisocial development: A dynamic systems approach. *Psychological Review*, 113:101-131.

Graziano, W. G., Habashi, M. M., Sheese, B. E., & Tobin, R. M. (2007). Agreeableness, empathy, and helping: A person × situation perspective. *Journal of Personality and Social Psychology*, 93:583-599.

Gratz, K. L., & Roemer, L. (2004). Multidimensional assessment of emotion regulation and dysregulation: Development, factor structure, and initial validation of the difficulties in emotion regulation scale. *Journal of Psychopathology and Behavioral Assessment*, 26:41-54.

Greene, A. L., & Larson, R. W. (1991). Variation in stress reactivity during adolescence. In E. M. Cummings, A. L. Greene, & K. H. Karraker (eds.). *Life-span developmental psychology: Perspectives on stress and coping* (pp. 195-209). Hillsdale, NJ: Erlbaum.

Greene, B. A., Miller, R. B., Crowson, H. M., Duke, B. L., & Akey, K. L. (2004). Predicting high school students' cognitive engagement and achievement: Contributions of classroom perceptions and motivation. *Contemporary Educational Psychology*, 29:462-482.

Greenwald, R. L., Bank, L., Reid, J. B., & Knutson, J. F. (1997). A discipline-mediated model of excessively punitive parenting. *Aggressive Behavior: Official Journal of the International Society for Research on Aggression*, 23:259-280.

Griffin, K. W., Botvin, G. J., Scheier, L. M., Diaz, T., & Miller,

N. L. (2000). Parenting practices as predictors of substance use, delinquency, and aggression among urban minority youth: Moderating effects of family structure and gender. *Psychology of Addictive Behaviors*, 14:174-184.

Gronlund, A. (2007). More control, less conflict? Job demand-control, gender and work-family conflict. *Gender, Work and Organization*, 14: 476-497.

Grolnick, W. S., Bridges, L. J., & Connell, J. P. (1996). Emotion regulation in two-year-olds: Strategies and emotional expression in four contexts. *Child Development*, 67:928-941.

Grolnick, W., & Pomerantz, E. (2009). Issues and challenges in studying parental control: Toward a new conceptualization. *Child Development Perspectives*, 3:165-170.

Grolnick, W. S., & Ryan, R. M. (1989). Parent styles associated with children's self-regulation and competence in school. *Journal of Educational Psychology*, 81:143-154.

Gross, J. J. (1998). The emerging field of emotion regulation: An integrative review. *Review of General Psychology*, 2:271-299.

Gross, D. & Rocissano, L. (1988). Maternal confidence in toddlerhood: Its measurement for clinical practice and research. *Nurse Practitioner*, 13:19-29.

Gross, J. J., & Thompson, R. A. (2007). Emotion regulation: Conceptual foundations. In J. J. Gross (ed.), *Handbook of emotion regulation* (pp. 3-24). New York, NY: Guilford Press.

Grusec, J. E., & Goodnow, J. J. (1994). Impact of parental discipline methods on the child's internalization of values: A reconceptualization of current points of view. *Developmental Psychology*, 30:4-19.

Gulley, L. D., Oppenheimer, C. W., & Hankin, B. L. (2014). Associations among negative parenting, attention bias to anger, and social anxiety among youth. *Developmental Psychology*, 50:577-585.

Gumora, G., & Arsenio, W. F. (2002). Emotionality, emotion regulation, and school performance in middle school children. *Journal of School*

Psychology,40:395-413.

Güngör, D., & Bornstein, M. H. (2010). Culture-general and-specific associations of attachment avoidance and anxiety with perceived parental warmth and psychological control among Turk and Belgian adolescents. *Journal of Adolescence*, 33:593-602.

Gunnar, M. (2000). Early adversity and the development of stress reactivity and regulation. In C. A. Nelson (ed.), *The effects of adversity on neurobehavioral development: The Minnesota symposia on child psychology* (pp. 163-200). Mahwah, NJ: Erlbaum.

Gunnar, M. R., & Stone, C. (1984). The effects of positive maternal affect on infant responses to pleasant, ambiguous, and fear-provoking toys. *Child Development*, 55:1231-1236.

Gunthert, K. C., Cohen, L. H., & Armeli, S. (1999). The role of neuroticism in daily stress andcoping. *Journal of Personality and Social Psychology*,77:1087-1100.

Gustafsson, H. C., Cox, M. J., & Blair, C. (2012). Maternal parenting as a mediator of the relationship between intimate partner violence and effortful control. *Journal of Family Psychology*,26:115-123.

Gutman, L. M., McLoyd, V. C., & Tokoyawa, T. (2005). Financial strain, neighborhood stress, parenting behaviors, and adolescent adjustment in urban African American Families. *Journal of Research on Adolescence*,15:425-449.

Hagborg, W J. (1991). A study of homework time of a high school sample. *Perceptual and Motor Skills*,73:103-106.

Hamachek, D. E. (1978). Psychodynamics of normal and neurotic perfectionism. *Psychology*,15:27-33.

Hammond, S. I., Muller, U., Carpendale, J. I. M., Bibok, M. B., & Lie- bermann-Finestone, D. P. (2012). The effects of parental scaffolding on preschoolers' executive function. *Developmental Psychology*, 48:271-281.

Hamre, B. K., & Pianta, R. C. (2007). Learning opportunities in preschool and early elementary classrooms. In R. Pianta, M. Cox, & K. Snow (eds.). *School readiness and the transition to kindergarten in the era of accountability* (pp. 49-84). Baltimore: Brookes.

Harold, G. T. , Shelton, K. H. , Goeke-Morey, M. C. , & Cummings, E. M. (2004). Marital conflict, child emotional security about family relationships and child adjustment. *Social Development*, 13:350-376.

Harris, K. R. (1982). Cognitive-behavior modification: Application with exceptional students. *Focus on Exceptional Children*,15:1-16.

Harris, K. R. , Graham, S. , Reid, R. , McElroy, K. , & Hamby, R. (1994). Self-monitoring of attention versus self-monitoring of performance: Replication and cross-task comparison. *Learning Disability Quarterly*, 17: 121-139.

Hart, C. H. , DeWolf, D. M. , Wozniak, P. , & Burts, D. C. (1992). Maternal and paternal disciplinary styles: Relations with preschoolers' playground behavioral orientations and peer status. *Child Development*, 63: 879-892.

Hart, C. H. , Ladd, G. W. , & Burleson, B. R. (1990). Children's expectations of the outcomes of social strategies: Relations with sociometric status and maternal disciplinary styles. *Child Development*, 61:127-137.

Hartup,W. W. (1978). Perspectives on child and family interaction: Past, present, and future. In R. M. Lerner & G. B. Spanier (eds.),*Child influences on marital and family interaction: A life-span perspective* (pp. 23-46). San Francisco: Academic.

Hartup, W. W. (1985). Relationships and their significance in cognitive development. In R. A. Hinde, A. Perret-Clermont, and J. Stevenson-Hinde (eds.), *Social relationships and cognitive development* (pp. 66-82). Oxford, England: Clarendon.

Hastings, P. , & Grusec, J. (1998). Parenting goals as organizers of responses to parent-child disagreement. *Developmental Psychology*, 34: 465-479.

Hastings, P. D. , Zahn-Waxler, C. , Robinson, J. , Usher, B. , and Bridges, D. (2000). The development of concern for others in children with behavior problems. *Developmental Psychology*, 36:531-546.

Hay, C. (2001). Parenting, self-control, and delinquency: A test of self-control theory. *Criminology*, 39:707-736.

Hayes, S. C., & Ju, W. (1995). The applied implications of rule-governed behavior. In W. O'Donohue, & L. Krasner (eds.). *Theories of behavior therapy: Exploring behavior change* (pp. 374-391). Washington, DC: American Psychological Association.

Hazan, C., & Zeifman, D. (1994). Sex and the psychological tether. In K. Bartholomew & D. Periman (eds.), *Attachment processes in adulthood: Advances in personal relationships* (pp. 151-178). London, England: Jessica Kingsley.

Hecker, T., Hermenau, K., Isele, D., & Elbert, T. (2014). Corporal punishment and children's externalizing problems: A cross-sectional study of Tanzanian primary school aged children. *Child Abuse & Neglect*, 38:884-892.

Heim, C., & Nemeroff, C. B. (2001). The role of childhood trauma in the neurobiology of mood and anxiety disorders: Preclinical and clinical studies. *Biological Psychiatry*, 49:1023-1039.

Heinicke, C. M. (1984). Impact of pre -birth parent personality and marital functioning on family development: A framework and suggestions for further study. *Developmental Psychology*, 20:1044-1053.

Henschel, S., de Bruin, M., & Möhler, E. (2014). Self-control and child abuse potential in mothers with an abuse history and their preschool children. *Journal of Child and Family Studies*, 23:824-836.

Herrenkohl, R. C. (2005). The definition of child maltreatment: From case study to construct. *Child Abuse & Neglect*, 29:413-424.

Hess, R. D., & Camara, K. A. (1979). Post-divorce family relationships as mediating factors in the consequences of divorce for children. *Journal of Social Issues*, 35:79-96.

Hess, C. R., Teti, D. M., & Hussey-Gardner, B. (2004). Self-efficacy and parenting of high-risk infants: The moderating role of parent knowledge of infant development. *Journal of Applied Developmental Psychology*, 25:423-437.

Hetherington, E. M., Cox, M., & Cox, R. (1979). Play and social interaction in children following divorce. *Journal of Social Issues*, 35:26-49.

Hetherington, E. M., and Martin, B. (1986). Family factors and psychopathology in children. In H. C. Quay and J. S. Werry (eds.), *Psychopathological disorders of childhood* (3rd ed., pp. 332-390). New York: Wiley.

Hewitt, P. L., & Flett, G. L. (1991). Perfectionism in the self and social contexts: Conceptualization, assessment, and association with psychopathology. *Journal of Personality and Social Psychology*, 60:456-470.

Hewitt, P. L., Flett, G. L., & Ediger, E. (1996). Perfectionism and depression: Longitudinal assessment of a specific vulnerability hypothesis. *Journal of Abnormal Psychology*, 105:276-280.

Higgins, E. T., & Silberman, I. (1998). Development of regulatory focus: Promotion and prevention as ways of living. In J. Heckhausen & C. S. Dweck (eds.), *Motivation and self-regulation across the life span* (pp. 78-113). New York: Cambridge University Press.

Hillson, J. M., & Kuiper, N. A. (1994). A stress and coping model of child maltreatment. *Clinical Psychology Review*, 14:261-285.

Hines, A. M. (1997). Divorce-related transitions, adolescent development, and the role of the parent-child relationship: A review of the literature. *Journal of Marriage and the Family*, 59:375-388.

Hinnant, J. B., Elmore-Staton, L., & El-Sheikh, M. (2011). Developmental trajectories of respiratory sinus arrhythmia and preejection period in middle childhood. *Developmental Psychobiology*, 53:59-68.

Hinnant, J. B., Erath, S. A., & El-Sheikh, M. (2015). Harsh parenting, parasympathetic activity, and development of delinquency and substance use. *Journal of Abnormal Psychology*, 124:137-151.

Hinshaw, S. P. (2008). Developmental psychopathology as a scientific discipline: Relevance to behavioral and emotional disorders of childhood and adolescence. In T. P. Beauchaine & S. P. Hinshaw (eds.), *Child and adolescent psychopathology* (pp. 3-26). Hoboken, NJ: Wiley.

Ho, D. Y. F. (1986). Chinese patterns of socialization: A critical review. In M. H. Bond (ed.), *The Psychology of the Chinese People* (pp. 1-37). Hong Kong: Oxford University Press.

Ho, D. Y. F. (1996). Filial piety and its psychological consequences. In M. H. Bond (ed.), *Handbook of Chinese psychology* (pp. 155-165). New York: Oxford University Press.

Ho, C., Bluestein, D. N., & Jenkins, J. M. (2008). Cultural differences in the relationship between parenting and children's behavior. *Developmental Psychology*, 44: 507-522.

Hofer, C., Eisenberg, N., & Reiser, M. (2010). The role of socialization, effortful control, and ego resiliency in French adolescents' social functioning. *Journal of Research on Adolescence*, 20: 555-582.

Hoffman, M. L. (1983). Affective and cognitive processes in moral internalization. In E. T. Higgins, D. N. Ruble, and W. W. Hartup (eds.), *Social cognition and social development* (pp. 236-274). Cambridge, England: Cambridge University Press.

Hoffman, M. L. (1988). Moral development. In M. H. Bornstein and M. E. Lamb (eds.), *Developmental psychology: An advanced textbook* (2nd ed., pp. 497-548). Hillsdale, NJ: Lawrence Erlbaum Associates.

Hofmann, W., Gschwendner, T., Friese, M., Wiers, R. W., & Schmitt, M. (2008). Working memory capacity and self-regulatory behavior: Toward an individual differences perspective on behavior determination by automatic versus controlled processes. *Journal of Personality and Social Psychology*, 95: 962-976.

Hoglund, W. G., & Chisholm, C. A. (2014). Reciprocating risks of peer problems and aggression for children's internalizing problems. *Developmental Psychology*, 50: 586-599.

Holden, E. W., & Banez, G. A. (1996). Child abuse potential and parenting stress within maltreating families. *Journal of Family Violence*,

11:1-12.

Holmbeck, G. N., Paikoff, R. L., & Brooks-Gunn, J. (1995). Parenting adolescents. In M. H. Bornstein (ed), *Handbook of parenting*: Vol. 1. *Children and parenting* (pp. 91-118). Mahwah, NJ: Erlbaum.

Holt, S., Buckley, H., & Whelan, S. (2008). The impact of exposure to domestic violence on children and young people: A review of the literature. *Child Abuse & Neglect*, 32:797-810.

Hong, L., Yufeng, W., Agho, K., & Jacobs, J. (2011). Preventing behavior problems among elementary schoolchildren: Impact of a universal school-based program in China. *Journal of School Health*, 81:273-280.

Hoover-Dempsey, K. V., & Sandler, H. M. (1995). Parental involvement in children's education: Why does it make a difference? *Teachers College Record*, 97:310-331.

Howes, C., and Espinosa, M. P. (1985). The consequences of child abuse for the formation of relationships with peers. *Child Abuse & Neglect*, 9:397-404.

Hu, L., & Bentler, P. M. (1999). Cutoff criteria for fit indexes in covariance structure analysis: Conventional criteria versus new alternatives. *Structural Equation Modeling*, 6:1-55.

Huang, K.-Y., Caughy, M. O. B., Genevro, J. L. & Miller, T. L. (2005). Maternal knowledge of child development and quality of parenting among white, African-American and Hispanic mothers. *Journal of Applied Developmental Psychology*, 26:149-170.

Hughes, J. N., & Kwok, O. (2006). Classroom engagement mediates the effect of teacher-student support on elementary students' peer acceptance: A prospective analysis. *Journal of School Psychology*, 43:465-480.

Hui, E. K. P., Sun, R. C. F., Chow, S. S. Y., & Chu, M. H. T. (2011). Explaining Chinese students' academic motivation: Filial piety and self-determination. *Educational Psychologist*, 31:377-392.

Huntsinger, C. S., & Jose, P. E. (1995). Chinese-American and Caucasian-American family interactional styles in spatial puzzle solutions.

Merrill-Palmer Quarterly,41:471-496.

Huntsinger, C. S., Jose, P. E., Liaw, F.-R., & Ching, W.-D. (1997). Cultural differences in early mathematics learning: A comparison of Euro-American, Chinese-American, and Taiwan Chinese families. *International Journal of Behavioral Development*,21:371-388.

Huston, A. C. (1983). Sex-typing. In E. M. Hetherington (ed.), *Handbook of child psychology: Socialization, personality, and social development* (Vol. 4, pp. 388-467). New York: Wiley.

Hyde, L. W., Shaw, D. S., & Moilanen, K. L. (2010). Developmental precursors of moral disengagement and the role of moral disengagement in the development of antisocial behavior. *Journal of Abnormal Child Psychology*,38:197-209.

Ingoldsby, E. M., & Shaw, D. S. (2002). Neighborhood contextual factors and early-starting antisocial pathways. *Clinical Child and Family Psychology Review*, 5:21-55.

Jackson, C. (2002) Perceived legitimacy of parental authority and tobacco and alcohol use during early adolescence. *Journal of Adolescent Health*,31:425-432.

Jacobs, L., & Joseph, S. (1997). Cognitive Triad Inventory and its association with symptoms of depression and anxiety in adolescents. *Personality and Individual Differences*,22:769-770.

Jang, K. S., Hwang, S. Y., & Choi, J. Y. (2008). Internet addiction and psychiatric symptoms among Korean adolescents. *Journal of School Health*,78:165-171.

Jang, S., & Smith, C. A. (1997). A test of reciprocal causal relationships among parental supervision, affective ties, and delinquency. *Journal of Research in Crime and Delinquency*, 34:307-336.

Janssens, J. M., & Dekovi ć, M. (1997). Child rearing, prosocial moral reasoning, and prosocial behaviour. *International Journal of Behavioral Development*, 20:509-527.

Jarvis, P. A., & Creasey, G. L. (1991). Parental stress, coping, and attachment in families with an 18-month-old infant. *Infant Behavior and Development*, 14:383-395.

Jensen-Campbell, L. A., & Graziano, W. G. (2001). Agreeableness as a moderator of interpersonal conflict. *Journal of Personality*, 69:323-361.

Jensen Peña, C. L., & Champagne, F. A. (2012). Epigenetic and neurodevelopmental perspectives on variation in parenting behavior. *Parenting*, 12:202-211.

Jerusalem, M., & Mittag, W. (1995). Self-efficacy in stressful life transitions. In A. Bandura (ed.), *Self-efficacy in changing societies* (pp. 177-201). New York: Cambridge University Press.

Johnston, C., & Freeman, W. (1997). Attributions for child behavior in parents of children without behavior disorders and children with attention deficit-hyperactivity disorder. *Journal of Consulting and Clinical Psychology*, 65:636-645.

Johnston, C., Hommersen, P., & Seipp, C. M. (2009). Maternal attributions and child oppositional behavior: A longitudinal study of boys with and without attention-deficit/hyperactivity disorder. *Journal of Consulting and Clinical Psychology*, 77:189-195.

Johnston, C., Mash, E. J., Miller, N., & Ninowski, J. E. (2012). Parenting in adults with attention-deficit/hyperactivity disorder (ADHD). *Clinical Psychology Review*, 32:215-228.

Jones, E. E., & Davis, K. E. (1965). From acts to dispositions: The attribution process in person perception. In L. Berkowitz (ed.), *Advances in experimental social psychology* (Vol. 2, pp. 219-266). New York: Academic Press.

Jones, T. L., & Prinz, R. J. (2005). Potential roles of parental self-efficacy in parent and child adjustment: A review. *Clinical Psychology Review*, 25:341-363.

Jouriles, E. N., Mueller, V., Rosenfield, D., McDonald, R., & Dodson, M. C. (2012). Teens' experiences of harsh parenting and exposure to severe intimate partner violence: Adding insult to injury in predicting teen dating violence. *Psychology of Violence*,2:125-138.

Jouriles, E. N., & Thompson, S. M. (1993). Effects of mood on mothers' evaluations of children's behavior. *Journal of Family Psychology*, 6:300-307.

Kamey, B. R., & Bradbury, T. N. (1995). The longitudinal course of marital quality and stability: A review of theory, method, and research. *Psychological Bulletin*,118:3-34.

Kaplan, D. S., Peck, M., & Kaplan, H. B. (1997). Decomposing the academic failure-Dropout relationship: A longitudinal analysis. *The Journal of Educational Research*,90:331-343.

Karney, B. R., & Bradbury, T. N. (1997). Neuroticism, marital interaction, and the trajectory of marital satisfaction. *Journal of Personality and Social Psychology*, 72:1075-1092.

Karreman, A., Van Tuijl, C., Van Aken, M. A., & Dekovi'c, M. (2008). The relation between parental personality and observed parenting: The moderating role of preschoolers' effortful control. *Personality and Individual Differences*, 44:723-734.

Kawabata, Y., Alink, L. R., Tseng, W., Van Ijzendoorn, M. H., & Crick, N. R. (2011). Maternal and paternal parenting styles associated with relational aggression in children and adolescents: A conceptual analysis and meta-analytic review. *Developmental Review*,31:240-278.

Keiley, M. K. (2002). Attachment and affect regulation: A framework for family treatment of conduct disorder. *Family Process*,41:477-493.

Kienhuis, M., Rogers, S., Giallo, R., Matthews, J., & Treyvaud, K. (2010). A proposed model for the impact of parental fatigue on parenting adaptability and child development. *Journal of Reproductive and Infant Psychology*, 28:392-402.

Keller, H., Hentschel, E., Yovsi, R. D., Lamm, B., Abels, M., & Haas, V. (2004). The psycho-linguistic embodiment of parental ethnotheories: A new avenue to understanding cultural processes in parental reasoning. *Culture and Psychology*,10:293-330.

Kelley, H. H., & Michela, J. L. (1980). Attribution theory and research. *Annual Review of Psychology*, 31:457-501.

Kelley, M. L., & Tseng, H.-M. (1992). Cultural differences in child rearing: A comparison of immigrant Chinese and Caucasian American mothers. *Journal of Cross Cultural Psychology*, 23:444-455.

Kerig, P. K. (1999). Gender issues in the effects of exposure to violence on children. *Journal of Emotional Abuse*, 1:87-105.

Kerns, K. A., Cole, A., & Andrews, P. B. (1998). Attachment security, parent-peer management practices, and peer relationships in preschoolers. *Merrill-Palmer Quarterly*, 44:504-522.

Kessler, R. C., Birnbaum, H., Bromet, E., Hwang, I., Sampson, N., & Shahly, V. (2010). Age differences in major depression: Results from the National Comorbidity Survey Replication (NCS-R). *Psychological Medicine*, 40:225-237.

Khantzian, E. J. (1999). Treating addiction as a human process. London: Jason Aronson Inc.

Kienhuis, M., Rogers, S., Giallo, R., Matthews, J., & Treyvaud, K. (2010). A proposed model for the impact of parental fatigue on parenting adaptability and child development. *Journal of Reproductive and Infant Psychology*, 28:392-402.

Kim, J., & Cicchetti, D. (2010). Longitudinal pathways linking child maltreatment, emotion regulation, peer relations, and psychopathology. *Journal of Child Psychology and Psychiatry*, 51:706-716.

Kim, H. K., & Davis, K. E. (2009). Toward a comprehensive theory of problematic Internet use: Evaluating the role of self-esteem, anxiety, flow, and the self-rated importance of Internet activities. *Computers in Human Behavior*, 25:490-500.

Kim, H. K., Pears, K. C., Capaldi, D. M., & Owen, L. D. (2009). Emotion dysregulation in the intergenerational transmission of romantic relationship conflict. *Journal of Family Psychology*, 23:585-595.

Kim, K., Trickett, P. K., & Putnam, F. W. (2011). Attachment representations and anxiety: Differential relationships among mothers of sexually abused and comparison girls. *Journal of Interpersonal Violence*, 26: 498-521.

Kimonis, E. R., Frick, P. J., Boris, N. W., Smyke, A. T., Cornell, A. H., Farrell, J. M., & Zeanah, C. H. (2006). Callous-unemotional features, behavioral inhibition and parenting: Independent predictors of aggression in a high-risk preschool sample. *Journal of Child and Family Studies*, 15:741-752.

Kim-Spoon, J., Farley, J. P., Holmes, C. J., & Longo, G. S. (2014). Does adolescents' religiousness moderate links between harsh parenting and adolescent substance use? *Journal of Family Psychology*, 28: 739-748.

King, A. Y. C., & Bond, M. H. (1985). The Confucian paradigm of man: A sociological view. In W. S. Tseng & D. Y. H. We (eds.), *Chinese culture and mental health* (pp. 29-45). St. Louis, MO: Academic Press.

Knappe, S., Beesdo, K., Fehm, L., Lieb, R., & Wittchen, H. (2009). Associations of familial risk factors with social fears and social phobia: Evidence for the continuum hypothesis in social anxiety disorder? *Journal of Neural Transmission*, 116:639-648.

Knutson, J. F., DeGarmo, D., Koeppl, G., & Reid, J. B. (2005). Care neglect, supervisory neglect, and harsh parenting in the development of children's aggression: A replication and extension. *Child Maltreatment*, 10: 92-107.

Kobak, R., & Cole, H. (1994). Attachment and meta-monitoring: Implications for adolescent autonomy and psychopathology. In D. Cicchetti & S. L. Toth (eds.), *Disorders and dysfunctions of the self* (pp. 267-297). Rochester, NY: University of Rochester Press.

Kochanska, G. (2002). Committed compliance, moral self, and internalization: A meditational model. *Developmental Psychology*, 38:339-351.

Kochanska, G., & Aksan, N. (2007). Conscience in childhood: Past, present, and future. In G. W. Ladd (ed.), *Appraising the human develop-*

mental sciences: *Essays in honor of Merrill-Palmer Quarterly* (pp. 238-249). Detroit: Wayne State University Press.

Kochanska, G., Aksan, N., & Koenig, A. L. (1995). A longitudinal study of the roots of preschoolers' conscience: Committed compliance and emerging internalization. *Child Development*, 66:1752-1769.

Kochanska, G., Friesenborg, A. E., Lange, L. A., & Martel, M. M. (2004). Parents' personality and infants' temperament as contributors to their emerging relationship. *Journal of Personality and Social Psychology*, 86:744-759.

Kochanska, G., & Kim, S. (2013). Early attachment organization with both parents and future behavior problems: From infancy to middle childhood. *Child Development*, 84:283-296.

Kochanska, G., Radke-Yarrow, M., Kuczynski, L., & Friedman, S. (1987). Normal and affectively ill mothers' beliefs about their children. *American Journal of Orthopsychiatry*, 57:345-350.

Koenig, J. L., Barry, R. A., & Kochanska, G. (2010). Rearing difficult children: Parents' personality and children's proneness to anger as predictors of future parenting. *Parenting*: *Science and Practice*, 10:258-273.

Koenig, A., Cicchetti, D., & Rogosch, F. (2000). Child compliance/noncompliance and maternal contributors to internalization in maltreating and nonmaltreating dyads. *Child Development*, 71:1018-1032.

Kokkinos, C. M., Voulgaridou, I., & Markos, A. (2016). Personality and relational aggression: Moral disengagement and friendship quality as mediators. *Personality and Individual Differences*, 95: 74-79.

Koole, S. L. (2009). The psychology of emotion regulation: An integrative review. *Cognition and Emotion*, 23:4-41.

Korte, S. M., Koolhaas, J. M., Wingfield, J. C., & McEwen, B. S. (2005). The Darwinian concept of stress: Benefits of allostasis and costs of allostatic load and the tradeoffs in health and disease. *Neuroscience and Biobehavioral Reviews*, 29:3-38.

Kovacs, M., & Beck, A. T. (1978). Maladaptive cognitive structures in depression. *American Journal of Psychiatry*,135:525-533.

Ladd, G. W., Herald-Brown, S. L., & Reiser, M. (2008). Does chronic classroom peer rejection predict the development of children's classroom participation during the grade school years? *Child Development*, 79: 1001-1015.

La Greca, A. M., & Lopez, N. (1998). Social anxiety among adolescents: Linkages with peer relations and friendships. *Journal of Abnormal Child Psychology*,26:83-94.

Lam, L. T., Peng, Z. W., Mai, J. C., & Jing, J. (2009). Factors associated with Internet addiction among adolescents. *Cyberpsychology & Behavior*,12: 551-555.

Lamb, M., Pleck, J., Charnov, E., & Levine, J. (1987). A biosocial perspective on paternal behavior and involvement. In J. Lancaster, J. Altmann, A. Rossi, & L. Sherrod (eds.), *Parenting across the lifespan: Biosocial dimensions*(pp. 111-142). Hawthorne, NY: Aldine de Grutyer.

Lamborn, S. D., Mounts, N. S., Steinberg, L. & Dornbusch, S. M. (1991). Patterns of competence and adjustment among adolescents from authoritative, authoritarian, indulgent, and neglectful families. *Child Development*,62:1049-1065.

Lamm, B., & Keller, H. (2007). Understanding cultural models of parenting: The role of intercultural variation and response style. *Journal of Cross Cultural Psychology*,38:50-57.

Lansford, J. E., Sharma, C., Malone, P. S., Woodlief, D., Dodge, K. A., Oburu, P., et al. (2014). Corporal punishment, maternal warmth, and child adjustment: A longitudinal study in eight countries. *Journal of Clinical Child and Adolescent Psychology*,43:670-685.

Latham, R. M., Mark, K. M., & Oliver, B. R. (2017). A harsh parenting team? Maternal reports of coparenting and coercive parenting interact in association with children's disruptive behavior. *Journal of Child Psychology and Psychiatry*, 58:603-611.

Lawson, M., & Wilson, G. (1979). Addiction and pregnancy: Two lives in crisis. *Social Work in Health Care*, 4:445-457.

Leadbeater, B. J., Kuperminc, G. P., Hertzog, C., & Blatt, S. J. (1999). A multivariate model of gender differences in adolescents' internalizing and externalizing problems. *Developmental Psychology*, 35:1268-1282.

Leander, L., Christianson, S. A., & Granhag, P. A. (2008). Internet-initiated sexual abuse: Adolescent victims' reports about On-and Off-line sexual activities. *Applied Cognitive Psychology: The Official Journal of the Society for Applied Research in Memory and Cognition*, 22: 1260-1274.

Lee, M. A., Schoppe-Sullivan, S. J., & Dush, C. M. K. (2012). Parenting perfectionism and parental adjustment. *Personality and Individual Differences*, 52:454-457.

Lee, S. J., Altschul, I., & Gershoff, E. T. (2013). Does warmth moderate longitudinal associations between maternal spanking and child aggression in early childhood? *Developmental Psychology*, 49:2017-2028.

Lee, E. H., Zhou, Q., Eisenberg, N., & Wang, Y. (2013). Bidirectional relations between temperament and parenting styles in Chinese children. *International Journal of Behavioral Development*, 37:57-67.

Lee-Baggley, D., Preece, M., & DeLongis, A. (2005). Coping with interpersonal stress: Role of Big Five traits. *Journal of Personality*, 73: 1141-1180.

Leibenluft, E., & Stoddard, J. (2013). The developmental psychopathology of irritability. *Development and Psychopathology*, 25:1473-1487.

Lengua, L. J., Honorado, E., & Bush, N. R. (2007). Contextual risk and parenting as predictors of effortful control and social competence in preschool children. *Journal of Applied Developmental Psychology*, 28: 40-55.

Lereya, S., Samara, M., & Wolke, D. (2013). Parenting behavior and the risk of becoming a victim and a bully/victim: A meta-analysis study. *Child Abuse & Neglect*, 37:1091-1108.

Lerner, R. M., & Spanier, G. B. (1978). A dynamic interactional view of child and family development. In R. M. Lerner & G. B. Spanier (eds.),*Child influences on marital and family interaction: A life-span perspective*(pp. 1-22). San Francisco: Academic.

Lengua, L. J. (2006). Growth in temperament and parenting as predictors of adjustment during children's transition to adolescence. *Developmental Psychology*,42:819-832.

Lengua, L. J., & Kovacs, E. A. (2005). Bidirectional associations between temperament and parenting and the prediction of adjustment problems in middle childhood. *Journal of Applied Developmental Psychology*, 26: 21-38.

Leung, L. (2004). Net-generation attributes and seductive properties of the internet as predictors of online activities and internet addiction. *Cyberpsychology & Behavior*, 7:333-348.

Leung, K., Lau, S., & Lam, W.-L. (1998). Parenting styles and academic achievement: A cross-cultural study. *Merrill-Palmer Quarterly*, 44: 157-172.

Leung, D. W., & Slep, A. M. S. (2006). Predicting inept discipline: The role of parental depressive symptoms, anger, and attributions. *Journal of Consulting and Clinical Psychology*,74:524-534.

Leventhal, T., & Brooks-Gunn, J. (2000). The neighborhoods they live in: The effects of neighborhood residence on child and adult outcomes. *Psychological Bulletin*,126:309-336.

Leventhal, T., & Brooks-Gunn, J. (2003). Moving on up: Neighborhood effects on children and families. In M. H. Bornstein & R. H. Bradley (eds.),*Socioeconomic status, parenting, and child development* (pp. 209-230). Mahwah, NJ: Lawrence Erlbaum.

Levy, K. N., Blatt, S. J., & Shaver, P. R. (1998). Attachment styles and parental representations. *Journal of Personality and Social Psychology*,74:407-419.

Levy-Shiff, R., and Israelashvili, R. (1988). Antecedents of fathering. *Developmental Psychology*, 24:434-441.

Lewis, M. (2000). Self-conscious emotions: Embarrassment, pride, shame, and guilt. In M. Lewis & J. Haviland-Jones (eds.), *Handbook of emotions* (2nd ed., pp. 623-636). New York, NY: Guilford.

Li, Y., & Lerner, R. M. (2011). Developmental trajectories of school engagement across adolescence: Implications for academic achievement, substance use, depression, and delinquency. *Developmental Psychology*, 47: 233-247.

Li, D., Li, X., Wang, Y., Zhao, L., Bao, Z., & Wen, F. (2013). School connectedness and problematic Internet use in adolescents: A moderated mediation model of deviant peer affiliation and self-control. *Journal of Abnormal Child Psychology*, 41:1231-1242.

Liew, J., McTigue, E., Barrois, L., & Hughes, J. (2008). Adaptive and effortful control and academic self-efficacy beliefs on achievement: A longitudinal study of 1stthrough 3rd graders. *Early Child Research Quarterly*, 23:515-526.

Lin, D., & Fu, V. (1990). A comparison of child-rearing practices among Chinese, immigrant Chinese, and Caucasian-American parents. *Child Development*, 61:429-433.

Linares, L. O., Heeren, T., Bronfman, E., Zuckerman, B., Augustyn, M., & Tronick, E. (2001). A mediational model for the impact of exposure to community violence on early child behavior problems. *Child Development*, 72:639-652.

Liu, C. Y., & Kuo, F. Y. (2007). A study of Internet addiction through the lens of the interpersonal theory. *Cyberpsychology & Behavior*, 10:799-804.

Liu, L., & Wang, M. (2015). Parenting stress and harsh discipline in China: The moderating roles of marital satisfaction and parent gender. *Child Abuse & Neglect*, 43:73-82.

Lodi-Smith, J. L., & Roberts, B. W. (2007). Social investment and personality: A meta-analytic analysis of the relationship of personality traits to investment in work, family, religion, and volunteerism. *Personality and*

Social Psychology Review,11:68-86.

Loeber, R., & Stouthamer-Loeber, M. (1986). Family factors as correlates and predictors of juvenile conduct problems and delinquency. In M. Tonry & N. Morris (eds.), *Crime and justice* (Vol. 7, pp. 219-339). Chicago: University of Chicago Press.

Loginova, S. V., & Slobodskaya, H. R. (2017). The mediating role of parenting in the relation between personality and externalizing problems in Russian children. *Personality and Individual Differences*,106:275-280.

Longfellow, C., Zelkowitz, P., and Saunders, E. (1982). The quality of mother-child relationships. In D. Belle (eds.), *Lives in stress* (pp. 163-176). Beverly Hills, CA: Sage.

Lorber, M. F. (2012). The role of maternal emotion regulation in overreactive and lax discipline. *Journal of Family Psychology*, 26:642-647.

Lorber, M. F., & O'Leary, S. G. (2005). Mediated paths to overreactive discipline: Mothers' experienced emotion, appraisals, and physiological responses. *Journal of Consulting and Clinical Psychology*, 73:972-981.

Losoya, S., Callor, S., Rowe, D., and Goldsmith, H. (1997). Origins of familial similarity in parenting. *Developmental Psychology*, 33: 1012-1023.

Lovejoy, M. C., & Steuerwald, B. L. (1995). Subsyndromal unipolar and bipolar disorders: Comparisons on positive and negative affect. *Journal of Abnormal Psychology*,104:381-384.

Lui, P. P., & Rollock, D. (2013). Tiger mother: Popular and psychological scientific perspectives on Asian culture and parenting. *American Journal of Orthopsychiatry*,83:450-456.

Luo, R., Tamis-LeMonda, C. S., & Song, L. (2013). Chinese parents' goals and practices in early childhood. *Early Childhood Research Quarterly*,28:843-857.

Lucas-Thompson, R. G., Goldberg, W. A., & Prause, J. (2010). Maternal work early in the lives of children and its distal associations with achievement and behavior problems: A meta-analysis. *Psychological Bulletin*,

136:915-942.

Lumley, M. A., & Provenzano, K. M. (2003). Stress management through written emotional disclosure improves academic performance among college students with physical symptoms. *Journal of Educational Psychology*, 95: 641-649.

Luo, R., Tamis-LeMonda, C. S., & Song, L. (2013). Chinese parents' goals and practices in early childhood. *Early Childhood Research Quarterly*, 28:843-857.

Luster, T., & Rhoades, K. (1989). The relation between child-rearing beliefs and the home environment in a sample of adolescent mothers. *Family Relations*, 38:317-322.

Luster, T., Rhoades, K., & Haas, B. (1989). The relation between parental values and parenting behavior: A test of the Kohn hypothesis. *Journal of Marriage and the Family*, 51:139-147.

Lynch, M., & Cicchetti, D. (1997). Children's relationships with adults and peers: An examination of elementary and junior high school students. *Journal of School Psychology*, 35:81-99.

Lytton, H., & Romney, D. M. (1991). Parents' differential socialization of boys and girls: A meta-analysis. *Psychological Bulletin*, 109: 267-296.

Ma, J., Grogan-Kaylor, A., & Lee, S. J. (2018). Associations of neighborhood disorganization and maternal spanking with children's aggression: A fixed-effects regression analysis. *Child Abuse & Neglect*, 76: 106-116.

Maccoby, E. E. (1990). Gender and relationships: A developmental account. *American Psychologist*, 45:513-520.

Maccoby, E. E. (1992). The role of parents in the socialization of children: An historical overview. *Developmental Psychology*, 28:1006-1017.

MacDonald, K., and Parke, R. D. (1984). Bridging the gap: Parent-child play interaction and peer interactive competence. *Child Development*, 55:1265-1277.

MacEwen, K. E., & Barling, J. (1991). Effects of maternal employment experiences on children's behavior via mood, cognitive difficulties, and parenting behavior. *Journal of Marriage and the Family*, 53:635-644.

MacKinnon-Lewis, C., Volling, B., Lamb, M., Dechman, K., Rabiner, D., & Curtner, M. (1994). A cross-contextual analysis of boys' social competence from family to school. *Developmental Psychology*:30:325-333.

Macphee, D., Fritz, J., & Miller-Heyl, J. (1996). Ethnic variations in personal social networks and parenting. *Child Development*, 67:3278-3295.

Mah, J. W. T., & Johnston, C. (2008). Parental social cognitions: Considerations in the acceptability of and engagement in behavioral parent training. *Clinical Child and Family Psychology Review*,11:218-236.

Maltby, J., Day, L., & Barber, L. (2005). Forgiveness and happiness: The differing contexts of forgiveness using the distinction between hedonic and eudaimonic happiness. *Journal of Happiness Studies*,6:1-13.

Manassis, K., & Bradley, S. (1994). The development of childhood anxiety disorders: Toward an integrated model. *Journal of Applied Developmental Psychology*,15: 345-366.

Mangelsdorf, S., Gunnar, M., Kestenbaum, R., Lang, S., & Andreas, D. (1990). Infant proneness-to-distress temperament, maternal personality, and mother-infant attachment: Associations and goodness of fit. *Child Development*,61:820-831.

Margolin, G., Gordis, E. B., & John, R. S. (2001). Coparenting: A link between marital conflict and parenting in two-parent families. *Journal of Family Psychology*,15: 3-21.

Marks, H. (2000). Student engagement in instructional activity: Patterns in the elementary, middle, and high school years. *American Educational Research Journal*,37:153-184.

Markus, H. R., & Kitayama, S. (1991). Culture and the self: Implications for cognition, emotion, and motivation. *Psychological Review*, 98: 224-253.

Martin, D. P., & Rimm-Kaufman, S. E. (2015). Do student self-efficacy and teacher-student interaction quality contribute to emotional and social engagement in fifth grade math? *Journal of School Psychology*, 53: 359-373.

Mason, W. A., & Windle, M. (2001). Family, religious, school and peer influences on adolescentalcohol use: A longitudinal study. *Journal of Studies on Alcohol*, 62: 44-53.

Matejevic, P. D. M., Todorovic, A. P. D. J., & Jovanovic, A. D. (2014). Patterns of Family Functioning and Dimensions of Parenting Style. *Procedia-Social and Behavioral Sciences*, 141: 431-437.

Mattanah, J. F., Pratt, M. W., Cowan, P. A., & Cowan, C. P. (2005). Authoritative parenting, parental scaffolding of long-division mathematics, and children's academic competence in fourth grade. *Journal of Applied Developmental Psychology*, 26: 85-106.

Matthews, J. S., Ponitz, C. C., & Morrison, F. J. (2009). Early gender differences in self-regulation and academic achievement. *Journal of Education & Psychology*, 101: 689 704.

Mayes, L., & Truman, S. (2002). Substance abuse and parenting. *Handbook of parenting*, 4: 329-60.

McCranie, E. W., & Bass, J. D. (1984). Childhood family antecedents of dependency and self-criticism: Implications for depression. *Journal of Abnormal Psychology*, 93: 3-8.

McDowell, D. J., Kim, M., O'Neil, R., & Parke, R. D. (2002). Children's emotional regulation and social competence in middle childhood: The role of maternal and paternal interactive style. *Marriage & Family Review*, 34: 345-364.

McDowell, D. J., & Parke, R. D. (2009). Parental correlates of children's peer relations: An empirical test of a tripartite model. *Developmental Psychology*, 45: 224-235.

McEwen, B. S., & Stellar, E. (1993). Stress and the individual. Mechanisms leading to disease. *Archives of Internal Medicine*, 153: 2093-2101.

McFadyen-Ketchum, S. A., Bates, J. E., Dodge, Ka. A., & Pettit,

G. S. (1996). Patterns of change in early childhood aggressive-disruptive behavior: Gender differences in predictions from early coercive and affectionate mother-child interactions. *Child Development*, 67:2417-2433.

McFadyen-Ketchum, S. A., Bates, J. E., Dodge, K. A., & Pettit, G. S. (1996). Patterns of change in early child aggressive-disruptive behavior: Gender differences in predictors from early coercive and affectionate mother-child interactions. *Child Development*, 67: 2417-2433.

McKee, L., Roland, E., Coffelt, N., Olson, A. L., Forehand, R., Massari, C., et al. (2007). Harsh parental discipline and child problem behaviors: The roles of positive parenting and gender. *Journal of Family Violence*, 22, 187-196.

McKenna, K. Y., & Bargh, J. A. (2000). Plan 9 from cyberspace: The implications of the Internet for personality and social psychology. *Personality and Social Psychology Review*, 4:57-75.

McLoyd, V. C. (1989). Socialization and development in a changing economy: The effects of paternal job and income loss on children. *American Psychologist*, 44:293-302.

McLoyd, V. C., & Smith, J. (2002). Physical discipline and behavior problems in African American, European American and Latino children: Emotional support as a moderator. *Journal of Marriage and the Family*, 64: 40-53.

McLeod, B. D., Wood, J. J., & Weisz, J. R. (2007). Examining the association between parenting and childhood anxiety: A meta-analysis. *Clinical Psychology Review*, 27:155-172.

Mei, S., Yau, Y. H., Chai, J., Guo, J., & Potenza, M. N. (2016). Problematic Internet use, well-being, self-esteem and self-control: Data from a high-school survey in China. *Addictive Behaviors*, 61:74-79.

Melby, J. N., Conger, R. D., Conger, K. J., & Lorenz, F. O. (1993). Effects of parental behavior on tobacco use by young male adolescents. *Journal of Marriage and Family*, 55: 439.

Metsäpelto, R.-L., & Pulkkinen, L. (2003). Personality traits and parenting: Neuroticism, extraversion, and openness to experience as discriminative factors. *European Journal of Personality*, 17: 59-78.

Michiels, D., Grietens, H., Onghena, P., & Kuppens, S. (2008). Parent-child interactions and relational aggression in peer relationships. *Developmental Review*, 28: 522-540.

Milani, L., Osualdella, D., & Di Blasio, P. (2009). Quality of interpersonal relationships and problematic Internet use in adolescence. *Cyberpsychology & Behavior*, 12: 681-684.

Miller, S. A. (1988). Parents' beliefs about their children's cognitive development. *Child Development*, 59: 259-285.

Miller, G. E., Chen, E., & Parker, K. J. (2011). Psychological stress in childhood and susceptibility to the chronic diseases of aging: Moving toward a model of behavioral and biological mechanisms. *Psychological Bulletin*, 137: 959-997.

Miller, B. A., Maguin, E., & Downs, W. R. (1997). Alcohol, drugs, and violence in children's lives. *Recent Developments in Alcoholism*, 13: 357-385.

Miller, B. A., Smyth, N. J., & Mudar, P. J. (1999). Mothers' alcohol and other drug problems and their punitiveness toward their children. *Journal of Studies on Alcohol*, 60: 632-642.

Miller, P. J., Wiley, A., Fung, H., & Liang, C. (1997). Personal storytelling as a medium of socialization in Chinese and American families. *Child Development*, 68: 557-568.

Milliones, J. (1978). Relationship between perceived child temperament and maternal behaviors. *Child Development*, 49: 1255-1257.

Mills-Koonce, W. R., Gariepy, J. L., Propper, C., Sutton, K., Calkins, S., Moore, G., et al. (2007). Infant and parent factors associated with early maternal sensitivity: A caregiver-attachment systems approach. *Infant Behavior and Development*, 30: 114-126.

Milner, J. S. (1993). Social information processing and physical child abuse. *Clinical Psychology Review*, 13: 275-294.

Milner, J. S. (2000). Social information processing and physical child abuse: Theory and research. In D. J. Hansen (ed.), *Nebraska symposium on motivation. Motivation and child maltreatment* (Vol. 45, pp. 39-84). Lincoln, NE: University of Nebraska Press.

Mize, J., Russell, A., & Pettit, G. S. (1998). Further explorations of family-peer connections: The role of parenting practices and parenting style in children's development of social competence. In P. T. Slee & K. Rigsby (eds.), *Children's peer relations* (pp. 31-44). New York: Routledge.

Mistry, R. S., Vandewater, E. A., Huston, A. C., & McLoyd, V. C. (2002). Economic well-being and children's social adjustment: The role of family process in an ethnically diverse low-income sample. *Child Development*, 73: 935-951.

Moeller, F. G., Barratt, E. S., Dougherty, D. M., Schmitz, J. M., & Swann, A. C. (2001). Psychiatric aspects of impulsivity. *American Journal of Psychiatry*, 158: 1783-1793.

Mokrova, I., O'Brien, M., Calkins, S., & Keane, S. (2010). Parental ADHD symptomology and ineffective parenting: The connecting link of home chaos. *Parenting: Science and Practice*, 10: 119-135.

Monn, A. R., Narayan, A. J., Kalstabakken, A. W., Schubert, E. C., & Masten, A. S. (2017). Executive function and parenting in the context of homelessness. *Journal of Family Psychology*, 31: 61-70.

Morawska, A., Winter, L., & Sanders, M. R. (2009). Parenting knowledge and its role in the prediction of dysfunctional parenting and disruptive child behaviour. *Child: Care, Health and Development*, 35: 217-226.

Morrell, J., & Murray, L. (2003). Parenting and the development of conduct disorder and hyperactive symptoms in childhood. *Journal or Child Psychology and Psychiatry*, 44: 489-508.

Morris, A. S., Silk, J. S., Steinberg, L., Myers, S. S., & Robinson, L. R. (2007). The role of the family context in the development of emotion regulation. *Social Development*, 16: 361-388.

Mulhern, R. K., Jr., & Passman, R. H. (1981). Parental discipline as affected by the sex of the parent, the sex of the child, and the child's apparent responsiveness to discipline. *Developmental Psychology*, 17: 604-613.

Muller, D., Judd, C. M., & Yzerbyt, V. Y. (2005). When moderation is mediated and mediation is moderated. *Journal of Personality and Social Psychology*,89:852-863.

Muris, P., & Meesters, C. (2014). Small or big in the eyes of the other: On the developmental psychopathology of self-conscious emotions as shame, guilt, and pride. *Clinical Child and Family Psychology Review*,17: 19-40.

Murray, L., de Rosnay, M., Pearson, J., Bergeron, C., Schofield, E., Royal-Lawson, M., & Cooper, P. J. (2008). Intergenerational transmission of social anxiety: The role of social referencing processes in infancy. *Child Development*,79:1049-1064.

Murray, K. W., Dwyer, K. M., Rubin, K. H., Knighton-Wisor, S., & Booth-LaForce, C. (2014). Parent-child relationships, parental psychological control, and aggression: Maternal and paternal relationships. *Journal of Youth and Adolescence*,43:1361-1373.

Murray, K. T., & Kochanska, G. (2002). Effortful control: Factor structure and relation to externalizing and internalizing behaviors. *Journal of Abnormal Child Psychology*,30:503-514.

Nachmias, M., Gunnar, M., Mangelsdorf, S., Parritz, R. H., and Buss, K. (1996). Behavioral inhibition and stress reactivity: The moderating role of attachment security. *Child Development*, 67:508-522.

Nauta, M. M. (2004). Self-efficacy as a mediator of the relationships between personality factors and career interests. *Journal of Career Assessment*,12:381-394.

Negriff, S., Ji, J., & Trickett, P. K. (2011). Exposure to peer delinquency as a mediator between self-report pubertal timing and delinquency: A longitudinal study of mediation. *Development and Psychopathology*, 23: 293-304.

Nelson, L. J., Hart, C. H., Wu, B., Yang, C., Roper, S. O., & Jin, S. (2006). Relations between Chinese mothers' parenting practices and social withdrawal in early childhood. *International Journal of Behavioral Development*, 30:261-271.

Nelson, D. A., Hart, C. H., Yang, C., Olsen, J. A., & Jin, S. (2006). Aversive parenting in China: Associations with child physical and relational aggression. *Child Development*, 77:554-572.

Nelson, J. A., O'Brien, M., Blankson, A. N., Calkins, S. D., & Keane, S. P. (2009). Family stress and parental responses to children's negative emotions: Tests of the spillover, crossover, and compensatory hypotheses. *Journal of Family Psychology*, 23:671-679.

Nelson, J. R., Smith, D. J., & Dodd, J. (1990). The moral reasoning of juvenile delinquents: A meta-analysis. *Journal of Abnormal Child Psychology*, 18:231-239.

Ng, F. F. Y., Pomerantz, E. M., & Deng, C. (2014). Why are Chinese mothers more controlling than American mothers? "My child is my report card". *Child Development*, 85:355-369.

Nix, R. L., Pinderhughes, E. E., Dodge, K. A., Bates, J. E., Pettit, G. S., & McFadyen-Ketchum, S. A. (1999). The relation between mothers' hostile attribution tendencies and children's externalizing behavior problems: The mediating role of mothers' harsh discipline practices. *Child Development*, 70:896-909.

Nolen-Hoeksema, S., Wisco, B. E., & Lyubomirsky, S. (2008). Rethinking rumination. *Perspectives on Psychological Science*, 3:400-424.

Nolen-Hoeksema, S., Wolfson, A., Mumme, D., & Guskin, K. (1995). Helplessness in children of depressed and nondepressed mothers. *Developmental Psychology*, 31:377-387.

O'Brien, T. B., & DeLongis, A. (1996). The interactional context of problem-, emotion-, and relationship-focused coping: The role of the Big Five personality factors. *Journal of Personality*, 64:775-813.

Obrist, P. A. (1982). Cardiac-behavioral interactions: A critical appraisal. In J. T. Cacioppo and R. E. Petty (eds.), *Perspectives in cardiovascular psychophysiology* (pp. 265-291). New York: Guilford.

O'Connor, T. G. (2002). Annotation: The "effects" of parenting reconsidered: Findings, challenges, and applications. *Journal of Child Psychology and Psychiatry*, 43: 555-572.

O'Connor, B. P., & Dvorak, T. (2001). Conditional associations between parental behavior and adolescent problems: A search for personality-environment interactions. *Journal of Research in Personality*, 35: 1-26.

O'Donnell, E. H., Moreau, M., Cardemil, E. V., & Pollastri, A. (2010). Interparental conflict, parenting, and childhood depression in a diverse urban population: The role of general cognitive style. *Journal of Youth and Adolescence*, 39: 12-22.

Ollendick, T. H., Benoit, K. E., & Grills-Taquechel, A. E. (2014). Social anxiety disorder in children and adolescents. In J. W. Weeks (ed.), *The Wiley Blackwell handbook of social anxiety disorder* (pp. 181-200).

Ooi, Y. P., Ang, R. P., Fung, D. S., Wong, G., & Cai, Y. (2006). The impact of parent-child attachment on aggression, social stress and self-esteem. *School Psychology International*, 27: 552-566.

Olweus, D. (1995). Bullying or peer abuse at school: Facts and intervention. *Current Directions in Psychological Science*, 4: 196-200.

Oxford, M. L., & Lee, J. O. (2011). The effect of family processes on school achievement as moderated by socioeconomic context. *Journal of School Psychology*, 49: 597-612.

Oyserman, D., Coon, H. M., & Kemmelmeier, M. (2002). Rethinking individualism and collectivism: Evaluation of theoretical assumptions and meta-analyses. *Psychological Bulletin*, 128: 3-72.

Ozdemir, Y., Kuzucu, Y., & Ak, S. (2014). Depression, loneliness and Internet addiction: How important is low self-control? *Computers in Human Behavior*, 34: 284-290.

Ozer, D. J., & Benet-Martinez, V. (2006). Personality and the prediction of consequential outcomes. *Annual Review of Psychology*, 57: 401-421.

Palmer, E. J., & Hollin, C. R. (1996). Sociomoral reasoning, perceptions of own parenting and self-reported delinquency. *Personality and Individual Differences*, 21:175-182.

Pardini, D. A., Fite, P. J., & Burke, J. D. (2008). Bidirectional associations between parenting practices and conduct problems in boys from childhood to adolescence: The moderating effect of age and African-American ethnicity. *Journal of Abnormal Child Psychology*, 36:647-662.

Park, S. K., Kim, J. Y., & Cho, C. B. (2008). Prevalence of Internet addiction and correlations with family factors among South Korean adolescents. *Adolescence*, 43:895-909.

Park, Y. S., Vo, L., & Tsong, Y. (2008). Asian cultural values difference, parental affection, and the child's affective orientation in the Asian American parent-child relationship. *Cultural Diversity & Ethnic Minority Psychology*, 15:18-26.

Parke, R. D., & Buriel, R. (1998). Socialization in the family: Ethnic and ecological perspectives. In N. Eisenberg (ed.). *Handbook of child psychology*: Vol. 3. *Social, emotional, and personality development* (pp. 463-552). New York: Wiley.

Parke, R. D., Burks, V. M., Carson, J. L., Neville, B., & Boyum, L. A. (1994). Family-peer relationships: A tripartite model. In R. D. Parke, & S. G. Kellam (eds.), *Exploring family relationships with other social contexts* (pp. 115-145). Hillsdale, NJ: Erlbaum.

Parks, P. L., & Smeriglio, V. L. (1986). Relationships among parenting knowledge, quality of stimulation in the home and infant development. *Family Relations*, 35:411-416.

Parpal, M., & Maccoby, E. E. (1985). Maternal responsiveness and subsequent child compliance. *Child Development*, 56:1326-1334.

Paterson, J., Pryor, J., & Field, J. (1995). Adolescent attachment to parents and friends in relation to aspects of self-esteem. *Journal of Youth and Adolescence*, 24:365-376.

Patniak, G. (2014). Life skill enhancement strategies to minimize stress. *Social Science International*, 30: 281-289.

Patterson, G. R. (1986). Performance models for antisocial boys. *American Psychologist*, 41: 432-444.

Patterson, G. R. (1997). Performance models for parenting: A social interactional perspective. In J. Grusec, & L. Kuczynski (eds.). *Parenting and the socializationof values: A handbook of contemporary theory* (pp. 193-235). New York: Wiley

Patterson, G. R. (2002). The early developmental of coercive family process. In J. B. Reid, G. R. Patterson, & J. Snyder (eds.). *Antisocial behavior in children and adolescents: Developmental theories and models for intervention* (pp. 25-44). Washington, D. C.: American Psychological Association.

Patterson, G. R., DeBaryshe, B. D., & Ramsey, E. (1989). A developmental perspective on antisocial behavior. *American Psychologist*, 44: 329-335.

Patterson, G. R., Reid, J. B., & Dishion, T. J. (1998). Antisocial boys. In J. M. Jenkins, K. Oatley, & N. L. Stein (eds.), *Human emotions: A reader* (pp. 330-336). Malden, MA: Blackwell.

Patterson, G., & Sanson, A. (1999). The association of behavioral ad justment to temperament, parenting and family characteristics among 5-year-old children. *Social Development*, 8: 293-309.

Patton, J. H., Stanford, M. S., & Barratt, E. S. (1995). Factor structure of the Barratt Impulsiveness Scale. *Journal of Clinical Psychology*, 51: 768-774.

Paul, K. I., & Moser, K. (2009). Unemployment impairs mental health: Meta-analyses. *Journal of Vocational Behavior*, 74: 264-282.

Pearlin, L. I., Menaghan, E. G., Lieberman, M. A., & Mullan, J. T. (1981). The stress process. *Journal of Health and Social behavior*, 22: 337-356.

Pears, K. C., & Capaldi, D. M. (2001). Intergenerational transmission of abuse: A two-generational prospective study of an at-risk sample. *Child A-*

buse & Neglect, 25:1439-1461.

Pearson, E., & Rao, N. (2003). Socialization goals, parenting practices, and peer competence in Chinese and English preschoolers. *Early Child Development and Care*, 173:131-146.

Pelton, J., Gound, M., Forehand, R., & Brody, G. (2004). The Moral Disengagement Scale: Extension with an American minority sample. *Journal of Psychopathology and Behavioral Assessment*, 26:31-39.

Peterson, G. W., Steinmetz, S. K., & Wilson, S. M. (2003). Cultural and cross-cultural perspectives on parent-youth relations. *Marriage and Family Review*, 35:5-19.

Pettit, G. S., Bates, J. E., and Dodge, K. A. (1997). Supportive parenting, ecological context, and children's adjustment: A seven-year longitudinal study. *Child Development*, 68:908-923.

Pettit, G. S., Dodge, K. A., and Brown, M. (1988). Early family experience, social problem-solving patterns, and children's social competence. *Child Development*, 59:107-120.

Pettit, G. S., & Harrist, A. W. (1993). Children's aggressive and social unskilled playground behavior with peers: Origins in early family relations. In C. Hart (ed.), Children on*playgrounds: Research perspectives and applications* (pp. 240-270). Albany, NY: State University of New York Press.

Pettit, G. S., Harrist, A. W., Bates, J. E., and Dodge, K. A. (1991). Family interaction, socialcognition, and children's subsequent relationships with peers at kindergarten. Journal of *Social and Personal Relationships*, 8:383-402.

Pineda, A. Q., Cole, D. A., & Bruce, A. E. (2007). Mother-adolescent interactions and adolescent depressive symptoms: A sequential analysis. *Journal of Social and Personal Relationships*, 24:5-19.

Pleck, J. (1997). Paternal involvement: Levels, sources, and consequences. In M. Lamb (ed.), *The role of the father in child development* (3rd ed., pp. 661-103). Hoboken, NJ: Wiley.

Pollak, S. D. (2003). Experience-dependent affective learning and risk for psychopathology in children. *Annals of the New York Academy of Sciences*, 1008: 102-111.

Pollak, S. D., & Tolley-Schell, S. A. (2003). Selective attention to facial emotion in physically abused children. *Journal of Abnormal Psychology*, 112: 323-338.

Pomerantz, E. M., Grolnick, W. S., & Price, C. E. (2005). The role of parents in how children approach achievement: A dynamic process perspective. In A. J. Elliot, & C. S. Dweck (eds.). *Handbook of competence and motivation* (pp. 259-278). New York: Guilford.

Pomerantz, E. M., & Ruble, D. N. (1998). The role of maternal control in the development of sex differences in child self-evaluative factors. *Child Development*, 69: 458-478.

Pong, S.-L., Hao, L., & Gardner, E. (2005). The roles of parenting styles and social capital in the school performance of immigrant Asian and Hispanic adolescents. *Social Science Quarterly*, 86: 928-950.

Ponitz, C. C., McClelland, M. M., Matthews, J. S., & Morrison, F. J. (2009). A structured observation of behavioral self-regulation and its contribution to kindergarten outcomes. *Developmental Psychology*, 45: 605-619.

Porges, S. W. (2007). The polyvagal perspective. *Biological Psychology*, 74: 116-143.

Pratt, T. C., & Cullen, F. T. (2000). The empirical status of Gottfredson and Hirschi's general theory of crime: A meta-analysis. *Criminology*, 38: 931-964.

Preacher, K. J., Zhang, Z., & Zyphur, M. J. (2011). Alternative methods for assessing mediation in multilevel data: The advantages of multilevel SEM. *Structural Equation Modeling*, 18: 161-182.

Prinzie, P., Stams, G. J. J. M., Dekovi'c, M., Reijntjes, A. H. A., & Belsky, J. (2009). The relations between parents' Big Five personality factors and parenting: A meta-analytic review. *Journal of Personality and Social Psychology*, 97: 351-362.

Propper, C. B. , & Holochwost, S. J. (2013). The influence of proximal risk on the early development of the autonomic nervous system. *Developmental Review*, 33: 151-167.

Putallaz, M. , & Heflin, A. H. (1990). Parent-child interaction. In S. R. Asher & J. D. Coie (eds.), *Peer rejection in childhood* (pp. 189-215). New York: Cambridge University Press.

Raine, A. (2002). Biosocial studies of antisocial and violent behavior in children and adults: A review. *Journal of Abnormal Child Psychology*, 30: 311-326.

Ramsey, E. , Patterson, G. R. , & Walker, H. M. (1990). Generalization of the antisocial trait from home to school settings. *Journal of Applied Developmental Psychology*, 11: 209-223.

Rapee, R. M. , & Spence, S. H. (2004). The etiology of social phobia: Empirical evidence and an initial model. *Clinical Psychology Review*, 24: 737-767.

Reed, G. L. , & Enright, R. D. (2006). The effects of forgiveness therapy on depression, anxiety, and posttraumatic stress for women after spousal emotional abuse. *Journal of Consulting and Clinical Psychology*, 74: 920-929.

Reeve, J. (2013). How students create motivationally supportive learning environments for themselves: The concept of agentic engagement. *Journal of Education & Psychology*, 105: 579-595.

Reeve, J. , & Lee, W. (2014). Students' classroom engagement produces longitudinal changes in classroom motivation. *Journal of Education & Psychology*, 106: 527-540.

Reeve, J. , & Tseng, M. (2011). Agency as a fourth aspect of student engagement during learning activities. *Contemporary Educational Psychology*, 36: 257-267.

Reis, J. (1989). A comparison of young teenage, older teenage, and adult mothers on determinants of parenting. *The Journal of Psychology*, 123: 141-151.

Repetti, R. L. (1987). Linkages between work and family roles. *Applied Social Psychology Annual*, 7:98-127.

Repetti, R. (1994). Short-term and long-term processes linking job stressors to father-child interactions. *Social Development*, 3:21-15.

Repetti, R. L., Taylor, S. E., & Seeman, T. E. (2002). Risky families: Family social environments and the mental and physical health of offspring. *Psychological Bulletin*, 128:330-366.

Rey, L., & Extremera, N. (2016). Forgiveness and health-related quality of life in older people: Adaptive cognitive emotion regulation strategies as mediators. *Journal of Health Psychology*, 21:2944-2954.

Reyes, M., Brackett, M., Rivers, S., White, M., & Salovey, P. (2012). Classroom emotional climate, student engagement, and academic achievement. *Journal of Education & Psychology*, 104:700-712.

Rhoades, K. A., Leve, L. D., Harold, G. T., Neiderhiser, J. M., Shaw, D. S., & Reiss, D. (2012). Longitudinal pathways from marital hostility to child anger during toddlerhood: Genetic susceptibility and indirect effects via harsh parenting. *Journal of Family Psychology*, 25:282-291.

Rigterink, T., Fainsilber Katz, L., & Hessler, D. M. (2010). Domestic violence and longitudinal associations with children's physiological regulation abilities. *Journal of Interpersonal Violence*, 25:1669-1683.

Riordan, D., Appleby, L., & Faragher, B. (1999). Mother-infant interaction in post-partum women with schizophrenia and affective disorders. *Psychological Medicine*, 29:991-995.

Roberts, W. (1999). The socialization of emotional expression: Relations with prosocial behaviour and competence in five samples. *Canadian Journal of Behavioural Science*, 31:72-85.

Roberts, N. A., Levenson, R. W., & Gross, J. J. (2008). Cardiovascular costs of emotion suppression cross ethnic lines. *International Journal of Psychophysiology*, 70:82-87.

Roelofs, J., Meesters, C., Huurne, M., Bamelis, L., & Muris, P. (2006). On the links between attachment style, parental rearing behaviors, and internalizing and externalizing problems in non-clinical children. *Journal of Child and Family Studies*, 15: 319-332.

Rohner, R. P., Khaleque, A., & Cournoyer, D. E. (2005). Parental acceptance-rejection theory, methods, evidence, and implications. In R. P. Rohner, & A. Khaleque (eds.). *Handbook for the study of parental acceptance and rejection* (4th ed., pp. 1-35). Storrs: Center for the Study of Parental Acceptance and Rejection, University of Connecticut.

Rohner, R. P., & Pettengill, S. M. (1985). Perceived parental acceptance-rejection and parental control among Korean adolescents. *Child Development*, 56: 524-528.

Rose, D. T., Abramson, L. Y., Hodulik, C. J., Halberstadt, L., & Leff, G. (1994). Heterogeneity of cognitive style among depressed inpatients. *Journal of Abnormal Psychology*, 103: 419-429.

Ross, H., & Howe, N. (2009). Family influences on children's peer relationships. In K. H. Rubin, W. M. Bukowski, & B. Laursen (eds.), *Handbook of peer interactions, relationships, and groups* (pp. 508-527). New York, NY: Guilford Press.

Roth, G., Assor, A., Niemiec, C. P., Ryan, R. M., & Deci, E. L. (2009). The emotional and academic consequences of parental conditional regard: Comparing conditional positive regard, conditional negative regard, and autonomy support as parenting practices. *Developmental psychology*, 45: 1119-1142.

Rothbart, M. K., Ahadi, S. A., & Evans, D. E. (2000). Temperament and personality: Origins and outcomes. *Journal of Personality and Social Psychology*, 78: 122-135.

Rothbart, M. K., & Bates, J. E. (2006). Temperament. In N. Eisenberg, W. Damon, & R. M. Lerner (eds.), *Handbook of child psychology*: Vol. 3. *Social, emotional, and personality development* (6th ed., pp. 99-166). Hoboken, NJ: Wiley.

Rothbaum, F., & Weisz, J. R. (1994). Parental caregiving and child externalizing behavior in nonclinical samples: A meta-analysis. *Psychological*

Bulletin,116:55-74.

Roberts, B. W., Walton, K. E., & Viechtbauer, W. (2006). Patterns of mean-level change in personality traits across the life course: A meta-analysis of longitudinal studies. *Psychological Bulletin*,132:1-25.

Roche, K. M., Ghazarian, S. R., Little, T. D., & Leventhal, T. (2010). Understanding links between punitive parenting and adolescent adjustment: The relevance of context and reciprocal associations. *Journal of Research on Adolescence*,21:448-460.

Rodriguez, C. M., & Green, A. J. (1997). Parenting stress and anger expression as predictors of child abuse potential. *Child Abuse & Neglect*, 21: 367-377.

Rose, T. L. (1984). Current uses of corporal punishment in American public schools. *Journal of Educational Psychology*, 76:427-441.

Rosen, B. M., & Peterson, L. (1990). Gender differences in children's outdoor play injuries: A review and an integration. *Clinical Psychology Review*,10:187-205.

Ross, J., & Fuertes, J. (2010). Parental attachment, interparental conflict, and young adults' emotional adjustment. *The Counseling Psychologist*, 38:1050-1077.

Rothbart, M. K., & Bates, J. E. (2006). Temperament. In W. Damon, R. Lerner, & N. Eisenberg (eds.). *Handbook of child psychology: Social, emotional, and personality development*(6th ed., pp. 99-166). New York, NY: Wiley.

Rubin, K. H., Bukowski, W., & Parker, J. G. (1998). Peer interactions, relationships, and groups. In W. Damon, & N. Eisenberg (eds.), *Handbook of child psychology: Social emotional and personality development* (pp. 619-700). New York, NY: Wiley.

Rubin, K. H., & Burgess, K. B. (2001). Social withdrawal and anxiety. In M. W. Vasey and M. R. Dadds (eds.),*The developmental psychopathology of anxiety* (pp. 407-434). Oxford, England: Oxford University Press.

Rubin, K. H., & Coplan, R. J. (1992). Peer relationships in childhood. In M. H. Bornstein & M. E. Lamb (eds.), *Developmental psychology: An advanced textbook* (3rd ed., pp. 519-578). Hillsdale, NJ: Erlbaum.

Rubin, K. H., Dwyer, K. M., Kim, A. H., Burgess, K. B., Booth-LaForce, C., & Rose-Krasnor, L. (2004). Attachment, friendship, and psychosocial functioning in early adolescence. *Journal of Early Adolescence*, 24:326-356.

Rubin, K., LeMare, L., & Lollis, S. (1990). Social withdrawal in childhood: Developmental pathways to peer rejection. In S. Asher, & J. Coie (eds.), *Peer rejection in childhood* (pp. 217-249). Cambridge, UK: Cambridge Univ. Press.

Rubin, K. H., & Mills, R. S. (1990). Maternal beliefs about adaptive and maladaptive social behaviors in normal, aggressive, and withdrawn preschoolers. *Journal of Abnormal Child Psychology*, 18:419-435.

Rudasill, K., Gallagher, K., & White, J. (2010). Temperamental attention and activity, classroom emotional support, and academic achievement in third grade. *Journal of School Psychology*, 48:113-134.

Rudolph, K. D. (2002). Gender differences in emotional responses to interpersonal stress during adolescence. *The Journal of Adolescent Health*, 30:3-13.

Runyon, M. K., & Kenny, M. C. (2002). Relationship of attributional style, depression, and posttrauma distress among children who suffered physical or sexual abuse. *Child Maltreatment*, 7:254-264.

Rutherford, H. J., Booth, C. R., Crowley, M. J., & Mayes, L. C. (2016). Investigating the relationship between working memory and emotion regulation in mothers. *Journal of Cognitive Psychology*, 28:52-59.

Rutherford, H. J. V., Wallace, N. S., Laurent, H. K., & Mayes, L. C. (2015). Emotion regulation in parenthood. *Developmental Review*, 36:1-14.

Ryan, R. M., Connell, J. P., & Deci, E. L. (1985). A motivational analysis of self-determination and self-regulation in education. In C. Ames, & R. Ames (eds.), *The classroom milieu: Vol. 2. Research on motivation in education* (pp. 13-51). New York: Academic Press.

Ryan, R. M., & Deci, E. L. (2000). Self-determination theory and the facilitation of intrinsic motivation, social development, and well-being. *American psychologist*, 55: 68-78.

Ryan, R. M., Deci, E. L., & Grolnick, W. (1995). Autonomy, relatedness, and the self: Their relation to development and psychopathology. In D. Cicchetti & D. J. Cohen (eds.), *Developmental psychopathology: Theory and methods* (pp. 618-858). New York: Wiley.

Saarni, C. (1999). *The development of emotional competence*. New York, NY: Guilford Press.

Salzer Burks, V., Laird, R. D., Dodge, K. A., Pettit, G. S., & Bates, J. E. (1999). Knowledge structures, social information processing, and children's aggressive behavior. *Social development*, 8: 220-236.

Sanders, M. R., & Woolley, M. L. (2005). The relationship between maternal self-efficacy and parenting practices: Implications for parent training. *Child: Care, Health and Development*, 31: 65-73.

Santesso, D. L., Segalowitz, S. J., & Schmidt, L. A. (2006). Error-related electrocortical responses are enhanced in children with obsessive-compulsive behaviors. *Developmental Neuropsychology*, 29: 431-445.

Scaramella, L. V., Sohr-Preston, S. L., Mirabile, S. P., Callahan, K. L., & Robison, S. D. (2008). Parenting and children's distress reactivity during toddlerhood: An examination of direction of effects. *Social Development*, 17: 578-595.

Schellenbach, C. J., Monroe, L. D., & Merluzzi, T. V. (1991). The impact of stress on cognitive components of child abuse potential. *Journal of Family Violence*, 6: 61-80.

Schimmenti, A., & Bifulco, A. (2015). Linking lack of care in childhood to anxiety disorders in emerging adulthood: The role of attachment styles. *Child and Adolescent Mental Health*, 20: 41-48.

Schlozman, K. L., & Verba, S. (1978). The new employment: Does it hurt? *Public Policy*, 26: 333-358.

Schofield, T. J., Martin, M. J., Conger, R. D., Neppl, T. K., Donnellan, M. B., & Conger, K. J. (2011). Intergenerational transmission of adaptive functioning: A test of the interactionist model of SES and human development. *Child Development*, 82: 33-47.

Schreiber, L. R. N., Grant, J. E., & Odlaug, B. L. (2012). Emotion regulation and impulsivity in young adults. *Journal of Psychiatric Research*, 46: 651-658.

Schwartz, D., Lansford, J. E., Dodge, K. A., Pettit, G. S., & Bates, J. E. (2013). The link between harsh home environments and negative academic trajectories is exacerbated by victimization in the elementary school peer group. *Developmental Psychology*, 49: 305-316.

Schwartz, D., & Proctor, L. J. (2000). Community violence exposure and children's social adjustment in the school peer group: The mediating roles of emotion regulation and social cognition. *Journal of Consulting and Clinical Psychology*, 68: 670-683.

Semrud-Clikeman, M., Nielsen, K. H., Clinton, A., Sylvester, L., Parle, N., & Connor, R. T. (1999). An intervention approach for children with teacher- and parent-identified attentional difficulties. *Journal of Learning Disabilities*, 32: 581-590.

Shaffer, A., Yates, T. M., & Egeland, B. R. (2009). The relation of emotional maltreatment to early adolescent competence: Developmental processes in a prospective study. *Child Abuse & Neglect*, 33: 36-44.

Shapiro, E. S., Durnan, S. L., Post, E. E., & Levinson, T. S. (2002). Self-monitoring interventions for children and adolescents. In M. R. Shinn, H. M. Walker, & G. Stoner (eds.), *Interventions for academic and behavior problems II: Preventive and remedial approaches* (pp. 913-938). Bethesda, MD: NASP.

Sharma, L., Markon, K. E., & Clark, L. A. (2014). Toward a theory of distinct types of "impulsive" behaviors: A meta-analysis of self-report and behavioral measures. *Psychological Bulletin*, 140:374-408.

Shields, A., & Cicchetti, D. (1998). Reactive aggression among maltreated children: The contributions of attention and emotion dysregulation. *Journal of Clinical Child Psychology*, 27:381-395.

Shields, A., & Cicchetti, D. (2001). Parental maltreatment and emotion dysregulation as risk factors for bullying and victimization in middle childhood. *Journal of Clinical Child Psychology*, 30:349-363.

Shonk, S. M., & Cicchetti, D. (2001). Maltreatment, competency deficits, and risk for academic and behavioral maladjustment. *Developmental Psychology*, 37:3-17.

Shwalb, D. W., Nakazawa, J., Yamamoto, T., & Hyun, J.-H. (2010). Fathering in Japan, China, and Korea: Changing contexts, images, and roles. In M. E. Lamb (ed.), *The role of the father in child development* (pp. 341-387). Hoboken, NJ: John Wiley.

Sears, M. S., Repetti, R. L., Reynolds, B. M., Robles, T. F., & Krull, J. L. (2016). Spillover in the home: The effects of family conflict on parents' behavior. *Journal of Marriage and the Family*, 78:127-141.

Shaver, P. R., & Mikulincer, M. (2007). Adult attachment strategies and the regulation of emotion. In J. J. Gross (ed.), *Handbook of emotion regulation* (pp. 446-465). New York: Guilford Press.

Shaw, D. S., & Emery, R. E. (1987). Parental conflict and other correlates of the adjustment of school-age children whose parents have separated. *Journal of Abnormal Child Psychology*, 15:269-281.

Sheperd, R. M., & Edelmann, R. J. (2001). Caught in the web. *Psychologist*, 14:520-521.

Shepherd, R. M., & Edelmann, R. J. (2005). Reasons for internet use and social anxiety. *Personality and Individual Differences*, 39:949-958.

Sherrill, R. B., Lochman, J. E., DeCoster, J., & Stromeyer, S. L. (2017). Spillover between interparental conflict and parent-child conflict within and across days. *Journal of Family Psychology*, 31:900-909.

Shields, A., & Cicchetti, D. (2001). Parental maltreatment and emotion dysregulation as risk factors for bullying and victimization in middle childhood. *Journal of Clinical Child & Adolescent Psychology*, 30: 349-363.

Shin, Y., & Kim, H. Y. (2008). Peer victimization in Korean preschool children: The effects of child characteristics, parenting behaviours and teacher-child relationships. *School Psychology International*, 29: 590-605.

Shiner, R. L. (1998). How shall we speak of children's personalities in middle childhood? A preliminary taxonomy. *Psychological Bulletin*, 124: 308-332.

Shiner, R., & Caspi, A. (2003). Personality differences in childhood and adolescence: Measurement, development, and consequences. *Journal of Child Psychology and Psychiatry*, 44: 2-32.

Shulman, E. P., Cauffman, E., Piquero, A. R., & Fagan, J. (2011). Moral disengagement among serious juvenile offenders: A longitudinal study of the relations between morally disengaged attitudes and offending. *Developmental Psychology*, 47: 1619-1632.

Shumow, L., & Posner, J. K. (1998). Harsh, firm, and permissive parenting in low-income families relations to children's academic achievement and behavioral adjustment. *Journal of Family Issues*, 19: 483-507.

Shwalb, D. W., Nakazawa, J., Yamamoto, T., & Hyun, J.-H. (2010). Fathering in Japan, China, and Korea: Changing contexts, images, and roles. In M. E. Lamb (ed.). *The role of the father in child development* (pp. 341-387). Hoboken: Wiley.

Sigel, I. E. (1992). The belief-behavior connection: A resolvable dilemma? In I. E. Sigel, A. V. McGillicuddy-DeLisi, & J. J. Goodnow (eds.), *Parental belief systems: The psychological consequences for children* (2nd ed., pp. 433-456). Hillsdale, NJ: Erlbaum.

Sigel, I. E., & McGillicuddy-De Lisi, A. V. (2002). Parent beliefs are cognitions: the dynamic belief systems model. In M. H. Bornstein (ed.), *Handbook of parenting* (Vol. 3, 2nd ed.). Mahwah, NJ: Erlbaum.

Silk, J. S., Shaw, D. S., Skuban, E. M., Oland, A. A., & Kovacs, M. (2006). Emotion regulation strategies in offspring of childhood-onset depressed mothers. *Journal of Child Psychology and Psychiatry*, 47:69-78.

Silk, J. S., Steinberg, L., & Morris, A. S. (2003). Adolescents' emotion regulation in daily life: Links to depressive symptoms and problem behavior. *Child Development*, 74:1869-1880.

Sim, T. N., & Ong, L. P. (2005). Parent physical punishment and child aggression in Singapore Chinese preschool sample. *Journal of Marriage and the Family*, 67:85-99.

Simons, R. L., Lorenz, F. O., Conger, R. D., & Wu, C. I. (1992). Support from spouse as mediator and moderator of the disruptive influence of economic strain on parenting. *Child Development*, 63:1282-1301.

Simons, R. L., Whitbeck, L. B., Conger, R. D., & Wu, C. (1991). Intergenerational transmission of harsh parenting. *Developmental Psychology*, 27:159-171.

Simons, R. L, Whitbeck, L. B., Melby, J. N., & Wu, C. (1994). Economic pressure and harsh parenting. In R. D. Conger & G. H. Elder, Jr. (eds.), *Families in troubled times: Adapting to change in rural America* (pp. 207-222). New York: Aldine.

Simons, R. L., Wu, C. I., Lin, K. H., Gordon, L., & Conger, R. D. (2000). A cross-cultural examination of the link between corporal punishment and adolescent antisocial behavior. *Criminology*, 38:47-80.

Skinner, E., Johnson, S., & Snyder, T. (2005). Six dimensions of parenting: A motivational model. *Parenting, Science and Practice*, 5: 175-235.

Skinner, E. A., Kindermann, T. A., & Furrer, C. J. (2009). A motivational perspective on engagement and disaffection: Conceptualization and assessment of children's behavioral and emotional participation in academic activities in the classroom. *Educational and Psychological Measurement*, 69: 493-525.

Skinner, N., & Pocock, B. (2010). Work, life, flexibility and workplace culture in Australia: Results of the 2008 Australian Work and Life Index (AWALI) Survey. *Australian Bulletin of Labour*, 36:133-153.

Skinner, E. A., & Wellborn, J. G. (1997). Children's coping in the academic domain. In S. A. Wolchik, & I. N. Sandler (eds.). *Handbook of children's coping with common stressors: Linking theory and intervention* (pp. 387-422). New York: Plenum Press.

Skowron, E. A., & Friedlander, M. L. (1998). The differentiation-of-self inventory: Development and initial validation. *Journal of Counseling Psychology*, 45:235-246.

Slaby, R. G., & Guerra, N. G. (1988). Cognitive mediators of aggression in adolescent offenders: I. Assessment. *Developmental Psychology*, 24: 580-588.

Slep, A. S., & O'Leary, S. G. (1998). The effects of maternal attributions on parenting: An experimental analysis. *Journal of Family Psychology*, 12:234-243.

Smith, C. L. (2010). Multiple determinants of parenting: Predicting individual differences in maternal parenting behavior with toddlers. *Parenting: Science and Practice*, 10:1-17.

Smith, A. M., & O'Leary, S. G. (1995). Attributions and arousal as predictors of maternal discipline. *Cognitive Therapy and Research*, 19: 459-471.

Snarr, J. D., Slep, A. M. S., & Grande, V. P. (2009). Validation of a new self-report measure of parental attributions. *Psychological Assessment*, 21:390-401.

Snell Jr, W. E., Overbey, G. A., & Brewer, A. L. (2005). Parenting perfectionism and the parenting role. *Personality and Individual Differences*, 39:613-624.

Snyder, J., Cramer, A., Afrank, J., & Patterson, G. R. (2005). The contributions of ineffective discipline and parental hostile attributions of child misbehavior to the development of conduct problems at home and school. *Developmental Psychology*, 41:30-41.

Snyder, J. J., & Patterson, G. R. (1995). Individual differences in social aggression: A test of a reinforcement model of socialization in the natural environment. *Behavior Therapy*, 26: 371-391.

Snyder, J. J., Reid, J. B., & Patterson, G. R. (2003). A social learning model of child and adolescent antisocial behavior. In B. B. Lahey, T. E. Mofftt, & A. Caspi (eds.). *The causes of conduct disorder and juvenile delinquency* (pp. 27-48). New York: Guilford Press.

Socolar, R. R., & Stein, R. E. (1995). Spanking infants and toddlers: Maternal belief and practice. *Pediatrics*, 95: 105-111.

Soenens, B., Vansteenkiste, M., Duriez, B., Luyten, P., & Goossens, L. (2005). Maladaptive perfectionistic self-representations: The mediational link between psychological control and adjustment. *Personality and Individual Differences*, 38: 487-498.

Soenens, B., Vansteenkiste, M., Goossens, L., Duriez, B., & Niemiec, C. P. (2008). The intervening role of relational aggression between psychological control and friendship quality. *Social Development*, 17: 661-681.

Soenens, B., Vansteenkiste, M., & Van Petegem, S. (2015). Let us not throw out the baby with the bathwater: Applying the principle of universalism without uniformity to autonomy-supportive and controlling parenting. *Child Development Perspectives*, 9: 44-49.

Sorce, J. F., & Emde, R. N. (1981). Mother's presence is not enough: Effect of emotional availability on infant exploration. *Developmental Psychology*, 17: 737-745.

Spera, C. (2005). A review of the relationship among parenting practices, parenting styles, andadolescent school achievement. *Educational Psychology Review*, 17: 125-146.

Sroufe, L. A., & Egeland, B. (1991). Illustrations of person-environment interaction from a longitudinal study. In T. D. Wachs, & R. Plomin (eds.), *Conceptualization and measurement of organism-environment interaction* (pp. 68-84). Washington, D.C.: American Psychological Association.

Spence, S. H., & Rapee, R. M. (2016). The etiology of social anxiety disorder: An evidence-based model. *Behaviour Research and Therapy*, 86:

50-67.

Stams, G. J. J. M., Juffer, F., & Van IJzendoorn, M. H. (2002). Maternal sensitivity, infant attachment, and temperament in early childhood predict adjustment in middle childhood: The case of adopted children and their biologically unrelated parents. *Development Psychology*, 38:806-821.

Stevens, J. H. (1984). Child development knowledge and parenting skills. *Family Relations*, 33:237-244.

Stoiber, K. C., & Houghton, T. G. (1993). The relationship of adolescent mothers' expectations, knowledge, and beliefs to their young children's coping behavior. *Infant Mental Health Journal*, 14:61-79.

Snyder, J., Cramer, A., Afrank, J., & Patterson, G. R. (2005). The contributions of ineffective discipline and parental hostile attributions of child misbehavior to the development of conduct problems at home and school. *Developmental Psychology*, 41:30-41.

Spada, M. M. (2014). An overview of problematic Internet use. *Addictive Behaviors*, 39:3-6.

Spieker, S. J., and Booth, C. L. (1988). Maternal antecedents of attachment quality. In J. Belsky and T. Nezworski (eds.), *Clinical implications of attachment* (pp. 95-135). Hillsdale, NJ: Lawrence Erlbaum Associates.

Spinrad, T. L., Eisenberg, N., Gaertner, B., Popp, T., Smith, C. L., Kupfer, A., et al. (2007). Relations of maternal socialization and toddlers' effortful control to children's adjustment and social competence. *Developmental Psychology*, 43:1170-1186.

Stalker, K., & McArthur, K. (2012). Childabuse, child protection and disabled children: A review of recent research. *Child Abuse Review*, 21: 24-40.

Steele, B. & Pollack, C. (1968) A psychiatric study of parents who abuse infants and small children. In: R. Helfer & C. Kempe (eds.), *The Battered Child Syndrome* (pp. 103-145). Chicago, IL: University of Chicago Press.

Steiger, J. H. (1990). Structural model evaluation and modification: An interval approach. *Multivariate Behavioral Research*, 25: 173-180.

Stern, S. B., & Azar, S. T. (1998). Integrating cognitive strategies into behavioral treatment for abusive parents and families with aggressive adolescents. *Clinical Child Psychology and Psychiatry*, 3: 387-403.

Sternberg, K. J., Lamb, M. E., Guterman, E., & Abbott, C. B. (2006). Effects of early and later family violence on children's behavior problems and depression: A longitudinal, multi-informant perspective. *Child Abuse & Neglect*, 30: 283-306.

Stevens Jr, J. H. (1984). Child development knowledge and parenting skills. *Family Relations*, 33: 237-244.

Stewart, W., & Barling, J. (1996). Fathers' work experiences effect children's behaviors via job-related affect and parenting behaviors. *Journal of Organizational Behavior*, 17: 221-232.

Stifter, C. A. & Bono, M. A. (1998). The effect of infant colic on maternal self-perceptions and mother-infant attachment. *Child: Care, Health and Development*, 24: 339-351.

Stoiber, K. C., & Houghton, T. G. (1993). The relationship of adolescent mothers' expectations, knowledge, and beliefs to their young children's coping behavior. *Infant Mental Health Journal*, 14: 61-79.

Stover, C. S., Zhou, Y., Kiselica, A., Leve, L. D., Neiderhiser, J. M., Shaw, D. S., et al. (2016). Marital hostility, hostile parenting, and child aggression: Associations from toddlerhood to school age. *Journal of the American Academy of Child & Adolescent Psychiatry*, 55: 235-242.

Strassberg, Z. (1997). Levels of analysis in cognitive bases of maternal disciplinary dysfunction. *Journal of Abnormal Child Psychology*, 25: 209-215.

Strassberg, Z., & Treboux, D. (2000). Interpretations of child emotion expressions and coercive parenting practices among adolescent mothers. *Social Development*, 9: 80-95.

Strazdins, L., O'Brien, L., Lucas, N. & Rodgers, B. (2013) Combining work and family: Rewards or risks for children's mental health? *Social Science and Medicine*:87:99-107.

Stuewig, J.; & McCloskey, L. A. (2005). The relation of child maltreatment to shame and guilt among adolescents: Psychological routes to depression and delinquency. *Child Maltreatment*, 10:324-336.

Sturge-Apple, M. L., Davies, P. T., & Cummings, E. M. (2006). Impact of hostility and withdrawal in interparental conflict on parental emotional unavailability and children's adjustment difficulties. *Child Development*, 77:1623-1641.

Sturge-Apple, M. L., Davies, P. T., Martin, M. J., Cicchetti, D., & Hentges, R. F. (2012). An Examination of the impact of harsh parenting contexts on children's adaptation within an evolutionary framework. *Developmental Psychology*,48:791-805.

Suess, G. J., Grossmann, K. E., & Sroufe, L. A. (1992). Effects of infant attachment to mother and father on quality of adaptation in preschool: From dyadic to individual organization of self. *International Journal of Behavioral Development*,15:43-65.

Suler, J. R. (1999). To get what you need: Healthy and pathological Internet use. *Cyberpsychology & Behavior*, 2:385-393.

Sulik, M. J., Blair, C., Mills-Koonce, R., Berry, D., Greenberg, M., Family Life Project Investigators, et al. (2015). Early parenting and the development of externalizing behavior problems: Longitudinal mediation through children's executive function. *Child Development*, 86:1588-1603.

Supplee, L. H., Unikel, E. B., & Shaw, D. S. (2007). Physical environmental adversity and the protective role of maternal monitoring in relation to early child conduct problems. *Journal of Applied Developmental Psychology*,28:166-183.

Tang, N. M. (1992). Some psychoanalytic implications of Chinese philosophy and child-rearing practices. *Psychoanalytic Study of the Child*,47:371-389.

Tang, C. S. (2006). Corporal punishment and physical maltreatment against children: A community study of Chinese parents in Hong Kong. *Child Abuse & Neglect*,30:893-907.

Tang, S., & Davis-Kean, P. E. (2015). The association of punitive parenting practices and adolescent achievement. *Journal of Family Psychology*,29:873-883.

Tangney, J. P., Baumeister, R. F., & Boone, A. L. (2004). High self-control predicts good adjustment, less pathology, better grades, and interpersonal success. *Journal of Personality*,72:271-324.

Tangney, J. P., Miller, R. S., Flicker, L., & Barlow, D. H. (1996). Are shame, guilt and embarrassment distinct emotions? *Journal of Personality and Social Psychology*,70:1256-1269.

Terry, R., & Coie, J. D. (1991). A comparison of methods for defining sociometric status among children. *Developmental Psychology*, 27: 867-880.

Teti, D. M. & Gelfand, D. M. (1991). Behavioral competence among mothers of infants in the first year: The mediational role of maternal self-efficacy. *Child Development*,62:918-929.

Thomas, A. J. (1998). Understanding culture and worldview in family systems: Use of the multicultural genogram. *The Family Journal: Counseling and Therapy for Couples and Families*,6:24-32.

Thompson, R. (1994). A theme in search of a definition. In N. A. Fox (ed.), Emotion regulation: Biological and behavioral considerations. *Monographs for Research in Child Development*,59:25-52.

Thompson, R. A. (1994). Emotion regulation: A theme in search of definition. *Monographs of the Society for Research in Child Development*, 59:25-52.

Thompson, R. A. (2008). Early attachment and later development: Familiar questions, new answers. In J. Cassidy & P. R. Shaver (eds.), *Handbook of attachment: Theory, research, and clinical applications* (pp. 348-365). New York: Guilford Press.

Thompson, R. A., Flood, M. F., & Lundquist, L. (1995).

Emotional regulation: Its relations to attachment and developmental psychopathology. In D Cicchetti, & S. Toth (eds.), *Emotion, cognition, and representation* (pp. 261-299). Rochester, NY: University Press.

Thoresen, C. E., Luskin, F., & Harris, A. H. S. (1998). Science and forgiveness interventions: Reflections and recommendations. In E. L. Worthington, Jr. (ed.), *Dimensions of forgiveness: Psychological research and theological speculations* (pp. 163-192). Philadelphia: Templeton Foundation Press.

Tobin, R. M., Graziano, W. G., Vanman, E. J., & Tassinary, L. G. (2000). Personality, emotional experience, and efforts to control emotions. *Journal of Personality and Social Psychology*, 79: 656-669.

Triandis, H. C. (1995). *Individualism and collectivism*. Boulder, CO: Westview Press.

Trickett, P. K., Aber, J. L., Carlson, V., & Cicchetti, D. (1991). Relationship of socioeconomic status to the etiology and developmental sequelae of physical child abuse. *Developmental Psychology*, 27: 148-158.

Tronick, E. Z. (1989). Emotions and emotional communication in infants. *American Psychologist*, 44: 112-119.

Troy, M., and Sroufe, L. A. (1987). Victimization among preschoolers: Role of attachment relationship history. *Journal of the American Academy of Child and Adolescent Psychiatry*, 26: 166-172.

Tucker, S., Gross, D., Fogg, L., Delaney, K. & Lapporte, R. (1998). The long-term efficacy of a behavioral parent training intervention for families with 2-year-olds. *Research in Nursing and Health*, 21: 199-210.

Turner, J. M., Wittkowski, A., & Hare, D. J. (2008). The relationship of maternal mentalization and executive functioning to maternal recognition of infant cues and bonding. *British Journal of Psychology*, 99: 499-512.

Tussey, B. E., Tyler, K. A., & Simons, L. G. (2018). Poor parenting, attachment style, and dating violence perpetration among college students. *Journal of Interpersonal Violence*, 3: 1-20.

Twentyman, C. T., Rohrbeck, C. A., & Amish, P. L. (1984). A

cognitive-behavioral model of child abuse. In S. Saunders, A. M. Anderson, C. A. Hart, & G. M. Rubenstein (eds.), *Violent individuals and families: A handbook for practitioners* (pp. 87-111). Springfield, IL: Charles C. Thomas.

Underwood, M. K., Beron, K. J., Gentsch, J. K., Galperin, M. B., & Risser, S. D. (2008). Family correlates of children's social and physical aggression with peers: Negative interparental conflict strategies and parenting styles. *International Journal of Behavioral Development*, 32:549-562.

Valiente, C., Lemery-Chalfant, K. S., & Castro, K. S. (2007). Children's effortful control and academic competence: Mediation through school liking. *Merrill-Palmer Quarterly*, 53:1-25.

Valiente, C., Lemery-Chalfant, K., & Reiser, M. (2007). Pathways to problem behaviors: Chaotic homes, parent and child effortful control, and parenting. *Social Development*, 16:249-267.

Valiente, C., Swanson, J., & Lemery-Chalfant, K. (2012). Kindergartners' temperament, classroom engagement, and student-teacher relationship: Moderation by effortful control. *Social Development*, 21: 558-576.

Valkenburg, P. M., & Peter, J. (2009). Social consequences of the Internct for adolescents: A decade of research. *Current Directions in Psychological Science*, 18:1-5.

Van Den Eijnden, R. J., Spijkerman, R., Vermulst, A. A., Van Rooij, T. J., & Engels, R. C. (2010). Compulsive Internet use among adolescents: Bidirectional parent-child relationships. *Journal of Abnormal Child Psychology*, 38:77-89.

Van Der Vorst, H., Engels, R. C., Meeus, W., Deković, M., & Van Leeuwe, J. (2005). The role of alcohol-specific socialization in adolescents' drinking behaviour. *Addiction*, 100, 1464-1476.

Van IJzendoorn, M. H., & Bakermans-Kranenburg, M. J. (1996). Attachment representations in mothers, fathers, adolescents, and clinical groups: A meta-analytic search for normative data. *Journal of Consulting and Clinical Psychology*, 64:8-21.

Van Ryzin, M. J., Fosco, G. M., & Dishion, T. J. (2012). Family and peer predictors of substance use from early adolescence to early adulthood: An 11-year prospective analysis. *Addictive Behaviors*, 37: 1314-1324.

Verhoeven, M., Junger, M., Van Aken, C., Dekovi'c, M., & Van Aken, M. A. (2010). Parenting and children's externalizing behavior: Bidirectionality during toddlerhood. *Journal of Applied Developmental Psychology*, 31:93-105.

Vidal-Ribas, P., Brotman, M. A., Valdivieso, I., Leibenluft, E., & Stringaris, A. (2016). The status of irritability in psychiatry: A conceptual and quantitative review. *Journal of the American Academy of Child & Adolescent Psychiatry*, 55:556-570.

Vigil-Colet, A., & Codorniu-Raga, M. J. (2004). Aggression and inhibition deficits, The role of functional and dysfunctional impulsivity. *Personality and Individual Differences*, 37:1431-1440.

Vissing, Y. M., Straus, M. A., Gelles, R. J., & Harrop, J. W. (1991). Verbal aggression by parents and psychosocial problems of children. *Child Abuse & Neglect*, 15:223-238.

Vitaro, F., Barker, E. D., Boivin, M., Brendgen, M., & Tremblay, R. E. (2006). Do early difficult temperament and harsh parenting differentially predict reactive and proactive aggression? *Journal of Abnormal Child Psychology*, 34:685-695.

Vohs, K. D., & Ciarocco, N. J. (2004). Interpersonal functioning requires self-regulation. In R. F. Baumeister & K. D. Vohs (eds.), *Handbook of self-regulation: Research, theory, and applications* (pp. 392-410). New York: Guilford Press.

Vondra, J. I., Barnett, D., & Cicchetti, D. (1989). Perceived and actual competence among maltreated and comparison school children. *Development and Psychopathology*, 1:237-255.

Vygotsky, L. S. (1978). *Mind in society: The development of higher psychological processes*. Cambridge, MA: Harvard University Press.

Wahler, R. G., & Dumas, J. E. (1989). Attentional problems in dysfunctional mother-child interactions: An interbehavioral model. *Psychological Bulletin*, 105:116-130.

Walker, L. J., & Hennig, K. H. (1999). Parenting style and the development of moral reasoning. *Journal of Moral Education*, 28:359-374.

Walker, L. J., & Taylor, J. H. (1991). Family interactions and the development of moral reasoning. *Child Development*, 62:264-283.

Wang, M. (2017). Harsh parenting and peer acceptance in Chinese early adolescents: Three child aggression subtypes as mediators and child gender as moderator. *Child Abuse & Neglect*, 63:30-40.

Wang, M. (2019). Harsh parenting and adolescent aggression: Adolescents' effortful control as the mediator and parental warmth as the moderator. *Child Abuse & Neglect*, 94:104-121.

Wang, Z., Deater-Deckard, K., & Bell, M. A. (2013). Household chaos moderates the link between maternal attribution bias and parenting. *Parenting*, 13:233-252.

Wang, M., Deng, X., & Du, X. (2018). Harsh parenting and academic achievement in Chinese adolescents: Potential mediating roles of effortful control and classroom engagement. *Journal of School Psychology*, 67:16-30.

Wang, X., Lei, L., Liu, D., & Hu, H. (2016). Moderating effects of moral reasoning and gender on the relation between moral disengagement and cyberbullying in adolescents. *Personality and Individual Differences*, 98:244-249.

Wang, M., & Wang, J. (2018). Negative parental attribution and emotional dysregulation in Chinese early adolescents: Harsh fathering and harsh mothering as potential mediators. *Child Abuse & Neglect*, 81:12-20.

Webster-Stratton, C. (1990). Stress: A potential disrupter of parent perceptions and family interactions. *Journal of Clinical Child Psychology*, 19:302-312.

Weiner, B. (1980). A cognitive (attribution)-emotion-action model of motivated behavior: An analysis of judgments of help giving. *Journal of Personality and Social Psychology*, 39: 186-200.

Weiner, B. (1985). An attributional theory of achievement motivation and emotion. *Psychological Review*, 92: 548-573.

Weiss, B., Dodge, K. A., Bates, J. E., & Pettit, G. S. (1992). Some consequences of early harsh discipline: Child aggression and a maladaptive social information processing style. *Child Development*, 63: 1321-1335.

Wentzel, K. R. (1999). Social-motivational processes and interpersonal relationships: Implications for understanding motivation at school. *Journal of Education & Psychology*, 91: 76-97.

White, B. A., & Turner, K. A. (2014). Anger rumination and effortful control: Mediation effects on reactive but not proactive aggression. *Personality and Individual Differences*, 56: 186-189.

Whiteside, D. P. & Lynam, D. R. (2001). The Five Factor Model and impulsivity: Using a structural model of personality to understand impulsivity. *Personality and Individual Differences*, 30: 669-689.

Wigfield, A., Eccles, J. S., & Pintrich, P. R. (1996). Development between the ages of eleven and twenty-five. In D. C. Berliner, & R. C. Calfee (eds.). *The handbook of educational psychology* (pp. 148-185). New York: MacMillan.

Wiggins, J. S. (1991). Agency and communion as conceptual coordinates for the understanding and measurement of interpersonal behavior. In W. Grove & D. Cicchetti (eds.), *Thinking clearly about psychology: Essays in honor of Paul E. Meehl* (pp. 89-113). Minneapolis: University of Minnesota Press.

Willoughby, M. T., Blair, C. B., Wirth, R. J., & Greenberg, M., & The Family Life Project Key Investigators. (2012). The measurement of executive function at age 5: Psychometric properties and relationship to academic achievement. *Psychological Assessment*, 24: 226-239.

Wills, T. A., & Vaughn, R. (1989). Social support and substance use in early adolescence. *Journal of Behavioral Medicine*, 12: 321-339.

Wilson, C., Gardner, F., Burton, J., & Leung, S. (2006). Maternal attributions and young children's conduct problems: A longitudinal study. *Infant and Child Development*, 15: 109-121.

Winsler, A., Diaz, R., McCarthy, E., Atencio, D., & Chabay, L. (1999). Mother-child interaction, private speech, and task performance in preschool children with behavior problems. *Journal of Child Psychology and Psychiatry*, 40: 891-904.

Wong, W. C. W., Chen, W. Q., Goggins, W. B., Tang, C. S., & Leung, P. W. (2009). Individual, familial and community determinants of child physical abuse among high-school students in China. *Social Science & Medicine*, 68: 1819-1825.

Wong, J. J., Gonzales, N. A., Montaño, Z., Dumka, L., & Millsap, R. E. (2014). Parenting intervention effects on parental depressive symptoms: Examining the role of parenting and child behavior. *Journal of Family Psychology*, 28: 267-277.

Wood, D. (1980). Teaching the young child: Some relationships between social interaction, language, and thought. In D. Olson (ed.), *The social foundations of language and thought* (pp. 280-296). New York: Norton.

Wu, D. Y. H. (1996). Chinese childhood socialization. In M. H. Bond (ed.), *The handbook of Chinese psychology* (pp. 143-154). Hong Kong: Oxford University Press.

Wu, C. I. (2007). The interlocking trajectories between negative parenting practices and adolescent depressive symptoms. *Current Sociology*, 55: 579-597.

Wu, P., Robinson, C., Yang, C., Hart, C., Olsen, S., Porter, C., et al. (2002). Similarities and differences in mothers' parenting of preschoolers in China and the United States. *International Journal of Behaviour Development*, 26: 481-491.

Wurmser, L. (1974). Psychoanalytic considerations of the etiology of compulsive drug use. *Journal of the American Psychoanalytic Association*, 22:820-843.

Xing, X., & Wang, M. (2013). Sex differences in the reciprocal relationships between mild and severe corporal punishment and children's internalizing problem behavior in a Chinese sample. *Journal of Applied Developmental Psychology*, 34:9-16.

Xiuqin, H., Huimin, Z., Mengchen, L., Jinan, W., Ying, Z., & Ran, T. (2010). Mental health, personality, and parental rearing styles of adolescents with Internet addiction disorder. *Cyberpsychology, Behavior and Social Networking*, 13:401-406.

Xu, Y., Farver, J. A. M., & Zhang, Z. (2009). Temperament, harsh and indulgent parenting, and Chinese children's proactive and reactive aggression. *Child Development*, 80:244-258.

Xu, Y., Farver, J. A. M., Zhang, Z., Zeng, Q., Yu, L., & Cai, B. (2005). Mainland Chinese parenting styles and parent-child interaction. *International Journal of Behavioral Development*, 29:524-531.

Yao, M. Z., He, J., Ko, D. M., & Pang, K. (2014). The influence of personality, parental behaviors, and self-esteem on Internet addiction: A study of Chinese college students. *Cyberpsychology, Behavior, and Social Networking*, 17:104-110.

Yap, M. B., Schwartz, O. S., Byrne, M. L., Simmons, J. G., & Allen, N. B. (2010). Maternal positive and negative interaction behaviors and early adolescents' depressive symptoms: Adolescent emotion regulation as a mediator. *Journal of Research on Adolescence*, 20:1014-1043.

Yates, T. M., Gregor, M. A., & Haviland, M. G. (2012). Child maltreatment, alexithymia, and problematic Internet use in young adulthood. *Cyberpsychology, Behavior, and Social Networking*, 15:219-225.

Yeh, K. H. (1995). Solution types in filial dilemmas and their correlates. *Bulletin of the Institute of Ethnology, Academia Sinica*, 79:87-118.

Yeh, K. H., & Bedford, O. (2004). Filial belief and parent-child conflict. *International Journal of Psychology*, 39:132-144.

Yen, J. Y. , Yen, C. F. , Chen, C. C. , Chen, S. H. , & Ko, C. H. (2007). Family factors of Internet addiction and substance use experience in Taiwanese adolescents. *Cyberpsychology & Behavior*,10:323-329.

Yoshizumi, T. , Murase, S. , Murakami, T. , & Takai, J. (2007). Dissociation as a mediator between perceived parental rearing style and depression in an adult community population using college students. *Personality and Individual Differences*,43:353-364.

You, S. , & Lim, S. A. (2015). Developmental pathways from abusive parenting to delinquency: The mediating role of depression and aggression. *Child Abuse & Neglect*,46:152-162.

Young, K. S. (2011). Clinical assessment of Internet-addicted clients. In K. Young, & C. Abreu (eds.), *Internet addiction: A handbook and guide to evaluation and treatment*(pp. 19-34). New Jersey: John Wiley & Sons.

Young, C. M. Y. , & Lo, B. C. Y. (2012). Cognitive appraisal mediating relationship between social anxiety and internet communication in adolescents. *Personality and Individual Differences*, 52:78-83.

Yu, J. J. , Kim, H. , & Hay, I. (2013). Understanding adolescents' problematic Internet use from a social/cognitive and addiction research framework. *Computers in Human Behavior*,29:2682-2689.

Zahn-Waxler, C. , Iannotti, R. J. , Cummings, E. M. , & Denham, S. (1990). Antecedents of problem behaviors in children of depressed mothers. *Development and Psychopathology*, 2:271-291.

Zahn-Waxler, C. , Radke-Yarrow, M. , & King, R. A. (1979). Child rearing and children's prosocial initiations toward victims of distress. *Child Development*, 50:319-30.

Zelkowitz, P. (1982). Parenting philosophies and practices. In D. Belle (ed.),*Lives in stress: Women and depression* (pp. 154-162). Beverly Hills: Sage.

Zeman, J. , Cassano, M. , Perry-Parrish, C. , & Stegall, S. (2006). Emotion regulation in children and adolescents. *Journal of Developmental and*

Behavioral Pediatrics,27:155-168.

Zhou, Q., Eisenberg, N., Losoya, S., Fabes, R. A., Reiser, M., Guthrie, I. K., et al. (2002). The relations of parental warmth and positive expressiveness to children's empathy-related responding and social functioning: A longitudinal study. *Child Development*,73:893-915.

Zhou, Q., Eisenberg, N., Wang, Y., & Reiser, M. (2004). Chinese Children's effortful control and dispositional anger/frustration: Relations to parenting styles and children's social functioning. *Developmental Psychology*, 40: 352-366.

后　记

本书由王明忠教授独著，历时三年完成，部分研究生参与了资料收集，包括中国人民大学心理系王静博士，陕西师范大学心理学院吴秀娟博士和吴兴玲、王静、李晓腾、陈茜等硕士研究生。王明忠教授对本书的观点适当性、资料翔实性、行文流畅性以及文风一致性等负全责。

通过研究我国家庭中父母粗暴养育行为影响儿童青少年学校适应的各种机制，本书不仅丰富了教育心理学领域关于家庭因素影响儿童学校适应的相关理论，也为广大父母、中小学教育工作者、对家庭教育感兴趣的研究者等广大读者提供了一套改善亲子关系、促进儿童学校适应的思路。然而，书中定然存在很多谬误之处，诚望学界同仁与广大读者批评指正。

本书即将完竣之际，首先要感谢恩师周宗奎教授和戚万学教授，本书所报告的大量研究成果均是在两位恩师的指点之下所取得，也算对恩师悉心培育的感恩回报。本书取得的成果离不开那些热心的助力者，非常感谢唐爱民教授、柳士彬教授、李寿欣教授、广少奎教授、徐瑞教授等从方方面面提供的指导和帮助。最后，感谢山东大学出版社编辑们的辛勤劳动。再次向以上诸位致以深深的谢意！

目前，研究家庭养育的文献非常丰富。本书在撰写过程中大量引用了国内外众多研究资料。这些资料在行文中有所标注，并在书末以“主要参考文献”的形式注明。然而百密难免一疏，对于未能一一标明的资料，恳请学界同仁见谅。

王明忠

2020 年 10 月